U0219804

中国饮食文化史

The History of Chinese Dietetic Culture

国家出版基金项目
NATIONAL PUBLICATION FOUNDATION

The History of Chinese Dietetic Culture

Volume of Southeast Region

冼剑民 周智武 著

东南地区卷

中国饮食文化史·

中国饮食文化史主编 赵荣光

「十二五」国家重点出版物出版规划项目

国家出版基金项目

中国轻工业出版社

图书在版编目（CIP）数据

中国饮食文化史. 东南地区卷 / 赵荣光主编；冼剑民，
周智武著. —北京：中国轻工业出版社，2013.12
国家出版基金项目 "十二五"国家重点出版物出版
规划项目
ISBN 978-7-5019-9421-2

Ⅰ. ①中… Ⅱ. ①赵… ②冼… ③周… Ⅲ. ①饮食—文
化史—中国 Ⅳ. ①TS971

中国版本图书馆 CIP 数据核字 (2013) 第194721号

策划编辑：马　静
责任编辑：马　静　方　程　　责任终审：郝嘉杰　　整体设计：伍毓泉
编　　辑：赵蓁茏　　　　　　版式制作：锋尚设计　责任校对：李　靖
责任监印：胡　兵　张　可

出版发行：中国轻工业出版社（北京东长安街6号，邮编：100740）
印　　刷：北京顺诚彩色印刷有限公司
经　　销：各地新华书店
版　　次：2013年12月第1版第1次印刷
开　　本：787×1092　1/16　印张：28.5
字　　数：412千字　　　插页：2
书　　号：ISBN 978-7-5019-9421-2　定价：98.00元
邮购电话：010-65241695　传真：65128352
发行电话：010-85119835　85119793　传真：85113293
网　　址：http://www.chlip.com.cn
Email：club@chlip.com.cn
如发现图书残缺请直接与我社邮购联系调换
050859K1X101ZBW

感谢

北京稻香村食品有限责任公司对本书出版的支持

饮其流者
怀其源

感谢
感谢
感谢

中国农业科学院农业信息研究所对本书出版的支持

浙江工商大学暨旅游学院对本书出版的支持

黑龙江大学历史文化旅游学院对本书出版的支持

落其实者
思其树

1. 古代骆越族留下的人物壁画，发现于广西宁明县花山绝壁[※]

2. 西汉南越王玉雕角形杯（《西汉南越王墓》，文物出版社）

3. 广东马坝人复原半身模型，旧石器中期古人

4. 西汉南越王承露盘（南越王博物馆提供）

5. 西汉南越王铜框玉盖杯（《西汉南越王墓》，文物出版社）

※ 编者注：书中图片来源除有标注者外，其余均由作者提供。对于作者从网站或其他出版物等途径获得的图片也做了标注。

1. 西晋陶蒸酒器，广东连平出土

2. 汉代干栏式陶屋模型，广州出土

3. 东汉陶猪，广东佛山澜石出土

4. 汉代陶鸭、陶鸡，广州出土（《广州历史文化图册》，
广东人民出版社）

5. 汉代陶制水田模型，广州出土（铢积寸
累——《广州考古十年出土文物选萃》，文物
出版社）

1. 汉代陶灶模型，广州出土（《铢积
   寸累——广州考古十年出土文物选
   萃》，文物出版社）

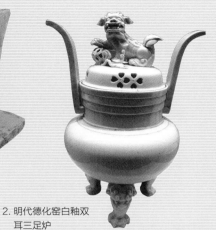

2. 明代德化窑白釉双
   耳三足炉

3. 汉代陶井模型，广州出土

4. 北宋福建建阳窑兔毫纹碗

5. 明代漳州窑青花缠枝花卉纹盖盅

6. 清代广彩洋人归航图大碗

1. 清代广彩茶餐具

2.《清代广州茶叶仓库图》，清代外销画

3. 民国时期的西餐奶壶、茶壶、茶杯

4. 20世纪30年代的"陶陶居"

各分卷名录及作者：

◎ 中国饮食文化史·黄河中游地区卷

　　姚伟钧　刘朴兵　著

◎ 中国饮食文化史·黄河下游地区卷

　　姚伟钧　李汉昌　吴　昊　著

◎ 中国饮食文化史·长江中游地区卷

　　谢定源　著

◎ 中国饮食文化史·长江下游地区卷

　　季鸿崑　李维冰　马健鹰　著

◎ 中国饮食文化史·东南地区卷

　　冼剑民　周智武　著

◎ 中国饮食文化史·西南地区卷

　　方　铁　冯　敏　著

◎ 中国饮食文化史·东北地区卷

　　主　编：吕丽辉

　　副主编：王建中　姜艳芳

◎ 中国饮食文化史·西北地区卷

　　徐日辉　著

◎ 中国饮食文化史·中北地区卷

　　张景明　著

◎ 中国饮食文化史·京津地区卷

　　万建中　李明晨　著

序言

鸿篇巨制　继往开来

——《中国饮食文化史》（十卷本）序

卢良恕

　　中国饮食文化是中国传统文化的重要组成部分，其内涵博大精深、历史源远流长，是中华民族灿烂文明史的生动写照。她以独特的生命力佑护着华夏民族的繁衍生息，并以强大的辐射力影响着周边国家乃至世界的饮食风尚，享有极高的世界声誉。

　　中国饮食文化是一种广视野、深层次、多角度、高品位的地域文化，她以农耕文化为基础，辅之以渔猎及畜牧文化，传承了中国五千年的饮食文明，为中华民族铸就了一部辉煌的文化史。

　　但长期以来，中国饮食文化的研究相对滞后，在国际的学术研究领域没有占领制高点。一是研究队伍不够强大，二是学术成果不够丰硕，尤其缺少全面而系统的大型原创专著，实乃学界的一大憾事。正是在这样困顿的情势下，国内学者励精图治、奋起直追，发愤用自己的笔撰写出一部中华民族的饮食文化史。中国轻工业出版社与撰写本书的专家学者携手二十余载，潜心劳作，殚精竭虑，终至完成了这一套数百万字的大型学术专著——《中国饮食文化史》（十卷本），是一件了不起的事情！

　　《中国饮食文化史》（十卷本）一书，时空跨度广远，全书自史前始，一直叙述至现当代，横跨时空百万年。全书着重叙述了原始农业和畜牧业出现至今的一万年左右华夏民族饮食文化的演变，充分展示了中国饮食文化是地域文化这一理论学说。

　　该书将中国饮食文化划分为黄河中游、黄河下游、长江中游、长江下游、东南、西南、东北、西北、中北、京津等十个子文化区域进行相对独立的研究。各区域单独成卷，每卷各章节又按断代划分，分代叙述，形成了纵横分明的脉络。

全书内容广泛，资料翔实。每个分卷涵盖的主要内容包括：地缘、生态、物产、气候、土地、水源；民族与人口；食政食法、食礼食俗、饮食结构及形成的原因；食物原料种类、分布、加工利用；烹饪技术、器具、文献典籍、文化艺术等。可以说每一卷都是一部区域饮食文化通史，彰显出中国饮食文化典型的区域特色。

中国饮食文化学是一门新兴的综合学科，它涉及历史学、民族学、民俗学、人类学、文化学、烹饪学、考古学、文献学、食品科技史、中国农业史、中国文化交流史、边疆史地、地理经济学、经济与商业史等学科。多学科的综合支撑及合理分布，使本书具有颇高的学术含量，也为学科理论建设提供了基础蓝本。

中国饮食文化的产生，源于中国厚重的农耕文化，兼及畜牧与渔猎文化。古语有云："民以食为天，食以农为本"，清晰地说明了中华饮食文化与中华农耕文化之间不可分割的紧密联系，并由此生发出一系列的人文思想，这些人文思想一以贯之地体现在人们的社会活动中。包括：

"五谷为养，五菜为助，五畜为益，五果为充"的饮食结构。这种良好饮食结构的提出，是自两千多年前的《黄帝内经》始，至今看来还是非常科学的。中国地域广袤，食物原料多样，江南地区的"饭稻羹鱼"、草原民族的"食肉饮酪"，从而形成中华民族丰富、健康的饮食结构。

"医食同源"的养生思想。中华民族自古以来并非代代丰衣足食，历代不乏灾荒饥馑，先民历经了"神农尝百草"以扩大食物来源的艰苦探索过程，千百年来总结出"医食同源"的宝贵思想。在西方现代医学进入中国大地之前的数千年，"医食同源"的养生思想一直护佑着炎黄子孙的健康繁衍生息。

"天人合一"的生态观。农耕文化以及渔猎、畜牧文化，都是人与自然间最和谐的文化，在广袤大地上繁衍生息的中华民族，笃信人与自然是合为一体的，人类的所衣所食，皆来自于大自然的馈赠，因此先民世世代代敬畏自然，爱护生态，尊重生命，重天时，守农时，创造了农家独有的二十四节气及节令食俗，"循天道行人事"。这种宝贵的生态观当引起当代人的反思。

"尚和"的人文情怀。农耕文明本质上是一种善的文明。主张和谐和睦、勤劳耕作、勤和为人，崇尚以和为贵、包容宽仁、质朴淳和的人际关系。中国饮食讲究的"五味调和"也正是这种"尚和"的人文情怀在烹饪技术层面的体现。纵观中国饮食文化的社会功能，更是对"尚和"精神的极致表达。

"尊老"的人伦传统。在传统的农耕文明中，老人是农耕经验的积累者，是向子孙后代传承农耕技术与经验的传递者，因此一直受到家庭和社会的尊重。中华民族尊老的传统是农耕文化的结晶，也是农耕文化得以久远传承的社会行为保障。

《中国饮食文化史》（十卷本）的研究方法科学、缜密。作者以大历史观、大文化观统领全局，较好地利用了历史文献资料、考古发掘研究成果、民俗民族资料，同时也有效地利用了人类学、文化学及模拟试验等多种有效的研究方法与手段。对区域文明肇始、族群结构、民族迁徙、人口繁衍、资源开发、生态制约与变异、水源利用、生态保护、食物原料贮存与食品保鲜防腐等一系列相关问题都予以了充分表述，并提出一系列独到的学术观点。

如该书提出中国在汉代就已掌握了面食的发酵技术，从而把这一科技界的定论向前推进了一千年（科技界传统说法是在宋代）；又如，对黄河流域土地承载力递减而导致社会政治文化中心逐流而下的分析；对草地民族因食料制约而频频南下的原因分析；对生态结构发生变化的深层原因讨论；对《齐民要术》《农政全书》《饮膳正要》《天工开物》等经典文献的识读解析；以及对筷子的出现及历史演变的论述等。该书还清晰而准确地叙述了既往研究者已经关注的许多方面的问题，比如农产品加工技术与食品形态问题、关于农作物及畜类的驯化与分布传播等问题，这些一向是农业史、交流史等学科比较关注而又疑难点较多的领域，该书对此亦有相当的关注与精到的论述。体现出整个作者群体较强的科研能力及科研水平，从而铸就了这部填补学术空白、出版空白的学术著作，可谓是近年来不可多得的精品力作。

本书是填补空白的原创之作，这也正是它的难度之所在。作者的写作并无前人成熟的资料可资借鉴，可以想见，作者须进行大量的文献爬梳整理、甄选淘漉，阅读量浩繁，其写作难度绝非一般。在拼凑摘抄、扒网拼盘已成为当今学界一大痼疾的今天，这部原创之作益发显得可贵。

一套优秀书籍的出版，最少不了的是出版社编辑们默默无闻但又艰辛异常的付出。中国轻工业出版社以文化坚守的高度责任心，苦苦坚守了二十年，为出版这套不能靠市场获得收益、然而又是填补空白的大型学术著作呕心沥血。进入编辑阶段以后，编辑部严苛细致，务求严谨，精心提炼学术观点，一遍遍打磨稿件。对稿件进行字斟句酌的精心加工，并启动了高规格的审稿程序，如，他们聘请国内顶级的古籍专家对书中所有的古籍以善本为据进行了逐字逐句的核对，并延请史学专家、民族宗教专家、民俗专家等进行多轮审稿，全面把关，还对全书内容做了20余项的专项检查，剪除掉书稿中的许多瑕疵。他们不因卷帙浩繁而存丝毫懈怠之念，日以继夜，忘我躬耕，使得全书体现出了高质量、高水准的精品风范。在当前浮躁的社会风气下，能坚守这种职业情操实属不易！

本书还在高端学术著作科普化方面做出了有益的尝试，如对书中的生僻字进行注音，对专有名词进行注释，对古籍文献进行串讲，对正文配发了许多图片等。凡此种种，旨在使学术著作更具通俗性、趣味性和可读性，使一些优秀的学术思想能以通俗化的形式得到展现，从而扩大阅读的人群，传播优秀文化，这种努力值得称道。

这套学术专著是一部具有划时代意义的鸿篇巨制，它的出版，填补了中国饮食文化无大型史著的空白，开启了中国饮食文化研究的新篇章，功在当代，惠及后人。它的出版，是中国学者做的一件与大国地位相称的大事，是中国对世界文明的一种国际担当，彰显了中国文化的软实力。它的出版，是中华民族五千年饮食文化与改革开放三十多年来最新科研成果的一次大梳理、大总结，是树得起、站得住的历史性文化工程，对传播、振兴民族文化，对中国饮食文化学者在国际学术领域重新建立领先地位，将起到重要的推动作用。

作为一名长期从事农业科技文化研究的工作者，对于这部大型学术专著的出版，我感到由衷的欣喜。愿《中国饮食文化史》（十卷本）能够继往开来，为中国饮食文化的发扬光大，为中国饮食文化学这一学科的崛起做出重大贡献。

二○一三年七月

序言

一部填补空白的大书

——《中国饮食文化史》（十卷本）序

李学勤

　　中国轻工业出版社通过我在中国社会科学院历史研究所的老同事，送来即将出版的《中国饮食文化史》（十卷本）样稿，厚厚的一大叠。我仔细披阅之下，心中深深感到惊奇。因为在我的记忆范围里，已经有好多年没有见过系统论述中国饮食文化的学术著作了，况且是由全国众多专家学者合力完成的一部十卷本长达数百万字的大书。

　　正如不久前上映的著名电视片《舌尖上的中国》所体现的，中国的饮食文化是悠久而辉煌的中国传统文化的一个重要组成部分。中国的饮食文化非常发达，在世界上享有崇高的声誉，然而，或许是受长时期流行的一些偏见的影响，学术界对饮食文化的研究却十分稀少，值得提到的是国外出版的一些作品。记得20世纪70年代末，我在美国哈佛大学见到张光直先生，他给了我一本刚出版的《中国文化中的食品》（英文），是他主编的美国学者写的论文集。在日本，则有中山时子教授主编的《中国食文化事典》，其内的"文化篇"曾于1992年中译出版，题目就叫《中国饮食文化》。至于国内学者的专著，我记得的只有上海人民出版社《中国文化史丛书》里面有林乃燊教授的一本，题目也是《中国饮食文化》，也印行于1992年，其书可谓有筚路蓝缕之功，只是比较简略，许多问题未能展开。

　　由赵荣光教授主编、由中国轻工业出版社出版的这部十卷本《中国饮食文化史》规模宏大，内容充实，在许多方面都具有创新意义，从这一点来说，确实是前所未有的。讲到这部巨著的特色，我个人意见是不是可以举出下列几点：

　　首先，当然是像书中所标举的，是充分运用了区域研究的方法。我们中国从来是一个多民族、多地区的国家，五千年的文明历史是各地区、各民族共同缔造的。这种多元一体的文化观，自"改革开放"以来，已经在历史学、考古学等领域起了很大的促进作用。《中国饮食文化史》（十卷本）的编写，贯彻"饮食文化是区域文化"的观点，把全国划分为十个文化区域，即黄河中游、黄河下游、长江中游、长江下游、东南、西南、东北、西北、中北和京津，各立一卷。每一卷都可视为区域性的通史，各卷间又互相配合关联，形成立体结构，便于全面展示中国饮食文化的多彩面貌。

其次，是尽可能地发挥了多学科结合的优势。中国饮食文化的研究，本来与历史学、考古学及科技史、美术史、民族史、中外关系史等学科都有相当密切的联系。《中国饮食文化史》（十卷本）一书的编写，努力吸取诸多有关学科的资料和成果，这就扩大了研究的视野，提高了工作的质量。例如在参考文物考古的新发现这一方面，书中就表现得比较突出。

第三，是将各历史时期饮食文化的演变过程与当时社会总的发展联系起来去考察。大家知道，把研究对象放到整个历史的大背景中去分析估量，本来是历史研究的基本要求，对于饮食文化研究自然也不例外。

第四，也许是最值得注意的一点，就是这部书把饮食文化的探索提升到理论思想的高度。《中国饮食文化史》（十卷本）一开始就强调"全书贯穿一条鲜明的人文思想主线"，实际上至少包括了这样一系列观点，都是从远古到现代饮食文化的发展趋向中归结出来的：

一、五谷为主兼及其他的饮食结构；

二、"医食同源"的保健养生思想；

三、尚"和"的人文观念；

四、"天人合一"的生态观；

五、"尊老"的传统。

这样，这部《中国饮食文化史》（十卷本）便不同于技术层面的"中国饮食史"，而是富于思想内涵的"中国饮食文化史"了。

据了解，这部《中国饮食文化史》（十卷本）的出版，经历了不少坎坷曲折，前后过程竟长达二十余年。其间做了多次反复的修改。为了保证质量，中国轻工业出版社邀请过不少领域的专家阅看审查。现在这部大书即将印行，相信会得到有关学术界和社会读者的好评。我对所有参加此书工作的各位专家学者以及中国轻工业出版社同仁能够如此锲而不舍深表敬意，希望在饮食文化研究方面能再取得更新更大的成绩。

二〇一三年九月

于北京清华大学寓所

前言

"饮食文化圈"理论认知中华饮食史的尝试

——中国饮食文化区域性特征

赵荣光

很长时间以来，本人一直希望海内同道联袂在食学文献梳理和"饮食文化区域史""饮食文化专题史"两大专项选题研究方面的协作，冀其为原始农业、畜牧业以来的中华民族食生产、食生活的文明做一初步的瞰窥勾测，从而为更理性、更深化的研究，为中华食学的坚实确立准备必要的基础。为此，本人做了一系列先期努力。1991年北京召开了"首届中国饮食文化国际学术研讨会"，自此，也开始了迄今为止历时二十年之久的该套丛书出版的艰苦历程。其间，本人备尝了时下中国学术坚持的艰难与苦涩，所幸的是，《中国饮食文化史》（十卷本）终于要出版了，作为主编此时真是悲喜莫名。

将人类的食生产、食生活活动置于特定的自然生态与历史文化系统中审视认知并予以概括表述，是30多年前本人投诸饮食史、饮食文化领域研习思考伊始所依循的基本方法。这让我逐渐明确了"饮食文化圈"的理论思维。中国学人对民众食事文化的关注渊源可谓久远。在漫长的民族饮食生活史上，这种关注长期依附于本草学、农学而存在，因而形成了中华饮食文化的传统特色与历史特征。初刊于1792年的《随园食单》可以视为这种依附传统文化转折的历史性标志。著者中国古代食圣袁枚"平生品味似评诗"，潜心戮力半世纪，以开创、标立食学深自期许，然限于历史时代局限，终未遂其所愿——抱定"皓首穷经""经国济世"之理念建立食学，使其成为传统士子麇集的学林。

　　食学是研究不同时期、各种文化背景下的人群食事事象、行为、性质及其规律的一门综合性学问。中国大陆食学研究热潮的兴起，文化运气系接海外学界之后，20世纪中叶以来，日、韩、美、欧以及港、台地区学者批量成果的发表，蔚成了中华食文化研究热之初潮。社会饮食文化的一个最易为人感知之处，就是都会餐饮业，而其衰旺与否的最终决定因素则是大众的消费能力与方式。正是餐饮业的持续繁荣和大众饮食生活水准的整体提高，给了中国大陆食学研究以不懈的助动力。在中国饮食文化热持续至今的30多年中，经历了"热学""显学"两个阶段，而今则处于"食学"渐趋成熟阶段。以国人为主体的诸多富有创见性的文著累积，是其渐趋成熟的重要标志。

　　人类文化是生态环境的产物，自然环境则是人类生存发展依凭的文化史剧的舞台。文化区域性是一个历史范畴，一种文化传统在一定地域内沉淀、累积和承续，便会出现不同的发展形态和高低不同的发展水平，因地而宜，异地不同。饮食文化的存在与发展，主要取决于自然生态环境与文化生态环境两大系统的因素。就物质层面说，如俗语所说："一方水土养一方人"，其结果自然是"一方水土一方人"，饮食与饮食文化对自然因素的依赖是不言而喻的。早在距今10000—6000年，中国便形成了以粟、菽、麦等"五谷"为主要食物原料的黄河流域饮食文化区、以稻为主要食物原料的长江流域饮食文化区、以肉酪为主要食物原料的中北草原地带的畜牧与狩猎饮食文化区这不同风格的三大饮食文化区域类型。其后公元前2世纪，司马迁曾按西汉帝国版图内的物产与人民生活习性作了地域性的表述。山西、山东、江南（彭城以东，与越、楚两部）、龙门碣石北、关中、巴蜀等地区因自然生态地理的差异而决定了时人公认的食生产、食生活、食文化的区位性差异，与史前形成的中国饮食文化的区位格局相较，已经有了很大的发展变化。而后再历20多个世纪至19世纪末，在今天的中国版图内，存在着东北、中北、京津、黄河下游、黄河中游、西北、长江下游、长江中游、西南、青藏高原、东南11个结构性子属饮食文化区。再以后至今的一个多世纪，尽管食文化基本区位格局依在，但区位饮食文化的诸多结构因素却处于大变化之中，变化的速度、广度和深度，都是既往历史上不可同日而语的。生产力的结构性变化和空前发展；食生产工具与方式的进步；信息传递与交通的便利；经济与商业的发展；人口大规模的持续性流动与城市化进程的快速发展；思想与观念的更新进化等，这一切都大大超越了食文化物质交换补益的层面，而具有更深刻、更重大的意义。

各饮食文化区位文化形态的发生、发展都是一个动态的历史过程，"不变中有变、变中有不变"是饮食文化演变规律的基本特征。而在封闭的自然经济状态下，"靠山吃山靠水吃水"的饮食文化存在方式，是明显"滞进"和具有"惰性"的。所谓"滞进"和"惰性"是指：在决定传统餐桌的一切要素几乎都是在年复一年简单重复的历史情态下，饮食文化的演进速度是十分缓慢的，人们的食生活是因循保守的，"周而复始"一词正是对这种形态的概括。人类的饮食生活对于生息地产原料并因之决定的加工、进食的地域环境有着很强的依赖性，我们称之为"自然生态与文化生态环境约定性"。生态环境一般呈现为相当长历史时间内的相对稳定性，食生产方式的改变，一般也要经过很长的历史时间才能完成。而在"鸡犬之声相闻，民至老死不相往来"的相当封闭隔绝的中世纪，各封闭区域内的人们是高度安适于既有的一切的。一般来说，一个民族或某一聚合人群的饮食文化，都有着较为稳固的空间属性或区位地域的植根性、依附性，因此各区位地域之间便存在着各自空间环境下和不同时间序列上的差异性与相对独立性。而从饮食生活的动态与饮食文化流动的属性观察，则可以说世界上绝大多数民族（或聚合人群）的饮食文化都是处于内部或外部多元、多渠道、多层面的、持续不断的传播、渗透、吸收、整合、流变之中。中华民族共同体今天的饮食文化形态，就是这样形成的。

随着各民族人口不停地移动或迁徙，一些民族在生存空间上的交叉存在、相互影响（这种状态和影响自古至今一般呈不断加速的趋势），饮食文化的一些早期民族特征逐渐地表现为区位地域的共同特征。迄今为止，由于自然生态和经济地理等诸多因素的决定作用，中国人主副食主要原料的分布，基本上还是在漫长历史过程中逐渐形成的基本格局。宋应星在谈到中国历史上的"北麦南稻"之说时还认为："四海之内，燕、秦、晋、豫、齐、鲁诸蒸民粒食，小麦居半，而黍、稷、稻、粱仅居半。西极川、云，东至闽、浙、吴楚腹焉……种小麦者二十分而一……种余麦者五十分而一，间阎作苦以充朝膳，而贵介不与焉。"这至少反映了宋明时期麦属作物分布的大势。直到今天，东北、华北、西北地区仍是小麦的主要产区，青藏高原是大麦（青稞）及小麦的产区，黑麦、燕麦、荞麦、莜麦等杂麦也主要分布于这些地区。这些地区除麦属作物之外，主食原料还有粟、秫、玉米、稷等"杂粮"。而长江流域及以南的平原、盆地和坝区广大地区，则自古至今都是以稻作物为主，其山区则主要种植玉米、粟、荞麦、红薯、小麦、大麦、旱稻等。应当看到，粮食作物今天的品种分布状态，本身就是不断演变的历史性结果，而这种演变无论表现出怎样的相对稳定性，它都不可能是最终格局，还将持续地演变下去。

历史上各民族间饮食文化的交流，除了零星渐进、潜移默化的和平方式之外，在灾变、动乱、战争等特殊情况下，出现短期内大批移民的方式也具有特别的意义。其间，由物种传播而引起的食生产格局与食生活方式的改变，尤具重要意义。物种传播有时并不依循近邻滋蔓的一般原则，伴随人们远距离跋涉的活动，这种传播往往以跨越地理间隔的童话般方式实现。原产美洲的许多物种集中在明代中叶联袂登陆中国就是典型的例证。玉米、红薯自明代中叶以后相继引入中国，因其高产且对土壤适应性强，于是长江以南广大山区，鲁、晋、豫、陕等大片久耕密植的贫瘠之地便很快迭相效应，迅速推广开来。山区的瘠地需要玉米、红薯这样的耐瘠抗旱作物，传统农业的平原地区因其地力贫乏和人口稠密，更需要这种耐瘠抗旱而又高产的作物，这就是各民族民众率相接受玉米、红薯的根本原因。这一"根本原因"甚至一直深深影响到20世纪80年代以前。中国大陆长期以来一直以提高粮食亩产、单产为压倒一切的农业生产政策，南方水稻、北方玉米，几乎成了各级政府限定的大田品种种植的基本模式。

严格说来，很少有哪些饮食文化区域是完全不受任何外来因素影响的纯粹本土的单质文化。也就是说，每一个饮食文化区域都是或多或少、或显或隐地包融有异质文化的历史存在。中华民族饮食文化圈内部，自古以来都是域内各子属文化区位之间互相通融补益的。而中华民族饮食文化圈的历史和当今形态，也是不断吸纳外域饮食文化更新进步的结果。1982年笔者在新疆历时半个多月的一次深度考察活动结束之后，曾有一首诗："海内神厨济如云，东西甘脆皆与闻。野驼浑烹标青史，肥羊串炙喜今人。乳酒清冽爽筋骨，奶茶浓郁尤益神。朴劳纳仁称异馔，金特克缺愧寡闻。胡饼西肺欣再睹，葡萄密瓜连筵陈。四千文明源泉水，云里白毛无销痕。晨钟传于二三礜，青眼另看大宛人。"诗中所叙的是维吾尔、哈萨克、柯尔克孜、乌孜别克、塔吉克、塔塔尔等少数民族的部分风味食品，反映了西北地区多民族的独特饮食风情。中国有十个少数民族信仰伊斯兰教，他们主要或部分居住在西北地区。因此，伊斯兰食俗是西北地区最具代表性的饮食文化特征。而西北地区，众所周知，自汉代以来直至公元7世纪一直是佛教文化的世界。正是来自阿拉伯地区的影响，使佛教文化在这里几乎消失殆尽了。当然，西北地区还有汉、蒙古、锡伯、达斡尔、满、俄罗斯等民族成分。西北多民族共聚的事实，就是历史文化大融汇的结果，这一点，同样是西北地区饮食文化独特性的又一鲜明之处。作为通往中亚的必由之路，举世闻名的丝绸之路的几条路线都经过这里。东西交汇，丝绸之路饮食文化是该地区的又一独特之处。中华饮食文化通过丝绸之路吸纳域外文化因素，确切的文字记载始自汉代。张骞（？—前114年）于汉武帝建元三年（公元前138年）、元狩四年（公元前119年）的两次出使西域，使内地与今天的新疆及中亚的文化、经济交流进入到了一个全新的历史阶段。葡萄、苜蓿、胡麻、胡瓜、蚕豆、核桃、石榴、胡萝卜、葱、蒜等菜蔬瓜果随之来到了中国，同时进入的还有植瓜、种树、屠宰、截马等技术。其后，西汉军队为能在西域伊吾长久驻扎，便将中原的挖井技术，尤其是河西走廊等地的坎儿井技术引进了西域，促进了灌溉农业的发展。

至少自有确切的文字记载以来，中华版图内外的食事交流就一直没有间断过，并且呈与时俱进、逐渐频繁深入的趋势。汉代时就已经成为黄河流域中原地区的一些主食品种，例如馄饨、包子（笼上牢丸）、饺子（汤中牢丸）、面条（汤饼）、馒首（有馅与无馅）、饼等，到了唐代时已经成了地无南北东西之分，民族成分无分的、随处可见的、到处皆食的大众食品了。今天，在中国大陆的任何一个中等以上的城市，几乎都能见到以各地区风味或少数民族风情为特色的餐馆。而随着人们消费能力的提高和消费观念的改变，到异地旅行，感受包括食物与饮食风情在内的异地文化已逐渐成了一种新潮，这正是各地域间食文化交流的新时代特征。这其中，科技的力量和由科技决定的经济力量，比单纯的文化力量要大得多。事实上，科技往往是文化流变的支配因素。比如，以筷子为食具的箸文化，其起源已有不下六千年的历史，汉以后逐渐成为汉民族食文化的主要标志之一；明清时期已普及到绝大多数少数民族地区。而现代化的科技烹调手段则能以很快的速度为各族人民所接受。如电饭煲、微波炉、电烤箱、电冰箱、电热炊具或气体燃料新式炊具、排烟具等几乎在一切可能的地方都能见到。真空包装食品、方便食品等现代化食品、食料更是无所不至。

黑格尔说过一句至理名言："方法是决定一切的"。笔者以为，饮食文化区位性认识的具体方法尽管可能很多，尽管研究方法会因人而异，但方法论的原则却不能不有所规范和遵循。

首先，应当是历史事实的真实再现，即通过文献研究、田野与民俗考察、数学与统计学、模拟重复等方法，去尽可能摹绘出曾经存在过的饮食历史文化构件、结构、形态、运动。区位性研究，本身就是要在某一具体历史空间的平台上，重现其曾经存在过的构建，如同考古学在遗址上的工作一样，它是具体的，有限定的。这就要求我们对于资料的筛选必须把握客观、真实、典型的原则，绝不允许研究者的个人好恶影响原始资料的取舍剪裁，客观、公正是绝对的原则。

其次，是把饮食文化区位中的具体文化事象视为该文化系统中的有机构成来认识，而不是将其孤立于整体系统之外释读。割裂、孤立、片面和绝对地认识某一历史文化，只能远离事物的本来面目，结论也是不足取的。文化承载者是有思想的、有感情的活生生的社会群体，我们能够凭借的任何饮食文化遗存，都曾经是生存着的社会群体的食生产、食生活活动事象的反映，因此要把资料置于相关的结构关系中去解读，而非孤立地认断。在历史领域里，有时相近甚至相同的文字符号，却往往反映不同的文化意义，即不同时代、不同条件下的不同信息也可能由同一文字符号来表述；同样的道理，表面不同的文字符号也可能反映同一或相近的文化内涵。也就是说，我们在使用不同历史时期各类著述者留下来的文献时，不能只简单地停留在文字符号的表面，而应当准确透析识读，既要尽可能地多参考前人和他人的研究成果，还要考虑到流传文集记载的版本等因素。

再次，饮食文化的民族性问题。如果说饮食文化的区域性主要取决于区域的自然生态环境因素的话，那么民族性则多是由文化生态环境因素决定的。而文化生态环境中的最主要因素，应当是生产力。一定的生产力水平与科技程度，是文化生态环境时代特征中具有决定意义的因素。《诗经》时代黄河流域的渍菹，本来是出于保藏的目的，而后成为特别加工的风味食品。今日东北地区的酸菜、四川的泡菜，甚至朝鲜半岛的柯伊姆奇（泡菜）应当都是其余韵。今日西南许多少数民族的粑粑、饵块以及东北朝鲜族的打糕等蒸舂的稻谷粉食，是古时杵臼捣制䉤饵的流风。蒙古族等草原文化带上的一些少数民族的手扒肉，无疑是草原放牧生产与生活条件下最简捷便易的方法，而今竟成草原情调的民族独特食品。同样，西南、华中、东南地区许多少数民族习尚的熏腊食品、酸酵食品等，也主要是由于贮存、保藏的需要而形成的风味食品。这也与东北地区人们冬天用雪埋、冰覆，或泼水挂腊（在肉等食料外泼水结成一层冰衣保护）的道理一样。以至北方冬天吃的冻豆腐，也竟成为一种风味独特的食料。因为历史上人们没有更好的保藏食品的方法。因此可以说，饮食文化的民族性，既是地域自然生态环境因素决定的，也是文化生态因素决定的，因此也是一定生产力水平所决定的。

又次，端正研究心态，在当前中华饮食文化中具有特别重要的意义。冷静公正、实事求是，是任何学科学术研究的绝对原则。学术与科学研究不同于男女谈恋爱和市场交易，它否定研究者个人好恶的感情倾向和局部利益原则，要热情更要冷静和理智；反对偏私，坚持公正；"实事求是"是唯一可行的方法论原则。

多年前北京钓鱼台国宾馆的一次全国性饮食文化会议上，笔者曾强调食学研究应当基于"十三亿人口，五千年文明"的"大众餐桌"基本理念与原则。我们将《中国饮食文化史》（十卷本）的付梓理解为"饮食文化圈"理论的认知与尝试，不是初步总结，也不是什么了不起的成就。

尽管饮食文化研究的"圈论"早已经为海内外食学界熟知并逐渐认同，十年前《中国国家地理杂志》以我提出的"舌尖上的秧歌"为封面标题出了"圈论"专号，次年CCTV-10频道同样以我建议的"味蕾的故乡"为题拍摄了十集区域饮食文化节目，不久前一位欧洲的博士学位论文还在引用和研究。这一切也还都是尝试。

《中国饮食文化史》（十卷本）工程迄今，出版过程历经周折，与事同道几易其人，作古者凡几，思之唏嘘。期间出于出版费用的考虑，作为主编决定撤下丛书核心卷的本人《中国饮食文化》一册，尽管这是当时本人所在的杭州商学院与旅游学院出资支持出版的前提。虽然，现在"杭州商学院"与"旅游学院"这两个名称都已经不复存在了，但《中国饮食文化史》（十卷本）毕竟得以付梓。是为记。

夏历癸巳年初春，公元二〇一三年三月

杭州西湖诚公斋书寓

目录

第四章 | 隋唐宋元时期东南饮食文化的发展 /105

第五章｜明清东南地区的崛起与饮食文化的兴旺　　　/163

第六章 ｜ 清末至中华民国东南的变迁与饮食文化
　　　　的昌盛　　　/261

第一章　概述

中国东南地区主要包括广东省、广西壮族自治区、福建省、海南省，以及台湾省、香港和澳门两个特别行政区。该地区依山临海，江湖满布，岛屿众多，属于热带亚热带气候。该地区自然条件优越，物产丰饶，是我国著名的鱼米之乡，

图1-1　东南地区图（《中华人民共和国行政区划手册》，中国地图出版社）

在全国经济发展中占有举足轻重的地位。这里濒临海洋，是对外开放的门户，自古以来就与世界各国贸易往来密切，其中广州、泉州曾为"海上丝绸之路"的发祥地、东方国际贸易的都市。近代以来，湛江、汕头、厦门、福州、北海继起，成为中国沿海的重要国际通商口岸。这些地区得天独厚的自然环境和特殊的行政背景，使东南地区的饮食文化异彩纷呈，对中国饮食文化产生了深远的影响。

第一节　中国东南地区的地域范围及概况

中国的东南地区是一个相对的地理范围，不同时期有不同的涵盖地域。本书饮食文化区域理论中的"东南地区"定义，主要是指岭南和闽台两大区域，其中"岭南"指粤、桂、琼三省、自治区。这两大区域海洋文化的特点和饮食风味的趋近，使它们成为一个独立的人文地理单元。它位于我国东南部，北与华中、西南两地区相接；南面包括辽阔的南海和南海诸岛，与菲律宾、马来西亚、印度尼西亚等国相望；西南界与越南相邻。在行政区上"东南饮食文化区"大致包括广东、广西、福建、海南、台湾、香港、澳门等地。各地区简介如下：

广东：广东省简称"粤"，地处南岭以南、南海之滨。先秦时为百越族聚居之地，秦朝设南海郡，秦末赵佗①乘乱建南越国，后被西汉收复；唐时辖于岭南道，宋时辖于广南东路，元归入江西行省，清立为广东省。现下辖21个地级市，23个县级市，39个县，3个自治县，56个市辖区。全省面积约17.8万平方千米，人口8637万，居全国第四位②，有汉、瑶、壮、回、满、畲、黎等民族，省会广州。

广东海岸线绵长，大陆海岸线3368.1千米，居全国第一位。境内地势北高南

---

① 赵佗：（？—前137年），西汉真定（今河北正定）人，秦末汉初南越国的创建者。公元前214年，秦统一岭南，任南海郡龙川县令，秦末战乱中建立南越国，自称武王。西汉初年接受高祖所封"南越王"称号，吕后时叛汉，自称武帝，在位69年，寿百余岁。
② 中华人民共和国民政部编：《中华人民共和国行政区划简册》，中国地图出版社，2013年。

低，其中山地、丘陵约占全省面积的60%。沿海有珠江三角洲和潮汕平原，地势平坦开阔。除西南部雷州半岛地处热带外，基本上全省均处于亚热带季风气候，终年不见冰雪，年降水1500毫米以上，夏秋两季多台风。

在温暖多雨的环境下，广东的农作物可以一年三熟，经济作物多达100种以上，主要作物有甘蔗、水稻、黄麻、花生、茶叶、烟草、剑麻，其中甘蔗产量占全国一半。广东素有"水果王国"之称，水果品种有500多种，其中香蕉、木瓜、荔枝、菠萝被誉为广东"四大名果"，龙眼、杨桃的产量也很大。桑蚕和渔业也很发达。

广西：广西壮族自治区简称"桂"，地处南疆，与越南为邻。先秦时与广东同为百越族聚居之地，秦设为桂林郡，部分属象郡；唐朝归属岭南道，宋为广南西路，元属湖广行省，清代立为广西省，1958年，成立广西壮族自治区。现设14个地级市、7个县级市，56个县、12个民族自治县，34个市辖区。全省面积约23.67万平方千米，海岸线1595千米。沿海岛屿697个，岛屿海岸线长600余千米。有壮、汉、瑶、苗、侗、仫佬、毛南、彝、仡佬等民族。自治区首府南宁。

广西地形略成盆地状，丘陵广布，河谷纵横。大瑶山、大南山等构成向南弯曲的弧形山脉，面积约占广西壮族自治区一半的石灰岩分布区，因高温多雨，溶洞蚀成千姿百态的峰林、岩洞，与青山绿水组成一处处山水风景胜地。

广西属亚热带季风气候，最冷平均气温6℃以上，南部全年无霜，年降水量1500毫米左右。由于水源和气温适宜，农作物一年可二熟至三熟。主要有水稻、玉米、薯、甘蔗、茶叶等，盛产沙田柚、荔枝、龙眼、菠萝、罗汉果等水果，还有桂皮、八角、茴油、田七、蛤蚧及柳木、松香、烤胶、南珠等特产。

福建：福建省简称"闽"，位于我国东南沿海，与台湾省隔海相望。先秦时分属楚越，秦时设闽中郡，汉代属扬州；唐代取福州和建州中的各一个字，设置福建观察使，宋时为福建路；元初并入江浙行省，后改设省，沿用至今。现下辖9个地级市，85个县（市、区）。全省陆域面积12.14万平方千米，海岸线长3552

千米。人口3552万，^①有汉、畲、回、苗、满、高山等民族，省会福州。

福建有"山国东南"之称，丘陵山地面积约80%以上，素有"八山一水一分田"之称。沿海福州、漳州、泉州、莆仙一带为平原。福建海岸边线曲折，多岛屿。属亚热带湿润季风性气候，无霜期长达8—11个月，年降雨量1000～1900毫米。

该省具有山海优势，农林海产资源丰富。闽东南作物可一年二至三熟。盛产水稻、甘蔗、烟草、麻、茶叶和热带亚热带水果。名茶有武夷山岩茶、铁观音茶、乌龙茶、茉莉花茶等。龙眼、香蕉、柑橘、荔枝、枇杷、菠萝为福建"六大名果"，其中龙眼产量居全国第一，荔枝产量居全国第二。特产为竹木、松香、闽笋、香菇、银耳、药材，此外莲子、水仙花等也很有名。近海盛产带鱼、黄鱼和贝藻类。福建森林覆盖率达39.5%，仅次于台湾省，居全国第二位。

海南：海南省简称"琼"，相隔琼州海峡与广东省相望，包括海南岛和西沙、中沙、南沙群岛的岛屿及其领海，其海域面积约200万平方千米，是全国海洋面积最大的省。今海南省，汉初设珠崖、儋（dān）耳二郡，三国时始有"海南"之称，明代设琼州府，清代始置琼崖兵备道，1988年海南建省。现下辖3个地级市，6个县级市，4个县，6个自治县，4个市辖区。全省陆地总面积约3.4万平方千米，海岸线长达3324千米，仅次于广东省，其曲折程度居全国之冠。人口908万人。^②有汉、黎、苗、回等民族，省会海口。

海南省是典型的热带海岛型地区，有"南海明珠"之称，海南岛是我国第二大岛，中部为五指山，沿海平原台地占全岛三分之二，属热带季风气候，长夏无冬，高温多雨，月平均气温20℃以上，降水量多达1700毫米。

海南岛是我国热带作物基地，物质资源十分丰富。橡胶产量占全国60%，出产剑麻、咖啡、椰子、菠萝等热带作物。雨林中盛产贵重木材、藤类、南药及珍贵鸟兽。附近海域盛产石斑鱼、海龟、龙虾等。

---

① 中华人民共和国民政部编：《中华人民共和国行政区划简册》，中国地图出版社，2013年。
② 中华人民共和国民政部编：《中华人民共和国行政区划简册》，中国地图出版社，2013年。

台湾：台湾省简称"台"。位于我国东南沿海的大陆架上，西隔台湾海峡与福建省相望，东临太平洋。台湾自古为中国领土的一部分。古籍中称夷岛，汉晋南北朝名夷洲，元明设巡检司；明末郑成功驱逐侵略者，收复台湾；清初置台湾府，属福建省，1885年立为省。台湾省包括台湾岛及澎湖列岛、兰屿、绿岛、彭佳屿、钓鱼岛、赤尾屿等86座岛屿，是我国第一大岛。全省面积3.6万平方千米，其中台湾岛约3.59万平方千米，海岸线总长1600千米，总人口2300多万[①]，有汉、高山等民族。省会台北。

台湾中央山脉纵贯南北，构成台湾岛的"屋脊"，将全岛分为不对称的两个区域。其中玉山海拔3997米，是我国东部最高峰。台湾西部为各河流冲积而成的平原，北部狭窄，南部较宽，台南平原是该省最大的平原，是该省农业最盛、人口最密的地区。此外，屏东平原、台中盆地均为台湾省重要农业区。台湾地跨北回归线，并受台湾暖流影响，属热带亚热带季风气候，夏季长达7—10个月，年降水量多在2000毫米以上，夏秋多台风暴雨，雨多风强为气候特色。

台湾自然条件优越，作物一年三熟，素有"宝岛"之称，主要作物有稻米、甘蔗、茶叶及水果，盛产香蕉、菠萝、龙眼、荔枝、木瓜、柑橘、橄榄。特产为天然樟脑、香茅油。近海远洋渔业发达，盛产珊瑚。

香港：香港特别行政区位于南海之滨，珠江口东侧，包括香港岛、九龙半岛、新界三部分，总面积1104平方千米，人口约703.35万（2013年），以华人为主，外国人占5%左右。香港在清代属广东新安县，鸦片战争后被英国强行"租借"，1997年7月1日回归中华人民共和国。香港与九龙半岛间隔着深水海港，气候温暖湿润，年降水量约2300毫米。香港特别行政区是一个自由贸易港，世界各地的商品云集，这里是世界金融中心。

澳门：澳门特别行政区位于南海之滨，珠江口西侧，包括澳门半岛、冰（dàng）仔、路环岛，总面积29.50平方千米，人口约为54.22万（2013年）。澳门

[①] 中华人民共和国民政部编：《中华人民共和国行政区划手册》，中国地图出版社，2009年。

自古即属于中国领土，明代时属于广东香山县，16世纪为葡萄牙所占，逐渐发展成为一个国际贸易港口城市，在中西文化交流中起着重要的桥梁作用。1999年12月20日澳门回归中华人民共和国，与香港一样设立特别行政区。澳门以旅游业著称，博彩业发达。

包括以上地区在内的中国饮食文化区域概念中的东南地区，在我国历史上是一个后来居上的地区，古代这里是百越族的聚居之地，由于远离中原，开发迟缓。秦汉以后随着中原汉人的南迁，东南地区汉化程度日高。自唐宋以来海上贸易的发展使这一地区变得日趋重要，广州港和泉州港地位显赫。明清时期，东南地区的发展突飞猛进，珠江三角洲一带的经济发展水平已赶超长江流域。由于有着澳门和香港的特殊地位，东南地区得风气之先，这里成了中西文化交汇的桥梁。进入近代社会，东南地区更成为民主革命的策源地，这里拥有全国最多的华侨，使这一地区和世界联系紧密。地处东南海滨，开放和兼容的传统，使它不断地吸纳先进文化，与时俱进。在历史的积淀和升华中，东南文化成为中国文化中的一面亮丽的旗帜。

第二节　滨海地貌的形成与东南地区的开发

探究滨海地貌的发育形成过程，是解读东南地区饮食文化与地理环境关系的重要环节。我国东南海岸的形成和开发，经历了漫长的历史进程。远古时期台湾、海南和沿海大小岛屿与东南大陆本是连成一体的，随着海浸与地球板块活动的加剧，才逐渐形成海岛，这正是东南地理共性的源头所在。而东南地区的开发重点主要集中在珠江三角洲、韩江三角洲以及闽江流域与厦、漳、泉三角地带。滨海的地貌特点对本地区饮食文化的形成和发展起着决定性的作用。

一、海浸与大陆架的形成

从地理学角度看，东南地区不是一开始就有的，它作为欧亚大陆的前板块，是受到华南褶皱系和台湾褶皱系的波动影响而形成的。除了受地质构造因素控制外，和全球性的海平面升降更有直接联系。特别是第四纪以来，气候变化，冷暖交替，大陆冰川与山岳冰川时进时退。当气候变暖，冰川溶融退缩，海平面上升，海域扩大，大陆架以至滨海平原受到海浸[①]。近年来根据沿海沉积物出现的海陆相交互叠，科学工作者发现整个第四纪沿海地区发生过四次明显的海浸和海退[②]，对海岸地貌发育发生了直接的影响。

早在中新世纪初期及其以前，发生过两次海退和一次海浸，导致了海岸线的往返推移，东南沿海的大陆被海水入侵，海岸边线向大陆推移。到晚更新世后期，世界进入另一次冰期，在中国相当于大理冰期[③]，欧洲相当于玉木冰期[④]。这次冰期使海平面下降130米，在水深150～160米的大陆架均露出海面。南海区在雷州半岛西北的铁山港海底上，还保留当时大陆架上发育的河谷遗迹；珠江口外的古河道一直延伸到大陆架转折线的附近，在南海近岸海底发现有淡水源的沉积层和红色风化壳。这些海底的地质构造，证实了南海大陆架曾经有一段时期是陆地，有着丰富的陆源物质堆积。当时，台湾、海南岛和沿海的大小岛屿，成为大陆架平原上的山丘，与大陆连成一片，大陆上许多哺乳动物又一次向岛上迁移。而西沙和南沙则有更多的珊瑚礁突出在海面附近。

---

① 海浸：即海进。在相对短的地史时期内，由于海面上升或陆地下降，造成海水面积扩大，陆地面积缩小，海岸线向陆地内部推进的地质现象。参考《中国大百科全书·地质学卷》，中国大百科全书出版社，1993年。

② 海退：在相对短的地史时期内，由于海面下降或陆地上升，造成海水面积缩小或陆地面积扩大，海岸线向海洋方向推进的地质现象。参考《中国大百科全书·地质学卷》，中国大百科全书出版社，1993年。

③ 大理冰期：代表中国末次冰期，最早的提出者是德国学者GrednevWilhelm，后来大理冰期的概念在李四光的文章中得到引用，逐渐为国内广大的冰川学者所接受。

④ 玉木冰期：第四纪大冰期的末次冰期，发生在距今7万—1.1万年间。

大约距今1.1万年，更新世最后一次冰期结束，全球进入冰后期，气候转暖，海面开始回升。大约在距今6000年，海浸达到了最大规模，在前次冰期露出海面的大陆架和沿海地区全被海水淹没，台湾、海南岛以及沿海其他的岛屿又与大陆分离，此后海面变动趋于平静状态，但仍有微微上升。

在海浸的漫长岁月中，整个大陆架逐渐形成，并被淹没在浩瀚的南海之中，大量的植物、动物的遗骸和各种的浮游生物，长期沉积在大陆架下而形成堆积层，这便是目前南海石油资源的来源。海浸向北的推进，使河口前的陆地沉没在浅海中，成为浅海沉积层，河口被海水冲击，水平面提高，使河流冲积力降低，加上海水顶托而发生的回流，使河床大量增加沉积，于是附近的低地被沉积物扩散淤填，在洪水到来时，出海口溢满，河道的急流自然从两边的低洼河岸溢出冲刷出无数新支流，故东南地区的江流出海口河涌①特别多。东南地区形成了一片水网之乡。②

二、广东珠江三角洲和韩江三角洲的发育和垦殖

1. 珠江三角洲的开发

广义的珠江三角洲，一般是指西江三榕峡以下、北江飞来峡以下、东江剑潭以下的冲积平原以及部分的丘陵、台地，统称为广义的珠江三角洲，又称大三角洲，总面积为3.4万平方千米。狭义的三角洲是指，西起三水思贤滘（jiào），东至东莞石龙，南至新会崖门，面积约1万平方千米的沙田平原区。

珠江三角洲在不同的历史时期有不同的地貌，它在江流的沙泥冲积下，自北向南从海口拓展，随着人口的逐渐增多和农业技术的进步，珠江三角洲的垦殖面积也不断扩大。

---

① 河涌：广东的地方方言，即河汉，但它多指人工开挖的渠道。

② 曾昭璇、黄伟峰：《广东自然地理》，广东人民出版社，2001年。

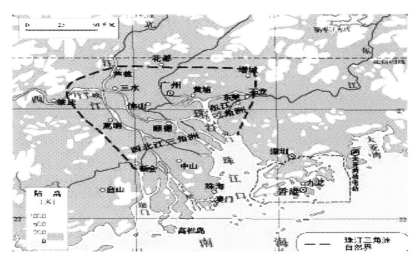

图1-2 珠江三角洲（《中华人民共和国行政区标准地名图集》，星球地图出版社）

　　早在新石器时期人们已在珠江三角洲上生息繁衍，佛山河宕遗址、西樵山采石场遗址、增城金兰寺等遗址都留下了先民们的足迹，古越族人在这片沃土上渔猎垦殖创造了早期文明。珠江三角洲的早期开发自秦汉开始，由于大批中原汉人的入迁，改变了这里的原始面貌，使这一地区进入到封建文明。从秦汉至魏晋南朝，珠江三角洲得到逐步的开发，但当时的水源充足，林木茂盛，水土流失甚少，珠江三角洲的成陆发育迟缓。由于冲积平原狭小，受到环境的局限，生产发展比较缓慢。唐代以后珠江三角洲成陆加快，原因是岭南地区人口增加，对河谷和山地的开发利用导致了水土流失，于是河流的泥沙显著增多，河口淤积加快，从而加快了珠江三角洲的发育。宋代人们开始在珠江三角洲的一些河道大修堤围，加强对低洼地的利用，重点在西江羚羊峡至甘竹滩的沿岸和三水至佛山的河道沿岸大修堤围，垦辟围田，在东莞海边筑堤防潮。堤防的修筑加快了边滩的发育和三角洲的延伸。明清时期随着经济的发展和人口压力的增加，围海造田成为一股热潮遍及各地。沙田开发以番禺、顺德、香山、新会、东莞最多，道光《南海县志》记："昔筑堤以护既成之沙，今填海以为陆。"人们总结了经验，通过

"鱼游、橹迫、鹤立、草埗"等不同阶段的沙地改造,加快了珠江三角洲成陆的速度,万顷沙田沿着珠江各出海水门不断延伸。随着历史向前推进,珠江三角洲已变成一方水肥土厚、人口密集的富饶之地,农业生产走在全国的前列,成为著名的水果、蔬菜、花卉、蚕桑、甘蔗等作物的生产基地。

2. 韩江三角洲的开发

距今6000—5000年,韩江三角洲仍然是一个下沉的大海湾,海宽水深,波澜壮阔,海水直迫今天的潮州市附近的韩山、竹竿山及揭阳榕城镇以北。以后在韩江、黄岗河、榕江、练江带来的泥沙,不断在古海湾带沉积,逐渐填积成今天的潮汕平原。韩江三角洲是潮汕平原的主体,以潮安为顶点向南分布,东北到莲花山地,西以桑浦山为界,面积973平方千米。外围陆地为海拔100~250米的低丘,内有五列与海岸平行的北东向丘陵。平原顶部扇形冲积平原和下部沙陇区地势较高,海拔2~15米,中部为低平原,海拔2米以下。这里的河道潴(zhū)积成湖,地面积水不易排泄,河网密度2.5~4.5千米/平方千米。沉积时代开始于晚更新世中期前段,尤以距今6000—5000年为盛。平均沉积速率2.32毫米/年,平均向海推进速度5.05米/年。

韩江三角洲的开发较晚,汉唐之际此地是百越民族的遗裔俚、僚人的天下。唐代韩愈任潮州刺史时期,这里依然鳄鱼为害,人口稀少,林莽纵杂,野兽横行。随着贤哲之士入潮,中原文化迅速传播,宋代潮州一带发展迅速,笔架山的陶瓷已远销海内外。元代以后,东南地区的移民日渐增加,特别是迁自福建的"福佬",其中莆田籍最多,至今的潮州话即是闽方言的变种。明清时期韩江三角洲已是个钟灵毓秀、人文鼎盛的地方,人口迅猛增加,围海造田加快,经过不断的开发,这里已变成全国人口最密集的地区。

韩江三角洲是广东第二大三角洲,自然条件优越,由于田少人多,土地利用率高,是全国著名的粮产区。这里的农业生产以精耕细作而闻名于世,有"种田如绣花"的美誉。这里以种植水稻为主,一年两季;大多数地方在晚稻后再种其他作物，达到一年三熟，复种指数较高。这里又有"蔬菜王国"之称，有着精湛的蔬菜栽培技术和腌制技术，在生产中充分利用合理密植、立体栽培、循环利用的效果，创造出高产纪录，并成为华南地区主要的蔬菜良种基地。韩江三角洲还是广东重要的经济作物和水果产区，尤其是以甘蔗和水果为大宗，特别是中外闻名的潮州柑，质优味美，已有300多年的历史，被称为"柑橘皇后"。

三、福建在各个历史朝代的开发

1. 两个最发达的地区——福州平原、厦漳泉三角区

福建省丘陵山地占全省总面积的80%，农业生产主要分布于河谷盆地和各河下游的冲积平原区，主要有漳州平原、福州平原、莆仙平原、泉州平原。闽江是福建省最大的河流，发源于武夷山脉，由上游的建溪、富屯溪、沙溪三大支流于南平附近汇合后称闽江。闽江下游流经福建洪塘附近，分南北两港，称乌龙江和白龙江，至马江合，东流入海。这使闽江冲积的福州平原成为全省重要的粮食产区。此外，西溪、九龙江、晋江冲积而成的厦、漳、泉三角地带也是福建省重要的经济区域，得天独厚的地理环境对发展航运、海产和滩涂围垦创造了有利的条件。这两个地区成为福建省的经济龙头，同时也成为文化的聚焦之地。

2. 早期开发始于三国时期

古代福建交通不便，省内峻岭连绵、河流湍急，向有"闽道比蜀道难"之说。尤其是与江西、浙江交界的武夷山脉及仙霞岭的阻隔，使古代的闽地与中原隔绝，先进的文化和生产技术难以传入，生活在这片土地上的闽越土著保留着原始落后的耕作方式。秦汉以前福建省大部分地区未开发，地广人稀。随着中原汉人的迁入，经济逐步发展。三国时孙吴对闽多次用兵，开拓南方，福建进入了早期的开发。魏晋南北朝时期，吴越与中原人不断入闽，如乾隆《福建府志》卷七十五记载：西晋怀帝永嘉二年（公元308年），中州大乱，衣冠大族八姓入闽，

"林、黄、陈、郑、詹、邱、何、胡是也"。南梁武帝太清二年（公元1548年），侯景之乱，移入闽的建安、晋安、义安郡者不少。

3. 唐五代的大力开发

唐五代福建经济有一定的发展，闽中山区也开始了开发。中唐以后，福建已成为江南主要产粮区之一，五代王审知[①]治闽29年间薄赋轻徭，鼓励垦荒，兴修水利，沿海人民缺田少地，就用筑堤潟（xì）卤的办法进行围海造田。与此同时王审知招纳中原名士，发展海外贸易，促进福建的发展。唐代福建已成为全国主要产茶区，陆羽所著的《茶经》中已有关于福建茶叶的记载，福州的"方山露牙"是全国名茶。福建沿海的侯官、长乐、连江、长溪、晋江、南安六县盐产丰富，成为唐代政府榷盐税收的主要来源之地。

4. 宋代开发的长足进展

宋代福建经济有长足发展，北宋时继唐掘六塘，又在莆田木兰溪上修建了著名水利工程——木兰陂（bēi，山坡），保障了农业的灌溉。当时土地开发达到新高峰，《宋史》卷八十九记载："土地迫狭，生籍繁多，虽硗（qiāo）确之地，耕耨殆尽。"由于田土少，于是农业的精耕细作水平大大提高，同时大力发展山区的经济作物，茶叶、棉花、甘蔗、水果的生产全国闻名。尤其是闽茶的生产成为全国之最，建州北苑茶、武夷茶闻名天下。

5. 明清时期的全面开发

明清时期是福建省进入全面开发的时期，商品性农业生产有了显著的发展，精耕细作的农业技术得到更广泛地推广，耕地面积不断地扩大，山区得到了进一步的开发。这一时期番薯、玉米、花生的引进和推广解决了贫困山区的粮食和油

[①] 王审知（公元862—925年），字信通，又字详卿，光州固始（今属河南省）人。唐末，从其兄王潮，随王绪起兵。唐光启元年（公元885年）入闽。唐光化元年（公元898年），任福州威武军节度使。五代梁开平二年（公元908年），封琅琊王。五代梁开平四年（公元910年），受封为闽王。

料问题，这是平民饮食的巨大进步，也使福建沿海地区的农业结构产生了重大变化。明清是福建经济作物迅速发展的时期，《福建通志》卷五十五记："……始辟地者，多植茶、蜡、麻苎、蓝靛、糖蔗、荔枝、柑橘、青子、荔奴之属，耗地已三分之一，其物犹足供食用也。今则烟草之植耗地十之六七。"※漳州、泉州、兴化逐渐成为著名的甘蔗产区，安溪、长汀、上杭成为重要的烟草产地。茶区、蔗区、烟区、果区的作物区划分日渐明显。与此同时，海洋经济的发展成为濒海地区的一大特色。它体现在：晒盐业的发明和推广，这是盐业生产的巨大进步。沿海滩涂养殖业的兴旺，海上捕捞渔业产量大增，渔场有新的开发。沿海渔民"春冬则蛤蛎资生，夏季则捕鱼为业"。如福安、霞浦、晋江、漳浦等地养蚝业发达，其插入竹法养蚝①得到推广。此外，蛏、泥蚶、海蛤均为福建沿海的名产，《潮州府志》记"蚶苗来自福建"，福建蛤类的"西施舌"闻名国内。故有"海者，闽人之田"之称。海产资源的开发和利用对福建饮食影响巨大，以海产品为重要食料成为闽菜的传统风格。

清初郑成功收复台湾和清政府统一台湾，使大量的漳、泉人渡海徙居台湾，同时也使闽菜成为台湾饮食文化的主流。

6. 近代以来的变化

近代以来福建发生了巨大的变化。1842年英国侵略者强迫清政府签订了《南京条约》，福州和厦门成为通商开放的口岸，封建自然经济瓦解，洋货充斥省内，中西文化的全面接触，使福建饮食文化发生了深刻的变化。如开始吃西餐、饮咖啡，国外的碳酸饮料、啤酒、洋酒的输入，改变了海滨市民的生活。这一时期福建茶叶生产进入全盛期，五口通商以后外国商船直抵福州、厦门装运茶叶，福州成为全国

※ 编者注：为方便读者阅读，本书将连续占有三行及以上的引文改变了字体。对于在同一个自然段（或同一个内容小板块）里的引文，虽不足三行但断续密集引用的也改变了字体。

① 即"插竹养蚝"法，我国宋代已有之，是南方进行褶牡蛎采苗和养成的一种普遍方式，有插排、插节、插堆三种插法。该法能有效地利用水域，单位面积产量高，操作方便，福建省和台湾省多采用这种方法养蚝。

三大茶市之一，也是全国最大的花茶加工基地，厦门成为乌龙茶的主要输出港口。此时，福建省三大茶区基本形成，即闽北老茶区、闽东红茶区和闽南茶区。

四、广西钦州、防城、北海滨海地带的发展

广西的钦州、防城、北海三角地带位于钦江和廉江的冲积平原之上，前临北部湾，有"北部湾三角洲"之称。这一地带在汉代属合浦郡的滨海地区，是古代"海上丝绸之路"的起点之一。《汉书·地理志》有明确记载，当时从徐闻、合浦出发的船只，通过波涛起伏的海路，穿过北部湾，贯通东南亚各地，到达印度洋彼岸，将绮丽的丝绸送到东南亚、南亚各国，换来香料等各种异国货物。自秦始皇统一岭南，派史禄（监御史名禄）开凿灵渠，连接了湘江与漓江，沟通了长江水系与珠江水系，灵渠成为南北交通大动脉的枢纽。灵渠的南端最终点便是徐

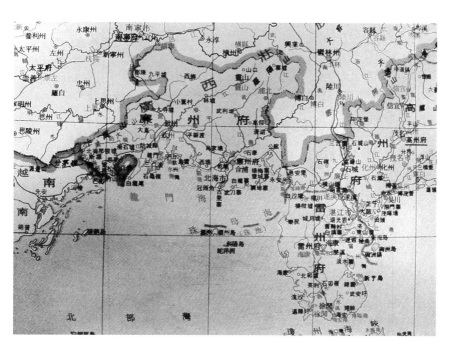

图1-3　北部湾三角洲（《中华人民共和国行政区标准地名图集》，星球地图出版社）

闻、合浦，其路线是过灵渠、入桂江抵苍梧（梧州）溯江到滕县，逆北流江南下抵北流，最后顺南流江直下到达合浦。这一地区自古以来便一直处在海外交通的重要位置。

钦州、防城、北海三角地带自古以来是海防要地，钦州因临大海，地势险要，与越南相望，是军事要冲。北海南滨大海，西望越南，为两粤屏藩要襟之地。防城是交趾自海登陆中国的要隘、钦、廉二州的门户，古人称为"防城"，其意深远，西南面的东兴与越南相邻。防城港是来自东南亚各国的船舶必经之地，因此南洋群岛的饮食风尚是从这一条航道传来的。

在明清时代廉州和钦州的生产水平尚比较落后，嘉靖《广东通志》卷二十记：廉州府"据山濒海，风气粗劲，重货轻生，男子不耕不商，妇女不织不蚕，生计最拙，多利盐鱼为生。日用所资，转仰于外至之商"。而钦州"连近交夷民，不通艺，重贿轻生重利轻义，市不用量而相信以筒，田不计亩而约数于禾"。清代后期这一地区有了长足发展，1844年法国强迫清政府签订了不平等的《黄埔条约》，规定在通商口岸建造天主教堂；1876年中英签订了《烟台条约》，增开了北海等地为通商口岸，从此中外文化交流日趋频繁。外地商人的活动促进了当地经济的发展。据民国《广东通志稿》所记，清末民初的钦州县每年谷产额约700万斤，糖约500万斤，油约100万斤。钦州、防城、北海三角地带在近代开始了新的发展。

钦州、防城、北海三角地带有着渔盐之利，是著名的产盐区，该地的白石盐场设自明代，属北海盐课提举司管辖，场署设于合浦县城，下属有11个分场，盐产丰富。三角地带濒临的北部湾，海面广阔，海水较浅，水温高，海产丰富，是我国优良的热带海洋渔场之一，盛产青鳞、横泽、池鱼、丁鱼、马鲛、仓鱼、鱿鱼、墨鱼、海参、海虾、牡蛎。沿岸的珍珠、蚝类养殖场广布，其中南珠的生产世界有名。除海产外，这里的八角、茴香、玉桂也销售到境外，还有那勤、大菉所产的蕨粉既可充饥也能治疗泄泻之疾，是为著名特产。

近代以来北海发展为新兴的海港、渔业基地和旅游城市。北海物产资源丰富，特别是海产品种为我国大陆沿海城市之冠，尤其是以珍珠、海马、海龙最为著名。这里有中国第一滩北海银滩，神秘的火山岛涠洲、奇特的森林红树林吸引着大批的游客前来观光。旅游业的发展带热了饮食文化的发展，钦州、防城、北海三角地带逐渐走向富饶。

第三节　东南地理环境决定了饮食文化的丰富内涵

地理环境造就了地域的自然物产，而自然物产给人们带来了饮食资源，因此饮食文化和地理环境密切相关，严格来说，地理环境决定了人类的生存方式。

东南地区既有高山密林，也有肥沃的三角洲平原，既有众多的丘陵山地又有广阔的滨海湿地，这些多种的地形地貌构成了东南地区地理环境的重要特征，由此也带来了得天独厚的饮食资源。地处海上交通枢纽的地理位置，又使东南地区成为中外文化的交汇之地，因此，东南地区的饮食文化富有强烈的兼容性与多元性。

一、优质生态带来了得天独厚的饮食资源

东南地区的气候属热带亚热带气候，其特点是四季温和，全年多雨高温。东南地区在远古的时候是一片热带亚热带森林，也有丘陵或山间灌木丛林和林间草地，这里生存过恐龙、犀牛、巨獏、东方剑齿象、纳玛象、大熊猫等珍贵动物。至今在粤北地区留下了大量化石，如在南雄发现有恐龙蛋、恐龙的脚印等化石。气候条件优越，有利于各种植物的繁殖和生长，因此东南地区的植物种类特别多，很多植物经冬不凋，全年可生长发育。许多远古时代的植物，如冰河时期遗存的银杉、银杏（白果）、水松、亚铁杉，以及许多古老的植物如黑桫（suō）椤、水松、观光木、苏铁蕨、鱼尾葵等至今生存于境内。福建省的武夷山脉，野生动植物资源异常丰富，以"生物标本的模式产地"而闻名，丰富的野生植物资

源为人类生存奠定了丰富的物质基础。

东南地区以丘陵山地为多，植物资源居全国首位。粤北、桂北、闽西盛产香菇、木耳、银耳、竹笋、板栗、山药、黄花菜、大肉姜、蕨菜等珍蔬。银杏是世界罕有的珍稀植物，但在桂北和粤北却是银杏的丰产区。东南的闽茶自宋代以来已享有盛名，武夷山产的武夷岩茶为中国名茶之一，安溪的铁观音，福州闽侯地区的茉莉花茶、福安红茶也名满天下；粤茶有苦丁、潮州凤凰单丛、饶平白叶单丛、英德红茶、鹤山古劳茶、乐昌白毛茶、肇庆紫贝天葵等；广西有桂花茶、桑寄生茶。

东南地区的蔬菜更是不胜枚举，长年四季瓜菜不断，品种之多、产量之高堪称全国之最。粗略统计东南地区的常见菜蔬达30种以上，而许多东南特有品种就更为珍奇，《广东新语》记广芋有14种之多，最美的是黄芋，次之白芋，再次之红牙芋。广西则以荔浦香芋闻名。东南多薯，有葛薯、白鸠薯（土山药）、黎峒（dòng）薯、木薯，皆甜美可口，还可作副粮。此外，广西产的食用香料丰富，产量大，如肉桂、茴香、八角，在国内外市场上占有重要地位。台湾、海南岛的椰子、腰果、槟榔、胡椒、可可、咖啡、香茅是著名特产。

东南地区是个水果王国，丘陵和平原盛产荔枝、龙眼、香蕉、柑橙、青榄、芒果、菠萝、杨桃、番石榴、木瓜、甘蔗、人面子、蒲桃、凤眼果、柠檬。山区多产柚子、青梅、桃子、三华李、奈李、无花果、蜜橘等。一年四季水果不断。

东南地区是个水乡泽国，可供食用的水生植物资源多样，莲藕、莲子、荸荠（马蹄）、慈姑、菱角、茭笋、薏米、芡实等，视为席上之珍。其中福建建宁、建阳的莲子、肇庆的芡实、广州泮塘的"五秀"（莲藕、马蹄、慈姑、菱角、茭笋）均为名产。

由于气候条件优越，东南地区热带、亚热带的飞禽走兽都在此大量繁衍，咸淡水域的鱼、虾、蟹、贝丰富，湿地的各类两栖动物和爬行动物特别多，肉食资源取之不尽。常见的山珍有山鸡、禾花雀、野兔、山瑞鳖、黄猄（jīng）、野猪、田鸡、蛇、鹧鸪、山龟等。

东南地区的自然条件极利于农业的发展，由于全年高温，植物生长季节长，一年之内粮食可三熟，蔬菜可获8～11茬，蚕茧可收8次，茶叶可采摘7～8次，塘鱼可放养3～4次，多熟制农业为饮食提供了丰富的资源。

东南地处海外交通的要冲之地，来自海外的植物不断被引进，如可可、番石榴、番茄、玉米、烟草、荷兰豆、辣椒、番薯、花生、马铃薯等作物在不同时期陆续引进，这些作物都首先从东南地区试种再推广到内地，使当地的民众大大得风气之先。近代以来随着中外贸易的不断发展，进口海味不断输入东南沿海市镇，如东南亚的海参、燕窝、龙虾，大洋洲、美洲的鱼翅、鱼肚，日本的鲍鱼、元贝、海参，澳洲鲍鱼……世界的名贵海味，都汇聚东南。丰富的饮食资源，为形成丰厚的饮食文化底蕴提供了物质前提。

二、滨海带来了海洋文化的饮食特色

东南大陆海岸线约占全国海岸线长度的一半，加上有海南和台湾两大宝岛，海产资源富甲天下，故有"黄金海岸"之称。中国海洋鱼类多属热带和亚热带性，大约有2000种，其中渤海、黄海约有300种，东海约有600种，南海约有1000种，算下来，东南海域的鱼类占全国总鱼类的80%。东南人开发海洋资源的历史悠久，从广东潮州市发掘的贝丘遗址推断，东南的海洋捕捞已有5000年以上的历史。进入当代社会，已形成沿海、近海、外海及远洋四大捕捞作业，形成东南地区诸多的著名近海渔场。沿海先民自古以来就以嗜食海鲜，善烹海鲜而著称于世，于是以海鲜为特色的饮食习尚成为东南地区的一种传统，在东南百姓的生活中充满着海洋文化的气息。

东南沿海的河流多短小独流，对海水的冲淡现象不多，海水盐分浓度较大。沿海太阳照射强烈，利于修建盐田的滩涂较多，故盐田分布不少。清代，单是广东一省的盐产已能供给黔、桂、赣、闽等多个地区。东南地区盐产丰富，不但用于调味，还用于保鲜，在食品加工中以盐腌制的食物品种特别多。

东南地区的海域位于东南亚海上的交通要冲，包括了濒临浩瀚的南海、北部湾、台湾海峡及东海部分海域。境内河网纵横，流量丰富，港湾众多，内河航运与海洋联通，航运业发达。早在秦汉时期就开辟了从徐闻、合浦出发经南海、太平洋、印度洋抵达斯里兰卡的"海上丝绸之路"。唐代以广州为起航点的"通夷海道"，远达中东和非洲东岸。宋元时期的泉州港一度成为全国对外贸易中心。明清时期澳门、广州的航线达美洲、欧洲和大洋洲，广州成为世界性的东方国际贸易中心。进入到近代社会，东南地区成为中国通往世界各地的重要门户，香港成为世界大港，对东方世界影响深远。一批新的港市如湛江、福州、厦门、汕头相继崛起，成为中国对外贸易的主要通商口岸，大大促进了中西经济文化的交融。外国的饮食文化首先在东南驻足，再向内地传播。东南地区的人民凭着地处沿海的便利条件，诸多事情得风气之先，自明清以来，大批人陆续出洋谋生，逐渐形成了众多的华人华侨，他们把具有浓郁海洋文化特色的家乡菜肴带到世界各地，也从世界各地传回了域外的饮食风习。华人华侨成为饮食文化的传播者，他们改变着世界饮食文化的格局。

三、丘陵山地的饮食风格

东南地区多山，山地和丘陵占全区面积的80%。其中以南岭山地为著名，它位于零陵、永兴、泰和一线以南，上林、桂平、梧州、怀集一线以北，西至从江、宜山，东至闽、赣边界的广大地区均属南岭山地。南岭的山体多在1500米左右，是长江和珠江的分水岭，又是我国中部和南部的气候屏障，同时还是中亚热带与南亚热带之间的一条自然地理分界线。处在这样一条自然地理的分界线上，动植物资源丰富，山珍野味取之不尽，它自然赋予了本区饮食得山海之利的优越条件。东南除山地外，丘陵广布，闽、粤、桂大多数地面为海拔500米以下的丘陵，闽粤以花岗岩丘陵为多，广西以石灰岩丘陵分布为广。丘陵山地大部分土地贫瘠，农业发展水平不高，于是形成了东南地区的另一种饮食特色——山区饮食。

山区饮食以稻谷为主粮，增加以番薯、玉米、芋为副主粮，符合多种养分吸收的保健饮食原则。因为单一的稻谷主粮以淀粉为主体的饮食结构，并非是最优的饮食搭配。山区饮食依赖山区的自然生态资源，大力发展以豆腐、腌菜、竹笋为特长的山区菜，客家饮食文化就是这一地区的典型。山区饮食由于受到经济条件的限制，相对比较粗放，但正因粗食，促进了人体的健康成长。例如，山区喜食糙米（去谷壳后的米粒不做第二次加工，使米粒光滑），食糙米的习惯，能预防脚气病，增加多种维生素。山区多食粗纤维植物，对增强肠胃蠕动、有利排泄、防止肠癌大有益处。从营养结构看，山区饮食低脂肪、低蛋白、低糖、低油，对人体健康大有裨益。山区烹调不用繁杂的香料和调味品，多用简约省时的烹调方法，却能烹制出清新美味的菜肴，像客家的砂锅菜、酿豆腐、东江盐焗鸡等，都是雅俗共赏的名菜，也是物美价廉的典范。山区饮食从食料取材，食品加工，燃烧烹煮，到残物利用，都较合理地利用了山区资源，同时又保护了生态环境，是一种低碳的饮食生活，它为现代社会寻求健康饮食之路，解救生态危机，提供了宝贵经验。

随着科学技术的发展，人们在重新审视饮食对生命的意义时，山区的饮食文化开始被人们重视，以素食为主体的饮食传统有益于身体健康，符合科学食疗的医学原理，正被人们所青睐。

东南的山地和丘陵形成了众多风景优美的景区，如广西岩溶洞地貌的漓江两岸，山景奇特，风光迷人，素有"山水甲天下"之称，深幽奇奥、变幻离奇的七星岩、芦笛岩、宝晶宫、凌霄岩等岩溶洞穴，都已成为著名的旅游胜地。广东的鼎湖山、丹霞山，福建武夷山等名山也成为游人不绝的旅游胜地。旅游业的发展把当地的名食佳肴带热，美食和美景相得益彰，山区美食逐渐被人们所了解和接受。

四、地理差异和民族传统形成的食俗差别

1. 地域差异形成的不同食俗

东南地区是高温多雨的热带—南亚热带季风气候，降雨量多。日照时间长，年平均气温大于20℃。炎热多雨的气候影响着人们的食欲，这里的人们饮食口味偏向于清淡，因为只有清淡型的口味才能适宜南方炎热的天气。高温闷热，自然会多流汗，于是水分的补充成为饮食养生的第一需要，故东南地区粥汤类食品甚多，饭前饭后汤水不断，这与北方有明显的不同。炎热多雨的气候又很适合甘蔗和水果的生长，因此东南蔗糖丰富，水果多，带甜味的食物多，自然也影响到烹调，偏爱用糖，甜食较全国最为突出。

从饮食器具上看，北方器具大多厚重、雄浑、硕大，而南方器物多小巧、玲珑、华美。形成这种不同文化现象的原因，主要是气候和地理环境的差别。北方寒冷，夏天炎热，温差明显，造就了人们气质上的宽宏、耐力，中原既有广阔平原，又有崇山峻岭，铸就了人们审美观念中的雄浑气魄。南方山清水秀，树木长青，温差不大，自然使人以艳丽为美，狭小的环境使人们从小处着眼，在小的布局中创造出诱人的东西。南北饮食器具的差异还与人的体形、力量的差别有关，北方人的食量多，形体宽厚，南方人偏瘦，个子小，力气也不大，故制作的食器多为小巧玲珑。

从饮食审美看，东南是一个花山果海的世界，这种自然环境赋予人们在饮食中的情趣是追求食品外观浓艳、花哨的风格，追求芳香怡人的感受。这也是受环境生态的影响使然。

2. 不同的民族传统形成的不同食俗

东南地区古代称之为百越之地，少数民族多，族群复杂，饮食风俗大异其趣。自秦汉以来，汉民族不断入迁东南本土，逐步改变着当地的风习，至今汉族成为人口的主体，但民族成分依然繁多。近代以来主要有汉、壮、满、畲、回、

瑶、苗、黎、高山等民族。随着社会的发展，许多少数民族汉化，饮食亦趋雷同。但聚居于偏僻山区的少数民族，由于地理环境恶劣，生产水平低下，饮食文化虽具特色，但发展水平不高。尤其是在新中国成立以前，海南岛的黎族，桂西北山区、粤北山区的瑶族，闽西山区的畲族，主粮生产短缺，长期以薯芋等杂粮充当主食，他们的食俗中尚保存着原始遗风，如"刀耕火种"，"食一山尽，复往一山"，"食尽一方，则移居别境，来去无定"。又如，东南地区的满族大部分是清代驻粤和闽的八旗将士的后代，在清代享有特权，食皇粮，即使南迁，依然保持着本民族的饮食生活，这给东南的饮食文化增添了新的色彩，如包饽饽、拜米缸便是他们的饮食遗产。东南的回族多聚居于广州、泉州、福州等大城市，他们信仰伊斯兰教，始终保留着传统的饮食习俗，清真回回的餐馆长盛不衰，成为最富有民族特色的饮食文化风景线。

中国历史上多次的移民潮是自北向南迁徙的，这股浪潮造就了东南移民社会的饮食特征。入迁的汉民族在东南虽逐步成为人口的主体，但由于移民来自不同的地区和不同的族群，所以即使都是汉族人，饮食风格也各有差异。仅广东省而言，汉民族中就有广府、客家、潮汕之分，方言差异甚大，饮食风格亦不相同。"广府"饮食以广州口味为正宗，"客家"则带有山区风格，而"潮汕"又受闽南影响颇深。福建在明代设立八府，故有"八闽"之称，八闽由于地域和族群的差别，饮食风习也多有不同，闽南和闽西差距甚大，一为海洋风味，一为山区特色。在台湾，闽南、客家移民占主流地位，两种饮食风格各有特色。在香港和澳门则成为国际不同种族聚居的城市，中西饮食并举。随着民族文化的融合，许多先进饮食方式会在具有各种饮食特色的族群中趋向认同和接受，但族群中的某些传统依然被传承和发扬。"千里不同风，百里不同俗"，这正是东南饮食文化的生动写照。

第二章

远古至先秦时期
东南拓荒的先民

利用自然火走上熟食之路，这是原始人饮食史上的伟大创举。东南地区温暖湿润，水源充足，果木丰茂，动物繁盛，早在旧石器时代，珠江流域已有远古人类的活动。新石器时代东南先民已较前代有较大的进步，他们开始种植水稻，饲养畜牧，懂得原始纺织与制陶。至春秋战国时期，生活在东南的百越族已形成并有了较大发展，他们根据本土的生态特点，充分利用本地动植物资源，在保持本民族原始色彩的基础上，探索出百越族特有的饮食风格。

第一节　旧石器时代东南古人类遗址和原始生活

中华人民共和国成立以来，我国华南地区已经发现的古人类旧石器遗址有81处之多，其中大部分发现于珠江流域。原因是珠江流域遍布石灰岩溶洞，适合古人类穴居和栖息，而第四纪地质时期的珠江流域拥有最适合原始人类居住的自然环境，故有学者认为"华南西江水系是寻找和发现我国早期人类遗迹最有希望的地区"①。因此，东南地区的旧石器时代聚焦在两广地区。目前发现的旧石器遗址，主要有广东封开峒中岩、曲江马坝狮子岩、罗定饭甑山、阳春独石仔，广西灵山的洪窟洞和匍地岩、柳江通天岩和陈家岩、田东定模洞、来宾麒麟山盖头洞、桂林东岩洞和宝积岩、柳州白莲洞和思多岩等。此外，还有台湾台南的左镇人遗址。这些古人类遗址，留下了东南地区先民的生活遗迹。

一、东南最早的古人类遗址

1. 封开峒中岩人

封开峒中岩人是岭南地区人类最早的祖先之一，1978年和1979年在粤西封开河儿口的峒中岩发现了古人类牙齿化石3颗，动物化石6目17科21属21种。其中两个猿人牙化石经中国科学院等多个研究单位的专家鉴定，距今已有14.8万年，比起1958年在广东曲江马坝发现的古人类牙齿化石早2.8万年，动物化石大多数与马坝动物群相似，属于晚更新世早期阶段。峒中岩人的发现表明了东南地区的古

图2-1　广东马坝人半身复原模型

---

① 卫奇：《华南旧石器考古地质》，《纪念黄岩洞遗址发现三十周年论文集》，广东旅游出版社，1991年，第155页。

人类是沿着珠江流域自西向东发展的，也进一步证实了著名古人类学家贾兰坡先生所指出的："两广地带就是远古人类东移的必经之地"。

2. 马坝人

马坝人是迄今发现的广东最早的古人类之一，1958年夏天在粤北韶关曲江马坝镇西南狮子山的狮头溶洞内，人们发现一个古人类头骨化石和19种动物的化石。后经北京大学碳14实验室用铀系法测定为距今12.9万年的古人类头骨化石，考古学家命名为"马坝人"，这是岭南地区发现的最早的古人类头骨化石。马坝人头骨化石计有前额骨、部分头顶骨、大部分的右眼眶骨和一小块鼻骨，属中年男性个体，脑容量估计1225毫升。马坝人比北京人晚，前额比北京猿人高，面部具有黄色人种的基本特征。1984年考古学家又在马坝人居住的洞口穴中，发现了一件长形的，由扁圆砾石打制的砍砸器，这次发现填补了马坝人石器文化的空白，进一步证实了马坝人是旧石器中期古人这一史实。

3. 柳江人及晚期智人

东南地区旧石器晚期的古人类化石，主要分布于两广和台湾。柳江人是1958年在广西柳江通天岩山洞下层红色砂质黏土里发现的，有新人化石头骨（缺下颌）、两段股骨和其他零碎化石，与大熊猫、巨貘、中国犀、东方剑齿象等动物化石共存。柳江人头骨属中年男性，脑容量约1480毫升，属年代较早的晚期智人，头骨明显具有南亚黄种人的特征。1956年在广西来宾麒麟山发现一老年男性个体的颅骨化石，年代较柳江人晚。1960年2月在广西灵山马鞍山三处岩洞口堆积中发现8块头骨片、4颗牙齿和其他骨头，属于四五个个体，是晚期智人。广东1965年在封开黄岩洞发掘出两个头骨化石，距今11930±200年。1992年7月在封开渔涝罗沙岩首次清理出有连续地层堆积的旧石器时代遗址，出土有4枚古人类牙齿化石、一批打制石器和大量的动物化石，其年代分别为距今2.24万年、4.8万年和7.9万年，它填补了广东地区从早期智人到晚期智人的史前文化空白。此外曲江马坝狮子岩水洞和银岩发现了6颗人牙化石，狮头岩洞西飞鼠洞出土有一个带臼齿的左下颌化石，均属旧石器晚期的古人类化石。在台湾台南左镇寮溪发现左镇人头骨化石，年代距今3万—1万年，这是台湾迄今发现最早的人类化石。

二、旧石器时代的原始渔猎生活

从旧石器时代岭南先民的历史遗存中我们可以发现，早期智人为获取食物和自然界展开了艰苦卓绝的斗争。两广地区的古人类遗址多穴居于石灰岩洞穴，洞口多在距地面5～20米的高度，以防野兽和洪水，同时方向多朝东南，以便通风。洞穴前地域开阔，必前临小河，如封开黄岩洞、马坝狮子岩都是前临小川，甑皮岩洞内有地下水，这为穴居者饮用水带来便利。

获取食物比其他任何活动都重要，当时获取食物的方式主要有三种：

1. 采集

东南地区丰富的植物资源为先民的采集生活提供了重要的条件，通常妇女多从事采集野生植物的工作。她们采集野果、野菜、植物的根茎，以充饥果腹。由于时代遥远，旧石器时代素食类食品少见遗存，但不容忽视的是，东南地区的植物类食源是十分丰富的，这是区别于草原地区以肉食类型为主的重要特

图2-2　原始砍砸器，广东英德青唐遗址出土

图2-3　原始尖状器，广东阳春独石仔洞穴遗址出土

图2-4　石器时代的石镞，广州出土（《铢积寸累——广州考古十年出土文物选萃》，文物出版社）

征。如在西江流域出土的砍砸石器，不少是用于砍砸植物的，尖状器则多是用于挖掘植物根茎的用具。

2. 狩猎

在两广地区西江流域一带的旧石器晚期遗物中，存有大批古生物的骸骨化石，其中有大熊猫、巨獏、中国犀、东方剑齿象等已绝灭的物种，还有华南豪猪、野猪、鹿、麂、水牛、羊、黑熊、华南虎、豹、猕猴、果子狸等动物化石。旧石器时代晚期，人们猎取野生动物的技术已有很大的提高，对各种动物的习性非常熟悉，同时已掌握了捕猎技术。如设陷阱、火攻、围捕、驱赶动物掉下悬崖等方法。巨兽食用资源丰富，是他们猎取的主要对象，这是在文化层化石中以巨大野兽居多的主要原因。他们使用的砍砸石器，是击毙巨兽的重要武器，也是砸断兽骨的常用工具；切割器、尖状器和刮削器等多用于分解动物肉体。箭镞（zú）的发明和使用在狩猎中有重大意义，广东阳春独石仔洞穴遗址中就有骨镞的出土。恩格斯认为，由于有了弓箭，"猎物便成了日常的食物，而打猎成了普遍的劳动部门之一"① 。弓箭的使用使狩猎进入了一个新的阶段，猎获的动物增多，从而衍生出动物的驯化与家畜的饲养。石镞为细石器，出现于旧石器时代的晚期，故有学者认为使用细石器的人类更善于狩猎。

3. 捕捞

人类依赖自然环境提供的物质而生存，江河、湖泽、海洋的生物资源丰富，早就被人们所食用，人们在狩猎的同时，也进行海产的捕捞。东南地区是水乡泽国，捕捞鱼虾、螺蚌、蚝蚬早已是古人类觅食的重要来源，因此捕捞业较之其他地区更为普遍。旧石器晚期遗址中已出现贝类动物遗壳的堆积层，如罗定饭甑山遗存中有丰富的螺壳堆积，螺壳是去尾的，蚌壳是分离开或被砸烂的，足见这是人们品尝美味后而留下的遗物。封开黄岩洞、螺髻岩遗址均有大量的螺、蚬、蚌壳出土。从中可见捕捞已成为当时人类经济生活中的一个重要部分。

从古人类三种获取食物的方式，我们可以推断，当时的食谱主要是以植物类、河鲜类、山珍类的三大食料组成。植物类主要有果蔬、籽实、根茎类植物；河鲜类多是鱼、虾、螺、蚬、蚌；山珍类的食品以脊椎动物为主，大部分为现生种，即偶蹄类的鹿、牛、羊、野猪及小型肉食类的野兔、果子狸、猪獾、小灵猫等，这和现代东南人的野味类取材有极为相似之处。西江流域出土的遗存如广西灵山、罗定饭甑山、封开黄岩洞的遗址都有灰烬、炭屑、红烧土和烧骨等遗迹，显见当时用火熟食已很普遍，人工取火的方法已经掌握。旧石器时代还没有制陶业，但不排除人们已懂得把食物搁在石板上烧煮。而大量的食物是直接在火上烤炙而成的，因此，烧烤、烟熏、煻煨是当时主要的烹调方法。人工取火的发明对农业生产更有重大影响，用火烧荒，垦辟耕地，"刀耕火种"成为原始农业的耕作方式，因此"人工取火"在人类饮食史上是一个重要的里程碑，它不但带来了烹调技术，也改变了食料生产的方式，即从采集走向农业。

---

① 恩格斯：《家庭、私有制和国家的起源》，人民出版社，1972年，第20～21页。

第二节　新石器时代东南先民的生产状况与原始饮食风貌

新石器时代开始了人类饮食史上的伟大革命，制陶手工业、原始农业、原始畜牧业的出现，使人类饮食从此变得绚丽多彩。闽江、韩江和珠江流域出土的新石器遗址众多实物揭示，东南地区的远古先民已定居于村落，并从事原始的采集、狩猎、渔捞和锄耕农业，原始饮食的风貌已带有浓厚的地方特色。

一、新石器遗址显现东南先民的劳作信息

新中国成立以来，东南地区发掘出数百个新石器时代遗址，主要分布在闽江、韩江以及广大的珠江流域，遗址坐落于河畔、海边、山岗、沙丘或台地上，还有一些是洞穴遗址。著名的有：广西甑皮岩遗址、福建昙石山文化、广东西樵山细石器遗址、英德青塘洞穴遗址、潮州市陈桥村与汕头澄海南峙山贝丘遗址、曲江石峡文化遗址。台湾和海南岛的新石器遗址也不少，但规模不大，文化堆积

图2-5　石器时代的石铲，广州出土（《广州历史文化图册》，广东人民出版社）

图2-6　石器时代的石锛，广州出土（《铢积寸累——广州考古十年出土文物选萃》，文物出版社）

层较薄，这说明远古时代这里是人迹罕至的地方。1968年在台东长滨八仙洞发现的长滨文化，属于1.5万年前旧石器时代晚期的古文化，进入新石器时期以后，台湾发现了大坌（bèn）坑文化、圆山文化、凤鼻头文化等，都与大陆东南地区的新石器文化属同一体系，其中"有段石锛"的使用是重要的例证，说明台湾新石器时代的先民是古越族的一个支系，同时也是今天高山族的先祖。海南三亚市落笔洞遗址是海南迄今为止所知年代最早的一处人类文化遗存，表明距今约一万年的先民们已经在岛上繁衍生息。海南岛新石器时代遗址多分布于省内河流一带的台地和山坡，发现的主要遗址有陵水大港村、东方新街、文昌西边坡、昌边坡、儋州求水岭，此外琼山、琼中、通什也有文化遗存。人们从这些遗址中发掘了大量的石器、陶器以及骨角工具，如石锛、石铲、石镢、石网坠、陶纺轮、石磨盘等，都证明了东南地区的原始人类已定居于村落，从事采集、狩猎、渔捞和原始的锄耕农业。

1. 稻作农业已经出现

水稻种植在南方农业生产中地位最为重要，早在新石器时代越族人已经开始了人工栽培水稻。在东南众多的史前文化遗址中，大部分的石器是与农业生产相关的，不少生产工具都表明了当时锄耕农业的发展。在曲江马坝狮子岩石峡遗址的下层发现了稻谷遗物，经广东农业科学院粮食研究所鉴定，这是人工栽培稻，属籼稻和粳稻，距今约6000—5500年，证实了早在新石器时代珠江流域已经出现了稻作农业。另外台湾省台中营浦遗址中发现了史前的稻谷遗存，有些陶片中印有稻壳的痕迹，文化风貌与凤鼻头贝丘遗址相似，也与福建昙石山文化有相近之处。[①] 此外，石磨盘、石磨棒的出土，也为考古工作者找到了当时谷物加工工具的有力佐证。人工稻谷栽培是饮食文化史上的里程碑，从此稻谷逐渐成为东南先民的主要饮食来源，以稻谷为主食的生活传统一直延至今天。

---

① 韩起：《台湾省原始社会考述》，《考古》，1979年第3期。

2. 渔捞业占有特别重要的地位

东南地区是水乡泽国，鱼虾蟹鳖等水生动物提供了古越人（秦汉以前居住在长江下游及其以南广大地区的民族共同体）丰富的饮食资源，新石器遗址中留下了各种水生动物的遗骸，这正是渔猎经济的缩影。广东、广西、福建、台湾等滨海河湾的一部分越族人主要从事渔猎和捕捞，广泛分布的贝丘遗址和沙丘遗址反映的正是这种情况，其中以福建昙石山文化，广东佛山河宕、潮安陈桥村、海丰沙坑、菝（bá）仔园、三角尾沙丘，台湾金门富国墩、凤鼻头文化、圆山文化等遗址比较典型。这些遗址中具有较多的渔猎工具和海河生物遗骸，其中骨镖、骨镞、石矛、鱼钩、蚝蛎喙、骨蚌器、网坠等渔猎工具都反映了捕捞技术的发展，大量的贝类堆积证明，东南先民们的饮食离不开螺、蛤、蚬、蚌、蚝等水产动物。例如，广东佛山河宕遗址较缺乏大型的斧、铲之类的农具和谷物加工工具，而与捕捞、狩猎有关的工具和武器，数量和种类则较多，3500多块各种陆栖和水生动物的遗骨，是河宕先民渔猎生活的见证。在海南岛，从石制和陶制网坠的大量发现说明捕捞渔业的繁荣。这是东南地区新石器文化有别于中原地区的重要特征。

3. 原始畜牧业的出现

畜牧业的发明是人类食料生产的伟大革命，这是在狩猎物充足的条件下，把

图2-7　原始时期的石网坠，广州出土（《广州历史文化图册》，广东人民出版社）

图2-8　陶鸭、陶鸡，广州汉墓出土（《广州历史文化图册》，广东人民出版社）

猎获的野兽进行驯养而发展起来的。原始畜牧业的出现，大大改善了人类肉食的补给，丰富了人类的饮食资源。据考古发现，猪是越族先民最早驯养的家畜之一，广西桂林甑皮岩、广东佛山河宕、福建昙石山、武夷山等遗址都发现有人工驯养家猪的骸骨。大约在新石器晚期，水牛、猪、狗、鸡、鸭、羊等畜物的饲养已经完备，这从各地遗址的动物骸骨中均可找到证据。1958年福建文管会在闽西武平县岩石门丘山新石器遗址的考古调查中，采集到一件用细泥制作，颜色橙黄，周身印有七排平列小孔的陶鸭，这是百越先民饲养鸭的证明。值得重视的是，水牛是南方特有的动物，它肥美的肉食早已得到古越人的青睐。

4. 原始纺织与制陶

在新石器时代的遗址中发现有纺织用的纺轮。广东的曲江石峡、佛山河宕、南海灶岗、高要茅岗等遗址出土有陶纺轮，上刻有花纹，这是原始的捻线纺织工具。当时的先民广泛利用野生植物纤维织布，原始的葛布应该在这时已经出现。

新石器时期手工业的辉煌创造是陶器，母系氏族时流行手制陶，到父系氏族时使用了轮制陶。轮制陶的出现是陶业技术的飞跃，它增加了产量，也使陶器外形更加美观。曲江石峡文化下层墓葬出土的陶器达1100件之多，盛行三足器、圈

图2-9　原始的纺纱捻线工具：陶纺轮、葵涌（左），青山岗（右）出土（《广州历史文化图册》，广东人民出版社）

足器和环底器，器具足部多有孔洞的装饰。烧制陶器的窑址"**目前已在马坝石峡中层、韶关走马岗、始兴城南澄陂村、兴宁永和铁窑岗和普宁广太虎头埔等新石器末期遗址发现**"[①]。在广东增城金兰寺、东莞万福庵、深圳小梅沙等地还发现有彩陶，多是用红色、赭红色等颜料绘各种花纹图案在泥陶上。福建也有彩陶，发现于昙石山文化和闽江流域，多黑色、赭石、红色的几何纹样图案，彩陶纺轮

图2-10　新石器时代晚期的陶罐，广东佛山河宕遗址出土

图2-11　新石器时期的陶钵，广州出土（《铢积寸累——广州考古十年出土文物选萃》，文物出版社）

---

① 方志钦、蒋祖缘主编：《广东通史（古代）》上册，广东高等教育出版社，1996年，第79页。

图2-12　新石器时期的彩陶，珠海淇澳岛后沙湾遗址出土（《珠海文物集萃》，香港中文大学中国考古艺术研究中心）

图2-13　新石器时期的陶釜，广州出土（《铢积寸累——广州考古十年出土文物选萃》，文物出版社）

图2-14　新石器时代晚期的陶豆，广东韶关曲江石峡遗址出土

数量也不少。台湾彩陶以凤鼻头文化为典型，多以深棕、深红几何图案绘画于红色细泥陶或夹沙陶上。东南地区的彩陶有自身的特点，它较明艳、简洁，多水波纹，带镂孔和刻划纹，表明东南地区已有独成体系的彩陶文化。更值得注意的是这些彩陶以食器为多，珠海沙丘遗址颇有代表性，遗址在淇澳岛后沙湾、三灶岛草堂湾等地，年代距今6000—5000年，出土有手制的圈足和环底饮食器具，其中有釜、盘、钵、罐、豆、器座等。并发现有彩绘陶盘、碗、罐、豆等泥质陶器，彩陶纹饰以水波纹、条带纹为主，并与刻划纹和镂孔组合，形成优美的装饰效果。这说明早在新石器时期，先民们的饮食审美观念已经形成，他们不但追求饮食的美味，同时讲究饮食器具的造型美和装饰美。

二、新石器遗址展现的原始饮食风貌

1. 反映岭南锄耕文化的石峡文化遗址

曲江石峡文化是岭南地区重要的新石器时代遗址，距今5500—3500年，出土的石器生产工具主要有斧、锛、镢（jué）、凿、镰、铲等器，不少是通体磨光，以"有段石锛"和"有肩石器"为典型。代表性的生产工具为石镢，长身弓背，两端有一宽一窄的刃口，最长达31厘米，是适应于南方红壤的深翻土利器，是丘陵地区重要的农业生产工具。在石峡遗址中，出土有人工栽培的水稻品种，以籼型稻为主，也有粳型稻，石镢、石镰、石磨盘等实物证实了在距今4000年，锄耕农业已经在东南出现，它标志着东南人民的祖先已迈向文明的历史阶段。

这里出土的饮食器具，反映了岭南山区的饮食面貌。炊煮用的器具主要有夹砂陶釜、甑、盘形鼎、盆形鼎、釜形鼎、小口釜等。盛食用的器具有三足盘、圈足盘、陶豆、碗、圈足壶杯、罐、瓮等。石峡文化的饮食器具多种多样，精巧细腻，这是岭南饮食器具最集中的典型遗址。石峡遗址出土的还有小巧的酒杯，证明酿酒已经出现。夹沙陶釜普遍使用说明了岭南人爱以砂煲煮饭的习惯可以溯源到新石器时代。甑的使用，表明当时先民已经懂得利用蒸汽去蒸制食物。平底的

图2-15　新石器时代晚期的白陶鼎，广东韶关曲江石峡遗址出土

图2-16　新石器时代晚期的三足盘，广东韶关曲江石峡遗址出土

盘形鼎专门用于煎食，盆形鼎用于煮，釜形鼎用于烹。可见当时焗、煎、煮、熬等烹调技艺已经齐全。

石峡文化出土的陶器折壁处棱角分明，器口普遍制子口，说明器物已经加盖密封，能防虫蚁进入。出土的陶豆，不少覆盖在盘类器上，既是饮食器，又兼作器盖。那时人们已经考虑到一物多用，用盖盖住食物是为了保温和卫生的需要。

代表石峡文化最具特色的食用陶器中，有安接瓦形足、凿形足或楔形足的口盘式鼎、釜形鼎，以及各种的三足盘，这些器具除了三足能平稳安放外，更考虑到食具应悬高置放，便于席地而坐的人们进食和饮食卫生。石峡文化中的食具，足部有一定高度，这种设计蕴含着较精致的创意，这样食物就不会平置于地面，虫蚁不易直接爬上食具，而对于当时习惯于席地而坐的人们，采用了高足食具，替代了一个矮脚几桌的作用，便于席地而坐的人们进食，同时有利于饮食的卫生。

石峡文化的食器已显示出东南先民重装饰，除了刻划纹饰外，典型的是镂孔装饰，在器物的足部常见穿透的钻孔，钻孔的作用除装饰外还可以穿绳索，作提挽器物之用。石峡文化的饮食器具多种多样，酒器、水器、食器、炊器齐备，表明当时饮食器具的制作已发展到一定的水平。

2. 反映先进制陶技术及原始文字的佛山河宕遗址

河宕人是百越族聚落的一支，时间距今5000年左右，它反映珠江三角洲在新石器时代的历史面貌。河宕墓葬的人骨架经中国社会科学院考古研究所鉴定，其体型具有长颅、低面、低鼻根、齿槽突额的特征，平均身高为166厘米，属南亚蒙古种。墓葬中的成年男女有拔牙的习俗，这是古越人的遗风。

遗址中的生产工具大都是砍伐器、双肩石斧、石锛等开山辟林的工具。大量的陶器、窖藏、猪头骨，反映了河宕人以定居的锄耕农业为主，并懂得驯养家畜。从丰富的石镞、网坠、鱼骨、兽骨和贝类遗壳看，渔猎经济仍占相当的比重。

河宕遗址中带刻画符号的陶片已发现60多片，这是原始的记事、记数的符号，属原始文字的萌芽。

河宕遗址中的陶片，分为夹沙陶和泥质陶两类，泥质陶又分为印纹软陶和印纹硬陶。夹沙陶多为炊煮器，泥质陶多为容器。这些陶器手制和轮制皆有，器物沿口经过轮修。河宕遗址还有少量彩陶出土，彩陶是用赭红色在罐、盘口沿绘上纹状图案。在珠江三角洲的深圳小梅沙、东莞万福庵下层、增城金兰寺等地也出土有彩陶片，这些彩陶片为火候较低的细泥红陶，表面磨光，其表面绘有赭红色的条形或叶脉状的图案，亦有白底色，再绘上赭红色的图案。彩陶的出土，反映了新石器时代晚期珠江三角洲由于自然地理的优越，已具有先进的生产水平。早在新石器时代，人们已讲究饮食器具的装饰，彩陶食具的出现是当时饮食文化发展水平的重要标志。河宕遗址告诉我们早在四五千年前珠江三角洲的这支百越聚落，已进入到农业经济，并拥有先进的制陶技术。

3. 反映西瓯越人穴居的甑皮岩遗址

广西桂林甑皮岩遗址是典型的洞穴遗址，1973年进行试掘，发现了丰富的文化遗存。甑皮岩人穴居于石灰岩溶洞，这里能避猛兽，有宽敞的空间，风雨寒暑不受影响，洞内还有水源，是人类理想的栖息之地，遗址年代距今约为9000—4000年。在第三层的新石器遗存中发现了不少陶器，主要有夹粗、细砂的红陶、灰陶，烧成的温度约68℃，还有少数的泥质红陶和灰陶。主要纹饰有绳纹，其他为划纹、席纹和篮纹。陶罐种类很多，其次有釜、钵、瓮，还有三足器，从中可见甑皮岩的饮食器具已比较丰富，食物以陶器承载，并拥有多种器用的食具，这足以说明，当时的人类已步入文明饮食的新阶段。在生产工具中以石器为主，打制和磨制各占半数，有砍砸器、盘状器、刮削器、石砧、石杵等磨制石器，以斧、锛为大宗。因未见带肩和有段石器，这本是岭南地区最为普遍的生产工具，说明了它与广东地区新石器时代文化有一定的差别，受它的影响较少。此外，渔猎工具不少，主要有骨鱼镖、骨镞和石矛。在文化层中有25种哺乳类动物的化石，以麂和梅花鹿为多，遗存中鱼类、龟、鳖、螺、蚌的残骸很多，反映了渔猎、采集为主的经济类型。①

广西甑皮岩遗址中有较多的猪牙和颌骨，据鉴定，猪的个体有67个，从猪犬齿分析，这些已是人工驯养的猪，它反映家畜驯养已经兴起，猪肉在肉食中占有较大的比例。百越先民饲养家猪的历史可以追溯到9000年以上。

在甑皮岩的洞穴中有着石器的加工场和葬地，洞后的洼坑内发现有石器的半成品和废品，人们曾在此地制作石器工具。洞口穴的另一侧发现有被埋葬的死者，已清理出18具人骨，较多的是屈肢蹲葬。头骨附近有鹅卵石和青石板，有的在骨架上附着红色的赤铁矿粉末，红色赤铁粉是鲜血的象征，血液是生命的体现和灵魂的依托所在。在死者身上撒赤铁粉，是祈求死者灵魂不灭的一种原始宗教活动，早在距今1.8万年的北京山顶洞人遗址中已看到这种现象，这表明当时已有了原始的神灵崇拜，也表明了南方与北方精神信仰的趋同性。甑皮岩遗址时期的人类还处在早期的穴居生活阶段，甑皮岩出土文物反映了西瓯越人远祖的生活风貌。

4. 反映细石器文化的西樵山石器制造场

西樵山是一座周长13千米，主峰海拔344米的古代死火山，位于广州西南60千米，坐落在西江和北江之间的珠江三角洲冲积平原之上。山体结构含有丰富的霏细岩和燧石，是开发石料和制造石器的理想场所。从1955年起，经过多次考古发掘和调查考察，发现遗址14处，人工开采石料所形成的洞穴7个，近万件的石片碎屑、石英制半成品、废品和少量的成品。目前对西樵山石器工场的研究尚有争议，但大部分学者认为，这是我国华南地区迄今唯一的石器时代大型开采石材和制造石器的场所。

西樵山类型的石器，主要指石料和器形。在旋风岗一带发现有大批用硅质岩制成的细石器，人们发现这是早期遗址中以细石器为特点的文化遗存，"它与华

---

① 中国社会科学院考古研究所：《新中国的考古发现和研究》，文物出版社，1984年。

北以至东北、北亚和北美的细石器同属一系统，这表明中国细石器文化分布的南界已达南海之滨"[1]。西樵山最具典型的生产工具是以霏细岩为石料加工的双肩石器，包括斧、锛、铲等工具，其器形多样，有椭圆形和梯形石斧，扁平锛、双肩长身锛、有段石锛、铲、长身矛、三角形镞、刮削器、砍砸器、穿孔石饰等打制或磨光的石器。从洞穴残留遗物推测，先民在开采石材时已懂得先用火烧红岩石，再用水淋泼，热胀冷缩使岩石成片剥落，然后制作出各种石器。

西樵山类型的石器在珠江三角洲遗址中广泛分布，这是因为珠江三角洲的冲积平原中缺乏制作石器的良好石料，于是西樵山采石场便成为珠江三角洲石器的供给地。在岭南地区，许多新石器中后期遗址中出土的石器，都和西樵山出土的新石器相似，可见以西樵山为中心的石器文化不但统领着珠江三角洲的原始聚落，同时向整个岭南地区扩散。双肩石器在广东、广西、福建、台湾、海南岛都较为流行，它成为东南地区代表性工具，它的广泛制作，表明了东南地区已普遍存在渔猎经济和锄耕农业。有了精良的石器工具，自然为饮食文化趋向精细化和高质量创造了重要的物质条件。

5. 反映稻作农业的桂南大石铲文化

大石铲文化是指分布在广西南部地区的一种属于新石器时代晚期的文化遗存，它以制作精美、造型奇特的大石铲工具为代表物。根据广西考古工作者的调查，至今岭南地区的大石铲遗存已有130多处，集中分布在广西南部和西南部地区，其范围：东到北流、贺州一带，南抵合浦、海南岛，西达德保、靖西等地，北至柳州、河池一带。其中以左右江下游及交汇处：扶绥、隆安、南宁市等地分布最为密集。与广西相邻的广东封开、德庆以及越南北部都发现有零星的大石铲遗存，这显然是桂南大石铲文化向东南的延伸。

桂南大石铲遗址，除石器之外很少发现其他质料器物，除少量的石斧、石

---

[1] 中国社会科学院考古研究所：《新中国的考古发现和研究》，文物出版社，1984年。

图2-17　祭祀用的桂南大石铲

锛、石锄、石凿、石犁之外，其余都以大石铲为多。桂南大石铲形器独特，石
铲的肩与柄折角多为直角，器形较大，石铲多为有肩，且多通体磨光，有的甚至
精磨，这些石铲"**大致分三种类型：1型为小方柄，双平肩，直腰弧刃；2型为小
方柄双肩或略斜，两侧腰间略内弧，呈束腰状，弧刃；3型为小方柄，双斜肩或
多出一个小重肩，两肩肩角出现两个三角形凹槽，并突出三尖的锯齿型分叉，两
侧腰间内弧呈束腰状，弧刃。**"① 石铲使用时要加一根木柄才能耕作，而石铲精巧
的设计使加绑木柄能牢固地结合。大石铲是典型的农业生产工具，它能翻土、铲
草、挖沟，这显然与稻作农业有密切联系。从大石铲平整土地和培土的功能可
知，当时的锄耕农业，已进入新的阶段，它已有别于单纯的"刀耕火种"。大石
铲这一农具显示，左右江流域地区，早在新石器时期已经出现了人工的水稻栽
培，先民们以稻米作主食的饮食习惯在大石铲的兴盛时代便已形成。在出土的石
铲中，许多已演变为一种礼器，因为这类石铲是伴随原始农业祭祀活动而出现
的，遗址中不少石铲没有使用过的痕迹，刃口未经开启无法铲土，倒是追求在制

---

① 覃彩銮：《壮族史》，广东人民出版社，2002年。

图2-18 蚝蛎啄，新石器时代中期原始人吃蚝专用工具，广东潮安出土

作方面的精美或形制的巨大，显然这类石铲不是实用工具，而可能是用于祭祀的礼器，它是死者身份和地位的象征。特别是那种巨大的石铲，它作为一种政权或宗教意义的象征物。

桂南、粤西南地区的大石铲文化，反映的是文献记载中的"骆越""乌浒""西瓯"等越人的生产活动。它延续了较长的时间，发源于新石器中期，兴盛于新石器晚期，直到青铜时代才走向衰亡。

6. 沿海贝丘遗址

"贝丘"，顾名思义，即由贝类动物的外壳堆积而成的小山丘。新石器时代的贝丘遗址多分布在广东、福建、海南、台湾等省的滨海河畔，以两广地区的规模为大，出土器物多。这是以渔猎捕捞经济为特征的文化遗存。

广东贝丘遗址分布于韩江三角洲和珠江三角洲较多，主要有：潮州陈桥村、澄海里美村、佛山河宕、南海观音口、增城金兰寺、东莞万福庵、深圳小梅沙、新会罗山咀、博罗葫芦山、高要夏江村、肇庆蚬壳洲等处。

广西东兴临海河口地带发现有亚菩山、马兰咀山和杯较山三处贝丘遗址，南宁地区在邕江及其上游左右江两岸的扶绥、武鸣、南宁、邕宁、横县共发现14处新石器时代的贝丘遗址。

最著名的遗址有：福建闽侯县石山、广东佛山河宕、潮州陈桥村、台湾台北圆山。贝丘遗址的文化层多由大量的蛤、螺、蚌、蚝壳堆积而成，这是越族先民吃食贝类动物的堆积。在潮州陈桥村的贝丘遗址中，出土有蚝蛎啄，这是沿海居民爱吃生蚝的物证，这种工具专用于开取蚝肉，吃剩的蚝壳便成为大量的文化堆积。闽侯昙石山的文化层最厚达3米多，内有蚬、魁蛤、牡蛎、螺以及鱼骨、鳖类甲骨等。

沿海的贝丘和沙丘遗址反映的是濒海居民与海洋密切相关的饮食特征。在增城金兰寺的下层文化发现了一些柱洞，表明这一遗址的先民曾在此建造房屋，过着定居的生活。河宕遗址中遗物留有灰烬、炭屑，烧煮过的陶釜、陶盘和各种动物的遗骨，都证实先民们已习惯于煮食的生活。各种的网坠、鱼钩、骨器、蚌器、织网骨针等器物表明，贝丘遗址的先民在捕捞渔业中有着成熟的技术，他们长期嗜食海河鲜及贝类动物，在烹制海鲜上积累了丰富的经验。

7. 反映陶器创新的闽侯昙石山遗址

昙石山遗址位于闽江下游冲积平原的一个孤立的小山岗，自1954—1974年陆续开展过七次发掘，总面积达900平方米。遗址主要由三个文化层构成："*下层是畅通无阻硬的黄褐色沙土，杂有少许腐烂的蛤壳；中层是以海生蚬类为主的大量介壳堆积，间有灰褐土，代表了一种发达贝丘文化遗存。*"[①] 上层是青铜时代的文

图2-19　西周陶簋，广东博罗出土

————————————

① 中国社会科学院考古研究所：《新中国的考古发现和研究》，文物出版社，1984年。

化层。昙石山石器工具以石锛为多，一般只粗磨器身和刃部，主要为扁平长方形或梯形类。此外也多横剖面为三角的石锄，这种石锄在闽南是较为常见的垦土工具。磨制双孔大弧刃石斧钺又是越人的典型器物。陶器中砂质陶多于泥质陶，陶器主要有釜、鼎、壶、罐、碗、盆、钵、豆、簋等。昙石山的饮食器具颇具特色，如角把彩陶壶、折腹尖环底绳纹釜、折腹圈足壶、喇叭形圈足豆都体现了独特的闽南风格，如果与同时代的东南遗存比较，其形制是颇富于艺术创意的。在中期的文化层中制陶技术有了新的进步，器物以灰陶为主，红陶少，几何印纹硬陶增加，出现了斜方格、叶脉、双圆圈等纹样。陶器形状也有较大变化，代表性的饮食器具有：斜沿鼓腹环底釜、鼓腹圈足壶、折沿盘壁起棱大圈足豆、折沿圈足簋、红彩宽带纹直口圈足杯等，这说明闽江流域的陶器发展较快，新风格的器件不断创新，以满足人们的饮食需求。昙石山文化反映了当时已有农业生产，饲养了狗和猪等家畜，渔猎业占有重要的地位，海生贝类是先民们重要的食物来源。

第三节　先秦时期古越族的形成与原生型文化形貌

我国中原地区的青铜时代，正是原始社会向奴隶社会过渡和发展的时期。东南地区由于偏居一隅，何时进入青铜时代史学界对此有不同的看法。一般认为，福建的青铜时代始于商代中晚期[①]，广东始于商末西周[②]，广西、海南、台湾进入时间更晚。

百越族，是我国东南和南部地区古代土著民族的共同体，这一族群数目众多，分布广泛群制复杂，在不同的历史时期，有不同的称谓和不同的分布。由于越人以使用扁平穿孔石斧钺（越）而著称，"越"便成为这一族群的象征物，故

---

① 徐晓望：《福建通史》第1卷，福建人民出版社，2006年。
② 方志钦、蒋祖缘主编：《广东通史（古代）》上册，广东高等教育出版社，1996年。

被称之为"越人"。据《逸周书·王会解》的记载，商汤时代，正东有符娄、仇州、伊虑、沤深、九夷、十蛮、越沤；正南有瓯邓、桂国、损子、产里、百濮、九菌。[①] 文献中所提到的"沤深""瓯""越沤""九菌"等指的就是我国东南地区的越族。西周时，东南地区的越族分化和发展，出现了如"七闽""于越""扬越"的称谓。春秋战国浙江绍兴一带的越人，建立了吴国和越国，进入和中原列国并峙的强大时代；直到战国晚期，吴越在历史上消亡，虽不再称雄，但自交趾至会稽，越人活动仍然活跃。秦汉之际，东南地区出现了与中央政权对抗的闽越、南越王国，而东瓯、西瓯、骆越等越人部落，也据守一方。"百越杂处，各有种姓"[②]，于是"百越"就成为这一族群的通称。

一、东南古越族的形成与发展

1. 南越的形成与发展

南越为百越的一支，南越人最早的活动地区，正是新石器文化遗址的珠江三角洲、北江、西江、东江和韩江这五个发达的新石器晚期的文化区域。《史记·南越列传》详尽地记录了南越族的有关情况。南越的得名是因地域而来的，自汉代才出现"南越"这个名字，它既是国名也是族名，代指广东地区的越民。南越族在当时是百越族中生产发展水平较高的一支，因为它占有得天独厚的珠江下游的地利。秦统一岭南，中原汉人入主此地带来了先进的文化。

南越族的几何印纹陶相当发达，广东地区是我国几何印纹陶出现较早的地区，流行以曲尺纹、云雷纹、方格纹、重圈纹等装饰。晚期遗址出现了夔（kuí）形纹，表明了南越人对中原商周文化的吸纳。至秦统一岭南，设南海、桂林、象郡，南越属南海郡。赵佗行南海尉事时，出兵吞并了桂林郡和象郡，自立为南

---

① 黄怀信等：《逸周书汇校集注》卷七，上海古籍出版社，2007年。
② 王应麟：《通鉴地理通释校注》卷五，四川大学出版社，2010年。

越武王，这时南越国发展到一个高峰期。《史记·南越列传》："（赵）佗因此以兵威边，财物赂遗闽越、西瓯、骆，役属焉，东西万余里。"汉武帝平定南越国后，以其地为儋耳、珠崖、南海、苍梧、郁林、合浦、交趾、九真、日南九郡，这在秦代三郡的基础上扩大了领地，这正是南越国所辖的势力范围。秦汉时期的"移民实边"政策，使汉人在南越地区不断地增加，于是产生了民族同化，成为广东汉族的重要来源，本土的部分南越族辟处山区，则发展形成了后来的黎族、瑶族、畲族等民族。

2. 闽越的形成与发展

闽越也是古代越人的一支，秦汉时期分布在今福建北部、浙江省南部的部分地区。司马迁《史记·东越列传》记载了秦统一到西汉武帝元封元年（公元前110年）闽越国除[①]，大约一百多年的历史。先秦以前的闽越历史由于资料缺乏，争论不一，大多数学者认为闽越的起源主要由当地原始先民发展形成。从考古材料看，早在汉代及战国以前，闽越地区已有人类居住，他们是闽越族的主体。战国晚期越国被楚灭，越国遗民南迁福建，他们与本地土著融合，使闽越族接受了先进的文明。在秦统一前，福建已有一个无诸（越王勾践的后代）统治下的闽越王国。秦统一中国，但秦兵未入闽中，当时的闽越王和东瓯王是臣服于秦王朝的，秦以其地为闽中郡，却未派出官吏统治秦汉之际这里一直是一个独立王国。汉高祖五年（公元前202年）复立无诸为闽越王，治东冶（今福州）。汉武帝时为削弱地方分封势力，分闽越为"东越"和"越繇（yáo）"两王，实际控制闽越大权的是东越王馀善（无诸之子）。元鼎五年（公元前112年）南越相吕嘉反，馀善暗中与其勾结。当汉廷出兵平定南越时，馀善又表示支持，并愿意带本族8000士兵配合汉军进击南越，实际上是"持两端，阴使南越"。汉武帝元鼎六年（公元前111年）东越王馀善反抗汉朝失败，元封元年冬汉兵攻入东越，闽越国除，

---

① 《史记·东越列传》载：元封元年"天子曰东越狭多阻，闽越，数反覆，诏军吏皆将其民徙处江淮间。东越地遂虚"。

汉武帝以闽越地险阻，多反复为由，于是把越人迫迁入江淮地区，闽越历史至此结束。

3. 骆越的形成与发展

骆越是百越族的一支。骆越文化起源较早，广西新石器时代的遗址中发现有大量的农具，特别是大石铲、石磨盘、石磨棒、石杵等谷物加工器具，说明在三四千年前骆越已有水稻种植。秦汉古籍中很早就有关于骆越的记载，骆，或写作路、露，古字并通。《逸周书·王会解》记"路人大竹"，《太平御览》引《吕氏春秋·本味篇》有"骆越之菌"，记载了骆越出产大异于常的竹子和美味的菇菌。骆越名称的来源和耕种骆田有关。《水经注·叶榆水》引《交州域外记》曰："交趾昔未有郡县之时，土地有雒田，其田随潮水上下，民垦食其田，因名曰雒民。"这里的"雒"与"骆"通。从潮水灌田，以及交趾的地域范围可见，骆越的发源地应在红河三角洲一带。随着骆越活动范围的扩大，除红河三角洲地带，广西南部、越南中部、南岛都有他们的足迹。商周时期，骆越族已同中原地区有来往，广西武鸣、陆川乌石和荔浦都出土有商周时代的青铜器，饰有蟠夔纹、圆圈纹、雷云龙纹和乳钉纹，具有浓厚的地方色彩。骆越族的一个重要文化特征是

图2-20 广西宁明县花山绝壁上的壁画

善铸铜鼓，北流（广西东南部城市）出土的铜陵鼓重300公斤，体形巨大，纹饰讲究，反映了青铜冶铸技术达到较高的水平。秦统一中国后，在骆越族的地域建起了象郡，但并没有直接统辖其地，而是授予骆侯、骆将以"铜陵印青绶"。赵佗统一岭南时曾占有象郡之地。汉平南越，仍推行以越治越的传统。在《史记》《汉书》中骆越人被称为"裸国"，九真、日南等地骆越尚处于较原始的水平，经过地方太守的循循善诱，骆越人逐渐走向封建文明。

至今我们还可以看到骆越族人留下的奇迹。在广西的宁明县花山悬崖绝壁上绘有很壮观的人物壁画，画高44米。长135米，人物线条古朴洗练，形象简朴，每个人像约有半人到一人高，有人粗略地统计过，岩壁上约有三万个人像。这一中国岩画的奇迹，在世界也属罕见，毫无疑义这些岩画都出自古骆越族之手。

4. 西瓯的形成与发展

西瓯，也称西越或瓯越，是百越的一支。不少学者认为西瓯源自骆越，故文献有时会把西瓯和骆越混合在一起，统称"瓯骆"，故以为是同一支系。实际上西瓯和骆越是不同的。《汉书》卷九十五记："*蛮夷中西有西瓯，其众半赢，南面称王；东有闽粤，其众数千人，亦称王；西北有长沙，其半故敢妄窃帝号，聊以自娱。*"这是赵佗所说的话，是最有力的证据。秦始皇统一岭南，分南海、桂林、象郡，明显是按南越、西瓯、骆越这三大民族的地域来划分。《史记·南越列传》记："（赵）*佗因此以兵威边，财物赂遗闽越、西瓯、骆，役属焉，东西万余里。*"这里已把西瓯和骆越区分开来了。《淮南子·人间训》记，公元前221年秦始皇统一六国以后，即派出屠睢（suī）五十万大军分五路向岭南百越地区进军，西瓯越人在首领译吁宋的领导下，同秦军进行战斗，杀屠睢，大败秦兵，"伏尸流血数十万"，使秦军"三年不解甲驰弩"，处于相持对抗的局面。从这场抗秦的战争中看出西瓯的力量并不弱。当赵佗割据岭南，也只是以财物赂遗西瓯，并没有吞并其地，可见秦汉之际西瓯一直以独立的王国存在。

西瓯的族源可以追溯到旧石器时代的柳江人，至新石器时代，遗址则遍及各地。以最有代表性的桂林甑皮岩洞穴遗址为例，当时已有居住地、墓地、制石工场，表明人们已开始了定居，过着采集和渔猎的经济生活。桂北、桂东、桂东北的新石器遗址出土了大量的石制生产工具，重点遗址是东兴、南宁和桂林三个地区，当地的打制石器十分普遍，有蚝蛎啄、砍斫（zhuó）器、手斧状石器、三角形石器等，磨制石器有斧、锛、凿、磨盘和石杵，骨蚌器类有骨锥、骨镞、蚌铲和蚶壳网坠。反映了当时经济生活以采蚝、捕鱼和狩猎为主，同时也有原始农业。

1976年在广西贵县罗泊湾发现了一座西汉大墓，墓主被认为是西瓯君王夫妇的合葬墓。该墓出土了丰富的遗物，其中200多件铜器和大量的漆器，反映了西瓯较高的生产水平。由于秦时桂林郡为中原汉人最早进入岭南的地区，加上灵渠的开凿，使长江水系和珠江水系在此沟通，为西瓯地区的社会经济文化带来了巨大的推动作用。汉代后西瓯地区的汉化程度日高，部分越人汉化，辟处溪洞的西瓯越人发展为后来的壮族。

5. 海南黎族的先祖

大多数学者认为海南岛黎族的先祖是古代越族人。历代史籍对海南岛的土著有过不同的称谓，《汉书·贾捐之传》中称骆越，《后汉书·南蛮传》中称"里""蛮"，以后"俚""僚"并称，"黎"是在唐时才出现的名称，到宋代"黎"替代了"俚""僚"的称谓，后沿用至今。海南岛与雷州半岛相隔的琼州海峡最小宽度仅19.4千米，古代大陆的越民就涉海往来，特别是海南岛盛产槟榔，这是越族人的嗜好品，日常必不可缺，因此必然吸引古越人到海南岛活动。海南岛出土的新石器时代的石斧、石锛、石镞、石铲、几何印纹陶等，都体现了东南越族的风格。黎族保留了古越族的许多特征，如文身绣面，干栏建筑、鸡卜等风习（后文有述）。黎族语与古越语有相近之处，体现了黎族祖先与古越人的文化渊源。《汉书·地理志》记："自合浦徐闻南入海，得大洲，东西南北方千里。武帝元封之年略以为儋耳、珠崖郡。民皆服布如单被，穿中央为贯头。男子耕农，种水稻、苎麻，女子桑蚕织绩，亡马与虎，民有五畜，山多麈（zhǔ）麖（jīng）。兵则矛、盾、刀、木弓弩、竹矢、或骨为镞。"杨孚《异物志》记："儋耳夷，生则镂其头皮，尾相连并；镛其耳匡为数行，与颊相连，状如鸡肠，下垂肩上。食薯，纺织为业。"从中可见，海南的黎族土著，形貌奇特，头上有镂刺的纹饰，耳戴大环多个，状如鸡肠，掩颊垂肩，爱食薯，善于织布。从他们男耕女织，饲养家畜，使用金属器具等情况来看，说明汉族人对当地的社会生产已有一定的影响力。海南岛的越人以纺织著名，汉武帝征和年间，朱崖太守孙幸调集"广幅布"曾激起民变。海南岛不仅因远离祖国大陆发展相对滞后，又因交通闭塞，隔山隔水，即使在岛内，地区间也有很大差异，这就形成后来黎族社会经济发展的多样性和复杂性，并保留了较多原始社会的残余形式。

6. 台湾高山族的先祖

台湾高山族的先祖属古代百越族的一支。据地质学家、古人类学和考古学家的研究，台湾在三万年前还和祖国大陆连在一起。1970年在台湾左镇发现的左镇人化石是属于三万年前旧石器时代后期的古人类。台湾发现的大坌坑文化、圆山文化、凤鼻头文化等新石器时代的遗址，都证实和大陆东南地区同属一个文化体系。《后汉书》中的夷州是指台湾，夷州人即"日山夷"，是台湾越族继古代闽越之后的名称，也是今天高山族的先民。大陆与台湾大规模接触是从三国东吴黄武二年（公元223年），卫温、诸葛直率将士万人远征夷州开始的，时任丹阳太守的沈莹根据他的从征亲历，或根据当时回来的将士的口述撰写了《临海水土志》，从此大陆人对台湾才有所了解。但《临海水土记》在宋代已佚，赖《古今图书集成》引自宋本《太平御览》中的部分摘录，才使我们看到早期台湾古越族的风貌："土地无霜雪，草木不死，四面是山，众山夷所居"。这正是台湾热带亚热带气候的真实写照。夷州"土多饶沃，既能生五谷，又多鱼肉"，说明台湾的越族人，既从事稻作农业，又从事渔猎的经济生活。《临海水土记》提到"众山夷所居，山有越王射的正白，乃石也。"既然有越王射箭的石靶，更明确地说明山夷就是古越族的一支。此外从山夷的部落生活来看，他们使用石器、骨器，文身、断发、穿耳、猎头、拔齿、干栏建筑等风习，都反映了越族人的文化特征。

二、古越族原生型文化形貌

先秦时期是古越族形成和发展的时代，由于中原文化未传入东南，越族文化最纯粹地保留了它的原始色彩。新石器时代东南各地的遗址，都留下了古越人活动的足迹。尤其西江中游一带是先秦时期古越族人的生存发展区，在这一带发现了多处春秋时期的越人古墓葬。西江中游沿岸平原，既能耕作，又有大江供捕捞之利，渔耕兼收。当时的珠江三角洲冲积平原尚未形成，故西江中游是古越族文化的摇篮。越族文化的真正形成和成熟是进入了青铜时代之后，但东南地区有段石锛和双肩石斧在青铜时代依然流行，从石器中仍可以找到它的祖形。古越人性格强悍，"好相攻击"，秦始皇统一岭南时，曾经遭到越族人的激烈反抗，被越人打至大败。秦汉时期统治者都注意到"和辑百越"的重要性，中央政府一度采取承认地方政权以越治越的方针，在这个政策下，南越王赵佗和闽越王无诸就曾控制和左右东南的政局。总括起来古越族文化有如下特征。

1. 有肩石器、有段石器和几何印纹陶

古越族人以刀耕火种、渔猎采集的生产方式作为他们主要的生计方式，种植水稻是越族人民对我国农业的一大贡献。1956年，厦门大学考古队在福建永春发现一处古越族印纹陶遗址，在一个大陶罐内壁上发现有谷粒。这说明百越民族有着悠久的水稻种植历史。

东南河水纵横，湖泊众多，渔猎经济在古越人生活中占有相当重要地位。沿海贝冢遗址发现有各种贝壳鱼骨和网坠等遗物，擅捕捞和喜欢吃河海鲜是越人生产生活中的一大特点。

图2-21　有段石凿，广东韶关曲江石峡遗址出土

　　在这种经济生活中，他们制作了颇具特色的有肩石器和有段石器，同时大量使用石锛。石锛形制多样，分长条形、梯形、短小形多种。其中"有段石锛"是越族颇具代表性的生产工具，所谓"段"，就是器物上的一个梯级形，由此形成器物厚薄的变化。有肩石器主要包括有肩石斧、有肩石锛、有肩石铲等，有圆肩和平角肩。南海西樵山遗址就出土有大量的有肩石斧、有肩石锛，桂南地区的有肩石铲制作精巧。有的石器既有肩又有段，是最具时代特征的越族石器工具。

　　岭南地区新石器时代的遗址遍布各地，原始人类制作饮食器具的杰出成就，表现在几何印纹陶的制作上。陶器表面印有各种几何形纹饰，多为泥质与夹砂质的陶器。几何印纹陶的制作是把带几何形状的花纹刻在陶拍上，再拍印在未烧的陶器外表上作装饰。纹饰中主要有绳纹、方格纹、米字纹、曲尺纹、旋涡纹、麻点纹、夔纹、弦纹等纹饰。广东、广西、福建、海南都是几何印纹陶的发源地。在20世纪30年代，考古学家林惠祥曾在惠安、晋江、南安等地发现石器和印纹陶遗址多处。20世纪60年代，泉州考古工作者曾在晋江流域发现数十处印纹陶文化遗址。[①] 1978年在闽侯黄土仑发现一处相当于昙石山上层的文化遗址，出土的几何印纹陶占全部陶器的98%。年代经碳化测定为前1300±150年，大约相当于晚商

---

① 许清泉、王洪涛：《福建丰州狮仔山新石器时代遗址》，《考古》，1961年第4期。

图2-22 西周双耳罐，广东博罗出土

或西周早期。[1]东南地方的几何印纹陶十分普遍，成为古越族文化的重要特征，从商周到秦汉越人都使用着几何印纹陶。考古界普遍认为，印纹陶文化乃百越民族所发明，它于新石器时代晚期产生，兴盛于相当中原的商周时期，衰退于战国秦汉。这一研究成果，与百越民族的来源、发展、兴盛与衰亡的历史是相符合的。

2. 干栏式巢居和迷信鬼神好鸡卜

干栏式建筑是越族人主要的居址建筑，这是为防毒蛇猛兽和潮湿高温而制作的巢居。1978年在广东高要的茅岗渔民塘遗址发现有比较完整的"干栏式"木构建筑遗址，呈长方形，遗物有木柱、木板、木桩。木桩是采用敲砸法打入地层的，以此作木柱的支持基础，木柱均挖洞栽入，成为建筑的主体，木柱绝大部分都凿有榫眼，以纳梁架，而残存的木板是居住面的地板。这种水上建筑属于干栏式结构棚居类型。福建武夷山汉城高胡坪宫殿遗址有干栏式建筑，广东、广西汉墓中还有干栏式的陶屋模型，这些陶屋下层用作饲养家畜，堆放杂物。台湾山夷所居也是干栏式建筑，《古今图书集成·方舆汇编·边裔典》载《临海水土志》曰："安家之民，悉依深山，架立屋舍于栈格上，似楼状，居处、饮食、衣服、被饰与夷州民相似"。干栏式建筑以干栏为特征，以竹木、茅草、蓬葵或树皮构建，

---

[1] 福建省博物馆：《建国以来福建考古工作的主要收获》，《文物考古工作三十年》，1979年。

适应东南地区的高温、多雨、潮湿的特点，一般住室高离地面，置起楼阁，以避洪水野兽，楼道设有栏杆，以便纳凉。直到今天东南地区的少数民族如壮、黎、畲、傣等族依然盛行这种建筑。

占卜是古代为预知未来求助神灵的宗教活动，古越族人同样拥有自己的占卜术，最有代表性的是鸡卜。关于鸡卜，《史记·孝武帝本纪》载：越巫"祠天神、上帝、百鬼，而以鸡卜。"张守节《史记正义》解释为：鸡卜法用鸡一狗一，生祝愿，祝愿毕即杀鸡狗，煮熟又祭，独取两眼骨察看其上孔裂，似人形即吉，否则即凶。民俗学调查资料也表明，岭南等地的黎族、侗族、水族和布依族，近代仍行鸡卜之俗。鸡卜和越人的鸟图腾崇拜有重要的关系，越人以鸟为图腾，反映了古越人对自然界生灵的崇拜，认为人与自然是相依相存的，反映出东南先民敬畏自然的原始生态观。他们对鸟的崇拜自然表现在以鸡作为占卜之物。[1]越文化发源地之一的河姆渡遗址，就已发现有鸟图腾崇拜的物证，如鸟形象的雕塑、图案。此外，见于考古出土的青铜器上有"鸟书"，如湖北江陵望山1号墓出土的"越王勾践剑"，在靠近剑格处有"越王勾践自作用剑"八个篆铭文，文旁即有鸟书。这种"鸟书"在每字之旁都附加鸟形纹饰，说明"鸟"与古越族之间存在一种千丝万缕的联系。《水经注》卷三十七引《交州外域记》云："交趾，昔未有郡县之时，土地有雒田，其田从潮水上下，民垦食其田，故名雒田"。[2]《说文解字》把"雒"字释为"鹍鸃（jìqí）"，"雒"字传递了原始图腾崇拜的徽号与标记。鸡是鸟的化身，同时又是凤的象征，而这些被奉为祥瑞的神灵之物实难见到，在现实生活之中，古越先民就把鸡作为凤的象征。越人认为鸡可以沟通神灵，故用鸡卜。同时，鸡味至美，自然成为古越人饮食中的圣物，粤语有话："劏（tāng）鸡拜神""无鸡不成宴"，拜祭神祇（qí），鸡为上品，而酒宴筵席，鸡自然也成为压轴主菜了。

---

① 吴玉贤：《河姆渡的原始艺术》，《文物》，1982年第7期。
② 郦道元著，王先谦校：《合校水经注》卷三七，中华书局，2009年。

3. 善制舟楫，善于航海

古代文献中有不少关于"越人善于舟"的记载，《山海经》提到"**番禺始作舟**"，《越绝书》卷十记，越人"**性脆而愚，水行而山处，以船为车，以楫为马，往若飘风，去则难从。**"《汉书·严助传》载淮南王刘安言："**（闽越）处溪谷之间，篁竹之中，习于水斗，便于用舟**"。"水行山处"的古越人，长期与水打交道，练就了造船本领。他们从制造用于内河运输和捕鱼工具的最原始的竹木筏、独木舟，发展到海上交通的大型船只。中原人向来佩服古越人的造船和航海技术。两广地区汉墓中出土的各种船模，是越人善制舟楫的物证。汉代东南地区的陶船（冥器）已分前中后之舱，舱上有篷盖，尾部有望楼，两舷有边走道，船尾有舵，船头有锚，表现了高超的造船和航行技术。《史记·东越列传》载：西汉南越相吕嘉反汉，东越王馀善率八千人"从楼船将军击吕嘉等，兵至揭扬"。有学者发现，在南洋群岛一带，竟有古越族新石器时期的有段石锛。可以说古越人是卓越的航海家。1989年，珠海市宝镜湾发现春秋时期的岩石刻画中，表现了航海和祭祀的场面。古越族人很早就在海上远航，并与东南沿海各国有密切联系，这从考古材料中得到证实。东南古越族以"有段石锛"和几何印纹陶为特征的新石器文化，远播南洋群岛。在菲律宾、苏拉威西、婆罗洲及太平洋波里尼西亚诸岛，都发现了"有段石锛"，在印度尼西亚的爪哇及印度支那均发现了"几何印纹陶"。显见东南地区的文化对南洋群岛有着重要的影响。

4. 断发文身与跣行凿齿之俗

断发文身是越族人的习俗，《庄子·逍遥游》记，"越人断发文身"，把它看成是古越族最主要的特征。断发是剪断头发，不同于中原汉人的束发加冠，吴越、闽越为多。另一种"椎髻之俗"也是越人的风习，以南越、西瓯、骆越为多。广东清远马头岗出土的铜柱首上有人头像为髻饰，石峡遗址铜匕首头像和广西贵县罗泊湾汉墓铜筒人物图像也是髻饰。直到赵佗立南越国，遵行当地风习，"椎髻箕坐"。从中可见"椎髻"发式在秦汉之际的岭南仍十分流行。

文身，即指"刺染"，在人的皮肤上刺画各种花纹，再染色，待伤口愈合后，青色的花纹即永远留在皮肤上。《淮南子·原道训》记："**九疑之南，陆事寡而水事众，于是民人被发文身以像鳞虫**"，说明了民人文身最初始的缘由。在脸上刺染称为"绣面"，宋代范成大《桂海虞衡志》记："**女及笄，即黥（qíng）颊为细花纹，谓之绣面。**"这是女子成长后举行的一种礼仪，在黎族中最流行。据《汉书·地理志》记，古越族人的文身主要是为了"避蛟龙之害"。其实越人文身有着多种的文化涵义，既为避邪恶，也是美的追求，更是先民图腾崇拜和民族风习合而为一体的原始宗教观念的反映。古越族人的后裔高山族人和海南岛的黎族人都盛行文身，直到近代这种习俗仍被保留。

跣（xiǎn）行是越人的风习，东南地区的越人都不穿鞋履，赤足行走。汉代的交趾是越人的聚居之地，"交趾"的得名是越人特征最生动的写照。因当地越人长期赤足，便形成脚趾无拢地分开状，当双脚并立时，左右拇指便交搭在一起，故称"交趾"。古越人还有拔牙的风俗，这是在婚嫁、成丁或殡葬中的一种礼仪，以拔取牙齿、伤残身体为代价，承受痛苦去寄托某种愿望、尊崇礼节，具体成因尚多争议。福建闽侯县石山13号墓主、广东增城金兰寺2号墓死者生前均拔过牙。在广东佛山河宕遗址中发掘的77座墓中发现有19个成年男女个体拔过牙。多为拔除上颌侧门齿，仅有四例是拔除上颌门齿，没有拔牙的只有6个人体，说明当时居民的拔牙风习是比较普遍的。[①]《古今图书集成·方舆汇编·边裔典》载《临海水土记》曰：三国时期台湾山夷，"女已嫁，皆缺去前上一齿"。这种拔牙风习在近代高山族中依然保留。解放战争结束前福建泉州姑娘出嫁时，时髦在侧门齿上镶两颗金牙，这或许就是越人拔牙之俗的遗风。

---

① 杨式挺等：《谈谈佛山河宕遗址的重要发现》，《文物集刊》第3辑，文物出版社，1981年。

第四节　青铜时代东南古越族的饮食风情

东南地区的古越族，多聚居于山区丘陵地带。这里是山岚瘴气之地，渔猎采集、刀耕火种的生产方式，给饮食生活带来诸多不利因素，但古越族人却能充分利用动植物资源，在天然食库中获得丰富的食品，并根据本土的生态特点，探索出越族特有的饮食风格。其中稻作文化、羹鱼美馔、嗜食槟榔在历史上影响久远。

一、古越族的饮食特色

1. 广泛开拓食料资源

古越族的农业生产技术比较落后，生产的稻谷主粮无法满足他们的生活需求，于是在饮食方面十分重视对食料资源的开拓，无论是副食杂粮、水果植物，还是动物昆虫、海产贝类，都成为他们食物来源的重要部分。食用的广泛性、加工的粗放性和带有原始风味的饮食习俗，成为古越族人的饮食特色。

古越族人已懂得种植水稻，但受生产水平的制约产量低下，"火耕水耨，昼乏暮饥"，多以杂粮作为主食的补充，主要的杂粮有薯、芋、粟、豆等类。南方多果木，于是越人利用水果作食物。水果在中原地区是贵族的食品，但在东南地区却是野果遍地，古越人可以通过采集获取丰硕的水果，于是以果充食成为东南地区越族人的饮食特色。如海南岛的土著很早就有饮用椰汁的习惯，贾思勰《齐民要术》载《异物志》曰：椰子肉"食之美于胡桃味也。肤里有汁升余，其清如水，其味美于蜜"。总之，薯类、芋头、桄榔面、椰子粉、莲藕、鸭脚粟、狗尾粟都成为越人重要的食物来源。

东南地处河网和滨海之地，水产食物丰富，这自然使古越人因地制宜向江河和海洋索取食物。晋张华《博物志》云："东南之人食水产，……龟、螺、蛤以为珍味，不觉其腥也。"事实上越人在长期吃食海鲜的过程中，总结出如何去除腥味的经验，烹制海鲜自有妙法。这种饮食习惯一直影响到后代，东南地区人民喜食海鲜的特色和善于烹制海鲜的特长闻名全国。

越族人喜欢生食某些水产生物，如食鱼生的习惯就流传至今。当时越族人生食习惯较为原始，《古今图书集成》载《临海水土志》中记录台湾越族的后裔山夷，"饮食不洁，取生鱼肉贮大器中以卤之，历日月乃啖食之，以为上肴。"

野味是古越人的一大嗜好。东南地区的丘陵山地，是野生动物的优良栖息地。众多的飞禽走兽如山鸡、野兔、果子狸、山猪、穿山甲、黄猄、野鹿……无不是越族人口中的美食。野鸟更是美味佳肴，如鹧鸪、厥鸟等。

蛇、虫、鼠、蚁、狗等类动物，也是越族人喜爱的美食，这是东南地区饮食最富于地方特色的体现。清人朱翊清《埋忧集·续集卷一》："杨氏南裔《异物志》曰，'蚺惟大蛇，既宏且长，采色驳荦（luò），其文锦章。食猪吞鹿，腴成养创，宾享嘉宴，是豆是肴。'"《淮南子·精神训》云："越人得髯蛇以为上肴，中国得之而弃之无用。"蛇胆是珍贵的药材，它有驱风、去湿、止咳的功效，蛇血可疗风湿，故越人有生吞蛇胆和吮吸蛇血的勇气，或把蛇胆、蛇血和酒饮服。越人善于烹制蛇肉，这种风尚一直影响到今天。所食昆虫种类确也不少，如蜂蛹、龙虱、蚕蛹、蚂蚁、禾虫、桂花蝉、蚯蚓等，均被烹制成佳肴。百越人好食蛤，这一饮食习惯传至今天，广东人美其名曰"田鸡"。鼠肉被越人视为佳肴，却令中原人不寒而栗。据调查，越人吃鼠主要是田鼠，家鼠是不吃的，因为田鼠吃的是粮食，相对干净。每年秋天稻田收割之际，也是灭田鼠之时，故多腊老鼠干。

喜食昆虫及野生动物是与古越族人当时低下的生产水平分不开的，处于部落酋长原始的社会，可供食物十分有限，使他们不得不依赖自然的恩赐。而得天独厚丰富的天然饮食资源，在一定程度上又制约了他们的养殖家禽和发展畜牧的创造力，遂使他们的采集渔猎的经济模式长期地延续下去，从而出现了与中原文明迥异的饮食之风。

概而言之，受自然地理环境的限定，渔猎采集的经济生产方式决定了越族人饮食文化的特色，越人能广泛拓展饮食资源，在某种程度上解决了生活需求和生产技术落后的矛盾，在天然食库中找到了丰富的食品。

2. 独特的食品加工方法

东南地区有比较丰富的野生植物资源，这为古代越人在饮食加工中开创了新的路径，形成了独特的饮食加工方法。例如，利用草曲来酿酒，既节约粮食，又能达到理想的发酵效果。利用柊叶作保鲜和防腐包装。《宋志·南方草木状》"柊叶，姜叶也。苞苴物，交广皆用之。南方地热，物易腐败，惟柊叶藏之，乃可持久。"又载，利用姜汇作末调味，"姜汇大如螺，气猛近于臭，南土人捣之以为齑（jī）"。《太平御览》载《异物志》语，利用香茅叶包裹食物使其芳香："香茅，似茅而叶大于茅，不生污下之地。丘陵山冈，凡所蒸享，必得此茅苞裹，助调五味，益其芬菲"。这些食物加工方法保护了生态环境，符合人的健康要求，又充分发挥利用了植物资源，是越族人民在饮食文化中的杰出贡献。

东南地区多为山地丘陵，古代交通不便，遂迫使越人制作一些能保存长久的食品，其中制作酸菜是常用的方法。直至今日黎族人有一种酸菜，专门用来招待上宾，这种制作独特的菜叫作"南杀"。"南杀"的腌法是把野菜的叶子或幼茎用冷饭和水冲调入坛密封一个月，让其发酵成为酸菜。另一种制作方法是把牛或鹿的脊椎骨斩碎，也有把螃蟹、青蛙、蚱蛙和其他小动物切碎，以半熟的热干饭拌调再加适量的食盐，入坛封存，经一月发酵后便可以取出食用。

3. 嗜好槟榔

槟榔是亚热带植物，属棕榈科的常绿乔木，喜阳光，好温湿，原产于东南亚一带。槟榔外形像椰子树，叶子长在顶部，花簇黄白，芳香四溢，果实为椭圆形，呈茂密的团簇状。《山海经》载有"雕题国""黑齿国"，证实早在先秦时代，越族人已有嚼食槟榔的习惯。因为食槟榔口唇染红，牙齿染黑，"黑齿国"就是嚼食槟榔的古越族之一。

槟榔又是我国四大南药（槟榔、益智、砂仁、巴戟）之一。东南地区的少数民族都嗜食槟榔，这与自然环境密切相关，在南方的暑湿瘴疠之地，食槟榔的益处很多：夏日能清凉解暑，冬天能驱冷御寒，同时它有止渴、除虫驱瘴、消食下水、提神健胃之功，所以槟榔是越族人的一种养生食品。

槟榔也是古越族人交往的礼仪食品，奉客、婚嫁、喜庆都要以槟榔为礼。

此外，槟榔又是一种美容食品，咀嚼槟榔两颊潮红，口唇红艳，牙齿紫黑。故苏东坡被贬儋州时曾写下"两颊潮红增妩媚，谁知侬是醉槟榔。"之句。越族人认为这是一种美的仪态，故嚼食槟榔成为越族文化表征之一。

秦汉三国之际我国东南地区盛产槟榔，其中以交趾、海南岛和台湾最多。关于槟榔的记述见于贾思勰《齐民要术》转载杨孚的《异物志》："**槟榔，无花而为实，大如桃李；……剖其上皮，煮其肤，熟而贯之，硬如干枣。以扶留、古贲灰并食，下气及宿食、白虫，消谷。**"槟榔树的树形如竹树般，茎直向上，少横丫枝叶，形状似柱子，在树顶末端五六尺的地方树干隆肿如魁瘣（kuílěi），开裂长出穗状的果实，它无花成果，如桃李，又生出棘针以护卫其果。剖开表皮，连带内皮煮，煮熟其肉，就能把槟榔取出，煮熟后刺之，坚实像干枣，食之则香溢美味。

槟榔的食法颇有特色，它以扶留叶包裹，加上古贲灰（牡蛎灰）三物合食才滋滑美味。探索到这种食法，不愧为饮食文化的杰出创举。以当代科学观来看，咀嚼槟榔，能预防龋齿，加强颊部的运动，有通气、化五谷、杀虫等作用，对人体生理十分有益，其功能与现代人咀嚼香口胶是一致的。

可以说，古越族人很早以前就探索到饮食与养生的作用，中华民族"医食同源"的理念，已在周边少数民族中得到朦胧的认知，这是因为东南瘴疠弥漫，高温潮湿的恶劣环境，迫使他们从饮食中找寻健康的出路。

二、古越族的稻谷主粮

早在新石器时代岭南地区已有原始农业，在距今6000—5500年的广东马坝石峡遗址中即出土有人工栽培的碳化水稻。有了原始农业就有了粮食加工，考古工作者在石峡遗址中出土了石磨盘，这便是最原始的粮食加工工具。其加工方法是，把小量谷物放在石盘上，用一根石磨棒在谷物上碾磨，脱壳后用播箕扬去谷壳。除了石磨盘，还有石舂臼，即把稻谷放在石臼里舂去谷壳，那时进行粮食加工只能一小撮一小撮地碾或舂，方法粗陋，生产水平极为低下。这些考古发现揭示了稻作文化在古越族的饮食生活中占有重要地位。

以后杵臼舂的加工方法被采用，这种方法增大了粮食的加工量，是一个重要的技术革新。臼和舂都是木器，把稻谷放入较大的木臼中，经多次翻舂使米与谷壳分离。广东汉墓出土的明器中多有在屋内使用的杵臼，用其进行粮食加工。这是越人以稻谷为主食的最确切的物证。杵臼舂的粮食加工方法沿用到近现代，许多后进的少数民族地区仍用杵臼加工谷物。20世纪60年代，舂米是海南黎族妇女的职责，她们数人一群，协力操作，动作和谐，如舞蹈一般，击打声有很强的节奏，声音远近皆闻，汇成美妙的乐章。在粤东的畲族，舂米制粉至今喜用木棒舂。

东南地区在秦汉以前，仍然是部落酋长社会，生产技术落后，直到秦统一中国，中原移民入迁东南本土，才把碓舂米的技术传进来。碓分大碓和小碓，它运用了杠杆的原理，利用人的体重为动力，脚踏碓尾提高碓头，再利用碓的自重下落舂臼，既可舂米也可舂粉，劳动强度减少，工作效率大大提高。这种粮食加工工具在东南地区流行了两千年之久。从古越人的粮食加工可以看出稻谷是越人的主粮，"重谷"成为一种传统，古代中国"五谷为养"的饮食思想在古越人身上有真切的体现。晋代裴渊《广州记》有个传说："南海高固为楚威王相时，有五羊衔谷之祥。"说的是周显王时，岭南越人高固任楚威王的宰相时，有五仙人骑着五只羊，羊嘴衔着稻谷而至，祈求这个地方丰足太平，所以后来的南海郡治番禺（今广州）便有了"五羊城""羊城""穗城"的美称。至今广州市惠福西路，尚存"五仙观"的历史名胜。这个美丽的传说，透露了一个重要信息，这就是古越人高度重视稻作农业，他们致力于农耕，渴求获得良种水稻，为祈天保佑，形成了于春秋两季"祈谷"的传统。以水稻为主食，促使古越人水稻栽培技术不断发展。《初学记》："杨孚《异物志》曰：（稻）交趾冬又熟，农者一岁再种。"东汉《异物志》的记述，是我国有关培养双季稻最早的文献记载，古越人对中国稻作农业作出了重要贡献。

三、古越族的饮食器具

岭南地区曾经历过一个不甚发达的青铜时代，时间跨度大约在商末至战国中晚期。岭南出土的青铜器物主要集中在西江、北江和东江流域。较有代表性的遗址有乐昌大拱坪、始兴城郊、罗定南门峒、广宁铜鼓岗、博罗横岭山、封开利羊墩、清远马头岗、四会鸟蛋山和肇庆松山等。从遗址、墓葬、窖藏里出土了近千件青铜器。岭南的青铜食器和饮具，主要有越式鼎、提筒、缶、釜、壶、盘、勺酒器、水器等。由于青铜器传热快，耐用，干烧不裂，不易破碎，故青铜炊具的发明为人类烹调带来了新的方法和新技术，像锋利的青铜刀具的出现，既便利了各种肉类的切割，同时使煎、烙、炒等讲究"锅气"的烹调技术，也得以充分发挥。

1983年3月，在广东兴宁新圩村古树窝，发现了六件青铜甬钟；1984年5月，

图2-23　越式鼎，广州南越王墓出土

在广东博罗出土了一套青铜编钟，为甬钟，共七件。① 这些文物的发现展示了钟鸣鼎食的奢侈场面。2000年，随着博罗横岭山西周、东周300多座古墓被发掘，《吕氏春秋》中记载的岭南的古国——"缚娄国"终于被人们发现了，它重现了岭南两千多年前的文明史，使人们对青铜时代奴隶主贵族的饮食生活有了更进一步的认识。

岭南的青铜器有不少是中原地区传进的，其中楚文化对岭南的影响最大。广东清远发现的周代青铜器中有食器和酒器，如鼎、簋、缶等，器上的花纹和楚文化的纹样十分类似。广西武鸣、兴安发现有商周铜卣（yǒu）；荔浦、陆川出土有西周铜尊；广东信宜出土有西周铜盉（hé），这明显是来自中原地区的饮食器物。但岭南亦不乏有本土生产的青铜器，广宁铜鼓岗战国墓出土有"越式鼎"，这是岭南最具本土特色的青铜炊具。越式鼎朴实无华，器身素面无纹，有盘口鼎和深腹鼎之分，有对称的双立耳，三足为扁圆形，高足向外撇。这种炊具，可煮饭、熬汤、煮粥、多种用途，不必垒灶，可直接在下面烧火。另一种典型器具是"提筒"，提筒是直身筒，上部附对称的半环耳，提筒口直径42厘米、高46厘米，器身饰有古越族优美的图案，提筒多用于盛酒，在盛大的祭祀、宴会或喜庆日子使用。当时的青铜器具是贵重金属，这些器物自然是贵族的专利品。由于青铜器具华贵耐用，不易生锈，它所具有的优点并不是其他金属所能替代的，所以在铁器出现以后，青铜器具仍然在长期使用。

青铜时代，陶器的食具依然占主导地位，这一时期的陶制食器有了很大的发展，表现在各种形器品种的多样化上。另外是釉陶出现了，上了釉的陶器，器身光洁，既美观又便于清洁，这是食用器皿的一次革命。再有是制作水平有了显著的提高，这一时期的陶器，有许多摹仿中原器物的造型与花纹，夔纹的陶器明显是仿制中原青铜器的纹饰，更重要的是烧制技术上革新，这从增城西瓜岭战国窑址的发现得到证明。增城西瓜岭的窑址是我国迄今发现最早的龙窑之一。所谓

---

① 邱立诚、黄观礼：《广东博罗出土一组青铜编钟》，《广东文物考古资料选辑》，1989年。

"龙窑"，是一种长形的窑道，它沿山而上，充分利用火焰的热能，使陶件得到较高而均匀的热力，使陶件在还原作用中烧出更好的质量。同时龙窑可装存大批的陶件，使产量大大增加。广东省博物馆资料中记有"西瓜岭的窑址，平面为长方形，斜坡式，窑门向东斜度为15度，残长9.8米，残高1.54米，窑室宽1.4米，窑壁用耐火砖烧制而成"。此外在博罗圆洲、博罗银岗也发现有龙窑，这都说明龙窑的出现不只一处，它标志着当时饮食器具的制作已有一定的规模。

这一时期饮食器具的重要创造是原始瓷。在广东深圳大梅沙、增城西瓜岭以及博罗等地都发现了原始瓷，原始瓷尽管还比较粗糙，但胎质已是瓷，瓷器远要比陶器轻巧而精美。在中原地区原始瓷是十分珍贵的器物，但在岭南却是寻常物，博罗横岭山墓葬遗址中的原始瓷十分普遍，这也是岭南饮食器具制作高水平的一个反映。

越人利用海贝制成绚丽多姿的酒杯，令从中原来的人感到惊奇。南方多竹，越族人利用竹子做食具是十分普遍的，如利用一种细而韧的越王竹做筷子，以较粗的竹竿制作食具酒杯，有的以竹筒做各种食具。

海南黎族人很早就懂得利用椰子壳加工成各种食具，以椰壳制作的碗具有一种独特的椰香，传说遇到有毒的物质椰壳会裂开，具有天然的防毒功能。黎族有一种传统美食，是用新鲜竹筒装着大米及味料，经烤熟而成的饭食，把天然的竹筒当作锅来使用，使饭中带有一股竹的清香。

岭南地区的人民很早就利用燧石制作器具，它有甚强的保温性能，加工成烧煮器，则是保温锅。东汉的杨孚《异物志》卷二记："悦城北百余里有山，中出燧石，每岁人采之琢为烧器，民亦赖之"。

先秦时期东南古越人这种适应自然、取之自然、用之于自然的原始自然观念，是人与自然的一种平衡，是生活的智慧，体现了朴素的中国传统饮食思想中"天人合一"的思想，一直延续至今。

第三章

秦汉至南北朝
汉越饮食文化的
融合与兴起

中国饮食文化史

东南地区卷

秦统一中国，使东南地区从原始的酋长部落社会进入封建社会，这是一个历史性的大跨越。此后至魏晋南北朝，中国社会经历了多次的移民浪潮，民族的大迁徙和大融合对东南地区经济和文化的发展产生了重要影响。中原汉民族迁入东南，带来了先进的生产工具、生产技术、良种作物和劳动人手等，使东南地区进入了早期开发的历史阶段，无论是农业生产、手工制造，还是精神面貌、观念形态等都有了较大进步，加速了东南地区的文明进程。汉越经济文化的融合促进了东南饮食文化的发展，它使本地区的食品制作、烹调技艺大为改观，从而为饮食文化的发展开辟了光辉的前景。

第一节　中原移民与汉越文化的融合

民族迁徙与民族融合改变了区域人口的布局，打破了土生土长的传统，注入了新的文化元素。自秦汉至六朝，汉越人民在共同的生产斗争和社会生活中密切交往，相互融合，使中原文化广为传播，从而使东南从一个蛮夷之地，演进为礼仪之邦，为东南饮食文化的新发展奠定了重要基础。

一、秦汉移民与早期汉越文化的初步融合

公元前221年秦始皇统一六国，建立起中国历史上第一个封建专制的中央集权国家，在剪灭六国的基础上继续南征，开始了统一东南的战争。最先进入岭南的是屠睢，当时岭南尚处于部落酋长的统治，力量薄弱。秦军长驱直进，但北方将士不适应岭南的气候和地形，进军困难。越人利用丛林战，夜袭秦军，主帅屠睢被杀，秦军严遭重创，于是出现了"三年不解甲弛弩"的秦越对抗局面。此后秦军由任嚣（áo）和赵佗统领，很快扭转战局，击杀西瓯越君长译吁宋。当时"百越之君，俯首系颈，委命下吏"，秦终于完成了统一岭南的大业。公元前214年，秦在岭南设置桂林、象郡、南海三郡，由中央直接委任官吏进行治理。秦末，赵佗割据自立为南越武王。南越国历五帝，共93年，它虽然是一个独立割据的王朝，但在传播中原文化，推行封建制度，加强地方经济建设方面起了重要的作用。

公元前111年，汉武帝平定了南越国，重新调整行政区，置南海、苍梧、郁林、合浦、交趾、九真、日南、儋耳、朱崖九郡。公元前106年，全国分为十三刺史部，岭南置交州刺史总领各郡，从此郡县制进一步完善。它使分散落后的越族人，逐步变为封建政府的编户齐民，大大加快了东南地区的封建化过程。

闽地自古为越族分布之地，据《史记》记载，闽越王无诸、越东海王摇都是越王勾践的后代。秦统一六国后，在瓯闽地设置闽中郡（治今福建福州）。秦末农民起义爆发，被废黜的越君无诸和摇也加入了反秦斗争的行列。汉高祖五年（公元前202年），汉朝廷以无诸助汉灭项羽有功，授其为闽越王，统治闽中故地，都东治（即今福建福州）。东瓯之君摇也因助高帝有功，于惠帝三年（公元前192年），授之为东海王，都东瓯（治今浙江温州），俗称东瓯王。闽越雄霸一方，常挑衅邻近的南越和东瓯，武帝建元三年（公元前138年），闽越攻东瓯，武帝遣庄助从会稽浮海救助，兵未至，闽越退兵。东瓯求武帝，举国迁徙中国，"乃举众

来，处江淮之间"①。武帝元封元年（公元前110年），闽越反叛，汉出兵平乱，闽越诸将杀其王以降，于是闽越的民众被移徙江淮之间，至此百越各部都统领在汉朝属下，汉越民族的融合进一步加强。

秦汉时期，由于中央王朝鼓励对边区进行移民，遂有数以十万计的中原汉人南迁，他们带来了北方先进的生产技术和科学文化知识，这对改造东南的落后面貌，传播先进的中原文化，促进汉越民族的融合起到了巨大的作用。

据《史记》载："（秦始皇）三十三年，发诸尝逋亡人、赘婿、贾人略取陆梁地。为桂林、象郡、南海，以适遣戍。""三十四年，适治狱吏不直者，筑长城及南越地。"秦军将领赵佗任龙川令时曾向秦始皇上奏"求无夫家者，三万人，以为士卒补衣，秦皇帝可其五千人"。秦代先后三次移民，连同南征留守百越之士，总人数应有十多万。《汉书·高帝纪》中文记，赵佗统治时期，他和集百越，并对越人的不良风习加以改造，使"粤人相攻击之俗益止"。西汉武帝时，楼船十万师来定南越国，征战以后将士多留守岭南，同时又移徙大批中原人到岭南地区。

武帝平定南越国后，为开南疆发展经济，推行"番禺以西至蜀南者置初郡十七，且以其故俗治，毋赋税"②。各地的郡守县令对后进的少数民族进行教化，传播先进的生产技术，改造其落后的生产方式。此时，各地方官吏亦搜求玳瑁、珍珠、犀角、象牙、香料以及珍稀动植物进贡王朝，以满足宫廷贵族奢侈生活的需要。

东南是盐产地，汉武帝元封二年（公元前109年）置盐官，凡二十八郡，南海郡番禺、苍梧郡高要设盐官，垄断食盐的生产和运销。此外南海郡设"圃羞官"，负责把岭南佳果和特产进献王朝，中宿县设"洭浦官"，在北江的关津连江口收取商税。

东汉末年，中原战乱，唯独岭南安宁，南迁人口增多。据《汉书·地理志》

---

① 司马迁：《史记》卷一一四《东越列传》，中华书局，2006年。
② 司马迁：《史记》卷三〇《平准书》，中华书局，2006年

和《后汉书·郡国志》的统计，南海郡人口在西汉平帝元始二年（公元2年）有94253人，至东汉顺帝永和五年（公元140年）人口则升至250282人，移民开发东南成为发展这一地区的重要途径。

东汉时，东南地区不少循吏教化民众，传播文明，功不可没。汉平帝时交趾太守锡光"教其耕稼"，推广中原的生产技术。建武初年，九真太守任延教越民铸造田器，推广铁农具和牛耕技术。桂阳太守卫飒，在耒阳把私营的炼铁作坊改为官营，大铸铁器，以利生产。茨充任桂阳太守时，教山民种桑、养蚕、植麻、编履、织布，使山区民众生活大为改观。

秦汉时期东南的交通有了新的发展，秦统一岭南时开凿了灵渠水道，沟通了长江与珠江两大水系，成为南北交通的大动脉，秦军逾五岭入粤，拓展了经过大庾岭的梅关道，经过骑田岭下连江的桂阳道，经过萌渚岭下贺江的桂岭道。东汉建武二年（公元26年）卫飒整治粤北交通"凿山通道五百余里"，使英德至曲江的交通大为改观。[1] 马援南征，"为郡县治城郭，穿渠灌溉，以利其民。"[2] 开凿通往九真的要道。东汉章帝建初八年（公元83年）郑宏为大司农，奏开零陵桂阳峤道，"至今遂为常路"[3]。汉灵帝时桂阳太守周昕修治了粤北武水六泷的河道，使南北水道畅通，商业贸易繁荣，为汉文化向东南的传播创造了条件。

二、六朝时期的移民浪潮与民族大融合

1. 战乱中的北人南迁浪潮

六朝，一般指的是中国历史上三国至隋统一前南方的六个朝代，即三国吴、东晋、南朝宋、南朝齐、南朝梁、南朝陈这六个朝代。六朝时期，是一个中国封

---

① 范晔：《后汉书·循吏列传第六十六》，中华书局，2007年。
② 范晔：《后汉书·马援列传第十四》，中华书局，2007年。
③ 范晔：《后汉书·朱冯虞郑周列传第二十三》，中华书局，2007年。

建政权更替频繁、社会动荡不安的时代。中原地区阶级矛盾空前激化，战争频仍；北方少数民族入主中原，残酷的民族杀戮接连发生，生灵惨遭涂炭。人们纷纷避乱，寻求安宁的栖身之地，中国社会出现了民族大迁徙的浪潮。东南地区地广人稀，政权稳定，故成为中原汉民南迁避乱的理想之地，中原汉人入迁岭南，成为继秦汉以后的第二次移民潮。

东汉末年已有不少汉人迁居东南，史载交趾太守士燮（xiè）"体器宽厚，谦虚下士，中国士人往依避难者以百数"①。孙权为图发展，把岭南作为东吴的后方，任命亲信步骘（zhì）为交州刺史。东汉献帝建安十五年（公元210年），步骘率领上千江东将士进入岭南。东吴政权入粤，大批的江南人士驻守东南。中原不少学者也南来避乱，如《三国志·吴书·薛综传》载：桓晔"浮南海投交趾"，薛综"少依族人避地交州，从刘熙学"。

东晋是移民浪潮的高峰期，永嘉年间匈奴及羯族首领刘曜（yào）、石勒等残酷屠杀汉人，洛阳被攻陷，整座城市化为灰烬。为求生存，北方的许多士族、大地主携眷南逃，随同他们逃难的还有宗族、部曲、宾客，并形成整个族群的大迁徙。这股移民潮主要流向长江下游地区，也有众多的人口移向东南地区。

在战乱频扰的永嘉年间，岭南地区却显得康乐太平。广州地区出土的晋砖铭文记有"**永嘉乱、九州荒，余广州，平且康。**""**永嘉七年癸酉皆宜价市**"等语，表明了当时的广州地区社会稳定经济发展，于是吸引了大批的北方移民。西晋愍（mǐn）帝建兴三年（公元315年）"**江扬二州经石冰、陈敏之乱，民多流入广州，诏加存恤**"。东晋末年爆发了孙恩、卢循起义，当时随同起义军进入东南地区的就有数万人之多。《晋书·庾亮传》载："**时东土多赋役，百姓乃从海道入广州。**"南朝梁末"侯景之乱"爆发，使长江流域遭受到空前的浩劫，江南豪族和民众纷纷从海道和陆路流入东南。

---

① 陈寿：《三国志·吴书·士燮传》，中华书局，2009年。

南北朝时期迁入岭南的人口达250万[1]，这一时期东南地区的郡县急剧增加，据《广东省历史地图集》统计，刘宋新增郡6个，县较东晋增设50个；南齐增置新郡5个，县较之刘宋增加30个；南梁12州，郡增38个，县146个；南陈42州，109郡，432县。[2] 郡县的激增，反映了新移民的增多，此外政府为了加强对移民的管理，每州设立"流民督户"，这都说明了南北朝期间东南地区形成了一股巨大的移民浪潮。

2. 北人南迁促进了东南农业的发展

南北朝时期民族的大迁移使东南的开发进入了一个新的时期。农业耕作技术已改变了落后的"水耕火耨"，向精耕细作的农业技术过渡。广东连州、韶关、广州黄埔妃塘等地都出土了陶质犁田模型。模型中有田埂，田的四周有排水用的漏斗，以调节水位的高低，农耕中使用了一人一牛犁田和一人一牛耙田，耙带六长齿，表明移民带来的中原生产技术已广泛推广到东南各地。东晋初年，百姓从海道入广州，刺史邓岳大开鼓铸，诸夷因此知造兵器，也普遍使用了铁农具。发展至南北朝的梁代，岭南已是一个重要的产粮区，梁末陈霸先出兵平定侯景之乱，靠的就是岭南丰足的粮食，《陈书·武帝纪》载"时西军乏食，高祖（陈霸先）先贮军粮五十万石，至是分三十万以资之"。以后陈霸先攻取建康，建立陈朝政权。东南地区经济的发展提升了本地区的政治地位，促进了中国政治格局的新转变。

南北朝时民族融合进入了新的发展期，越人多被称为俚僚，俚僚民族的汉化程度加深，不少人被编入封建政府的编户，民族界限开始弱化。东南的民族融合经历了两种不同的途径，一种是军事征服，出兵平定俚僚的叛乱是常有之事。南朝刘宋时立越州和高州，目的是以此作镇守俚僚的要地，西江和南江督护也是征抚俚僚的军职。战争虽然残酷，但在民族融合的过程中，它总是不可避免地被封建统治者所采用。另一种途径是自然的融合，即汉越人民在共同的生产斗争和社

---

[1] 刘希为、刘磐修：《六朝时期岭南地区的开发》，《中国史研究》，1991年第1期。

[2] 广东历史地图集编委会：《广东省历史地图集》，广东省地图出版社，1995年。

会生活中加强团结，密切交往，消除种族偏见，它成为东南地区民族融合的主导形式。由于种种原因，汉人不断地移入少数民族地区，俚僚不断汉化，而异族的相互联姻，则更有力地消除了民族间的隔阂。像梁朝冼夫人与高凉山冯宝的联姻，就大大促进了汉俚民族间的融和。这为饮食文化的新发展奠定了重要的基础。

第二节　民族融合下的饮食资源开发与饮食器具的革新

汉魏以来中原先进生产技术的传入使东南的农业和手工业有了长足发展。水稻种植从火耕水耨走向了精耕细作，蔬菜得以广泛种植，水果与甘蔗的栽培大有进展。蔗糖、海盐、酒在国内已稍有名气。随着社会生产力水平的不断提高，东南饮食汉化程度日深，饮食器具亦发生了革新。

一、粮食蔬菜的种植和畜禽的饲养

汉魏时期中原先进生产技术在东南传播，使农业生产发生了质的飞跃，农业生产水平较高，其表现在多方面。铁农具的使用是生产力的显著进步，当时所使用的铁农具有斧、锄、锸（chā）、镰、铲、犁、耙等铁制农具。中原汉人的南移使东南农耕中广泛使用了牛耕，这是耕作技术上的重大进步。汉魏之际东南地区的越族人民摆脱了原始落后的生产力，向封建社会的农业经济过渡，这是一个划时代的进步。

1. 水稻等粮食作物的种植

秦汉以前岭南的水稻栽培是以刀耕火种的方式进行的，以后发展为火耕水耨，即烧荒地灭草，以火灰作肥，然后引水浸地，再直接撒种，任其自生自长，这是一种原始的耕作方法。

图3-1 汉代陶制
水田模型，广州出土
（铢积寸累——《广州考
古十年出土文物选萃》，
文物出版社）

　　至汉代番禺的水稻栽培已采用了水田耕作法，广州、佛山澜石等地汉代墓葬出土有陶水田模型，如实地反映了当时的耕作水平。当时已垦辟出方整齐平的水田，田间有田埂连接，便于施肥或各种田间管理的操作。它主要靠人工水渠灌溉，在田埂上作水口调节水流，这与南方水源充足有很大关系。在佛山澜石的水稻田陶模上，田地被中间十字形的田埂分为六块，面积较大，体现了珠江三角洲平原的特色。此外模型田面上画有纵横成行的秧苗，说明当时的水稻栽培已注意到行距、株距的疏密。佛山澜石水田模型上有泥俑作插秧状，水田中留有秧苗痕迹，可以证明育秧移栽技术已在番禺推行。汉代岭南的牛耕已采用了"一人一牛"的耕作法，佛山澜石东汉墓出土的水田模型，作犁地状的泥俑只有一人，前面没有人牵牛，可推断是"一人一犁"的耕作。牛耕的推广对农业起了决定性的作用，它减轻了劳动强度，节省了大批劳力，提高了耕作的效率和质量。牛耕要比人工翻土提高6～7倍的功效，而且牛耕翻土平整均匀，深厚有度，使作物产量提高。利用牛耕还可以耙田、碎土、匀田、开耧、播种、开沟、兴修水利，使深耕细作的农业技术得到推广。

　　广州汉墓出土的陶屋模型，大多数设有厕所和畜栏，其目的是收集粪便作肥料，以增加农作物的产量。佛山水田模型上有堆肥，说明人们已懂得以基肥增加地力，以求高产。人们在发展农业的同时还大力发展畜牧业，以积存厩肥，二者

图3-2　汉代干栏式陶屋模型，广州出土

相得益彰。

　　岭南在汉代已种上双季稻。《齐民要术》引《异物志》云："稻，交趾冬又熟，农者一岁再种。"佛山水田模型上有人犁田，有人播种，有人收割，反映的是夏收夏种的情景。有的地方甚至出现了三季稻，《初学记》卷八《岭南道条》引郭义恭《广志》曰，"南方地气暑热，一岁田三熟，冬种春熟，春种夏熟，秋种冬熟。"并称之为"三田"。两熟稻和三熟稻的出现，表明当时的东南人已经懂得如何充分利用有限的土地来连续种植同一种粮食了，由此大大利用了地力，提高了复种指数，增加了粮食产量。

　　汉代的岭南粮食品种也有了增加，当地的水稻已有粳稻、籼稻等品种，而广州汉墓的稻谷发现又进一步说明了本地区的水稻与北方属同一稻种。广州东汉前期墓葬出土的水稻存放于陶仓内，虽已炭化，但经广东粮食作物研究所鉴定："粒长约6～7毫米，宽约2.83毫米，稃（fū）面有整齐格子形中的颗粒突起，能区别内外颖及护颖，稃棱和稃面上的茸毛尚可见痕迹；个别籽粒的颖尖还可见芒的断痕，与我国普遍栽培的稻种（oryzasatival.）同属一种"[1]。到南北朝时期，东南又增加了糯稻，《南方草木状》记载以草曲"合糯为酒"。糯米酒的酿造表明当时

①　广州市文物管理委员会：《广州汉墓》，文物出版社，1981年，第358页。

已经有了糯稻品种。

从汉至魏晋的这一时期，东南地区的粮食生产有了较大的发展，北方许多新的农作物品种在东南引种，如黍、粟、高粱，这些本是中原一带的传统粮食作物，汉代时番禺已栽种。广州汉墓中有高粱、黍的遗物，《汉书·南粤传》记：汉武平定南越国，汉军"先陷寻陕、破石门，得粤船粟"。显然粟在当时也是主要的粮食。

2. 蔬菜作物的栽培

岭南的蔬菜栽培起源较早，但各种蔬菜的品种到汉代才有了较明确的记载。汉代文献记录，当时岭南的蔬菜有薯蓣（大薯）、芋、姜、韭菜、莲藕、石发（海藻类）、茄子、绰菜（叶如慈姑，根如藕条）、慈姑、竹笋、芡实、薏米、菱角等种类。

薯在岭南很普遍，这种根叶如芋的植物，既起补充粮食之用，又可作一般蔬菜，在当地用途很大。《齐民要术》引《异物志》说："**甘薯似芋，亦有巨魁，肌肉正白如脂肪，南人专食，以当米谷，蒸炙皆香美，宾客酒食施设，有如果实也。**"在海南岛"**旧珠崖之地，海中之人皆不业耕稼，惟掘地种甘薯。秋熟收之，蒸晒切如米粒，仓囷（chuán）贮之，以充粮糗，是名薯粮**"。

岭南是水乡泽国，水生植物丰茂繁盛，越族人很早就懂得将野生水生植物进行人工栽培。如菰、菱角、芡实等。这些食物味道鲜美，营养丰富，含较多的淀粉质，不但可作佳肴，也可用作充饥。《齐民要术》引《广志》记："**菰可食。以作席，温于蒲。生南方。**"《广志》成书于晋末，说明那时东南人已把菰作为蔬菜了。《汉书·马援传》记马援到岭南看到芡实，认为这是有用之物，既可利水，又可轻身，回洛阳时还特意把一车的薏苡运回中原。可以说人工栽培野生水生植物作蔬菜是南方人民的出色创造。此外东南人还懂得利用海生的藻类作佐食料，使其成为一种珍贵的副食品。《太平御医》引《异物志》记："**石发，海草，在海中石上丛生，长尺余，大小如韭，叶似席莞，而株茎无枝。以肉杂而蒸之，味极**

美，食之近不知足。"可见汉代岭南人已不局限在田地上栽培蔬菜，他们还向山地、池塘、水泽地、海洋取食，从中栽培出珍奇的食物原料品种。

枸（jǔ）酱又作蒟（jǔ）酱，是一种现已消失的古代珍贵食品，《史记·西南夷列传》载，"汉武帝建元六年（公元前135年），唐蒙出使南越，食蜀枸酱，间其所从来，曰：'道西北牂（zāng）柯，牂柯江广数里，出番禺城下。'蒙归至长安，问蜀贾人。贾人曰：'独蜀出枸酱，多持窃出市夜郎。夜郎者，临牂柯江，江广百余步，足以行船。南越以财物役属夜郎，西至同师。'"这段材料说明了枸酱出自西南，但岭南人也能吃上，这是商人从夜郎沿柯（西）江贩卖而传至的结果，至于枸酱的制作手法并没有阐述，所以后世对其制法争论很多。根据《南方草木状》记载，当时岭南已有，"蒟酱，荜茇也。生于蕃国者，大而紫谓之荜茇；生于番禺者，小而青，谓之蒟焉，可以为食，故谓之酱焉。交趾、九真人家多种，蔓生。"西晋人左思《蜀都赋》亦云："邛杖传节于大夏之邑，蒟酱流味于番禺之乡。"从这些材料可知，晋代岭南的"蒟酱"应该是一种以蒟为原料制成的酱，是一种食物作料或调味品，那么"蒟"到底是什么植物？

明朝李时珍考证后认为是胡椒科胡椒属的蒌叶，现在已成为中医学的基本共识。但是在植物学界、农学界和历史学界，有人认为是荜拨，也有人认为是枳椇或枸杞，也有人认为是魔芋。宋人认为蒟是一种南方人称为"浮留"的植物，宋祁《益部方物略记·蒟酱赞》云："蔓附木生，实若椹累，或曰浮留，南人谓之，和以为酱一，五味告宜。"清朝训诂学的代表之一倪涛在《六艺之一录》中提出："蒟蒻（ruò）：蒟可为酱，亦名扶留，即今之芦（蒌）子。蒻根如芋，余于蜀中见之。二物不同，《文选》注亦作两物，《字汇》混而为一，误。""浮"可通"扶"，况且清朝训诂学是非常讲究古字词的严格考证的，故此我们也认为，"蒟"即扶留，亦即中医所说的蒌叶。

3. 禽畜的饲养

秦末汉初，东南的畜牧业十分落后，马、牛、羊也依赖北方输入，自西汉中

图3-3　东汉陶猪，广东佛山澜石出土　　　　　图3-4　东汉红陶母鸡，广东佛山澜石出土

后期起农业发展，大量需要畜力和厩肥，从而刺激了畜牧业的兴起。不少后进的少数民族从采集和狩猎经济转向农耕生产和禽畜饲养，更促进了家禽的兴旺繁殖。在这一时期墓葬的出土器物中，陶屋模型都有喂养禽畜的处所，饲养禽畜成为每个家庭必不可少的副业生产，所以各种泥塑的猪、牛、羊、鸡、鸭、鹅等在东南的汉墓中比比皆是。

　　猪的饲养最广泛，无论是土著的越人还是南迁的汉人，都以此作为主要的肉食来源。考古发现的猪骨和以猪为模型的刻像甚多。例如1984年在广西桂林东郊发现的三座南朝墓中出土了两件滑石猪[①]；1974年在恭城新街长茶地的三座南朝墓中出土滑石猪、马等刻像11件[②]；而广州象冈有猪骨出土，广州等地汉墓有陶猪出土。从陶猪的造型看，当时已经育出耳小、身肥、头短品质优良的华南猪型。

　　牛的饲养在当时最受重视，广州汉墓中雕塑得栩栩如生的黄牛，以牛拉车的泥塑，都说明耕牛在当时是最重要的牲口。马是重要的交通工具，在当时也大力繁殖，汉墓中有不少骑马的木俑。《三国志·吴书·士燮传》记士燮为附和孙权，每年向吴地进贡珍奇异物，其中"壹时贡马凡数百匹"，可知岭南马匹的繁殖颇盛。

－－－－－－－－－－

① 桂林市文物工作队：《桂林市东郊南朝墓清理简报》，《考古》，1988年第5期。
② 广西壮族自治区文物工作队：《广西恭城新街长茶地南朝墓》，《考古》，1979年第2期。

《水经注·浪水》记载番禺一带"负山带海，博敞渺目，高则桑土，下则沃衍。"说明广州城外，满布沃野肥田。从珠江三角洲出土大量的陶仓廪模型、酒器，牛、马、羊、鸡、犬、豕陶塑，以及各种稻、粟、高粱、水果、瓜的实物，充分展示了当时五谷丰登、六畜兴旺的景象。

二、水果、甘蔗的栽培与蔗糖的出现

东南是我国水果丰产地，水果栽培有着悠久的历史。在长期的生产过程中，东南人民积累了丰富的果树栽培经验。东汉杨孚的《异物志》和西晋嵇含的《南方草木状》都对南方果树做了详尽的叙述。当时东南人已经掌握了果树剪枝的方法，通过剪除老枝促使果树发育，提高结果率，这说明育苗技术已有一定的水平。秦汉以后，东南要经常向中央王朝进贡大批南方佳果。贡物源源不断地外输，促使东南诸地不断地发展水果生产，精进栽培技术，于是果树栽培成为东南地区的生产特色。

1. 东南的"四大佳果"

东南水果种类繁多，尤以荔枝、龙眼、香蕉、柑橘最为驰名，被誉为"四大佳果"。槟榔、椰子亦是本地的名产。此外，枸橼（jǔyuán，佛手）、柚子、橄榄、乌榄、杨梅、桃、李、人面子、酸枣等都是人们喜爱的果品。在广州汉墓、南越王墓中都有不少上述的果核遗存。

荔枝是岭南著名的佳果，《齐民要术》引东汉杨孚在《异物志》中关于荔枝的最早记载："荔枝为异多汁，味甘绝口；又小酸，所以成其味。可饱食，不可使厌。生时大如鸡子，其肤光泽，皮中食。干则焦小，则肌核不如生时奇。四月始熟也。"从中可见，荔枝是当地最美味的水果。汉代，南海的荔枝、龙眼成为进献给封建帝王的贡品，只有皇室贵族才能品尝。

龙眼是仅次于荔枝的东南又一名果，晒干的龙眼称桂圆肉，是珍贵的滋补药材，故其经济价值甚大。由于《异物志》失存，至今未能在辑本中找到有关最早的记载，但《后汉书》卷四《和帝纪》中记有："旧南海献龙眼、荔枝，十里一置，五里一候，奔腾阻险，死者继路。"这一段对龙眼、荔枝长途运送的记述，说明中央王朝对岭南龙眼的珍视，龙眼很早就已成为闻名国内的佳果。

香蕉的栽培很普遍。《太平御览·果部》载杨孚《异物志》记："剥其皮，食其肉如蜜，甚美，食之四五枚可饱，而馀滋味犹在齿牙间，一名甘蕉"。

柑橘也是东南的名产，《南方草木状》曰："自汉武帝，交趾有橘官长一人，秩二百石，主贡御橘。吴黄武中，交趾太守士燮，献橘十七实同一蒂，以为瑞异，群臣毕贺。"反映了柑橘品种的多样，并能育出异果奇珍。

2. 南果北移的尝试

东南水果的闻名促使本地的优良品种在汉代即向北方移植。汉武帝元鼎六年（公元前111年）破南越建扶荔宫，把大批的东南植物移迁长安。《三辅黄图》载："所得奇草异木，菖蒲百本，山姜十本，甘蔗十二本，留求子十本，桂百本，密香指甲花百本，龙眼、荔枝、槟榔、橄榄、千岁子、柑橘皆百余本。"然而由于水土不服，不少果木很难成活。如《三辅黄图》载，汉武帝曾经从交趾移植百株荔枝于扶荔宫，但无一生存。"一旦萎死，守吏坐诛者数十人。"反而为此制造了相当多的冤屈。关中荔枝种植不成，于是封建帝王只有每年令人传送荔枝到皇宫，不少人疲毙丧命，"极为生民之患"。尽管如此，这次植物移植，却开创了南方果木向中原地区培植的先例。

3. 东南甘蔗品质优良

东南地区高温多雨、阳光丰沛、终年无霜，具备栽培甘蔗得天独厚的自然条件。《齐民要术》引《异物志》曰："甘蔗远近皆有，交趾所产甘蔗特醇好，本末无薄厚，其味至均，围数寸，长丈余，颇似竹，斩而食之既甘。"《太平御览·果部十一》卷九七四引《吴录地理志》云："交趾句漏肥，甘蔗大数寸，其味醇美，异于他处。"可见岭南地区生产的甘蔗是十分有名的。

4. 以蔗制糖的出现

在长期的生产过程中，东南人开始懂得了用蔗造糖，汉代的文献已记有岭南地区的食糖生产。《齐民要术》载《异物志》曰：甘蔗，"连取汁如饴饧（xíng），名之曰糖，益复珍也。又煎而曝之，既凝而冰，破如砖，其食之入口消释，时人谓之石蜜者也"。把甘蔗榨汁称为柘浆（又名甘蔗饧），是珍贵的食品；柘浆再经过煎煮晒制，凝结成固体砖形，称之为"石蜜"。这样制造出来的"石蜜"还比较粗糙，后人称为粗砂糖。在蔗糖问世之前，人们普遍食用饴糖，饴糖是以稻粟黍麦之类粮种浸湿生芽暴干并煎炼调化而成，民间流传十分广泛。蔗糖的出现与普及使它逐渐取代饴糖成为人们的主要甜味食品，进而推动了东南烹饪的发展和菜品味型的改进。《楚辞·招魂》中已经讲到"胹（ér，煮）鳖炮羔，有柘浆些"，意思是人们在烹煮鳖鱼和煎炸羊羔这些美味食品的时候，还要淋上一些"柘浆"调味，显然南方很早就把糖作为烹调的重要用品。西汉中期，人们不但把甘蔗汁作为一种常用的调味食品，还往往用来作解酒之用。《汉书·礼乐志》引《郊祀歌》有"泰尊柘浆析朝酲（chéng）"之句，意思是用甘蔗汁可以解去贵人们早上犹未退去的宿酒。

甘蔗作为南方植物，适宜种在热带、亚热带肥沃之地，北方不产，故古时中原人每以甘蔗为稀罕之物，至于由甘蔗制成的液体和固体糖更被认为是非常珍贵的食品，因此长期以来蔗糖便成为进贡中原王朝的珍贵美食。三国时吴国的蔗糖仍由交趾进贡就是一个例证，《三国志·吴孙亮传》注引《江表传》载："吴孙亮使黄门以银碗并盖，就中藏吏取交州所献甘饧。"蔗糖输入内地也是一项食品贸易，但当时只有王公贵族才能享用。赵佗时，"尝使贡石蜜五斛，蜜烛二百枚、白鹇（xián）各二。"这里讲的石蜜就是甘蔗汁经过太阳暴晒后而成的固体原始蔗糖。

三、油料与茶叶的生产

先秦时期岭南地区尚处在部落酋长的统治时期，南越族的先民通过狩猎和原始畜牧业获取肉食，使用各种动物的脂肪进行饮食烹调。岭南地区食用植物油的习惯是中原人传入的，植物油不腻而油润，口感好，利于养分的吸收，尤其在天气炎热的岭南地区，对肠胃适应性好，成为必不可少的饮食用油。我国什么时候开始食用植物油有待进一步探索，但早在秦汉时期我国已开始栽培油菜，江陵凤凰山167号墓就出土有大量油菜籽，东汉崔寔（shí）《四民月令》记载了植物芝麻。秦汉时期，大量的中原移民入主岭南，食用植物油的习惯也自然在岭南传播。

茶树产于南方，一般认为"巴蜀是中国茶业或茶文化的摇篮"。其实东南也是茶树的产地之一，只是品种和饮用方式各有区别而已。位于湖南南部与广东毗邻的茶陵即是古代产茶的地方，《唐韵正·九麻·茶》："《路史》引《衡州图经》曰：'茶陵者，所谓山谷生茶茗也。'"即以其地出茶而命名的。此外，《三国志·吴志》记载了孙皓让韦曜以茶代酒的故事，也表明汉魏之际东南地区已有饮茶风习。岭南地区的茶树栽培源自本土，古越族人很早就懂得利用野生茶树，进而人工栽培茶树，被中原人称为"蛮茶"。由于南方炎热潮湿，越人的饮茶，充分发掘了本土植物资源，用料独特，注重驱暑、解渴、治病的功效。像以皋芦（苦丁）作茶叶就是南越人的一大创造。苦丁茶极苦，但苦中有甘味，极止渴，能治咽喉之病。唐代诗人皮日休《吴中苦雨因书一百韵寄鲁望》有"十分煎皋卢，半榼挽醽醁（línglù，美酒名）"句，反映了"蛮茶"亦颇受中原人士青睐。

秦汉以来中原人入迁，良种茶树的引种和技术传播，使岭南地区的茶叶园艺技术有了很大的提高。佛教传播使岭南获得了不少良种茶树。僧人常在佛寺的周围种茶，以茶奉香客，故寺门的山地常成为茶树的栽种地。东莞《茶山乡志》记，南朝梁武帝时代，东莞人于铁炉岭创建雁塔寺，寺僧沿山种茶，茶山乡因而得名。

四、海盐的生产与发展

东南地区濒临南海，有着全国最宽广的海岸线，南海海水含盐量大，加上地处热带、亚热带气候，日照时间长，故盐业生产有着得天独厚的条件。东南最早产盐于何时，由于考古材料的不足，这一问题有待进一步考究。

盐，除了食品调味，还有许多其他用途，是人们生活中不可缺少的物质。东南地区气温高，人们出汗多，容易困乏，尤其要补充盐分；温度湿度高，则食物容易腐败，盐常用来防腐，故盐的生产显得十分重要。东南濒海以盛产海盐著名，生长在大海之滨的古越族人，很早就懂得从海水中取盐，以改善他们常年食用鱼虾等水生动物的腥臊之味。特别是盐的食用能和胃酸结合加速对肉类的消化和吸收，有利于人类的成长。先秦时代的东南地区尚处在比较落后的酋长部落的原始社会，但食用盐已出现，因为早在新石器时代粤北马坝石峡文化遗址已经有比较完善的各种食具，食具的完善，是追求味道的表征，也标志着烹调的发展已达到一定水平，特别是东南沿海是产盐之地，故先秦东南已食用盐应该是可信的。

《周礼·天官·冢宰》说："盐人掌盐之政令，以共百事之盐。祭祀共其苦盐、散盐，宾客共其形盐、散盐。王之膳羞，共饴盐，后及世子亦如之。凡齐事（和五味之事），鬻盬（yùgǔ）（鬻，同煮；盬，粗盐；鬻盬，炼制粗盐）以待戒令。"说明周代食盐的生产和管理已有专官。盐的种类有苦盐、散盐、形盐、饴盐等不同的品种，可见周代的盐产已发展到了一定规模。岭南所产的盐会作为南蛮的贡物进献到中原。《淮南子·人间训》说秦始皇利越之犀角、象齿、翡翠使屠睢发卒五十万，展开了征服岭南的战争，其实岭南还有更重要的物产，这就是食盐。《汉书·地理志》明确记载，西汉时番禺（广州）、苍梧（梧州）设有盐官，中央设盐官于岭南目的是要控制这里丰富的盐产。可见岭南沿海一带产盐已有着悠久的历史。有关古代岭南的盐业生产，文献上缺乏记载，目前最早的记载是南朝初裴渊所撰的《广州记》。《太平御览》："裴渊《广州记》曰，'东官郡煮盐，织竹为釜，以牡蛎屑泥之，烧用七夕一易'。"从中可见，古代岭南是以煮盐方式进行生产的。盐场设在东莞沿海一带（南朝时称东官）煮盐用的工具是用竹织成的釜，上涂牡蛎泥灰，这种煮盐的竹锅只能用七天。

五、酒的发明与酿造

东南的酒是怎样发明的呢？原始社会时期的东南是一个原始森林覆盖的地区，果木丰硕，繁花似锦。野生果子成熟以后掉落地中，当遇到酵母菌介入，就会自然发酵成酒，这种天然的果酒香味诱人，自然就启迪了东南的先民利用水果酿酒。有了粮食的生产和熟食的炊煮，进而就会有利用粮食酿酒。因为当酵母菌进入煮熟的饭中，自然会发酵成米酒。粤北石峡文化新石器遗址中发现了人工培植的水稻和各种生产工具，表明当时的锄耕农业已经出现，特别是各种圈足镂孔陶酒杯的出土，可证实当时已经有了酒的生产。酿酒的发明是饮食文化的重大成就，它极大地丰富了饮食饮食文化的内涵。

商周时代的东南虽酿酒技术不及中原，但当时的许多陶器的造型和纹饰，已出现了明显仿中原青铜器的特征，其中也包括了对酒器的仿造。商朝饮酒成风，商的灭亡正是和酗酒有关，这正如《尚书·酒诰》所载："惟荒腆于酒……故天降丧于殷。"商代出土的酒器种类繁多，饮酒器有爵、角、觚（gū）、觯（zhì）、觥（gōng）、杯等，盛酒器有盉、樽、壶、卣、铗等。周代已经有较成熟的酿酒经验，据《礼记·月令》所载："乃命大酋，秫稻必齐，曲蘖（niè）必时，湛炽必洁，水泉必香，陶器必良，火齐必得。兼用六物，大酋监之，毋有差贷。"这是酿酒最关键的六个大问题：选料精良，酒曲合时，工艺操作洁净，水泉甘香，陶器具精良，发酵火候调理得宜。掌握好这六个规程必能酿出佳酿。广东在西江流域一带出土有较多春秋战国时的青铜器酒具，其中不少和北方的青铜器相似，这说明中原和岭南地区必然有着交往。战国后期楚灭了位于长江流域的越国，越国的遗民从东南沿海入徙福建，长江流域的先进酿酒技术自然传入了闽地。

秦汉之际，中原移民大量来到岭南，受中原文明的影响，岭南的酿酒技术不断地提高。两广汉墓出土有不少的酒杯，其中有玉器杯、青铜酒杯、漆器杯，说明岭南地区的酒业生产在汉代已有规模。另外，广州出土的东汉陶提筒上有"藏酒十石，令兴寿至三万岁"的墨书题字，陶提筒出土时，筒内存有炭化高粱，说

图3-5　西晋陶蒸酒器，广东连平出土

明当时已有高粱酿酒。岭南出土的汉代文物中有不少温酒壶，以及各种饮酒用的漆耳杯、陶酒杯，可见越人嗜酒之风习。

魏晋时期岭南酒的酿制有了较大进步，由于岭南地多瘴气，人们认为饮酒可以驱瘴疾。中央王朝对酿酒不加限制，酒榷也没有在岭南推行，这使得岭南的酿酒大大发展。史籍记载了岭南地区的有关酿酒技术，西晋嵇含的《南方草木状》载："**南海多美酒，不用曲蘖，但杵米粉，杂以众草叶，冶葛汁溲溲之，大如卵，置蓬蒿中荫蔽之，经月而成。用此合糯为酒。**"可见古越族人传统的方法是以米粉和草药作曲，草曲除了起发酵作用，还起香料和防腐作用，这种方法一直沿袭下来。这里所记的越人酿酒法与中原地区有别，这种配方制作简单，却能有效促进酒料的糖化过程和酒化过程。著名的酒有"女酒"，专用于嫁女之用，《南方草木状》卷上记载"**南人有女，数岁，即大酿酒。即漉，候冬陂池竭时，填酒罂中，密固其上，瘗（yì，埋藏）陂中。至春，潴（zhū）水满，亦不复发矣。女将嫁，乃发陂取酒，以供贺客，谓之女酒，其味绝美。**"女酒是一种陈酿，存储时间达十多年之久，通过封存，特别是水下的封存，减少蒸发，产生浓郁的酒香，这确实是岭南人独特的创造。另一个创造是采用草料提高酒的芳香，有文草制酒，人们"用金买草而不言贵"，还有以郁金香用做香酒的制作，使酒味芳香。

1964年，广东省博物馆清理粤北连州龙口的一座晋墓，出土有甑、坛二器，这是广东旧式烧酒蒸馏器具中的两个主要部件。其制法是把酿制好的甜酒放入坛中加热炊煮，让酒蒸汽化，当蒸汽在甑盖上冷却，还原成酒，把它收集起来，便是经过提纯的烧酒了。这一重要文物的出土有力地证明，岭南地区烧酒制作早在晋代已经出现。烧酒的制作大大提高了酒精的浓度，便于酒的保存，这对于气候炎热的岭南地区更为重要。

六、炊餐用具的革新

丰富的饮食原料与人们对美食的追求，促进了炊餐用具的发展，使其不断出新。汉代东南地区炊餐用具的革新主要体现在炊具和食具两方面，尤其是瓷器食具的出现。岭南地区的饮食特点是"饭稻羹鱼"，因此岭南炊具是以煮饭、煮粥和烹鱼煮菜的炊具为主。汉代厚葬之风，使我们从墓葬和遗址中找到许多冥器和遗物、窥见岭南炊具的风貌。

1. 炊具的汉化与精巧设计

汉代是移民迁入岭南的一个高潮期，中原人带来了中原炊具，使岭南出现了一个饮食汉化的过程。汉代墓葬炊具的大量出土，表明了岭南饮食水平有很大的提高。两广地区的汉代炊煮器具，其功能进一步细化，同时也更讲究器具的配套使用。如出土的釜和甑即是配套使用的炊器，釜在下，甑在下。釜是煮水的炊器，甑下有箅（bì）孔，顶部有盖，可煮可蒸。釜和甑的配合使用是蒸汽利用技术进一步的发展。

这一时期炊具的制作趋向精巧，广东汉墓出土的陶制"越式鼎"就别出心裁，在鼎口的边沿上有特意制作的一条唇形水沟，它能使沸腾的液体不至溢出。而且，当唇沟里灌进水时，虫蚁等则爬不进鼎内，这是相当合理的设计。再如有

图3-6　汉代陶灶模型，广州出土（《铢积寸
累——广州考古十年出土文物选萃》，文物出版社）

图3-7　汉代陶灶模型，广州出土（《铢积寸
累——广州考古十年出土文物选萃》，文物出版社）

一种越式铜鼎是撇口状，这种外撇的口形也是为防止粥汤外溢而设置的。常用炊煮器有铜鍪（móu）、釜、鼎，但具体的功用不一，鼎是熬煮器，宜于熬煮食物，它不能用于灶台。灶台只宜烧草类的燃料，能置放灶眼的是釜、鍪，但也有区别，鍪是短颈深腹的环底锅，颈腹间有两耳环，这就可以提取到案上作食具。釜则不同，它可作多种用途，但与甑结合蒸东西则是鍪所不能替代的。

汉代岭南灶具的改革最为典型，早期灶具烟突短，灶身短，灶台上大多只列两个灶眼，灶门宽大敞开。中期的灶具灶身增长，灶眼增多，蒸食、煮饭、煮水可以同时进行。灶门缩小，以利扯风，烟突增长，以利灶膛进风。灶门还加砌了灶额，形成挡火墙，以阻挡烟灰飞上灶台。晚期的灶，更注意利用热能，在灶的两旁嵌有两排水缸，只要烧灶就能有大量热水供应。

2. 瓷器食具的出现

汉代青瓷食具的出现，是东南饮食文化的一个重要标志。在广州汉墓中的东汉后期墓葬中，出土有部分陶器，"胎质坚硬，挂釉匀薄，呈黄白色，釉色莹润，有细碎的开片，已接近瓷器。"[①]在广西梧州和贵县（今贵港市）的东汉后期墓葬

① 广州市文物管理委员会、广州市博物馆：《广州汉墓》，文物出版社，1981年，第395页。

图3-8　东晋青釉碗，广东韶关出土

中，出土有不少的青瓷，其中有四耳罐和碗等物，这些青瓷器灰白胎，青釉。广东省博物馆馆藏的汉代早期青瓷胎料非常匀细，釉层明亮，釉色有青绿、黄绿、暗灰等颜色。这些新产品的出现，标志着东南的瓷器生产已开始萌芽，这是饮食文化的重大进步。

在两晋南北朝时，东南瓷器制作有较大的发展，这一时期瓷器制作成熟，完成了原始瓷向瓷器的过渡。较之陶器，瓷器更为精美，制作技术也更高。随着生产技术的发展和人们要求的提高，青瓷用品逐渐增多。东南的南北朝墓葬均有青瓷出土，釉色晶莹，一般以青釉和黄釉为多。和饮食有关的青瓷主要有碗、盘、罐、豆、盆、杯、鸡首壶等。鸡首壶是这一时期独特的酒器，它本是越窑、瓯窑的产品，鸡头为壶首，鸡尾为执柄，造型别致，以后在东南很流行。这和魏晋时期北方人口大量南迁有重大关系，北方的先进制瓷技术影响了南方。韶关南郊出土有莲花纹洗，这是印度佛教艺术的图案，说明了饮食器具的制作，已经从更广的领域中吸取经验。

3. 漆器食具的出现

岭南漆器在汉代能发展起来有两个有利条件，首先是漆树较多，这为漆器的制造业提供了丰富的资源；其次是地近楚境，便于吸收楚国最先进的工艺技术。南越国建立后，官营漆器作坊已生产大批漆器，这从南越王墓中的大批漆器残件可以得到证明。但漆器的真正发展，是在打破了南越国割据自守的状态之后才形成的。岭南在汉代有两个漆器制造中心：广州和广西贵县。广州西村石头岗一号墓中曾出土有西汉漆盒，上盖"番禺"的烙印；广西贵县罗泊湾一号墓中也出土了大批漆器，其中耳杯上烙有"布山"字样。以产地名做烙印，可以推知当时地区性的漆器制造业已在岭南形成。随岭南漆器技术的发展，漆器食具也开始大量出现。岭南汉墓山土的漆器食具，其彩绘精美华贵，富丽堂皇，花纹明亮，颜色鲜明，图案的线条流走飞动，飞禽走兽栩栩如生，构图充满动感，堪称上品。

第三节　东南社会各阶层的饮食生活

在饮食生活中向来存在着平民饮食和贵族饮食两个不同的层面，由于南越国的建立，帝王的宫廷饮食首次亮相东南，它大大丰富了东南饮食文化的内涵。不同阶层的饮食并非是不可跨越的，它们之间有着对立的一面（奢华与穷困），但亦有着共存的一面（美食人皆好之）。正是各个不同层次的互动和兼收，推动着东南饮食文化的发展。

一、钟鸣鼎食的帝王饮食

1. 南越帝王的珍肴及宫廷饮食管理

汉高祖元年（公元前206年），赵佗建立南越国，自称南越武王，南越国共经历了五主，存在93年，对开拓岭南作出了重要的贡献。由于南越国的建立，帝王的宫殿在番禺耸起，宫廷的宴会也在南国土地上诞生，这对东南饮食文化的发展无疑是一次历史的机遇。南越王墓的发掘，使我们看到了昔日帝王饮食的奢华景观，以及民间少见的饮食珍奇。象岗南越王墓发现有大量的猪、牛、羊、鸡等家禽家畜的骨头，它们是宫廷厨房中不可缺少的肉食。在南越王墓中出土了14种水产品，内有：耳状耳螺、沟纹笋光螺、青蚶、楔形斧蛤、河蚬、龟足、笠藤壶、真虾、大黄鱼、广东鲂、鲤鱼、真骨鱼类（未定属种）、中华花龟等。[1]这说明海产河鲜是南越宫廷宴席上的必备佳肴。还出土有黄胸鹀（俗称禾花雀）200多只，这些禾花雀都被切掉了头和爪，即经过御厨的加工才入葬，显然墓主生前爱吃禾花雀。可见，广东名菜"香焗禾花雀"早在两千多年前已是南越宫廷的一道名菜。总之，从六畜到水产，从野味到山珍，还有品种丰富的岭南佳果，构成了宫廷饮食生活的丰富内涵。

南越国的宫廷中，饮食生活有着严密的管理制度。从广州市1120号、1121号汉墓中出土的三件陶罐及两件陶瓮上均有"大厨"戳印。[2]在广西贵县罗泊湾1号汉墓出土的漆器上，有"厨官"铭文，南越王墓西侧陶罐内出土有"厨丞之印"的封泥三枚。[3]这证实了南越国设厨官署掌管宫廷的饮食，饮食用器都打有戳印确定某个官员主管；而"大厨"陶器的发现很可能和至今广州话中的"大厨"一词有着密切联系，据此推断，"大厨"源自南越国王室属官，他们亲掌帝王的烹调，是南越国宫廷饮食的高级官员。当然，这种说法还有待我们进一步考证。

2. 奢华的餐具与长生丹药

南越王墓的出土，使宫廷饮食中的奢华餐具和一些珍奇之物得以披露，仅举几例，就可窥见帝王饮食的奢华。

承露盘。古代帝王迷信，认为饮食天上的露浆能长生不老，故以承露盘去承接天露。这些类似神话的故事，过去人们只能在古籍中猜测，南越王墓的承露盘出土，解开了千古之谜。承露外盘是铜器，在铜盘的口沿上伸出三条银身金头的蛇，三个蛇头衔着一个环，中间放一个玉杯，玉杯承接天露。这个盘上金、银、

---

① 广州市文物管理委员会编：《西汉南越王墓》，文物出版社，1991年，第463～465页。

② 张蓉芳、黄淼章：《南越国史》，广东人民出版社，1995年，第124～125页。

③ 广州市文化局编：《考古南越玺印与陶文》，广州博物馆，2005年，第73页。

图3-9　南越王承露盘，广州出土（南越王博物馆提供）

图3-10　南越王玉雕角形杯，广州出土（《西汉南越王墓》，文物出版社）

铜三种金属焊接得天衣无缝。其工艺神奇，华贵而诡秘，造型独特，全国仅此一物，它揭开了帝王饮食天露的真相。

玉雕角形杯。这是南越王墓中的玉饮杯，色青绿，半透明，光亮晶莹，形状仿犀角，杯面雕有三层纹饰，以卷云纹环绕全杯，表现了夔龙游太空的生动形象，同时运用了圆雕、浮雕、线雕三种雕刻手法，其造型和纹饰浑然一体，是汉代玉雕的珍品，堪称中国汉代第一杯。

烤烧炉。南越王墓出土的铜烤炉有三个，还配以铁叉、铁条等物。铜炉表面铸有纹饰，炉腔平而深，四角翘起，使烧烤时的铁串不会掉落炉外，又使炭火集中在炉中心。大的炉子下面还有四个轮子，以便于移动，四角配有小环，以方便吊走。叉烧、烧乳猪、串烧类等食物就在这种烤炉中烧成。

五色石散。南越王墓中有供帝王服食的五色药散，古代帝王希望长生不老，常服食术士开出的丹药，五色药石便是其中的一种。这些药物有：紫水晶、雄黄、绿松石、赤石、硫磺，与药物同时出土的还有铜杵臼。帝王的饮食不仅是山珍与海味，更有长生不老的丹药。秦汉时期崇尚神仙之说，认为通过吃丹药、饮天露或修炼便可以成仙，当时方士众多，已开始了寻求延年益寿的灵丹妙药，秦始皇曾派遣徐福往东海寻长生不老之药，越王亦希图通过丹药去强身健体，延年益寿，这种理念后来发展成为道教的一种追求。岭南盛产丹砂，故晋代的葛洪在广东罗浮山炼丹，道教丹鼎派即起源于岭南。秦汉之际东南地区的贵族服食丹药，以期达到兴奋舒适、飘飘欲仙之感，其实它是有害身体的，类似于当代的吸毒行为。古代丹药究属何物，人们难见其实，南越王墓的五色药散，为当时方士的丹药找到了实物证据。

帝王是钟鸣鼎食之家，南越王墓有陪葬的乐师，有大型的编钟、石磬、琴、瑟等乐器，帝王在饮食进膳之中，都伴有宫廷乐队的演奏。南越王墓西侧室埋葬了7个殉葬的庖厨隶役，墓主室北面是贮放御膳珍馐及各种饮器的库房。出土的鼎、编钟、提桶、漆器都表明了帝王之家饮食场面的壮观与奢华。

二、华贵奢侈的贵族饮食

中国饮食从来存在着贵族与平民两个等级的不同，东南地区的贵族饮食崇尚华贵奢侈，讲究食具，重视菜肴品质。根据两广汉墓出土的物品分析，我们可以总结出东南贵族饮食生活有如下特点。

1. 荤菜为主，亦重蔬果

东南汉墓出土有一些较大的陶层房屋模型，这些贵族的住房中多有上下两层，下层是养猪的猪舍，这说明猪肉已是贵族生活不可缺少的肉品。在墓葬中还藏有鸡、鹅、鸭、牛、羊等陶型器物，能把鸡、鹅、鸭、羊等作为日常饮食的常馔，只有贵族之家才能实现。

岭南地区的大型汉墓中还出土有不少瓜果食物，主要有柑橘、桃李、荔枝、橄榄、乌榄、人面子、甜瓜、黄瓜、木瓜、葫芦、姜、花椒、梅、杨梅、酸枣等，品种丰富，反映了岭南贵族饮食亦颇重蔬果，这一饮食传统一直延续到今天。

2. 汤羹伴食，品种丰富

汤羹伴食为每顿必不可少。汉墓出土的陶钫、陶瓿（bù），则是专门用来盛装汤羹的陶器。

《广西贵县罗泊湾汉墓》1号墓出土记录陪葬物的《丛器志》本牍本，有"中土瓴卅""中土食物五笥"的记载，这是指来自中原的陶瓴三十个和中原的食物五箩筐。此外，蜀地产的枸酱，通过夜郎也可转输南越，这都说明东南贵族为满足奢侈生活，常常从各地输入食品。东南漆器中常见的果盘盒内有多样间格，它是用来分别装盛果脯、蜜饯类食物的间隔。岭南佳果甲天下，贵族们追求多种零食，作进餐前后的消闲果品。

3. 食具豪华，美食美器

南越贵族十分讲究餐具的陈设和布置，在精美几案上有序地布列不同的器皿，并根据菜式的不同，配以不同的餐具。说明岭南贵族进食不但追求食物的美味，同时重视进餐的雅致和精美，以及布局的和谐统一。

汉代东南贵族饮食的豪华还表现在漆器食具的普遍使用。漆器的生产和使用尽管有着悠久的历史，但制作繁难，造价高昂，当时与寻常百姓是无缘的。岭南出土的漆器，多出现在帝王贵族的墓葬中，这说明漆器是珍贵的用器。《盐铁论》说"一文杯得铜杯十"，这绝不是平民所能用上的器物。广州汉

图3-11　南越王铜框玉盖杯，广州出土
（《西汉南越王墓》，文物出版社）

墓的漆器中有"高乐"等字，这显然是贵族官僚的名字。广西罗泊湾漆器中有"胡""厨""杯""士"的铭文。"胡"是人名之器，"厨"是指厨房所用之器，"杯"表示器用物，有如此细致的管理和分类，更说明豪门贵族之家的饮食器具多用漆器。岭南饮食漆器种类有杯、盒、盆、豆、盘、案、方盘、匏（páo）形器等。广西罗泊湾一号墓的漆器中，仅耳杯残件就有700多件。[①] 这些耳杯是专用的饮食器具，从中可以想见当时饮宴的场面是如此之浩大和壮观。

4. 酒器众多，嗜酒成风

东南贵族的日常饮食必有酒饮，广州东汉初期墓葬中出土有釉陶提筒，内盛高粱，器盖上有墨书，"藏酒十石，令兴寿至三百岁"，这表明当时的富室贵族嗜酒成风。饮酒自然酒杯之器不可少，两广汉墓出土有不少的酒杯，其中有玉器杯、青铜酒杯、漆杯，像匏型器就是专门用来盛酒的。在冬季还特设温酒的器具。在广州河顶出土的东汉后期的铜温酒樽高29.8厘米，口径18厘米，是一件造型优美的饮食器具，器具上刻有鸟兽图纹，并镶嵌着各种小金属薄片，上盖以一精巧的孔雀为纽，做工十分精致。这表明汉代岭南饮酒已极为讲究，冬季要温酒而后饮，为了饮酒而制造出精美的酒具，又进一步说明了饮酒在贵族生活中的重要地位。

三、"饭稻羹鱼"的平民饮食

《史记·货殖列传》载："楚越之地，地广人稀，饭稻羹鱼，或火耕而水耨，果隋蓏蛤，不待贾而足，地势饶食，无饥馑之患，以故呰窳（zǐyǔ）偷生，无积聚而多贫，是故江淮以南无冻饿之人，亦无千金之家。"司马迁所记可以说明"饭稻羹鱼"是东南地区民众饮食的最大特色，这取决于东南地区是鱼米之乡，

---

① 广西壮族自治区文物工作队：《平乐银山岭战国墓》，《考古学报》，1978年第9期。

水稻是当地农业生产的主产。

1. 日常饮食，"饭稻羹鱼"

在广州汉墓中和佛山澜石东汉墓中都发现有水田模型和稻谷粮食模型的冥器，这说明饭稻是他们生活中最重要的依赖，而地处江河和滨海地带的生态环境，有取之不尽的水产资源，在他们的生活食谱中鱼是居于第一位的肉类食品，这是自然对东南饮食的厚赐。东南地区天气炎热，使他们的饮食中离不开羹汤，因而以鱼做鲜美的鱼汤已习以为常，也就是说米饭、鲜鱼、羹汤是他们日常饮食不可缺少之物。

2. 果木、水产资源丰富

东南地区四时佳果丰足，大自然的恩赐给民众饮食生活带来实惠，园圃的栽种，固然培植了各种佳果，而野生果木如龙眼、荔枝、柑橘、梅子等果子也是取之不尽，故说"不待贾而足"。广州西汉中期的墓葬中出土有不少橄榄，其中有青榄和乌榄。这些果物的出土，证实橄榄为本地的土产果品之一，而且当时的人们已掌握了腌制乌榄的技术，橄榄入馔自秦汉以来就是寻常百姓家的一道美食，此亦说明，两千年前岭南的饮食已注重开发本土的果木资源。东南地区的水产资源特别丰富，养成了东南人嗜食螺、蚬、蛤蚧、蚌、蚶的习惯，形成富于地方特色的风味饮食。

3. 以陶器为主的饮食器具

与贵族不同，平民的饮食器具大多数是陶器，秦汉时期的陶制厨餐具主要有瓮、罐、钫、壶、鼎、合、多联罐、匏壶、釜、甑、匏、簋、罍、杯、碗、耳杯、豆等。这些器物，既有仿青铜器的制品，又有创新的器型，多式多样的产品表明了制陶工艺分工趋向细致。

4. 日常劳作风貌

岭南地区的汉墓出土了不少人物泥塑和冥器模型。水田模型是当时田园劳动

图3-12 东汉酱黄釉划花陶温壶，广东佛
山澜石出土

图3-13 南越国时期的陶鼎，广州出土

的立体图画，各种冥器陶屋、陶仓、廪、船台、灶器、井、楼宇等，再现了当时
人们的生活风貌。栩栩如生的牛、马、羊、鸡、犬、豕反映了六畜饲养的情况。
这些陶塑富于生活气息，手法自然朴实，不加华饰，用简朴的线条和艺术造型，
直观地反映出岭南民众的饮食风貌。

图3-14 汉代陶井，广州出土

图3-15　汉代陶五联罐，广州出土（《铢积寸累——广州考古十年出土文物选萃》，文物出版社）

5. 民族文化融合的积极影响

秦汉时代的东南地区，进入了一个民族融合的新时期，考古发现，东南汉代墓葬融合了中原文化、楚文化、岭南文化的要素，东南地区从过去的原生型文化变为复合型文化。汉族先进文化的浸润，改造了东南本土的饮食生活，虽然具体的烹煮细节难寻，但不难想象，中原的调味品、烹调方法以及先进炊具的南传，自然使东南人的传统饮食有了新的改革，考古文物为我们提供了丰富的证据。"陶五联罐"是岭南汉墓出土中最具特色的饮食器具，它以五个三足小罐连缀组成，轻巧别致，用作盛干果或调味料。如果是用作盛调味料的，推想常用的烹调用料至少有五种之多，这与"五味"相应，标志着汉代东南普通民众的饮食生活有了重大的进步，亦体现了中华饮食文化中"和"的思想。

第四节　海上丝绸之路与中外文化交流

一、海上丝绸之路的开通

汉初，中国封建社会进入了一个经济全面发展的时期。当时宽松的经济政策也为东南商业的发展提供了有利条件。《史记·货殖列传》载，"汉兴，海内为一，开关梁，弛山泽之禁，是以富商大贾周流天下，交易之物莫不通，得其所欲。"作为南方一大都会的番禺（广州），已是国际商贸的中心，《汉书·地理志》载，"近海处，多犀、象、毒冒（玳瑁）、珠玑、银、铜、果、布之凑，中国往商贾者，多取富焉。番禺，其一都会也。"

汉武帝推行开放性的经济政策，重视对沿海港市的建设，于是徐闻、合浦、交趾、日南等港口城市相继发展起来。武帝年间，政府组织的远航印度洋的贸易活动是汉代对外贸易的一大壮举。当时船队从大都会番禺起航，经徐闻、合浦、日南等港口远赴外洋。汉朝使者沿途受到各国人民的热烈欢迎，对外贸易中，中国输出的物品主要是丝绸、黄金。中国丝绸以印度沿岸为中转站，由波斯、阿拉伯、罗马商人转运至阿拉伯、埃及，经亚历山大港，由地中海转运到罗马。在途中几易买主，每过一站，身价倍增，"丝至罗马，价等黄金，然用之者众，故金

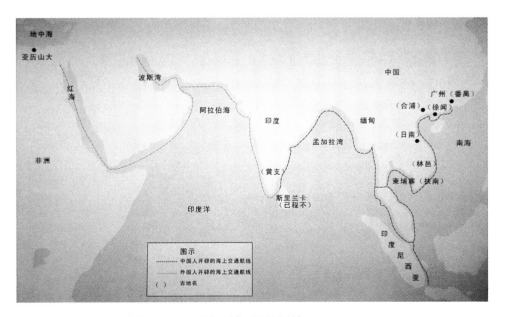

图3-16　汉代海上交通图（《南海神庙古遗址古码头》，广州出版社）

银乃如水东流"①。

关于汉代对外贸易的海上交通路线，《汉书·地理志》有记载："自日南障塞，徐闻、合浦，船行可五月，有都元国，又船行可四月，有邑卢没国，又船行可二十余日，有湛离国，步行可十余日，有夫甘都卢国，自夫甘都卢国船行可二月余，有黄支国……黄支之南，有已不程国。"专家学者对这条海上丝绸之路作过考释，基本定为：从徐闻、合浦出发，过北部湾，途经交趾、日南，沿着越南海岸，绕过印度支那半岛南端入暹罗湾，顺马来半岛过马六甲海峡到达都元国（在马来半岛），再沿马来半岛西岸北上，到达缅甸的莫塔马湾沿岸的邑卢没国（今缅甸勃固一带），后沿缅甸南岸驶向伊洛瓦底江口的湛离国（今缅甸伊洛瓦底江底三角洲）登岸，经十多日的步行，到达夫甘都卢国（今缅甸卑谬附近），然后坐船沿伊洛瓦底江南下，转入孟加拉湾，沿着印度半岛东岸南行，到达黄支国（今印度马德拉西南），最后抵达印度半岛南部的已程不国（今斯里兰卡岛），然后回航。随着国际交往的发展，一条国际商业航道被打通了，这就是举世闻名的海上丝绸之路。

自汉武帝重划州郡，设交趾刺史部以来，政治中心的西移使经济布局也发生了变化，合浦、徐闻成为重要的外贸港市。于是番禺——徐闻——合浦——交趾——日南这一东南航线的经济贸易频繁。这一商路的开通意义十分重大，它连接了海上丝绸之路，成为中国与东南亚贸易的重要交通线。《梁书·诸夷传》记："汉元鼎中，遣伏波将军路博德开百越，置日南郡，其徼外诸国，自武帝以来皆朝贡。后汉桓帝世，大秦、天竺皆由此道遣使贡献"。

从交趾向南也有一条通向印支半岛的陆路，这条路自交趾龙编（今越南河内）为起点，南通九真、日南（西卷）直达西汉最南边极地区象林（今越南广南维川南茶轿地方），然后延伸至印支半岛上的各国。这条道路最早由马援所开辟，《水经注·温水》："《交州记》曰：凿南塘者，九真路之所经也，去州五百里，

---

① 威尔斯：《世界史纲》，商务印书馆，1927年，第393页。

建武十九年马援所开"。交趾至象林道的开辟，增进了汉朝与东南亚各国人民的友好往来和经济贸易，是一条十分重要的国际贸易商道。

海外交通在南北朝时有了很大的发展，随着交广分治，广州成为重要的政治中心，同时也上升为南北朝时期重要的对外贸易港口。由于航海事业的发展，中外海舶多取道海南岛东岸而直航广州，使徐闻、合浦的贸易地位衰落，交趾龙编在汉代是岭南的重要贸易港，至南北朝时已让位于广州。广州对外交往日益频繁，每年外国进入广州港贸易的海舶，少则三四艘，多则十几艘。《梁书·王僧孺传》曰："旧时州群以半价就市，又买而即卖，其利数倍，历政以为常。"《晋书·吴隐之传》有"广州包山带海，珍异所出，一箧之宝，可资数世……"的美谈。不少外国商人也纷纷前来东南经商，1960年7月，广东省文管会在英德浛洸镇郊石碙岭发掘到波斯萨珊银币三枚；1973年，在曲江南华寺东南山坡的南朝古墓中发现九片剪开的波斯银币；1984年9月，在广东省遂溪附城区边湾村也发掘出南朝窖藏的波斯银币。这正是东南地区海外交通发展、海外贸易频繁的重要证物。

二、中外文化交流对东南饮食文化的影响

海上丝绸之路的开拓与发展，使东西方的物品源源不断地互传至对方。当时，中国著名的丝织品、黄金、漆器等物像磁石般吸引着西方商人，进口的商品则主要是香料、珠玑、翠羽、犀角、象牙、玳瑁、琉璃、琥珀、玛瑙、玻璃，以及欧亚地区的一些手工艺品。这些物品小部分来自欧洲、阿拉伯和印度，大部分来自东南亚。中西方贸易的兴起使东西方文化有了初步交流，增进了双方的了解，而不少与饮食有关的物品输入，在一定程度上又促进了东南地区饮食文化的发展。

1. 茉莉花的引进

《南方草木状》记："耶悉茗花、茉莉花，皆胡人自西国移植于南海，南海人

怜其芳香，竞植之。"这些花早在陆贾（约公元前240—前170年，西汉思想家、政治家）出使南越国时即已见到。茉莉花味辛、甘，性平，能化湿和中，理气解郁，可泡茶或煎汤服，且有很好的食疗作用。茉莉花大量移植东南，对本地区以后茉莉花茶的兴起与发展起到了奠基作用。

2. 香药的引进

香，在中国的使用历史悠久，早在远古时期，先民已懂得在祭祀中燔木升烟，告祭天地诸神，这是后世祭祀用香的先声。西周春秋时期，燃"萧"（即香蒿，香气明显的蒿）已广泛用于祭祀之中，"兰"（多指兰草）"艾""蕙""芷""桂""柏（松）"等芳香植物也备受推崇，《诗经·大雅·生民》载："取萧祭脂，取羝（dī）以軷（bá）"。此时期，香开始走进百姓日常生活中，佩戴香囊、沐浴香汤等开始出现，至战国已在一定范围内流行开来。香囊、香草既有美饰、香身之用，又起辟秽防病之效，在潮湿炎热、瘴疠盛行的南方此风尤盛，如屈原《离骚》有云："扈江离与辟芷兮，纫秋兰以为佩"。同时，香也开始作为药材用于中医之中，灸火芮、燔烧、浸浴、熏蒸等芳香疗法兴起。战国时期熏炉的出现促进了生活用香范围的扩大，西汉生活用香有了跃进式的发展，熏香在各地王公贵族中已广泛流行。香在贵族阶层的盛行进一步推动香的普及与发展，自此，"香"气逼人，两千多年长盛不衰。

东南地区自古产香，《齐民要术》引《异物志》即有沉香（木蜜）的记载，汉武帝时本地区沉香已进入中原。汉代以来香的大量使用促使了香的需求增大，然由于本地香的种类与数量的不足，遂使海外（东南亚、中东等）香药大批贩至东南，如丁香（鸡舌香）、青木香、藿香、艾纳香、苏合香、枫香、迷迭香等。《南州异物志》载，鸡舌香"出杜薄州"。受中原文化的影响和海外香料的大量传入，此时期东南地区生活用香的习俗也得到很大推广，居室熏香、衣被熏香、宴饮用香等，广州汉墓出土的众多熏炉进一步说明了香的广泛使用。不仅如此，香还开始用作香酒、食物香料，并常将香药用于医疗。隐于广东罗浮山的魏晋道士、著名医学家葛洪非常重视本地区和海外传入的香料，以及用香药治病的药方，如用"青木香、附子、石灰"制成粉末外敷以治疗狐臭，用"苏合香、水银、白粉"等制成蜜丸内服以治疗腹水。岭南湿热蚊子多，当地百姓易生疟疾，葛洪还提出用香草"青蒿"来治疗。根据古代医家的处方，我国科学家于20世纪70年代成功地从青蒿（现称黄花蒿）中提取出治疗疟疾的特效药"青蒿素"，现在它已成为国际上最重要的控疟疾药之一。

3. 珠玉、玻璃的引进

广州汉墓有较多的串珠出土，这些串珠包括玛瑙、鸡血石、石榴石、煤精、水晶、硬玉、琥珀、玻璃等不同质料，还有迭嵌眼圈式玻璃珠，蓝色玻璃碗，绿色玻璃带钩和璧（还有黄白色的）。这一时期玻璃的大量进口，对本地区的饮食用具有一定影响。玻璃当时主要用作装饰，广州南越王墓中出土的一块平板玻璃与现代的玻璃几乎一样。据瑶家安先生《中国早期玻璃器检验报告》："广州横枝冈西汉中期墓（M2061）出土的三件玻璃碗，很有可能是我国出土的最早罗马玻璃器皿。"同时，进口的玻璃也开始用作饮食器具，"贵县出土的东汉玻璃碗……与罗马玻璃成分相符，此外广西东汉墓葬中多次出土的玻璃，如玻璃碗、玻璃托盏，可能也是罗马玻璃"。这也说明当时罗马的玻璃产品，尤其是玻璃饮食器具在汉代东南市场上销路甚广。

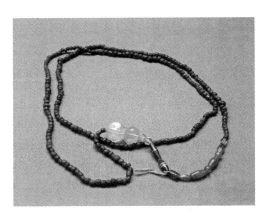

图3-17　汉代玻璃玛瑙水晶串珠，广州出土

4. 佛教的传入

　　西汉末年佛教传入岭南，三国吴太平元年（公元256年）外国沙门支强梁接于交州译《法华三昧》六卷，外国沙门强梁娄至（中国俗称真喜）在广州翻译《十二游经》一卷，这是最早来粤的印度僧人。以后到达东南地区的印度僧人不断增多，其中影响最大的是梁武帝普通七年（公元526年）天竺国王子菩提达摩浮海到广州，创建西来庵，广州至今有"西来初地"的地名为证。以后达摩成为中国禅宗的始祖，对中国化佛教的形成有深远的影响。佛教传入东南地区不但带来了新的哲学思想、文化艺术，也为以后素菜在本地的流行提供了肥沃的文化土壤。

第四章

隋唐宋元时期东南饮食文化的发展

隋唐以前，东南地区经济发展落后于中原地区。隋唐时期东南经济开始有了初步发展，至两宋，东南经济文化得到长足的发展，尤其在福建地区。东南经济文化的发展带动了本地区饮食文化的兴旺。果蔬业、渔业的发展丰富了东南饮食资源，南北农作物的交流改善了东南人民的饮食结构，北方饮食原料与食品的传入带动了东南菜系的发展。福建茶树的广泛种植和茶叶的精细加工使福建茶盛名远扬。广州、泉州两大国际贸易港的崛起促进了城市饮食业的兴旺，与此同时，中外饮食文化的频繁交流又进一步丰富了东南饮食文化，也对海外饮食风俗产生了深远的影响。在漫长的历史发展过程中，两宋闽粤地区多个汉族民系已经形成，并开始形成自己民系的饮食习俗，而作为广西人口最多的少数民族壮族初步形成，其饮食文化也别具特色。

第一节　经济重心的南移促进了东南经济的发展

秦汉以前，中国的经济重心在关中地区。西汉时期，齐鲁、巴蜀、河南的经济有了长足发展，江淮、长江以南地区的经济还相当落后，东南的江西、浙

图4-1　南汉时期的青釉夹梁罐，广州出土

江、福建、广东、台湾等地区经济则更为落后。魏晋南北朝时期，北方战乱，北方人口大量南迁，有力地推动了江南的经济发展，中国的经济重心开始南移。至隋唐，江南经济继续迅速发展，唐后期，国家财政已主要依赖江南，所谓"当今赋出于天下，江南居十九"①。发展至两宋时期，中国经济重心已移到了江苏、浙江、江西、福建等地区。这一中国经济的新格局影响着东南地区的经济发展，饮食文化也随着经济的发展局面趋向繁荣。

一、唐宋移民浪潮和珠江三角洲的围垦开发

1. 中原移民南迁，于宋至盛

安史之乱以后，藩镇之祸愈演愈烈，中原地区人民为逃避战火纷纷南徙，形成两晋以来又一次规模较大的移民潮，特别是黄巢起义后，"天下已乱，中原人士以岭外最远，可以避地，多游焉"②。北宋末年和南宋末年的金人与蒙古人相继

---

① 韩愈：《韩昌黎全集》卷十九《送陆歙州诗序》，北京燕山出版社，1996年。
② 欧阳修：《新五代史·南汉世家》，中华书局，1974年。

图4-2　宋代龙泉窑青釉印花大盘

南侵，又导致了大量中原人民向南迁徙，流散到相对稳定的岭南。这几次移民人数多、规模大、时间长、分布广，对岭南社会经济和文化的发展产生了重要而深远的影响。据王存《元丰九域志》统计，北宋初广东客户仅占总户数13%，北宋后期广东境内的客户已占31%。

自张九龄在唐初开凿新道后，大庾岭成为入粤的主要通道。在向岭南迁徙的过程中，地处要冲的南雄州保昌县（今广东南雄），成为各地士民南下的一个重要中转站，而珠玑巷在这其中更是起了重要作用。清代大学者屈大均自谓"吾广故家望族，其先多从南雄珠玑巷而来"[①]。

在岭南移民史上，中原江南移民的南迁，肇始于秦汉、东晋，兴盛于两宋、明末，而以南宋至为重要。宋室南渡，中原社会经济和文化重心随之南移。南宋时期的岭南地区，正处于一个重大的转折期。珠玑巷移民的迁入，为岭南社会经济的开发和文化的发展提供了主要的推动力。

2. 珠江三角洲的围垦开发

珠江三角洲是广东面积最大的平原，它是由西江、北江、东江三江所携带的

---

① 屈大均：《广东新语》卷二《地语》，中华书局，1985年。

泥沙长期冲积而成的，一般指今三水思贤滘以下、东莞石龙以下的地区，其濒临南海，地处亚热带，气温潮湿，雨量充沛，地势平坦，土地肥沃，水道河汊纵横。宋代以前，珠江三角洲仍是"烟瘴地面，土广人稀"之处，开发很少。南汉以后，由于西北江改道，加快了出海口的堆积，海岸逐渐推移到（新会）鲤鱼冲、西安、（香山）港口、黄角以及（东莞）漳澎、道滘一线，大大扩展了可耕之地。至宋元时期，三角洲淤积面积大为扩大，许多河流迅速淤浅，造成大片沙田，这为农业的发展提供了大量土地。这一时期中原人口大量南移，他们携家带口迁移至人口较少的山区和沿海荒地，既为各地提供了较多的劳动力，也带来了中原先进的农业技术和大量的资金，对改变广东人口的布局和地区经济发展的不平衡状况，特别是对加快珠江三角洲的开发具有重要意义。

宋元时期珠江三角洲的开发模式主要是筑堤围垦。筑堤使河床得以固定，水势顺流，减少泥沙在河床沉积，利于三角洲平原发育，为围垦提供了更多土地。史载，北宋至道二年（公元996年），珠江三角洲开始修筑堤围，有先垦后围，称为围田；有不围而造田，称为沙田；还有先围后垦，称为造田，而其中"围田"成为平原低地土地利用的重要方式。围田起初是单个地进行，所筑堤围称为"私基"，后来为了共同的利益，发展到联合围垦，修筑的堤围称为"公基"，进而又把分散的"公基"连接起来而成大围。宋代珠江三角洲大规模围垦河汊、海滨、滩涂和浮露沙滩而成的围田数量相当多。据佛山地区编《珠江三角洲农业志》的统计：两宋的320年间，在今珠江三角洲10县（高要、南海、东莞、三水、顺德、中山、博罗、番禺、高鹤、珠海）筑堤28条，总长66024.7丈（220千米），捍田共24322.41顷。这些堤围主要分布在西江、北江、东江干流两岸，如高要的长利围、赤项围、香山围、竹洞围等，又如南海的罗格围、桑圆围，东莞的东江堤、西湖堤等。在珠江三角洲的前缘还筑成了咸潮堤以防御海潮。如崇祯《东莞县志》载，北宋元祐四年（公元1089年），李岩在东莞主持修筑了多达12条的咸堤，"一障给予之衔恶，一护咸潮之入侵"，从而使东莞"获得咸田千万顷，至今村落庆丰年"。元代统治者亦较重视农业，尤其注意在广东沿海修筑堤围，这些堤围多是在宋代修筑的堤围基础上加以巩固和扩大，例如在南海桑园围之上修筑的大路围，即是使原来分散的堤围连接起来，提高了工程效益。

这一时期，平原地区耕地开发有了新的突破，葑田在珠江三角洲一带更加普遍。《太平广记·番禺》中指出：番禺"海之浅水中有藻荇（xìng）之属，被风吹，沙与藻荇相杂，其根既浮，其沙或厚三五尺处，可以耕垦，或灌或圃故也，……若桴筏之乘流也，以是植蔬者，海上往往有之"。与唐代不同的是，葑田不仅被辟为菜蔬园田，而且还可以种植水稻，说明耕作技术比前代更为合理。

宋元时期东南地区的筑堤垦辟，不仅使海边新生沙滩多成耕地，就连沿海岛丘也有所改观。北宋时划为下县的新会，到南宋已经是"海有膏田沃壤，仓廪舟楫多取给"①，从而大大促进了珠江三角洲粮食产量的增长。当时广州已经成为一个全国性的大米市，宋真宗曾在广州设置平抑谷价的"常平仓"。从此，珠江三角洲的大米通过海船大量运往闽浙等地，《宋史·辛弃疾传》曰："闽中土狭民稠，岁俭则籴于广"。

二、制糖技术的进步与果蔬业、渔业的发展

在隋唐到宋元这一时间跨度较大的历史阶段，东南地区的经济获得了长足的发展，凭借东南地区特有的生态环境，一些地域特色鲜明的行业如制糖业、果蔬业以及渔业，获得了迅速发展，进一步丰富了东南的饮食资源。

1. 制糖技术水平大幅提高

甘蔗的种植和利用在闽粤有着悠久的历史。闽粤地区夏秋高温多雨，光照强，十分适合甘蔗的生长和糖分的积累。唐代，漳州的甘蔗种植颇具规模，及至北宋，开始向泉州、福州推广，沿海河谷平原种蔗业发达。而广东的种蔗范围也很广，

---

① 谢缙：《永乐大典·广州府·广州新图经》，中华书局，2012年。

珠江三角洲和潮汕平原是甘蔗的集中产地和高产地区，东江中下游两岸低田地，多为冲积泥田和沙泥田，也适宜种蔗。元代，珠江三角洲各地几乎都栽种甘蔗。

唐代，甘蔗种植面积大为扩大，甜味用糖已广泛普及，原来采用日光暴晒而生产出来的蔗糖质量一般，耗时长，远不能满足社会的需求。为此，唐太宗时期政府专门引进摩揭陀国的熬糖法，并选在扬州推广，[①] 受扬州管辖的岭南东西道生产的甘蔗味甜而多汁，其质量远比西域摩揭陀国的好。用熬糖法生产出来的蔗糖，人们称之为"沙糖"（后人又称为"砂糖"）。其实"沙糖"一词很早就出现了，东晋大学者陶弘景著《名医别录》中有这样的记载："蔗出江东为胜，庐陵也有好者。广州一种数年生，皆大如竹，长丈余，取汁为沙糖，甚益人。"不过那时由于沙糖还很珍贵，故而这个称呼并没有得到广泛的认可，而是沿称"石蜜"。沙糖由于其外表为白色霜状物，因而当时又被称为"霜糖"。

熬糖法的引进大大改进了中国的沙糖制作技术，提高了沙糖质量，使中国的沙糖生产得到了大幅度的提升。宋元时期，东南地区生产沙糖最为普遍，乡间纷纷煎汁制作沙糖。福建兴化"土人捣以为糖，风亭者为最"[②]。宋梁克家《淳熙三山志》则记载："糖，取竹蔗捣蒸。"从中我们还可以看出制造沙糖至少需要两道工序，一是"捣"，二是"蒸"。"捣"是将甘蔗切成小段后放入水碓中捣烂，"蒸"是将捣烂的甘蔗蒸熟，使糖汁流出。这些工序说来容易，实际上很费人工。随着蔗糖工艺技术的进步和糖类产品的大量生产，及至宋元时期东南蔗糖已不再是贵族富商的专用品，而成为寻常百姓的日常甜味食品。

糖霜又名糖冰，今为冰糖，采用比制作沙糖（霜糖）更高的结晶蔗糖技术而制成。糖霜因制作技术要求更高，因而价格较贵，时人与琥珀、水晶媲美，南宋初年仍为稀奇之物。《糖霜谱》云："糖霜一名糖冰。福唐、四明、番禺、广汉、

---

① 《新唐书》云：贞观二十一年（公元647年），摩揭陀国（印度属国）"始遣使者自通于天子，献波罗树，树类白杨。太宗遣使取熬糖法，即招扬州上诸蔗，柞（zhǎ）沈如其剂，色味愈西域远甚"。

② 黄岩孙纂，田九嘉重修，黄仲重订：《宝佑仙溪志》。"蜂糖：土人为之。蜜有三种：石蜜、土蜜、木蜜。""沙糖，捣蔗为之。""甘蔗：赤者曰昆仑蔗，白者曰荻蔗，土人捣以为糖，风亭者为最"。

遂宁有之。"福唐即福州的别称，番禺实指广州。元代，福建的糖冰制作技术有了很大提高，兴化糖冰质量上佳，成为当时人们解暑醒酒的喜好之物。[1]至今，莆田（史称兴化）仍然是中国冰糖的主要产地。

东南地区的白沙糖制作始于福建。《太平寰宇记》载：宋太宗太平兴国年间福州贡"干白沙糖"。这说明白沙糖不仅是当地的特产，而且还是中国最早有历史记载的固体白沙糖。元时福建南安县（今属泉州）老农发明了"黄泥脱色法"来制造白糖，即将黄土覆盖沙糖，沙糖在黄土的作用下脱色为白糖。[2]黄泥脱色法是一种简单有效的实用技术，后人不断效仿，明代工匠在实践过程中又改进为用黄泥浆的办法，这使得糖的脱色效果更佳，也大大提高了制糖的效率。

元朝时，由于引进了巴比伦的制糖术，福建蔗农解决了成品糖的凝结问题，使生产出来的蔗糖不再是稀薄的糖水，而是固体糖块，从而为糖的输出带来了极大的便利。据《太平寰宇记》第一百卷记载：福州土产中有"干白沙糖"一种，这可说是中国最早有历史记载的固体白沙糖。但是，当时白沙糖的产量不多。[3]

2. 果蔬业繁荣

东南地区有着天然的气候优势，果蔬业繁荣发展。特别是一些具有鲜明地域特色的水果，如荔枝、龙眼、闽橘、槟榔等更是名满天下。

荔枝，《证类本草》曰：荔枝生长于"岭南及巴中，今泉、福、漳、嘉、蜀、渝、涪州、兴化郡，及二广州郡皆有之。"就其质量而言，"闽中第一，蜀川次之，岭南为下"[4]。唐代郑熊《番禺杂记》记载，广州南部"荔枝熟时百鸟肥。其名上曰焦核小，次曰春花，次曰胡偈，此三种为美"。"焦核小""春花""胡偈"，此三种为上等荔枝，次等荔枝则"似鳖卵，大而酸，以为醢（hǎi）和，率生稻

① 洪希文：《续轩渠集》卷六《糖霜》，四库珍本。
② 何乔远：《闽书·南产志》，福建人民出版社，1994年。
③ 徐晓望：《福建古代的制糖术和制糖业》，《海交史研究》，1992年第1期。
④ 唐慎微：《重修政和经史证类备用本草》卷二三，中医古籍出版社，2010年。

田间"。这说明唐代东南地区已在田间种植荔枝并育出了优良的品种。岭南荔枝的盛名，引出了一段帝王宠幸妃子的佳话。唐代，杨贵妃嗜好新鲜荔枝，唐玄宗命人日夜兼程从岭南呈送荔枝进宫，"比至长安，色味不变"，留下"一骑红尘妃子笑，无人知是荔枝来"的诗句。唐末产于福州、莆仙的荔枝被列为贡品。

作为营养价值较高的荔枝，北宋时已是"闽粤荔枝食天下，其余被于四夷"，远销海内外。当时广州城东北二十里，漫山遍野皆是荔枝，增城、南海境内荔枝品种更是名声在外。福州的荔枝种植更加普遍，有的人家充分利用原野或池塘边的荒地植荔万株。荔枝成熟后贩运至京师、辽国、西夏，于海路则至新罗、日本、琉球、大食等地。元代福州路每年要向朝廷进贡"锦荔枝二十万颗"[①]。由于获利颇丰，大大激发了东南人民种植荔枝的热情，荔枝生产大为发展，"乡人种益多，一岁之出，不知几千万亿"[②]。

龙眼，东南地区的又一名产，"过荔枝后始熟"，又称"荔枝奴"，果实大小和糖分不如荔枝，但"有大如钱者，人亦珍之。曝干寄远，亚于荔枝"[③]。

李、柑、橘、橙、香蕉、枇杷、橄榄、槟榔等东南佳果，不但品种多，而且产量大。梁克家《三山志》记载了宋代福建有35种果品，荔枝有28个品种，柑橘有朱柑、乳柑等23个品种，其中福州的红橘最为有名，"闽江橘红"已成为福州一景；至于李，人们多制成李干销售，成为福建主要的出口果品之一。橄榄是闽中的又一特产，元朝贡师泰在《玩斋集·兴化道中》咏道："空庭橄榄树，直杆上参天。时时风撼动，青子落阶前。"民间房前栽种橄榄充分说明了元代橄榄已成为当地很普及的佳果。

此外，岭南人嗜食槟榔，种植亦普遍，海南岛是"漫山悉槟榔"[④]，宋代作为商品大量生产输出境外。

---

① 黄仲昭：《八闽通志·土贡》，福建人民出版社，2006年。
② 蔡襄：《荔枝谱》，中华书局，1985年。
③ 梁克家：《淳熙三山志·土俗三》，文渊阁四库全书本。
④ 周去非：《岭外代答·花木门》，中华书局，1985年。

东南地区民间多种蔬菜，种类丰富，多供本地消费。刘屏山有"园蔬十咏"一诗，他所咏及的十种蔬菜是：茭白、芋、韭、瓠、芥、菘、菠蓤、子姜、萝卜、苦益。《三山志》记载宋代福州的蔬菜有37种，其中芋类、瓮菜等大众菜在宋代已很流行，而海藻、紫菜等海洋植物也被列入蔬菜，说明了宋代东南地区已大量食用海上植物。同时，《三山志》还注明：食用海藻可以治疗"瘤疬症"（甲状腺肿大，俗称"大脖子病"，是缺碘引起的一种疾病）。现代医学证明：海藻中含有大量的碘，食用可治瘤疬症。这说明，东南地区人民至少在宋代已经发现这一点。

东南多山，竹笋多产其中，每年三月至五六月间，东南村民多入山采笋，又因其"味极甘美"，从而成为东南地区人民春季的主要蔬菜，尤其在福建。若是有吃不完的竹笋，东南人则晒制成笋干，后成为客家的"八干"之一。

3. 渔业发达

闽广地区雨水充沛，江河湖泊较多，且靠近海洋，渔业自古以来就很发达。唐宋时期东南渔业更加发展，据《大德南海志》残本记载，广州地区鱼类品种就有57种之多，《三山志》在"物产志"中记载了35种鱼类和36种软体动物，《仙溪志》则有选择地记载了子鱼、乌鱼、章鱼、蛎房、车螯、蛤等6种海产。甚至极为凶恶的鲨鱼也常成为渔民的捕捉对象，如《宋史·五行志》中载，绍兴十八年（公元1148年），福建漳浦县渔民"获鱼，长二丈余，重数千斤，剖之，腹藏人骼，肤发如生"，这是说渔民捕获到了吃人的鲨鱼。海鲜在东南地区是很普通的食物，泉州人"肥脍海乡鱼"[1]，福州人"盘餐唯候两潮鱼""鱼虾入市不论钱"[2]，莆田"一日两潮鱼蟹市"。[3]同时，东南人民还多把海鱼腌制。腌制后的海鱼既味美，又不容易变质，从而极大方便销往全国各地，丰富了输入地的食物品种。这些海鲜美味不断地出现在文人的笔下，像莆田的子鱼，因产量不多、味道鲜美而

---

[1] 祝穆：《方舆胜览·泉州》，中华书局，2003年，第12页；

[2] 祝穆：《方舆胜览·福州》，中华书局，2003年，第3页。

[3] 李俊甫：《莆阳比事》卷五，江苏古籍出版社，宛委别藏本。

名扬天下，王安石咏其"长鱼俎上通三印"，黄鲁直诗曰"子鱼通印蚝破山"。

东南地区还有一种常年生活在船上的渔民，又称疍（dàn）民，他们多以船为家，从事渔业、运输业，漂泊于沿海各地，鱼是他们主要的食物来源。蔡襄《宿海边寺》诗云："潮头欲上风先至，海面初明日近来。怪得寺南多语笑，疍船争送早鱼回。"他们常用打来的鱼和陆上居民交换食物，所以东南沿海一带的食物既有山珍，又有海味。

第二节　经济文化交流对饮食文化的推动

一、经济文化交流与东南饮食文化的发展

唐宋南北经济文化交流和中外经济文化的交流，促进了东南经济文化的兴起，同时也给东南地区带来了丰富的饮食资源，从而对东南饮食文化的发展产生了重要的影响。

1. 各地农作物的交流改变了东南地区人的饮食结构

水稻是我国南方普遍种植的一种农作物，品种众多，宋代尤其为多，当时福州有早稻六种、晚稻十种、糯十一种。[①]宋朝政府重视农业，提倡各地水稻品种进行交流，于是优良水稻品种得以在各地种植。优良品种推广最著名的是"占城稻"在各地的种植，对解决我国干旱地区的粮食短缺问题起了重要作用。

占城稻原为热带品种，又称"占禾"或"早禾"，原产越南中南部，耐旱，省功，"穗长而无芒，粒差小，不择地而生"，生长期短，自种植至收获仅五十余日。[②]北宋初年占城稻首先传入我国福建地区并栽培成功，成为福建耐旱水稻的

---

① 梁克家：《淳熙三山志·土俗类一》，文渊阁四库全书本。
② 脱脱等：《宋史·食货志·农田》，中华书局，1985年。

新品种，并逐渐成为了福建人民首选的稻种，既提高了福建的粮食产量，又增加了福建人民的主食——大米。后来宋朝政府大力推广，在长江南北大面积种植，遂成为当地人民的主要口粮。

原来南方农民专种水稻，很少种杂粮，由于水利不发达等原因，使得一部分土地不能合理使用。为了防止干旱和解决粮食不足，宋朝政府下诏在江南、两浙、荆湖、岭南、福建诸州种植北方的粟、麦、豆、黍等旱地作物，对于缺乏此类种子的州郡，则令江北州郡给予。由于南北耕作技术的交流，使得土地得到了合理使用。北宋时期，随着南方麦、豆、粟、黍的种植面积的逐渐扩大，东南地区人民的饮食结构也逐渐有了较大的改变，尤其是小麦在岭南的大量栽培有着重大意义。小麦首次引种岭南还是在唐代，但"苗而不实"，未获成功。及至宋代北人南迁，仍保持着面食习惯，面粉需求扩大；此时中国气候进入寒冷期，岭南春温偏低，于是政府以惠农政策进行推广，"*岭南诸县，令劝民种四种豆及粟、大麦、小麦，以备水旱，官给种与之，仍免其税。*" [1] 宋代庄绰《鸡肋编》记载："*绍兴初，麦一斛至万二千钱，农获其利，倍于种稻。而佃户输租，只有秋课。而种麦之利，独归客户。*" 于是岭南广、惠、潮、循诸州出现"*竞种春稼，极目不减淮北*" [2] 的现象。小麦在岭南的种植，促进了岭南面食、饼类等食品的盛行。

东南地区人民也种植大豆，但有些豆类品种却是从北方或者从国外传入，如豌豆、蚕豆是由北方传入东南地区的；再如绿豆，原产于印度，北宋时期传入中国北方，后又从北方传入东南地区。据北宋文莹《湘山野录》载："*真宗深念稼穑，闻占城稻耐旱，西天绿豆子多而粒大，各遣使以珍货求其种。占城得种二十石，至今在处播之。西天中印土得绿豆种二石……*"。看来政府对优良农作物品种的引进是积极而为的。

---

[1] 徐松等:《宋会要辑稿·食货》，中华书局，1957年。

[2] 庄绰:《鸡肋篇》卷下，中华书局，1983年。

2. 各地食品及原料的交流，极大地丰富了东南饮食资源

饼类食物原本是北方面食文化圈里的传统食品，魏晋至隋，所有面食皆称为"饼"，唐宋期间，才把水煮的面条、水饺、云吞与烤制的烧饼、烙饼、燕饼分开。由于南北方的密切交流，使得当时的岭南，饼类食物竟达十几种之多：米饼、蒸饼、胡饼、麻饼、汤饼、夹饼、薄夜饼、雀喘饼、牢丸饼、浑沌饼等一应俱全。米饼，就是现在南方人食用的米粉，据唐代段公路《北户录》："广州南尚米饼，合生熟粉为之，规白可爱，薄而复肕（rèn），亦食品中珍物也"。蒸饼，就是蒸花卷，"以油苏煮之，江南谓蒸饼"。胡饼，是用羊肉、葱、盐、豉为之，《齐民要术》对此有详细记载。夹饼，是烧饼夹肉。薄夜饼，是鸡肉馅饼。曼头饼、浑沌饼，即馒头和馄饨。汤饼，是类似热汤面的一种煮面片。麻饼，即胡饼，亦即芝麻烧饼。值得注意的是岭南地区的高州人制作的麻饼，"高州多采薯为麻饼，绝宜人，味极芳美。方言云，人谓署预为储是也。"[①] "署预"即"薯蓣"，是大薯和山药的通称，高州麻饼的用料可能是大薯。它说明岭南的麻饼不仅借鉴了北方制饼的方法，且在原料构成上已出现明显的南方特色。

宋代的广州已成为南方最大的通商口岸，内外交流频繁，中外饮食资源纷纷汇集于此。元代陈大震、吕桂孙《大德南海志》："广东南边大海，控引诸蕃，西通牂牁，接连巴蜀，北限庾岭，东界闽瓯。或产于风土之宜，或来自异国之远，皆聚于广州。所以名花异果，珍禽奇兽，犀珠象贝，有中州所无者。"传入的外国菜种，像菠菜、芹菜、黄瓜、胡萝卜、苦瓜、芦笋等，使粤菜初步具有中西合璧的饮食特色。各城镇交流日益频繁，也进一步扩大了市肆菜式品种的种类，充实了菜点美食的特色。

此外，一些水果也于宋代从北方传入东南地区。西瓜出自西域，最先传入我国新疆地区，唐末五代时期传入契丹辽国统治区。女真金国灭辽、北宋后，西瓜在中国北部地区普遍种植。南宋建立后不久，西瓜渡淮南下。元代西瓜在南方得

---

① 段公路：《北户录》卷二，中华书局，1985年。

以广泛种植。元代王祯《农书》载：西瓜"种出西域，故名西瓜。一说，契丹破回纥，得此种归，以牛粪覆棚而种。味甘。北方种者甚多，以供岁计。今南方江淮闽浙间亦效种"。

宜母子，即柠檬，因其汁"解渴水"可制作最佳饮料。柠檬首先从海外传入广东，故在广东得到较大面积的种植。广州还创置"御果园"两处，种柠檬以为贡品。原产大食国的枣子，宋代被引种于番禺，有"甜出诸饧上，香居百果前"[①]之誉。波斯枣，出自波斯，四川称为金果，"色类沙糖"，由波斯商人传入东南。唐末广州司马刘恂到"番酋"家做客，品尝到此物，皮肉软烂，有火煅水蒸之味。[②]

3. 经济文化的交流与繁荣带动了东南饮食风俗的变化

唐宋北方士民大量入闽，使昔日落后的佤越之地成为文化发达之乡，极大地促进了福建的繁荣发展。他们既带进了中原先进的科技文化，又带来了北方昌盛的饮食之风和发达的饮食技艺，像刀工的讲究、食品的营养和保鲜等，大大丰富了闽菜的内涵，推动了闽菜的发展。

此外，宋元时期商品经济的繁荣和南北经济行为的交流，带来了东南地区广州、福州、泉州、漳州、兴化（今莆仙地区）等城市的繁荣，也使此地区的民俗心理发生深刻变化，在饮食文化上则表现为开始追慕奢华的风习。当时福建的一些繁华城市士民同样是"食不肯蔬食、菜羹、粗粝、豆麦、黍稷菲薄、清淡，必欲精凿稻粱，三蒸九折，鲜白软媚，肉必要珍馐嘉旨、脍炙蒸炮、爽口快意"[③]。这种追慕浮华的饮食风气在明中后期甚至延伸至乡村。史载，闽北山区小县泰宁，出现了"一有燕会，品必罗列，味必珍奇"[④]的奢侈现象。

---

① 郭祥正：《青山集·和颖叔于岁枣》，文渊阁四库全书本。
② 刘恂：《岭表录异》卷中，中华书局，1985年。
③ 阳枋《字溪集·杂感》，文渊阁四库全书本。
④ 万历《邵武府志·风俗》，刻本，1619年。

二、南禅的创立与素菜的发展

素菜在中国有着悠久的历史。早在先秦时期，人们在祭祀或遇到日月蚀，或遭遇重大天灾时，皆有"斋戒"的习惯，那天人们只吃素，不吃荤。但真正获得发展则是在汉以后道教和佛教的盛行之时。道教追求"长生不老"，为此提倡养生之道，主张人们多吃自然生长的树木果实、花卉茗茶以及各种新鲜的山菜和野果。作为一种饮食观念，素菜开始在信奉道教的人群中流行。

佛教在中国内地的传播与发展进一步促进了素菜的流行。佛教自汉代从印度传入，至南北朝时非常盛行，上至王宫贵族，下至平民百姓，兴起了一股信仰佛教的热潮。当时的北魏都城洛阳，人口约五六十万，就拥有佛寺1300多所。南梁都城建康（今南京）亦有寺院500余所，拥有僧尼十余万人。佛教对饮食要求严格，主张慈悲平等，禁止杀生，禁止食用荤腥（藏传佛教除外），提倡素食。数量众多的信徒使素菜拥有了颇为坚实的群众基础。佛教的盛行和素菜的影响渐成气候，北魏人贾思勰专门在《齐民要术》中特设"素食"类，介绍了十一种素食的做法。

1. 南禅的创立

唐代中国化的佛教——禅宗日益发展壮大，中国的素食文化由此开启了新的历程。

禅宗主张通过心的觉悟而进入佛的境界。禅宗初祖达摩于公元527年从海道来广州，在此登岸并建"西来庵"，这是达摩在我国最早传播佛教之地，称"西来初地"。从禅宗四祖道信开始形成了宗派。自禅宗五祖弘忍之后，禅宗分为南北二宗，北宗神秀，南宗慧能。广东新兴人慧能所创立的南禅，不仅把岭南佛学的发展推向了高峰，而且对整个中国佛教思想文化的发展产生了深远的影响。

慧能主张佛即是心，心净即佛，见性成佛。这就是说，成佛的途径不是崇拜神灵，而是心灵的觉悟，是心性的修养，由此创立了与传统佛教观念不同的"南禅"。此后，禅宗成为岭南的主流文化，促进了岭南思想文化的发展。

南禅在岭南的创立及向全国发展，使中国信仰佛教的人数大为增加，吃斋的群众基础进一步壮大，素菜得到了进一步发展，同时亦使素菜从寺院逐渐流传至社会。

2. 素菜的发展

东南地区光照充足，雨水充沛，适宜各种蔬菜和菌类生长，为制作各类素食提供了丰富的原材料，这使得素菜的品种和质量得以不断提高。素菜的主要原料是素油、蔬菜、竹笋、木耳、金针菇及各类豆制品等。

很多素菜不仅营养丰富，而且还有药用价值，这点又和东南地区湿热的状况和讲究药食同源的饮食思想不谋而合。如：豌豆叶，味甘性凉，有清热去湿、解毒降压之功效，是岭南人民喜爱的菜肴原料，像"素炒豌豆叶""生煸豆叶"等。蒜苗、春笋、蘑菇、莴笋等，除了自身的风味外，而且都可入药，有的杀菌强身，有的清热化瘀，还有的含抗癌物质，对身体大有裨益。莴笋，有清热凉血、利尿通乳的作用，是岭南集市的常见菜，广东人夏天常用"清炒莴笋"起降火之效。春笋，有消食健胃、清热化瘀之功效。东南多山，山多春笋，唐宋时期春笋已经成为了东南人民尤其是山居人家最常见的菜肴，既有食补之用，又解决了山区每年青黄不接时期食物短缺的问题。蘑菇，可以开胃理气、清热悦神、止吐止泻。现代医学研究认为，蘑菇有明显的降胆固醇、降血压和抗癌作用，而蘑菇又是闽粤菜系常见的菜肴原料。

豆制品是寺院素菜的重要原料，许多名山大刹都有驰名中外的斋菜，其中的豆腐成了众口称赞的美食，这在广东的寺庙中也有很好的体现。如广东鼎湖山的庆云寺有自家出色的寺院菜，其中尤以烹制的豆腐最为拿手。

素菜的调料很讲究，尤其是在佛寺中，带辛辣味的如葱、蒜等是不用的。制作好的素菜一般都有色美、淡雅、洁净、味鲜的特点，这种菜品特色和闽菜、粤菜讲究清淡、鲜美的风格不谋而合。

随着寺院菜式的逐渐增多，中国素菜渐成气候，逐渐形成了一个素菜系列，介绍素食的专著随之出现，如南宋泉州人林洪所写的《山家清供》和陈达叟的《本心斋蔬食谱》。林洪《山家清供》记载有一百多种食品，其中大部分为素食，包括花卉、药物、水果和豆制品入菜等，还首次记载了"假煎鱼""胜肉夹""素蒸鸡"等"素菜荤作"的诸多烹饪技术。陈达叟的《本心斋蔬食谱》记录了20种用蔬菜和水果制成的素食。另外，在一些著作中把素菜单辟一节，出现了专门介绍素菜做法的内容，像宋代吴自牧的《梦粱录》就收集了当时临安市面上的素食菜单36款、素糕点26种。这些素菜著作既反映了素菜的发展情况和社会需求，也说了此时期的素菜已经迈上了一个新台阶。

素菜在社会上的流行，使得宋代的广州、泉州等地已出现了专门的素食店。发展至近代，东南地区各大城市都出现了一些很著名的素食馆，如福建的"南普陀素菜馆"，广州的"榕荫园""菜根香"等著名素食馆，素菜佳肴有"南海金莲""半月沉江""石鼓三鲜""罗汉斋""炸蹄"等，而"罗汉斋"则是各地素食馆必不可少的素食名菜。总之，素菜以其味道鲜美、风格典雅成为中国饮食的一大流派。

三、东南瓷器、茶叶的输出与海外饮食风俗的变化

唐宋元时期是东南地区与海外经济文化交流频繁的时代。唐代，广州成了东西方贸易的东方中心，是"阿拉伯货物和中国货物的集散地"。[1]当时大批与饮食有关的海外珍异和名优土产毕集其间，品种繁多，交易量甚大。唐王建《送郑权尚书南海》诗云："戍头龙脑铺，关口象牙堆。"陈陶《番禺道中作》诗云："常闻岛夷俗，犀象满城邑"。

宋代采取对外开放的政策。由于陆上丝绸之路受阻，政府更加重视海上对外贸易，从而促进了东南地区国内外贸易和水陆交通的发展。早在宋太祖开宝四年

---

[1] 穆根来、汶江、黄倬汉译：《中国印度见闻录》中译本，中华书局，1983年，第7页。

图4-3　北宋清釉军持，广州西村窑出土

（公元971年）刚灭南汉之时，北宋政府便首先在广州设立"市舶司"，管理市舶事宜。此后，又设杭州、明州（今宁波）、泉州等市舶司，并开辟其他市舶贸易点。元代海外贸易范围扩大，市舶制度臻于完善。宋元时期的海外贸易在中外友好关系史上书写着重要的篇章，传播了中华文明，对丰富我国和海外诸国的饮食文化也起了一定的作用。

1. 中国瓷器的输出

宋元时期泉州繁荣昌盛，通过泉州港输出的商品种类和数量都比前代增加。其中大部分为生产资料和生活用品，与饮食有关的商品也不少，主要是瓷器、铁锅、茶叶、水果、酒、糖等。瓷器历来是中国最热门的出口货物，宋元时期，福建瓷器声名鹊起，像宋代建阳水吉建窑的黑釉器、泉州的德化瓷等。《诸蕃志》所列的海外诸国，几乎每一国都输入泉州瓷器。宋代的"广瓷"，在中国陶瓷发展史上同样占有重要的地位，所生产的日用瓷产品碗、碟、壶、盒、盘、杯、盂、罐、瓶、炉等，大量输往海外。在今西沙群岛、菲律宾、印度尼西亚、新加坡、马来西亚，乃至阿曼等地都发现了广州西村窑的瓷制品。据元顺帝时到过中国的摩洛哥旅行家伊本·白图泰记载：广州最大的工场是陶瓷工场，设有专用仓库和码头，制作的瓷器为世界最佳产品，"中国人将瓷器转运出口至印度诸国，以达吾故乡摩洛哥"。①

陶瓷与人类日常生活密切相关，陶瓷器皿的外销对改善、丰富和美化当地人民生活有直接影响。像东南亚一些国家，在中国陶瓷传入之前多以植物叶子作为食器，"**饮食以葵叶为碗，不施匕箸，掬而食之**"，渤泥国"**无器皿，以竹编贝多叶为器，食毕则弃之**"。②陶瓷输入以后，提供了精美实用的器皿，寻常人家"**以椰子壳为杓，盛饭用中国瓦盆或铜盘**"③，使东南亚食具得到改善。当时中国外销东南亚瓷器多为大盘、大碗、小碗、酒海、小罂水瓶及贮水所用的陶瓮等日用食器。瓷器具有耐酸、耐碱、耐高温的特点，和食物接触不起化学作用，且不利于病菌的黏附和繁殖，对东南亚人民的饮食卫生与健康作出了较大的贡献。

2. 中国茶叶的输出与茶文化的传播

两宋时，通过泉州港口，茶叶大量销往南洋诸国。当时，福建茶叶尤其是南安莲花峰名茶（今称"石亭绿茶"）有消食、消炎、利尿等功效，是出口南亚的重要物资。元世祖忽必烈锐意扬威海外，南洋贸易量更为增加。南洋许多国家把我国茶叶与当地饮食相结合，甚至形成了以茶为菜的习俗，茶成了不可缺少的食物。当时，久居中国的意大利人马可·波罗，从泉州起程回国时带去了茶叶，并著录于他的《马可·波罗游记》，中国茶从此成为欧洲人所向往的饮料。明代随郑和七下西洋，茶叶进一步输出，饮茶习俗在南洋诸国已十分普遍，种茶制茶技术也传至南洋。以后，南洋生产的茶叶运往欧洲，带动了欧洲人饮茶之风。茶从中国漂洋过海，走向世界，香溢五洲。

随着唐宋海外贸易的繁荣，饮茶习俗亦传至海外。唐代，茶就通过日本僧人从泉州、广州等地传至日本。南宋时，久居中国的日本僧人荣西，回国时把中国

---

① 张星烺编著：《中外交通史料汇编》第二册，中华书局，1977年。

② 赵汝适：《诸蕃志》卷上，中华书局，1985年。

③ 周达观：《真腊风土记》，中华书局，1985年。

植茶、制茶、茶道技艺引入日本，并结合禅宗思想，初步形成了日本的茶道技艺。元明之时，日本僧人不断来华，茶文化进一步传入日本，特别是明代日本高僧，深得明代禅僧和文人茶寮饮茶之法，结合二者创"数寄屋"茶道，日本茶道仪式臻于完善。

3. 东南地区食品的全面输出

宋元时期，水果、米、麦、糖、酒均是畅销海外的货物。闽广盛产的荔枝、龙眼，"被于四夷"，远售新罗、日本与南洋诸国。米运销三佛齐、单马令（今马来西亚）；酒、糖输往占城、真腊、三佛齐、单马令；广州商人广籴（dí）粮米，运往"海外占城诸蕃出粜（tiào），营求厚利"。[①]适应国内外的需要，酿酒、制糖等食品行业较前代有了巨大的发展，"千家沽酒万户盐，酿溪煮海恩无极"，由此又带动了酿酒、制糖业新技术的发展，也促进了糖、酒的外销。这段历史时期，还有很多与饮食有关的新货物贩往南洋，据《宋会要》列举，有输往渤泥及其附近岛屿的酒米、粗盐等，有输往麻逸、三屿等地的铁鼎、铁针等。中国商品深受海外各国人民的喜爱。中国商船每次从渤泥回国，渤泥王都要设酒席款待，热情欢送。[②]中国饮食商品的大量输出，大大丰富了输入国的饮食资源，极大改善了当地的饮食状况，对当地饮食文化的发展起了重要作用。

第三节　唐宋福建的茶叶生产与民间茶俗

福建多山，地理环境和气候条件非常适宜茶叶的生长，尤其在武夷地区。唐代北方士民大量入迁，福建山区得到进一步开发，茶叶开始广泛种植，制茶技术得到较大提高，福建之茶成为贡品。宋代是福建经济文化的繁荣时期，茶叶种植

---

① 黄时鉴点校：《通制条格·下蕃》，浙江古籍出版社，1986年。
② 赵汝适：《诸蕃志》卷上《渤泥国·麻逸国·三屿蒲里嚕》，中华书局，1985年。

遍及武夷，茶叶制造工艺精细，茶具制作非常精致，福建之茶更是闻名天下。在种茶制茶的历史长河中，茶叶深深影响了福建人的生活，成为了人们日常生活不可或缺的物品，斗茶之风随之盛行，"喊山"习俗开始形成。

一、唐宋时期福建的种茶业

福建山川土质肥沃，颜色赤红，适宜栽培茶树。唐代福建茶叶已大量种植并成为贡品，陆羽《茶经》载："岭南茶产在福州、建州（今福建建阳）、韶州（今广东韶关）、象州（今广西象州）"。宋代福建茶叶更是闻名天下，"江淮、荆襄、岭南、两川、二浙，茶之所出，而出于闽中者尤天下之所嗜"[①]。福建产茶地以建安茶最有名，建安山川秀美，土地蕴含精秀灵气，非常适宜好茶的培植，"群峰益秀，迎抱相向，草木丛条，水多黄金。茶生期间，气味殊美"。[②]建安茶之盛名又以北苑凤凰山所属的茶园所制出的茶叶味道最好，次为壑源岭所产的茶叶。北苑凤山（位于北苑东溪河的东面，河西面为凰山）往南直到苦竹园头，东南至张坑头，这里山岗环抱，气势温和秀丽，秋冬多雾，夏无酷暑，"厥土赤壤，厥茶惟上上"，是种茶最好的地方。北苑的茶树也和别处不同，"皆乔木"，而江浙、四川和淮南"唯丛茇而已"[③]，《鸡肋篇》曰："茶树高丈余者极难得，其大树二月初因雷迸出白芽，肥大长半寸许，采之浸水中，俟及半斤，方剥去外包，取其心如针细，仅可蒸研以成一銙，故谓之水芽。"北苑的茶树每年初春发芽最早，茶芽也非常丰满鲜嫩，非一般民间茶树所能比得上的，赵汝砺《北苑别录》就称赞上等北苑茶为"独冠天下，非人间所可得也"。因为建安茶有名，所以四周的人全都称自己的茶为"北苑茶"。北苑前边是条溪流，向北横过溪流几里外的地方，

---

① 黄裳：《演山集·茶法》，文渊阁四库全书本。
② 宋子安：《东溪试茶录》，中华书局，1985年。
③ 沈括：《梦溪笔谈》，岳麓书社，1998年，第203页。

那里所产的茶叶质量就差多了，宋代宋子安《东溪试茶录》引蔡襄《茶录》曰："隔溪诸山虽及时加意制造，色味皆重矣"。

建安不仅有大量的私人茶园，而且有很多官营茶焙，《东溪试茶录》云："官私之焙千三百三十有六"。自南唐以来，官府每年都统领六县的茶农采茶制茶。宋太祖建隆之后，环绕北苑附近茶焙所制的茶叶进献给皇上，范围以外的茶焙全都还之于民以应付茶税。宋太宗至道年中，免除了五县茶农在官府统领下采茶造茶的徭役，专用建安一县的民力来满足维持官焙，这种办法极大地促进了福建茶叶的生产。据《宋会要辑稿》载：乾道年间（公元1165—1173年），福建路榷茶共计1037885斤10两。

建安茶叶的盛名使得当地每年制茶刚刚开始的时候，便有商人纷至沓来，有的甚至事先给茶农留下现钱进行订购。尽管这里茶叶的产量颇大，宋神宗元丰七年（公元1084年）建州"岁出茶不下三百万斤"[①]，但因茶叶质量好，每年仍不能满足客商的需要，所产的片茶"最为精洁，他处不能造"[②]，更是畅销全国。

武夷山是福建的另一名茶产区，这里的土壤、气候等自然条件非常适宜茶树的生长，茶业的栽培历史悠久。武夷茶"始于唐，盛于宋元，衰于明，而复兴于清"[③]。虽然宋代的范仲淹、陆游、苏轼等大文豪多曾讴歌武夷山茶，但当时福建最好的茶叶仍是被誉为天下之最的北苑茶，武夷茶尚不能与其媲美。元大德六年（公元1302年），元政府设"御茶园"于武夷山九曲溪，采武夷岩茶焙制成龙团贡茶，自此武夷茶地位迅速上升，与北苑茶并称，之后便逐渐取代了北苑茶。

---

① 徐松等：《宋会要辑稿》，中华书局，1957年，第5447页。
② 脱脱等：《宋史·食货志·茶法》，中华书局，2012年。
③《民国重修崇安县志·物产》，方宝川、陈旭东主编：《福建师范大学图书馆稀见方志丛刊》北京图书馆出版社，2008年。

二、茶叶加工和茶具制造

"建安茶品甲于天下，疑山川至灵之卉，天地始和之气，仅此茶矣。"[1] 建安茶叶的盛名除了本地区优良的地理环境外，还在于建安茶农创制了一套先进的采茶制茶方法。

1. 建茶精细的加工工艺

宋代福建建安茶叶的生产工序主要有六道：采茶、拣茶、蒸茶、研茶、造茶、焙茶，而且非常讲究时节和精细的工艺。

在初春气候较温暖的年份，茶树于惊蛰前十天开始发芽，初春气候较寒冷的年份，则在惊蛰后五天开始发芽。过早发芽的茶叶气味都不佳，唯有过了惊蛰后发芽的茶叶才最好。民间常以惊蛰作为准备采茶的时机，多数茶焙采茶要比北苑晚半个月，距离北苑越远，采茶时间就越晚。采茶的最佳时机一般都要选在清晨，不能等到太阳出来后去采。太阳升起后，露水已被晒干，叶芽干瘪了许多，茶芽中的油汁也消耗不少，此时采摘的茶叶蒸制加水后颜色很不鲜明，"晨则夜露未晞，茶芽肥润"[2]，因此清晨采摘的茶叶最佳。凡是掐断茶芽，一定要用指甲而不宜用手指。用指甲掐断时，速度要快，这样才不会使茶芽受到揉搓而变暖；用手指掐断时若是速度慢，则易使茶芽被揉搓而升温，从而受到损伤。宋代福建人对采茶时节和采茶指法的讲究，反映了他们从茶叶生产的第一步就开始了对茶叶品质的重视。

茶芽采摘后即进行拣芽和漂洗。建安人讲究茶饼的等级，而茶叶原料的等级又决定了茶饼的等级，所以拣茶环节非常重要。选择的茶芽要精良，鲜嫩多汁，泡出来的茶水才会甘甜清香，茶汤呈粥面状，茶叶也不易散开。

拣过的茶叶经多次漂洗后进入第三道工序——蒸茶。蒸茶芽要蒸熟但不能太

---

[1] 丁谓：《北苑茶录》，中华书局，1985年。
[2] 赵汝砺：《北苑别录》，中华书局，1985年。

熟，否则会影响茶汤的颜色。

蒸茶后就要研茶，但建安茶在研茶前还要多做一步，即榨茶，因"建茶之味远而力厚"，不榨尽茶叶中的汁液，就会使茶汤颜色混浊，饮用时会有草木的气味。这也是建安茶叶与其他地方茶叶的不同之处。研茶，是把榨好的茶叶和水研成茶末，茶末越细品质越好。

研好的茶末放入样式各异的棬（quān）模中制作茶饼，即"造茶"，而建安贡茶所用棬模多数刻有龙凤图案，制出后称"龙团凤饼"。

焙茶，是制茶的最后一道工序，即用火把茶饼烘干。建安人非常重视焙火的材料和火候，贡茶多用火力通彻且无火焰的炭火，若用其他原料焙火则要注意火候和烟，否则烘烤时茶叶被烟熏坏就会破坏其中的香味。①

宋代茶叶以外形分为两大类，《宋史·食货志下》："茶有二类，曰片茶，曰散茶。"片茶，是压制成块状的固形茶，散茶，是没有压制的散条形茶叶。建安茶叶是片茶，但又比其他地方的片茶多了一道工序，即研茶，"片茶蒸造，实棬模中串之，唯建、剑二则既蒸而研，编竹为格，置焙室中，最为精洁，他处不能造"。这种既蒸而研的茶又称为"研膏茶"，始于唐代。南唐皇帝统治时下令北苑制造贡茶。宋代熊蕃《宣和北苑贡茶录》陈述建安茶园采焙入贡法式，其文曰："初造研膏，继造蜡面。既有制其佳者，号曰京铤。""又一种号的乳。按：马令《南唐书》，嗣主李璟命建州茶制的乳茶，号曰京铤。蜡茶之贡自此始，罢贡阳羡茶。"由此可知，蜡茶又是在研膏茶的基础上进一步加工而成。宋代建安蜡茶技术得到了进一步发展，蜡茶制造技术全国一流，从此蜡茶成了建茶另一名称。史载："建茶名蜡茶，为其乳泛汤面与熔蜡相似，故名蜡面茶也……今人多书蜡为腊，云取先春为义，失其本矣"②。

建安蜡茶，又属"北苑第一"，而北苑官焙贡茶最初制造的贡茶品种为大龙

---

① 宋子安：《东溪试茶录》，中华书局，1985年。
② 程大昌：《演繁露续集·蜡茶》，中华书局，1991年。

团、大凤团，宋仁宗时又新造了两种新茶，命名为小龙团、小凤团，所以北苑官焙贡茶又常常被称为"团茶"。"本朝之兴，岁修建溪之贡，龙团凤饼，名冠天下，而壑源之品，亦自此而盛。"①宋代建安北苑所生产的龙凤团茶天下闻名，是文人学士梦寐以求得珍品，欧阳修《归田录》说："茶之品，莫贵于龙凤，谓之团茶。凡八饼，重一斤。庆历中，蔡君谟为福建路转运使，始造小片龙茶以进。其品绝精，谓之小团，凡二十饼，重一斤。其价直金二两。然金可有，而茶不可得。"

北苑贡茶的盛名极大地推动了宋代的文人学士对茶的关注与探究，各种有关福建制茶、品茶等内容的专著相继问世，如福建人蔡襄的《茶录》、宋子安的《东溪试茶录》、黄儒的《品茶要录》、熊蕃的《宣和北苑贡茶录》、赵汝砺的《北苑别录》等，至于吟诵茶性的诗词更是极多，从而使茶的文化形象不断提升，茶的文化内涵逐渐明确。

2. 完备而精致的茶具

茶具在茶艺活动中占有极为重要的地位，是茶文化精神内涵的重要载体。福建制瓷业自古以来就很发达，宋元时期更是达到极致，德化窑、磁灶窑、建窑、闽清窑等生产的瓷器名扬天下，尤其是德化窑的瓷器。而此时期福建茶叶的盛名及饮茶习俗的盛行，促使福建茶具的生产量多且精。

唐宋时期福建茶具与全国大致一样，有茶焙、茶笼、砧椎、茶钤、茶碾、茶罗、茶盏、茶匙、汤瓶九类。

茶焙、茶笼是藏茶用具。茶焙是用竹子编制的内放炭火的竹笼，顶部有盖，中间有间隔，"茶焙编竹为之，裹以蒻叶，盖其上以收火也，隔其中以有容也，纳火其下，去茶尺许，常温温然，所以养茶色香味也"；茶笼是用蒻叶编制而成的，不需火，将茶饼用蒻叶密封包裹后装在笼中，放在高处时期"不近湿气"②，虽然茶笼没有密封，但茶饼本身已被蒻叶紧密包裹，实质上是密封藏茶，此法流

---

① 赵佶：《大观茶论》，中华书局，1985年。
② 蔡襄：《茶录》下篇，中华书局，1985年。

传后世并不断改进而演变为现在的密封藏茶法。

砧椎、茶钤、茶碾为碾茶用具。茶钤，是用竹夹或金属制造的夹子，起夹茶饼在火上炙烤的作用，是碾茶前准备工作的附属辅助用具，元以后基本不用。砧椎，是用来将茶饼敲碎的茶具，"砧以木为之，椎或金或铁，取用便用"。茶碾，用银或铁制成，"黄金性柔"，铜和石头"皆能生鉎（shēng，铁锈）"，不好用。① 南宋末年随品茶方式的改变，碾茶用具也不再被人们认作是茶艺用具。

茶罗，是用来筛匀碾碎成末状茶叶的罗茶茶具，"以绝细为佳"。汤瓶，是盛水并煮水的瓶器，大腹小口，"小者，易候汤，又点茶，注汤有准"，黄金制品为上，民间常用银、铁或瓷器制成。②

茶匙和茶盏，是点茶、饮茶的茶具。茶匙，呈匙勺状，要有重量，使"击拂有力"，同样"黄金为上，银、铁次之，竹者轻，建安皆不用"。茶盏，即茶碗，宋代点茶、斗茶常用"兔毫茶盏"，而这尤以建安黑釉盏最为名贵。宋代福建建窑生产的黑釉兔毫茶盏称"兔毫天目"，"纹如兔毫、其坯微厚"，③风格独特，上大下小，胎体厚重，釉色黑清，盏底有放射状条纹，银光闪现，异常美观，釉里

图4-4 北宋福建建阳窑兔毫盏

① 蔡襄：《茶录》下篇，中华书局，1985年。
② 蔡襄：《茶录》下篇，中华书局，1985年。
③ 蔡襄：《茶录》下篇，中华书局，1985年。

布满兔毛状的褐色花纹，朴素雅观。宋代流行饮用建茶，建茶又以纯白色为上品，以黑盏点白茶，黑白相映，易于观察茶面白色泡沫汤花，最能体现建茶的特点，也成为宋代点茶斗茶茶艺的标志性茶具，故名重一时。苏轼称颂此茶盏为"来试点茶三昧手，忽惊午盏兔毛斑。"黄庭坚则赞叹道："兔褐金丝宝碗，松风蟹眼新汤。"日本人圆珠蕴藏的"油滴天目茶碗"已作为"国宝"珍藏起来。

三、茶与民众的社会生活

中国是茶的故乡，是茶的原产地。唐以前，饮茶习俗只流行于南方。唐朝统一带来了南北文化的融合，饮茶风尚也从南方扩大到不产茶的北方，茶逐渐被全国所接受。两宋时期，饮茶习俗进一步深化至各阶层日常生活和礼仪之中。此时，上至帝王将相、文人墨客，下至挑夫小贩，平民百姓，无不以茶为好。时人杨时云："二浙穷荒之民，有经岁不食盐者，茶则不可一日无也，一日无之则病矣。"[1]作为茶叶产量最大和品质最优的产地之一，茶在福建人们生活中占有重要的地位，成为日常生活中不可或缺的饮品，随之产生了各种与茶有关的社会生活。

作为全社会普遍接受的饮料，唐宋时期茶已经成为招待客人的重要饮品。作为生产名茶的地区之一，福建自然更不例外，以茶待客的习俗遍及全境，"宾主设礼，非茶不交"。邻里之间也常用"茶水"来招待，茶又成为了邻里交往的重要手段。

随着茶的普及，好茶之风的盛行，唐宋福建地区出现了很多经营茶水的茶肆、茶坊，很多贫穷人家甚至以此谋生，由于经营茶水价廉利薄而生计艰难，但却大大方便了坊间市井民众的日常生活。洪迈《夷坚志》记载："福州城西居民游氏家素贫，仅能启小茶肆，食常不足"。

---

[1] 杨时：《杨时集》卷四《论时事》，福建人民出版社，1993年。

宋代福建人好茶，朋友邻里之间喜欢"斗茶"，又称"茗战"，或称"比茶"，即比试谁家的茶好。"斗茶"是唐末五代时形成的，流行于福建一带，是一种新式的地方性习俗，与唐代流传的争早斗新的"斗茶"内容不同。宋代这种风气在福建极其兴盛，传播并流行于全国。

"斗茶"的具体内容有点茶、试茶，基本方法是通过"斗色斗浮"来品鉴的，核心是以品评茶质高低而分输赢。点茶主要是从茶汤色泽来看，"以纯白为上，青白为次，灰白次之，黄白又次之"①，因为纯白的茶是天然生成的，非人力可以种植，数量较少，自然为斗茶上品，而色调青暗或昏赤的，都是制茶时工序不过关而生产出来的；试茶主要是看茶香和汤饽的消退时间，好茶的香味"和美俱足，入盏则馨香四达"，劣茶则夹杂有其他物品之味，甚至会"气酸烈而恶"②；冲点茶时用茶匙搅拌，茶汤表面会形成一层汤饽。饽，茶汤上的浮沫。陆羽《茶经》："沫饽，汤之华也。华之薄者曰沫，厚者曰饽，细轻者曰花。"汤饽开始紧贴茶碗壁，不久即会消退并在茶盏壁上留下水痕，"以水痕先者为负，耐久者为胜"③，这也成为鉴别好劣茶的重要标准。张继先《恒甫以新茶战胜因歌咏之》诗记载了建安斗茶的情况：

> "人言青白胜黄白，子有新芽赛旧芽。龙舌急收金鼎水，羽衣争认雪瓯花。
>
> 蓬瀛高驾应须发，分武微芳不足夸。更重主公能事者，蔡君须入陆生家。"

不过，宋代福建极具特色的斗茶茶艺延续数百年后，于明朝初年逐渐消失。其直接原因是朱元璋下诏罢贡团茶，使福建建安贡茶失去神圣的光环而逐渐衰落。宋代斗茶之茶要求榨尽茶叶中的汁液，以求茶汤之色皆白，这样却使茶叶在色、香、味各方面与茶叶原本的自然物性相悖，实际上宋代以后的人们千方百计要做到的是，怎样在制造、饮用茶叶中保持茶叶的汁液和激发茶叶的绿色和原味。

---

① 赵佶：《大观茶论·色》，中华书局，1985年。
② 赵佶：《大观茶论·香》，中华书局，1985年。
③ 蔡襄：《茶录》上篇《点茶》，中华书局，1985年。

茶既和福建民众生活紧密联系，又给他们带来了可观的经济价值，人们视生长茶叶的茶树为神灵之物，在福建建阳形成了一种喊山的民俗仪式，在"惊蛰"这一天举办，气势颇为壮观。惊蛰是万物开始萌发的节气，然在气候较为温暖的福建，建阳茶树却不同于其他的植物，早在惊蛰的前十日就开始发芽，到惊蛰时就已能开始采摘了。在每年惊蛰之日，凌晨五更之时，几千人上茶山，一边击鼓一边喊出"茶发芽"之声，"鼓噪山旁，以达阳气"，以至数十里外都能听到。[1]对此，唐宋八大家之一的欧阳修在《尝新茶呈圣谕》一诗中作了形象的记载：

> "年穷腊尽春欲动，蛰雷未起驱龙蛇。夜闻击鼓满山谷，千人助叫声喊芽。
>
> 万木寒痴睡不醒，唯有此树先萌芽。乃知此为最灵物，宜其独得天地之英华。"

这种民俗是当地人为感谢茶这种有灵之物而自发组织的一种行为，也希望通过这种仪式来喊醒茶树发芽，这和海边渔民出海前要进行海祭仪式一样，是宋代福建茶民对茶之精神的一种较深层次的认识。

第四节　东方国际贸易港——广州、泉州

东南地区的广州和泉州是这一时期著名的东方国际贸易港。隋唐时期是广州"海上丝绸之路"的全盛时期，也是广州经济得以发展的重要阶段。广州成为中国最繁华的港口，商业繁荣，外国商民众多，为便于侨民管理而设置了"蕃坊"，城市建设已初具规模。此一时期泉州港也开始兴起，成为我国重要的外贸港口之一。宋代政府对福建及海上贸易的重视，造就了泉州港的兴旺，此时出现了泉州、广州两大海港并驾齐驱的局面。广州城市建设进一步发展，广州城形成了中、东、西三大区域，建成了地下排水系统，出现了卫星镇，由此造就了广州城市饮食行业的兴旺。元代泉州港成为中国第一大外贸港，进入空前繁荣时期，中

---

① 脱脱等：《宋史·方偕传》，中华书局，2012年。

外经济文化交流频繁，世界各国商人的迁入，给泉州乃至福建和全国带来巨大的变化，随之引起了饮食文化的改变。

一、广州的繁华与城市饮食文化

1. 历代的东方国际贸易港口

广州是我国最古老的海港城市之一。秦代和南越国时期，广州"海上丝绸之路"兴起，汉代广州"海上丝绸之路"已经到达印度。东吴时，广州正式成立建置，与交州分治。此时期，以广州为起点，开六朝三百多年海上丝绸之路的兴旺时代。隋唐是广州"海上丝绸之路"的全盛时期，[①]广州成为了中国最繁华的港口。此时期也是广州经济得以发展的重要阶段，商业空前繁荣。广州是唐王朝通往海外的交通中心，是海洋贸易的东方大港。在唐代，广州就已形成内港和外港，唐中后期广州沿海贸易特别发达。沿海交通分东西两线，东线出珠江口，沿循州海岸至潮州，可直航闽、台、浙及日本；西线亦出珠江口至恩州，走南道海岸可至雷州、海南、钦廉地区及安南。此沿海交通有一个特点，就是商业运输显著增多，区际贸易空前活跃。刘恂称广州每岁"常发铜船过安南贸易"[②]，可见沿海商业运输已经是常态。从广州通往海外的航线贯穿了南海、印度洋、波斯湾和东非海岸的90多个国家，是当时世界上最长的远洋航线，也是唐朝最重要的海外交通线，几乎包揽了唐朝全部的远洋交通，成为连接东西方经济文化往来的重要纽带，在人类航海史上占有重要的地位。通过这条航路出口的商品以丝绸、陶瓷为大宗，故又有"海外丝绸之路"或"陶瓷之路"之称。"市舶司"的设置则是广州海外贸易昌盛的重要表现。

---

① 曾昭璇、曾新、曾宪珊：《论中国古代以广州为起点的"海上丝绸之路"的发展》，《中国历史地理论丛》第18卷第2辑，2003年。

② 刘恂：《岭表录异》卷下，中华书局，1985年。

唐朝在广州设置了总管东南海路外贸的专门机构市舶司，同时还建立了一系列的管理制度，其中尤以征榷制度最为重要，唐政府从中获取了巨大的市舶收入。这是中国封建王朝第一次设置管理对外贸易的国家机构。市舶司在广州设置后，广州作为全国外贸中心和国际海洋贸易东方中心的合法地位已确立，甚至于广州在外国人心中已经成为了中国的代名词[1]。

随着对外贸易的蓬勃发展，唐代来华的外国商民逐渐增多，他们到广东后，大多先居留广州。久而久之，广州就有较多的外国商民侨居，其中以阿拉伯、波斯商人为多，被称之为"蕃商"。他们不少人在广州置田营宅，娶妻生子，长期定居，成为广州人口的一部分。这些阿拉伯、波斯商人的聚居之处叫"蕃坊"，"蕃坊"出现是广州对外贸易繁荣的一个标志。"蕃坊"的日常事务由蕃长主持。蕃长又称"蕃酋""蕃客大首领"，其职责为"管勾蕃坊公事，专切招邀蕃商入贡"[2]，建立法规，保护侨商利益。唐末，广州外侨据说多达12万人。10世纪前期的阿拉伯历史学家麦斯俄迭称："广府是一个大城市，……人烟稠密，仅仅统计伊斯兰教人、基督教人、犹太教人和火袄教人就有二十万人。"[3]如此众多的外国商人居住广州，使广州的中外饮食文化得到了广泛的交融，为东南地方菜的发展提供了良好的条件，为广州饮食业的繁荣奠定了良好的基础。

五代十国时期，中原地带兵祸不断，导致经济衰败、民不聊生。但岭南在南汉统治之下，经济却并未衰落。南汉统治者网罗人才，发展农工商业，尤其重视发展矿冶业、采珠业，旨在"内足自富，外足抗中原"，所积财货之多"甲于天下"，从而为宋代广州的繁荣奠定了基础。

宋元时期，广州港仍是中国重要的对外贸易港口，是通往东南亚和阿拉伯地区的主要门户。公元971年，广州设立市舶司管辖繁荣的对外贸易。据《广州港

① 义净：《大唐西域求法高僧传》卷上，中华书局，1988年。
② 朱彧：《萍州可谈》卷二，中华书局，2007年。
③ 甘肃省民族研究所编：《伊斯兰教在中国》，宁夏人民出版社，1982年。

史》一书统计，当时与广州通商贸易的国家多达50多个，反映了广州港当时海外交往的繁盛。宋代广州城市发展尤其迅速。广州的几任知州先后修筑了子城、东城、西城，使广州城池形成了中、东、西三大区域；建成地下排水系统"六脉渠"，疏浚了内濠，修建了玉带濠方便了航运，使船舶能驶进避风；广州城附近还出现了大通、扶胥、猎德、大水、石门、平石、瑞石、白田等"八大卫星镇"，并始评了"羊城八景"，增加了广州的吸引力。经贸的兴旺造就了饮食行业的兴旺。

2. 饮食品种丰富，点心制作精致

宋代广州人烟稠密，蕃汉杂居，各宗货物齐集，北宋福州太守程师孟《共乐楼》诗云："千门日照珍珠市，万瓦烟生碧玉城。山海是为中国藏，梯航尤见外夷情。"濠畔街是"天下商贾逐焉"的闹市区。当时广州各种肉果菜、山珍海味琳琅满目，品种众多。

干鲜果及其制品：主要有甘蔗、荔枝、龙眼、槟榔、橄榄、枇杷、板栗、冰糖、黑片糖、赤砂糖、白砂糖、糖果，以及"荔枝之脯、橄榄之豉、杨桃之蜜煎者、人面之醋渍者"和糖梅等，尤以荔枝、龙眼为著。

粮、油、盐及其制品：主要有米、面、菜油、饼食、粽子、糕点、包子等。

肉类及蛋类：猪、牛、鸡、鸭、鹅、鱼、海味等。

茶：品种有罗浮茶、鼎湖茶、白毛茶、西樵山茶、古劳茶等。

另外，来自海外进口的高档餐具（如水晶、玛瑙、琉璃器皿等）和高档海味（如南洋的燕窝、鱼翅，日本的干贝、鲍鱼）等也出现于市场，不过大多数还是供贵族享用。

唐宋广州的繁荣促使食品向精细化发展，如广州人对点心的制作非常讲究，例如米饼，用合生熟粉精致而成，唐段公路《北户录》曰："广州俗尚米饼，合生熟粉为之，规自可爱，薄而复明，亦食品中珍物也。"团（tuán，同"团"，日本汉字）油虾，亦乃广州著名的食品，用煎虾鱼、炙鸡鸭等十多种配料合制为馅，美味可口，是富贵之家的日常饮食。

3. 饮食场所林立，夜市热闹非常

广州菜以"南食"之名著称于世。唐宋时期广州饮食场所林立，既有独领风骚的酒楼客栈，又有适应中下层食客的中低档食店，还有流动摊贩。酒楼彩楼高搭，店内高朋满座，气势非凡。在镇南门外有座山海楼，登楼放眼，可见江天海阔，是宴请蕃商的名楼。中小食店虽无酒楼那样风光气派，但多为特色经营，凭借优惠的价格和风味独特的菜肴，同样可以招揽很多的顾客。至于沿街串巷流动叫卖的零售熟食摊贩，更为随处可见。今天广州北京路千年古道遗址以及南宋诗人刘克庄"不知今广市，何似古扬州"的名句，印证了广州昔日的繁荣。宋人朱彧（yù）在《萍洲可谈》中记载："广南食蛇，市中鬻蛇羹。"蛇肉进入市场，被制作成蛇羹出售，吃蛇也已成为市井文化的一部分。各大店铺之间竞争激烈，为招徕顾客，一方面注重饮食的质量，提高食品的制作水平，另一方面提高服务质量，针对不同的消费者提供不同的饮食和服务，并注意延长营业时间，以扩大自家酒店的名声。

最突出的是夜市，热闹非常，"蛮声喧夜市"①。其中酒铺是吸引人的消闲场所，多靠服务员招揽生意。当时广州街道两旁的"生酒行"，"两两罗列"，一间紧挨一间，"皆是女士招呼"。②酒的价格也非常便宜，迎合了时人嗜酒的风气。不少酒铺自酿米酒出售，允许客人品赏，从而促进销售。酒家把酒酿好后，从封坛的泥中钻一小孔，插入小竹管，顾客便可以从竹管中吸酒以尝味，称为"滴淋"。以致"无赖小民空手入市，遍就酒家滴淋，皆言不中，取醉而还"③。所卖酒之品种也不少，灵溪酒和博罗酒特别畅销。唐代李肇《国史补》卷下记载了唐代天下名酒，其中有岭南的"灵溪"和"博罗"。灵溪就在乐昌，源出冷君山，以甘泉酿成；博罗酒实指罗浮山的桂花酒。这又说明了唐代岭南名酒已

① 曹寅、彭定求等：《全唐诗·送郑尚书出镇南海》，中华书局，2011年。
② 刘恂：《岭表录异》卷中，中华书局，1985年。
③ 李昉：《太平广记》，中华书局，1978年。

名扬天下。

4. 外地名食传入，各地风味流行

唐宋时期广州是当时全国最大的通商口岸之一，内外交流频繁，中外商人会集。为适应那些外地商人的饮食需要，很多外地名食汇聚，如东坡肉、西湖鱼等。"东坡肉"是苏东坡贬居黄州时所做的一道猪肉佳肴，这道菜入口酥软且不腻，富含营养，不久传入广州，并立即得到广州人的喜爱，可见广州饮食文化的开放性。在蕃坊居住的外国人烧制的国外风味菜中，有适合广州人口味的菜如"罗汉斋"等也流传开来，从而扩展了广州人的可食品种。另外，胡人喜食的蔬菜也出现在广州的餐桌之上。例如，广州人所说的"蕊"菜实质上就是胡人从西域传进来的香菜，"蕊香菜，根似菜根，蜀人所谓葿香。"此外，还有"一茎五叶，花赤，中心正黄而蕊紫色"的建达国佛土菜，"棱类红蓝，实似蒺藜，火熟之能益食味"的泥婆罗国波棱菜，又"状似慎火，叶阔而长，味如美酢，绝宜人，味极美"[1]的醋菜等，这些都是从国外传入的。广州妇女喜欢雕刻水果，把水果加工成花鸟、瓶罐结带之类的艺术造型，这种做法可能是受外国人的启示而创造出来的。段公路《北户录》云："梅为槿花所染，其色可爱，今岭北呼为红梅是也。又有选大梅，刻镂瓶罐结带之类，取楟汁渍之，亦甚甘脆。按郑公虔云，婆弄迦木出乌苌国，发地丛生，叶大如掌，花白而细，绝芳香，子如升大，花披之时，人即雕画瓦罐承花，候其子长满罐中，即破而取之，文彩彬焕，与画罐相类，便以献王，犹中国镂梅，诸国所无也。"

在各地名食传入的同时，中外各地风味食品也流行开来。像广州当时有本地的煎堆，北方的馄饨、面食、饼食，佛教的罗汉斋，游牧民族的油饼、胡饼、烧饼等食品，丰富了广州的吃食。馄饨，四川人又叫做"抄手"，于汉代在北方发明，唐宋都市内多馄饨店，馄饨讲究汤清馅细，陆游有诗《对食戏作》，惊叹

---

[1] 包何：《送泉州李使君之任》，《全唐诗》，中华书局，2011年。

馄饨的精致，"春前腊后物华催，时拌儿曹把酒杯，蒸饼尤能十字裂，馄饨哪得五般来。"自传入广州后，经过岭南厨师进一步发展，后成为广东很有名的小吃——云吞。总之，外地饮食对岭南饮食文化的影响是多方面的，尤其在扩大饮食种类、提高岭南饮食文化创造灵感方面作用较大。

二、泉州的崛起与饮食文化生活

1. 泉州的崛起

泉州早先的郡治在南安。晋代，随北方士民大量进入福建，晋江两岸得到了迅速开发。地处晋江下游的泉州发展尤为显著，地位日益重要，并最终取代了历史悠久的南安，成为此地区的聚落中心。唐景云二年（公元711年），设泉州为郡治所在地，从此走出了泉州崛起的第一步。之后，泉州不断改善自身条件，完善外贸港口条件，发展与外贸有关的区域经济，大力拓展和内陆腹地的联系，并积极招徕外商。唐中后期，泉州成为我国最重要的外贸港口之一，很多外国侨民来此居留，市内出现"云山百越路，市井十洲人"的盛况。

唐末以来，西太平洋沿岸和印度洋沿岸由海路联结成海上"丝绸之路"，形成中世纪东方世界的海洋贸易圈，这为泉州港的发展提供了全新的发展契机。此时期，国内战争连绵，严重损害了很多地方经济的发展，虽僻在岭南的广州亦未能幸免。当时王潮、王审知兄弟率领一支数万人的农民军由江西南部入闽，攻略城池，随之占领福州。其后，王审知的儿子王延翰称帝，建立闽国。在王氏统治的33年间，福建社会稳定。期间北方大量移民，使福建人口大增。内地士民的迁居，"蕃客"由广州分趋泉州，加之当时统治泉州的王氏政权又很注意招徕"蛮夷商贾"，从而使泉州港蒸蒸日上。北宋初期，泉州已跻身于全国三大海港的行列。

宋代把"海洋裕国"列为国策，实行奖励海外贸易的政策。在官方鼓励下，

"福建一路，多以海商为业"①，造船航海技术在全国处于领先地位，闽船、闽贾活跃于东西洋上，泉州港的海外贸易也因此更加繁荣。北宋中期，泉州已超过了浙江明州，成为仅次于广州的全国第二大海港。哲宗元祐二年（公元1087年），在泉州设置市舶司，确立了泉州成为重要贸易港的地位，标志着泉州进入最重要的对外贸易港的行列。

由于宋皇室的南迁建都临安（今杭州），偏安一隅，杭州成为南宋政治中心和当时国内最繁荣的商业城市。泉州离杭州较广州更近，再加上泉州港水深避风，港湾众多，南北往来大小船只都可以久停，且有很好的淡水供应，于是泉州的地位日益重要，成为与福州、广州同等的"望州"。当时浙江的瓷器、丝绸等纷纷经泉州出海，外国由泉州去临安入贡也日益增多，福建本地茶叶更是通过泉州大量出口，泉州市舶贸易发展迅速。

南宋末年，蒲寿庚（穆斯林海商）据城叛宋附元，是对漂泊海上的南宋政权的致命打击，却也使泉州在江山易主的过程中避免了一次战争的破坏，在关键时刻保存了泉州，为元代泉州的繁盛起了巨大的作用。

元初泉州曾一度为福建省治，泉州的地位也迅速上升，泉州的海外贸易也发展到极盛。当时，泉州成为中外各种商品的集散地，从泉州出发做买卖的海船，远至阿拉伯半岛、波斯湾沿岸和非洲东北部广大地区，与泉州有贸易往来的国家和地区达98个，远超宋初31个的纪录。泉州迅速超越广州成为东方第一大港，是中国与阿拉伯世界经济、文化交流互动的枢纽。元初，马可波罗游历泉州时，认为这是世界上两大港口之一（另一是埃及亚历山大港），阿拉伯、东南亚、印度等几十个国家在此贸易，商品吞吐量之大令马可·波罗不可想象。伊本·白图泰（中世纪阿拉伯探险旅行家）则称元末的泉州为"世界大港之一，甚至是最大的港口"。海洋商业带动了区域经济的繁荣和商品化倾向的扩大，泉州一带在宋元时期成为我国中古海洋事业鼎盛时期最活跃的区域。

---

① 苏轼：《东坡奏议·论高丽进奉状》，全国图书馆文献缩微复制中心，1988年。

宋元时期泉州港的崛起及繁荣，世界各国商人的迁入，中外文化交流的频繁，给泉州乃至福建和全国带来巨大的变化，随之引起了泉州乃至福建饮食文化的改变。

2. 泉州回族的形成及清真饮食文化的流行

泉州城市的兴旺与外贸的繁荣，与阿拉伯商人在泉州的经营密切相关。公元7—8世纪，阿拉伯人立国，经过几十年的领土扩张，便成为世界上最大的帝国。其后，一向重视商业的阿拉伯国王为国用和享受，便振兴商业努力发展海外贸易。从此，阿拉伯商人跨出阿拉伯国土奔赴世界各地，不少人从海上泛舟远至中国，足迹遍及中国沿海，泉州凭借优越的地理位置成为他们的一个重要落脚点。

唐代泉州为流寓的阿拉伯、波斯来华的侨民、外商开辟专门的居住区，即所谓的"蕃坊"。选其代表人物担任"蕃长"一职，管辖蕃坊公事。这种制度既便利了蕃客的居止贸易，尊重了他们的风俗习惯，又可扩大招徕，从而大大促进了对外贸易的发展。

宋代，北宋与辽、西夏的常年战争，使中西陆路交通完全阻绝，却促使海上贸易空前繁荣，借海上贸易之力，加上宋政府对"蕃商"的优惠政策，使来华的穆斯林丝毫不减于唐代。随蕃客居留人数的激增，泉州"蕃坊"的规模已不逊于久具历史的广州"蕃坊"，以至"泉南"以"蕃坊"所在而扬名后世。此时期的泉州外商不仅资产相当雄厚，而且对泉州的地方建设也非常热心，慷慨捐资，勇于助成。阿拉伯商人在泉州留居增多，势力逐渐扩大，以至时人有"泉仰贾胡"之说，对维系泉州港的地位起了重要的作用。正由于"泉仰贾胡"，故泉州蕃客的势力远较广州强大，这集中表现在"提举泉州舶司，擅蕃舶利者三十年"①的蒲寿庚及蒲氏家族身上。蒲寿庚，祖辈来自西域，因为和其兄平海寇有功而官至

---

① 叶适：《水心先生文集》卷十九《林堤墓志铭》，民国影印本。

福建广东招抚使，总管海舶事宜，遂成为泉州当地举足轻重的关键人物。元世祖忽必烈平定南宋后，元帝国空前强盛。为扬威于海外，当时拥有海上实力和海外影响的蒲寿庚，和已具相当规模的泉州港，都成了元政府青睐的对象，尤其是蒲寿庚，更是受到元政府的重用。

宋元时期在泉的大食及波斯侨民已至成千上万，随之带来了他们的清真饮食文化，随宋元泉州回族的形成，清真饮食文化对泉州的饮食产生了相当大的影响。

元代，中国版图大为扩大，陆路、海陆交通顺畅，阿拉伯、波斯以及中亚的穆斯林人士大量来华并定居下来，散居各地并不断地本土化，逐渐形成了信仰伊斯兰教的回族，凡有回族聚居之处，就有清真寺的建立，元代伊斯兰教在我国达到极盛，有"元代回回遍天下"之说。在泉州，执掌当地政权的蒲氏采取许多有利于"蕃客"的措施：建清真寺，推广清真菜，允许回汉通婚等，对泉州回族的形成和清真菜的流行起着巨大的推动作用。当时的泉州，回汉通婚现象非常普遍，甚至出现世代通婚的现象。阿拉伯人娶汉族人为妻，生下的子女被称为"半南蕃"。随着文化的互动、交融，回汉通婚人数的增多，泉州回族人口急剧增加，泉州又被称为"回半城""蒲半街"。泉州回族的形成又进一步推动了清真菜在东南地区的盛行。

由于穆斯林习惯以清真寺为核心，维持着共同体式的生活，并严守他们的饮食习惯。他们按照伊斯兰教的规定烹调饮食，是为"清真菜"或"回民菜"。清真菜和素菜一样已成为中国的一大饮食支流，并流传至中国各地。

清真菜有自己丰富的内涵。穆斯林对卫生和健康非常重视，清洁干净是清真菜的一大特征，无论是临时摆设的小摊，还是食肆，每个角落都打扫得干干净净。同时，穆斯林还有不少关于饮食的禁忌。

《古兰经》明确指出，准许你们吃一切佳美的食物（第五章第四节），禁戒他们吃污秽的食物（第七章第一百五十七节），《古兰经》第五章第三节中明令禁止的食物有"自死物、血液、猪肉，以及诵非真主之名而宰杀的、勒死的、捶死的、跌死的、觚死的、野兽吃剩的动物"。教民们对伊斯兰教的戒律特别重视，严格遵守其规定，并逐步形成一种风俗习惯，宋人朱或在《萍洲可谈》中记："西域夷人安插中原者，多从驾而南，号色目种，隆准深眸，不啖豕肉……诵经持斋，归于清真。"伊斯兰教严禁饮酒，此外，对于无鳞的、形状怪异的鱼，以及马、骡、驴等奇蹄类动物的肉，也在禁食之列。

与佛教徒禁食一切荤腥食物相比，清真菜除上述禁食的食物外，可以食用牛、羊、鸡等一些动物。清真菜系以牛羊肉菜为主，这和中国古代西北及东北游牧民族做菜的方式相近，名馔有全羊席和烤全羊，其他菜式如涮羊肉、烤羊肉片、烤羊肉串、油爆或水爆肚仁、羊肉抓饭等，都是这一菜系的著名美食。但在东南地区的清真菜肴，由于牛、羊的养殖较少，从北方运送又非常不便，故鸡、鸭、鹅的比重很大。这里鸡、鸭、鹅菜的清真做法，多受南方各菜系的影响。此外，清真菜的小吃和糕点也很有名。

3. 香药贸易与药食同源饮食思想的发展

隋唐时期，香料在中国的使用已进入精细化阶段，香料的制作和使用非常考究，用香成为当时礼制的一项重要内容，香料的大量需求刺激了香的生产，海外香药的输入为解决当时香的不足起了很大作用。《唐大和尚东征传》记载：天宝年间，广州"江中有婆罗门、波斯、昆仑等舶，不知其数。并载香药珍宝，积载如山，舶深六七丈"。发展至宋元时期，生活用香已普及至社会的各个方面，宫廷宴会、婚礼庆典、节日祭祀、客厅卧室、茶房酒肆等场所都要用香，使香药进口大增。

广州和泉州是中国最大的两个外贸港口，在香药贸易中起了巨大作用，其中大食国是重要的外贸对象。据《诸蕃志》记载，通过两大港口进口的货物有龙涎香、沉香、生香、麝香、檀香、降真香、丁香、乳香、黄熟香、安息香、珠贝、玳瑁、槟榔、胡椒、肉桂、高良姜、石脂、硫磺、龙脑、桂皮、琥珀、硼砂、益智子、芦荟、豆蔻花、没药、玛瑙、阿魏等上百种，其中绝大多数为热带香料与药物，简称香药。宋代政府为此以香药专卖、市舶司税收等方式将香药贸易纳入国家管理，使得收入颇丰。

唐朝，香药除在礼制上广泛使用外，在医疗养生方面也得到进一步发展。《十斤要方》《千斤翼方》《广济方》等唐代医学著作记载了不少香药治病防病的处方："五香丸"（又名沉香丸，用沉香、青木香、丁香、良民、麝香、乳香合成）用来治疗"心腹鼓胀"等症，"五香散"治邪气郁结等症，"五香连翘汤"治"风热毒肿"；"五香圆"含在口中可香口、香体，还治口臭身臭，止烦散气等。这些医学著作还记载了不少有养颜养生之效的香品；香身香口的丸散（可内服、佩戴或口含），有美容效果的"妇人面药"（面脂手膏）等。

宋朝官民消费的乳香数量巨大，进口的香料主要是贵族官僚用于祛除秽气、净化环境和宗教及祭祀礼仪之用，也作饮食作料、医药用品和手工业原料。

宋朝医学香药的使用可谓非常普及，各种使用香药的处方见之于《圣惠方》《和济局方》《普济本事方》《易简方》《济生方》等各种医学著作中，直接以香药命名的处方亦出现，如"苏合香丸"治疗霍乱吐利、时气闭门瘴疟，"安息香丸"可治"肾脏风毒，腰脚疼痛"，"木香散"则治"脾脏冷气，攻心腹疼痛"等症。南宋时泉州名医李迅，在其《集验背疽方》中同样采用了来自海外的木香、沉香、麝香、丁香、乳香、没药等配制药方。唐宋时期香药在医学上的广泛使用对我国中医药事业的发展起了重要作用。

在饮食中加入适量的香药，可使饮料和食品气味芬芳，有刺激食欲和防腐之功效。宋代富贵人家的酒宴之中还有香宴。据戴埴（zhí）《鼠璞香药草》载，苏东坡与章质夫帖云，"公会用香药，皆珍物，极为番商作贾之苦"，今公宴，"香药别卓为盛礼，私家亦用之，作俑不可不谨"。绍兴二十一年（公元1151年）十月，宋高宗赵构幸清河郡王张俊王府，张俊供奉的御宴物品中，有"缕金香药一行"和"砌香咸酸一行"两道名贵香剂食品。[①]闽菜、粤菜用料广泛，讲究作料，

---

① 关履权：《宋代广州香药贸易史论》，《宋史研究论文集》，上海古籍出版社，1982年。

像胡椒、肉桂、丁香等香药因具有很好的调味之用而被广泛放入闽粤菜肴之中，既丰富了闽菜和粤菜体系的内容，又推动了东南地区"药食同源"思想的进一步发展。

胡椒，属藤本植物，味食香料，味道浓辛、香，性热，具有散寒、下气、宽中、消风、除痰之功效，汤、菜均宜。因其味道极其浓烈，故用量甚微，常研成粉用之。广东人爱煲汤，秋冬季节煲汤常放少量胡椒粉，至于广东人爱吃的蛇肉更是不可缺少。

肉桂，又名桂皮，即桂树之皮，属香木类木本植物。味食香料，味道甘、香，性大热，燥火，有益肝、通经、行血、祛寒、除湿的作用，一般均与它药合用，很少单用。广东人秋冬时节在烧、煮、煨禽畜野兽等菜肴中常放肉桂。

丁香，又名鸡舌香，属香木类木本植物。味食香料，味道辛、香、苦，单用或与它药合用均可。常用于扣蒸、烧、煨、煮、卤等菜肴，粤菜、闽菜中也常用到，但因其味极其浓郁，故用少量即可。

在当时影响巨大的当属在茶叶中加入香药的"香茶"。宋人日常用茶多是将茶叶蒸、捣、烘烤后做成体积较大的茶饼，称做"团茶"。加香的团茶有芳香、理气、养生之功效，所加香药常见有龙脑、麝香、沉香、木香等，也加入莲子心、松子、杏仁、梅花、茉莉等。宋真宗宠臣丁谓在福建任官时，在北苑贡茶中加入麝香和龙脑，并刻有龙凤图案，初步成就了闻名天下的"龙凤团茶"。《鸡肋编》这样称赞："入香龙茶，每斤不过用脑子一钱，而香气久不歇，以二物相宜，故能停蓄也。"丁谓也因呈贡此茶给皇上而受重用，曾官至宰相。后来北宋书法家蔡襄进一步改进龙凤团茶的工艺，以鲜嫩的茶芽制成精美的"小龙团"。每个"小龙团"不到一两，每年只生产10斤，故价超黄金，成为时人梦寐以求的极品。欧阳修曾称曰"茶之品，莫贵于龙凤"，"然金可有，而茶不可得"。香药入馔一方面体现了中华文化包容并蓄和传承创新的特色，另一方面也是中华饮食文化药食同源思想的发展。

另外，从高丽、日本输入很多与饮食有关的补品与药材，主要有人参、甘草、姜黄、茯苓等。尤其是高丽人参，滋阴补阳，成为王公贵族喜好的主要进补食品，也成了现在粤菜、闽菜中上等的饮食原料和作料，茯苓也是广东煲汤的一种原料。

4. 槟榔的输入与泉州人吃槟榔的习俗

当时从海南、东南亚输入的槟榔，带动了泉州人嗜食槟榔的生活习俗，以至泉州乃至福建民间嚼食槟榔蔚为风尚。泉州诗人林夙诗云："玉碗竹弓弹吉贝，石灰著叶送槟榔；泉南风物良不恶，只欠龙津稻子香。"① 由此可见，啖槟榔已成为"泉南风物"之一。不仅如此，槟榔还成为宋代福建请客送礼的重要佳果。当时用槟榔代茶以招待客人甚为普遍，"自福建下四州（福、兴、泉、漳）与广东西路皆食槟榔，客至不设茶，惟以槟榔为礼"，"东家送槟榔，西家送槟榔。咀嚼唇齿赤，亦能醉我肠。南人敬爱客，依此当茶汤"②。人们之间礼尚往来也爱用槟榔作为礼物互相馈赠，"今宾客相见必设此以为重，俗之婚聘亦藉此以为贽焉"，甚至两家发生纠纷也通过互送槟榔来彼此和解。③

宋代福建地区之所以重视槟榔，其原因主要是因为槟榔可以消除瘴气，起到"驱瘴疠"的功效。李时珍《本草纲目》卷三一《果之三》曰：槟榔"疗诸疟，御瘴疠"。宋代福建树高草茂，未开发的地区较多，且气候湿热，"蒸旱则瘴疠作焉"，"蓝水秋来八九月，芒花山瘴一齐发。"明清时期仍是"至山高气聚久郁不散则成瘴毒"，因此泉州人"吉凶庆吊皆以槟榔为礼"。④

泉州人还盛行喝槟榔酒，槟榔酒税成为政府重要的财政收入。直至清代，泉州食槟榔的习俗还很普遍，很多繁华街道两旁贩卖槟榔的众多小摊，堪称泉州一景。

---

① 黄仲昭：《八闽通志》卷二六《食货》，福建人民出版社，1989年。
② 周去非：《岭外代答》卷六《食用》，中华书局，1985年。
③ 祝穆：《方舆胜览》卷一二《泉州》，四部丛刊本。
④ 陈寿祺：道光《重纂福建通志》卷五六《风俗·气候》，福建教育出版社，1995年。

第五节　东南多个民系的形成及食俗

唐宋东南经济发展迅速，南北经济文化交流频繁，北方士民大量南迁，汉族和东南少数民族的融合加快。伴随经济文化的发展，在漫长的民族融合过程中，两宋时期东南地区广府民系、福佬民系、潮州民系、客家民系已经形成，并开始形成自己民系的饮食习俗。古代百越族中的西瓯、骆越人逐渐迁移到山区，但仍旧保持着本民族的传统文化，南宋时期被称为"僮人"，这就是后来发展演变而成的壮族，并初步形成了有自己民族特色的饮食文化。

一、广府民系的形成与粤菜的兴起

1. 广府民系的形成

"广府民系"是岭南三大民系之一（其他两民系是潮汕民系和客家民系），也最能代表岭南的文化特征，通行粤方言，主要分布在广东东南部珠江三角洲一带（含今香港、澳门），以后扩展至粤中、粤西、粤西南和广西南部，其中珠江三角洲是最具代表性的广府民系地区。广府民系的形成首先是以粤语的兴起为基础的。唐代广州成为世界著名的大港，带来了广州的繁荣，与此同时也促使粤语更加规范化和书面化。

唐末宋初，中原战乱不断，形成北方汉人迁徙岭南的高潮。北方士民大部分通过大庾岭进入岭南，先在地处要冲的粤北保昌县（南雄县）珠玑巷一带地区居留。像《卢鞭开族琐记》云：新会全景乡村"至南宋咸淳五年（公元1269年），由南雄珠玑巷迁至者，约占全邑族之六七焉"。珠玑巷因此与广府民系的形成和发展的历史密切关联。这些从珠玑巷大量南迁而来的士民，构成了广府民系的主流，他们对岭南的开发起了重要的作用。一方面，在与当地土著居民的交流融合中，共同开发了珠江三角洲，促进了珠江三角洲的繁荣发展，改变了岭南"蛮夷之地""化外之乡"的状况；另一方面，带来了中原地区的先进科技文化，促进了汉文化在当地人民心中的认同，使岭南的土著人迅速汉化，岭南人民普遍以中华民族的一分子自居，从而在珠江三角洲一带逐渐形成了一个以讲粤语为基础的广府民系。

2. 粤菜的兴起及其特点

岭南背山临海，具有丰富的动植物资源，有着崇尚烹调技艺的民俗民风。唐代，随广东城乡商品经济发展和日益增多的国内外文化交流，使岭南饮食继汉晋以来逐渐形成一个以生猛海鲜为主、山珍野味和河鲜为辅、有着较高烹调技艺的饮食文化圈。两宋之时，中国的政治经济文化中心南移，北方人口的大量南移，在继承前代的基础上，以广府为中心的粤菜风格加快发展，自成一派，南味美食也多见于典籍，与川菜、淮扬菜并列为南方三大风味。此时粤菜具有以下几个特点：

第一，早年间的恶劣生态迫使古越人进行广泛的食源开发，形成无所不吃之风。岭南地区属亚热带、热带地区，雨水丰富，多山，江河湖泊纵横交错，动植物资源众多，无论天上飞的，地上跑的，水中游的，地里钻的，岭南地区基本上是应有尽有。岭南开发较晚，在古代是蛮夷之地，生存条件极为恶劣，到处是雨林、沼泽，遍地是毒蛇、猛兽。一直到北宋时期，岭南地区仍是贬黜流放官员的地方，除少数几个城市外，居住较多的人仍是古越族后裔。在那样恶劣的环境中生存，居住此地的古越人不得不进行广泛的食源开发，自然造就了越人敢吃、会吃、爱吃、能吃的习性。唐人刘恂《岭表录异》详细地记录了岭南人好食野味的习俗：鸮（xiāo）（猫头鹰），用以制鸮炙；孔雀，用以制脯、腊；鹧鸪，用以制羹、脯等。广府民系在形成过程中继承了古越人的这种食俗。

唐宋时期北方士民为避战乱而纷纷南迁，长途辗转跋涉，所带粮食不多，为了生存，在路上就已是见者能吃即吃。到达岭南后，面对环境的恶劣，汉人也只有像土著人那样生存，再加上汉族和土著通婚，久而久之，也就慢慢适应了这种饮食习惯。周去非《岭外代答》中进一步记载了广东人食野成风的食俗："**山有**

鳖名蟞；竹有鼠名鼠鼺（yóu），鸧鹳（cāngguàn）之足，腊而煮之。鲟鱼之唇，活而薾之，谓之鱼魂，此其至珍者也。至于遇蛇必捕，不问短长；遇鼠必执，不别小大。蝙蝠之可恶，蛤蚧之可畏，蝗虫之微生，悉取而燎食之。蜂房之毒，麻虫之秽，悉炒而食之。蝗虫之卵，天虾之翼，悉炸而食之。"吃蛇肉的风俗尤有发展，当地干脆把蛇肉烹制成菜肴、羹汤来出售。朱彧《萍洲可谈》记载这么一则故事：苏东坡贬至惠州时，如夫人朝云有次到市肆，看到卖羹的，以为是海鲜，买了一盏来吃。当她吃完得知是蛇羹后，马上呕吐出来，"病数月竟死"。朝云之病究竟是吃了蛇羹后致心脏病发作，还是又患了其他不治之症，尚很难说，不过岭南人吃蛇，不管有毒无毒都吃。吃蛇肉是要切去长牙的头和全身的骨，因毒蛇的毒汁在牙骨中，故也就不存在吃蛇中毒的危险。吃野成风的习俗现在广东人身上依然可以找到不少遗风。

　　生食鲜活鱼虾原本是中华民族就有的一种饮食习惯，这种吃法由来甚古，《诗经·小雅·六月》曰："饮御诸友，炮鳖脍鲤。"这里所说的脍鲤，实质上就是生鱼片。由于食用生鱼片容易使人得寄生虫病或肠胃病，不少地方被迫放弃了这种吃法，三国时期的华佗曾反对过生食鱼脍。然在岭南地区，唐代当地土著仍喜生吃生鱼活虾，"南人多买虾之细者，生切绰菜兰香蓼等，用浓酱醋先泼活虾，盖似生菜，以热釜覆其上，就口跑出，亦有跳出醋碟者，谓之虾生。鄙俚重之，以为异馔也。"①不难看出，这是一道标准的生猛海鲜，很具有现代粤菜的特色。"生油水母"也是一种用特殊作料加工的名菜，不仅可以食用，而且可以治"河鱼之疾"，是岭南土著人喜爱的一道菜，"以草木灰点生油，（将水母）再三洗之，莹净如水晶紫玉，肉厚可二寸，薄处亦寸余。先煮椒桂、豆蔻、生姜，缕切而炸之，或以五辣肉醋，或以虾醋，如鲙食之，最宜"。②"如鲙食之"就是像吃生鱼片那样，蘸着味道鲜美的五辣肉醋、虾醋生食。又如生食鲮鱼，"广人得之，

---

① 刘恂：《岭表录异》卷下，中华书局，1985年。
② 刘恂：《岭表录异》卷下，中华书局，1985年。

多为脍，不腥而美"。唐宋以后，鱼生仍风靡岭南，成为岭南很有特色的风味佳肴，食用生猛海鲜的习惯至今在岭南饮食文化圈得到保留，进而成为粤菜的一大特色，究其源是古越人"啖生"遗风流存。

第二，烹饪和制作技艺上，初步形成广府菜以煎、炒、爆、烧、炸、焗、蒸、煮、煲、腌、卤、腊为主，讲究清、爽、淡、香、酥的特征；同时较强调菜肴的色、香、味、形的完美结合。粤菜最常用的加工方法是"煲"，"煲"即为微火慢煮，唐朝时岭南人已经常使用。如"煲牛头"，"*南人取嫩牛头，火上燖（xún，炙去毛）过，复以汤毛去根，再三洗了，加酒、豉、葱、姜煮之，候熟，切如手掌片大，调以苏膏、椒、橘之类，都内于瓶瓮中，以泥泥过，微火重烧，其名曰煲*"①，其味甚美。

粤菜善腌卤腊脯，善烧烤。如"乌贼鱼脯"，就是用乌贼鱼腌制的鱼肉干，那时的乌贼鱼，既多且大，十分容易捕捉。广府人往往抓住大的乌贼鱼用油炸熟，再用姜醋拌之，味道极脆美；或者用盐腌制为干，如脯，味道也不错。嘉鱼产于江河入海口，刘恂《岭表录异》曰："*嘉鱼，形如鳟，出梧州戎城县江水口。甚肥美，众鱼莫可与比，最宜为鲝，每炙，以芭蕉叶隔火，盖虑脂滴火灭耳。*""炙象鼻"也是一道烧烤类的菜，即烘烤象鼻肉，肥脆甘美，是象肉中质量最好的，明代谢肇淛《五杂俎》也说："*象体具百兽之肉，惟鼻是其本肉，以为炙，肥脆甘美。*"唐代岭南野象很多，人们捕捉到野象后，争食其鼻，尤其讲究烘烤成"炙象鼻"。岭南其他知名菜还有蛇羹、饭面鱼、五味蟹、烧毛蚶、蟹黄、炙黄腊鱼等，②都是非常具有粤菜特色的美味佳肴，珍美非凡。当然，古代岭南人猎野嗜野的习俗造成了岭南很多野生动物的灭绝，这里也要提上一笔。

为提高和美化菜肴的颜色、香味、口感和造型，广府人不仅要在菜肴中加入

---

① 段公路：《北户录》卷二，中华书局，1985年。
② 刘恂：《岭表录异》卷下，中华书局，1985年。

名贵香料、糖、蜂蜜或天然色素，而且要把菜肴雕刻成花鸟图案。在宋都京师王公贵族举行家宴时，一般都会摆放南中女工制作的水果拼盘，原因在于这种水果拼盘不仅清香扑鼻，味道甜美，而且造型奇特。岭南有一种水果，名叫枸橼子，"形如瓜，皮似橙而金色，……肉甚厚，白如萝卜"，有一股诱人的清香，但味道太酸，根本无法食用，"南中女工竞取其肉，雕镂花鸟，浸之蜂蜜，点以胭脂，擅其妙巧，亦不让湘中人镂木瓜也。"[1] 这样一处理，便成为一道酸甜可口、造型优美、颜色鲜艳，既有食用价值又有欣赏价值的名食。

第三，重视饮食的营养保健功能，注重医食同源。岭南地区的湿热气候，一方面造就了丰富的动植物资源，另一方面也造成瘴疠之气，故人多疾病，寿命较短。为有效抵御疾病对人体的侵害，广府人在开发饮食的营养保健功能方面进行了多方面的探索，发现了许多有益于人体健康的食品。他们吃"倒捻子"，是因为其可"暖腹，兼益肌肉"；食用蛤蚧，是因为蛤蚧能治肺疾；[2] 吃鱼生时，喜欢配以山姜，可去腥臊之味，并"以治冷气"。蛇胆，作为一种常用的中药食品，对小儿肺炎、支气管炎、百日咳、急性风湿性关节炎等均有明显的疗效，受到广府人的高度重视，尤其重视毒蛇之胆，认为它有良好的治病之效，这在刘恂的《岭表录异》中都有很翔实的记载。

当时的岭南地区还有一种保健食品，名曰"团油饭"，其作法是"以煎虾鱼、炙鸡鹅、煮猪羊、鸡子羹、饼灌肠、蒸脯菜、粉餈、粔籹（jùnǔ，又称寒具，犹今之馓子）、蕉子、姜桂、盐豉之属，装而食之。"[3] 专用于孕妇的补养，这说明广府人已认识到胎儿的发育对各种营养成分的综合需要。

槟榔是一种药用植物，含多种生物碱，有消谷、逐水、祛痰、灭菌之功效，与岭南湿热地理环境相适应，广州人食槟榔蔚为风气。唐代"广州亦啖槟榔"，

---

① 刘恂：《岭表录异》卷中，中华书局，1985年。
② 段公路：《北户录》卷二，中华书局，1985年。
③ 段公路：《北户录》卷二，中华书局，1985年。

"不食此无以祛其瘴疠"①。宋代尤盛，广州不论贫富、老少、男女，"自朝至暮，宁不食饭，惟嗜槟榔"，而且还创制了吃槟榔的另一种食法，即把丁香、桂花、三赖子诸香药加入槟榔，称为香药槟榔。有客人问其嗜好槟榔之因，皆回答为"辟瘴，下气，消食"②。可见那时广州人已懂得槟榔的药用价值。此种风俗在明代仍然非常风行，明万历年间进士王士性南游广东，见"俗好以蒌叶嚼槟榔，盖无地无时，亦无尊长，亦无宾客，亦无官府在前，皆任意食之"。③

二、福佬民系的形成与食俗

1. 福佬民系的形成

上古以及秦朝时期的福建，一直是土著闽越人的居住地。汉武帝时期，西汉政府统一福建，在闽越之地设立县治，福建与中原的联系从此加强。东汉末年，中原战乱频繁，不少逃亡的中原汉民开始进入人烟稀少的闽北之地。经过三国、两晋、南北朝几次大规模的北方汉人入闽高潮，福建闽江流域及沿海部分地区社会经济得到较大发展，也大大促进了土著闽越人的汉化，他们的文化习俗也逐渐融入福建汉人的文化习俗中去。

唐朝前期陈政、陈元光父子率领府兵入闽守戍开漳，对闽南漳州地区的开发作用甚巨。唐中叶以后，大批北方人士南移福建，福建的开发已经具有了一定的规模，民族融合加深。至唐末，由于王潮、王审知领导的农民武装入闽，割据了福建五六十年。而漳泉两州在福建内部又形成小割据的局面，两州之间的政治、经济、文化交流加强，本来就有很多共同点的两州民间社会经过整合，在语言习俗、经济形态、社会心理诸方面更趋一致，一个新的族群——福佬族群也就因而

---

① 刘恂：《岭表录异》卷中，中华书局，1985年。
② 周去非：《岭外代答》卷八《食槟榔》，中华书局，1985年。
③ 王士性：《广志绎》卷四《江南》，上海古籍出版社，1993年。

形成了。①宋代是福建经济文化的繁荣时期，也是福佬民系的繁荣壮大时期，除遍及全省之外，福佬人还大量迁徙到潮汕地区，对潮汕地区的经济文化产生了巨大而深刻的影响。

2. 福佬人的食俗

福建古为闽越人居住之地，位于东南沿海，海岸线长，水产丰富，造就了闽越人嗜食鱼、虾、螺、蛤等水产的饮食习俗，和中原有着较大的区别。晋朝张华《博物志》曰："**东南之人食水产，西北之人食陆畜。食水产者，龟、蚌、螺、蛤以为珍味，不觉其腥臊也；食陆畜者，狸兔鼠雀以为珍味，不觉其膻也。**"在长期的劳动生产过程中，福佬人沿袭了闽越人嗜好水产的食俗，他们不仅从事海上捕捞，且开始滩涂养殖，把海鲜视为佳肴。时至今日，福建沿海居民嗜食鱼、虾、蛤等水产品成风，与内地居民食性明显不同，这是上古继承下来的饮食风俗。

福建同样具有种植水稻的优越条件，尤其在厦漳泉三角地带，随社会经济的发展，唐宋时期稻米已经成为了福建福佬人的主食。据成书于宋淳熙年间的《三山志》记载，当时福州地区居民主食的稻米品种多达27种，"早稻之种有六：曰早占城、乌羊、赤诚、圣林、清甜、半冬，而乌羊最佳。晚稻之种有十：曰晚占城、白芨、金黍、冷水香、栻仓、柰肥、黄矮、银城，黄香、银朱。而白芨、冷水香最甘香；柰肥，独宜卑湿最腴之地。糯米之种十有一：曰金城、白秫、黄秫、魁秫、黄栀秫、马尾秫、寸秫、腊秫、牛头秫、胭脂秫，而寸秫颗粒最长"。

闽人嗜茶，其种茶有上千年的历史。南唐时期，闽北已有"北苑御茶园"，饮茶之风为全国最盛。宋代，闽北茶区盛行"试茶""点茶"等品茶习俗。宋代蔡襄《茶录》和范仲淹《和章岷斗茶歌》等，都曾生动地描述了当时闽北建安一带民间斗茶的情况。饮茶之风的盛行，最终于明清时期形成了自己独特的茶文化——功夫茶。

---

① 谢重光：《福佬人论略下》，《广西民族学院学报》，2001年5月。

闽台地区最具地方特色的嚼食槟榔习俗，至迟在宋代的福建民间已成风尚。

福建先民很早就掌握了酿酒技术，并开始形成了饮酒习俗。如福建黄土仑文化遗址中留存的大量充当祭祀和宴饮礼器的酒器和酒明器，正是东南地区早期饮酒习俗的反映。[①]随历史的演进，福建地区的饮酒习俗也逐渐得到发展。宋代福建盛行元日饮屠苏酒和端午饮菖蒲酒的习俗，"**元日饮屠苏，除日以药剂如绛囊，置井中，元旦出之，渍酒东向而饮，自幼至长为序，可辟瘟疫**"。古人屠苏酒的配制一般是将防风、山椒、大黄、桔梗、白术、桂心、菝葜（qiā）、乌头（用泡制品）八味药材切细，装入绢袋，于年三十沉于井底，元日早晨取出，用黄酒提取其有效成分而制成，可以"**辟疫疬，令人不染瘟疫及伤寒**"，古人甚至宣称"**一人饮一家无疫，一家饮一里无疫**"。[②]最后一说未免夸大，但纵观全方确有防病健身、健脾开胃、行气活血等多种功能。这八味药材经现代药理研究，对大多数阳性及阴性细菌、部分病毒和螺旋体等40多种病原体有抑制作用；此配方中的防风，可祛风除湿，白术健脾益气，山椒温中开胃，桂心温中散寒，桔梗温中消谷，大黄攻积导滞，黄酒不仅是溶剂，尚有活血养气之功。因此，在除夕之夜，家人团聚，痛饮饱餐，肠胃被油腻之物壅实，饮此酒无疑有调中消食、推陈致新、五脏安和等多种作用。可见屠苏酒不仅是人们除夕和元日助兴的一种饮料酒，也是百姓防病健身的一种药酒。古人将药物置井中过夜，不仅使药材得到了浸润而软化，细胞间隙扩张，便于溶剂进出，而且对井水起了一定的消毒作用。端午节时饮的另一种酒是菖蒲酒，酒中的菖蒲可以延年，《淳熙三山志·土俗类》曰："**端午。饮菖蒲酒。李彤《四序总要》云：'五日，妇礼：上续寿菖蒲酒。'以《本草》云：'菖蒲可以延年。'今州人是日饮之，名曰饮续**"。而到除夕，则"**岁除。馈岁别岁守岁，岁晚相馈，酒食相邀，达旦不眠，盖闽、蜀同风**"。

---

① 陈龙、林中干：《试谈黄土仑印纹陶器的时代风格和地方特色》，《文物集刊》第三辑，文物出版社，1981年。

② 孙思邈：《千金方》，人民卫生出版社，1982年。

三、客家民系的形成与食俗

1. 客家民系的形成

客家是汉民族的一支重要民系，主要聚居在闽、粤、赣三省交界地区，部分分部在广西、海南、四川、湖南和台湾。广东客家人主要聚居在粤东梅州地区和粤北韶关、粤中惠州汕尾一带。客家的形成与发展是民族迁徙的产物，也是民族融合的结晶。东晋以来，由于北方中原战乱、灾荒和饥饿等原因，中原汉人纷纷南迁，经过不断迁徙，于两宋之际最后到达并主要定居于闽粤赣三省交界地区。此地区僻处南方山区，社会相对稳定，受外在冲击较少，保留了较为浓郁和相对完整的汉族传统文化。与此同时，客家人祖居的中原地区却战乱频繁，受到了北方民族文化的猛烈碰撞。在与当地土著居民交往中，又和百越文化、畲瑶文化相互影响、相互吸收和相互融合，初步形成了绚丽多彩而又独具一格的客家文化。他们在保持汉民族基本族性的基础上，形成了有自己共同语言（客家方言）、共同风情习俗和其他文化事象的、有别于周边其他汉族民系的群体。明清时期，随客家人的再次迁徙和客家人的艰苦奋斗，客家民系得到了进一步发展壮大，基本上形成了现在的分布局面。

2. 客家人的食俗

客家先人从中原迁移过来，客家人饮食当中保存了大量的中原饮食文化。古代中原有"茗粥"之俗，客家人南迁后把它带入南方，并经过不断改良，现已变成独具特色的茶饮——"擂茶"。

客家人南迁的地方多为山区，宋元时期山区又多是古越人后裔瑶族、畲族、壮族等居住的地方，在与这些少数民族杂居的时期，客家人又慢慢接受了他们的饮食习俗，逐渐形成中原饮食和南方饮食相结合的饮食风格。

宋元时期客家人的主食主要为旱稻米，这来自于东南山区畲族人、瑶族人种植的畲禾。客家人清明做乌饭，把枫叶揉碎泡水，染糯米饭为黑色，故俗名"乌饭"，用以祭祀。

客家人好食水产，举凡青蛙、泥鳅、鳝鱼、鳖、田螺、蚌、蛤、小螃蟹等，无所不食，此俗有别于中原，它来自古越人的饮食习俗。南方山区多蛇，客家又居山，形成客家人嗜蛇、以蛇为珍品的食俗，这不仅因为蛇肉味美肉鲜，且有清热解毒之奇效，同时是受"越人得蚺蛇，以为上肴"之习的感染。现代医学认为常食用蛇肉可以祛风活血、消炎解毒、补肾壮阳，而且它对痱子疮疖、关节风湿、肾虚阳痿、美容驻颜等有着很高的食用疗效。此外用蛇加一些中药材泡酒，可以起到治疗肌肉麻木，祛风散湿，滋强壮体的作用，因此客家好蛇肉非常符合中医医食同源的理论。

客家人同样喜生吃，客家地区"俗好食鱼生"，以生猛海鲜鱼肉切成薄片，蘸以佐料而食。究其源，是古越人"啖生"遗风。

宋元时期客家人有食狗肉和老鼠肉之癖。客家地区流行夏至杀狗以"御蛊毒"之说，故有"夏至狗，无处走"之谚。此俗受东南少数民族"甘犬嗜鼠"之习的影响。瑶族、畲族人也以"老鼠干"作为招待客人的上品，福建宁化地区"老鼠干"，甚至成了著名的传统食品"汀州八干"之一。

四、潮州民系的形成与食俗

1. 潮州民系的形成

潮州民系，是本地土著与外来移民交汇融合而发展形成的，主要聚居于广东东部潮汕地区的汕头、潮阳、澄海、南澳、潮州、饶平、揭阳、普宁、惠来九县市和汕尾市的陆丰、海丰两地，以及惠东、揭西的小部分地区，通行潮州方言（和闽南话相近）。潮州方言自古有"广南福建之语"的称呼，潮州风俗也与闽南无异，宋人王象之在《舆地纪胜》卷一百《潮州条》中记载：风俗无漳、潮之分。潮州地区与闽南两地平壤相接，基本没有山川的阻碍，历史和文化的发展进一步说明潮州地区和闽南属同一文化区域。根据考古发掘证明，史前时期，居住在潮汕地区的土著居民便和闽南闽越人有过多次文化的融合交流；[①]先秦时期，潮州地区的文化已经开始吸收了中原文化，不过主体仍为闽越文化；两汉东晋时期，潮汕地区的文化形成为汉越文化的统一体，也开始形成汉文化中有潮州特色的文化。[②]唐天宝元年（公元742年）设置潮州郡，这是潮州文化发展繁荣的起点。宋元时期，潮州商业贸易迅速发展，成为粤东最大的商业中心。

秦汉统一岭南以来，中原汉族移民就开始辗转迁入潮州地区。五代、宋元时期，形成迁入潮汕的人口高峰。据《元丰九域志》和《永乐大典·潮州府》统计，北宋开宝初年（公元968年），潮州户数为3万，元丰三年（公元1080年）潮州有74682户，至南宋端平年间（公元1234—1236年）达135998户，增加了四倍多。这些迁移如潮的人士大多是来自福建的闽南人，尤其是福州和莆田，只有少数来自江西、浙江和江苏等省。[③]宋代以前，福建地区就已经形成一个以讲闽方言为主的地域群体，该群体由汉族和当地闽越人融合而成。宋代北方人口的大量涌入福建，进一步促进了福建文化的繁荣。同时，也造成福建人口的急剧膨胀，人多地少的矛盾非常突出，从而促使福建居民向岭南迁徙。作为地处闽粤交界且无大山阻碍的潮州地区，成为福建士民的首选基地。他们的大批入潮，进一步给潮汕地区带来了福建的方言和文化。同时，宋代规定：地方官一般不用当地人。南宋郑凤厚《水驿记》记载：潮州处于广东的极东部，北与福建接壤。广东的文武官员中，福建籍人占十之八九。从福建到广东，"必达于潮"。游宦潮州而留居者，十有八九为福建人，这些人一方面大力推行中原和福建的先进文化和礼教，使当地居民加快文明进化；另一方面，他们凭借优越的社会地位、高深的文化修养、巨大的权势和经济实力，大多成为当地的望族，对当地影响甚大，从而使潮州民

---

① 曾祺：《潮汕史前文化的新研究》，《潮州学国际研讨会论文集》上册，暨南大学出版社，1994年。
② 陈历明：《从考古的发现看潮汕文化的演进》，《潮州学国际研讨会论文集》上册，暨南大学出版社，1994年。
③ 黄挺：《潮汕文化源流》，广东高等教育出版社，1997年，第60页。

系在形成过程中被赋予了较明显的闽地文化特色，也使这一时期成为潮州地区居民汉化的转折时期。

宋元之际，汉族和汉化的越人终于在人口与地域分布上占据优势，潮汕地区逐渐形成了一个以讲潮州方言为主的潮州民系。

2. 潮州人的食俗

潮州靠海，海洋资源丰富，潮州先民自古就有喜食海鲜的习俗。段公路《北户录》记载："红虾出潮州、番州、南巴县，大者长二尺。"唐朝韩愈贬到潮州时，写了一首长诗《初南食贻元十八协律》，详细描述了一份当时潮人食海鲜的食单：

"鲎（hòu）实如惠文，骨眼相负行。蚝相粘为山，百十各自生。蒲鱼尾如蛇，口眼不相营。蛤即是虾蟆，同实浪异名。章举马甲柱，斗以怪自呈。其馀数十种，莫不可叹惊。我来御魑魅，自宜味南烹。调以咸与酸，芼以椒与橙。腥臊始发越，咀吞面汗骍（xīng）。惟蛇旧所识，实惮口眼狞。开笾听其去，郁屈尚不平。卖尔非我罪，不屠岂非情。不祈灵珠报，幸无嫌怨并。聊歌以记之，又以告同行。"从此诗中，我们可以看到，唐代潮人宴客主要是海鲜，其种类之多，令来自北方的韩愈大为惊叹。

宋元时期，北方移民大量涌入潮州，潮州经济得到较快发展，生产生活水平有了较大提高，受福建文化生活习俗的影响，潮州菜有了较大进步，民间嗜食海鲜的习俗进一步发展，也较接近于此时以海鲜为主的福建菜。北宋彭延年《浦口村居好》记载了自己落籍浦口村的饮食生活："浦口村居好，盘飧动辄成。苏肥真水宝，鲙滑是泥精。午困虾堪鲙，朝醒蚬可羹。终年无一费，贫活足安生。"从诗中来看，作者终日海鲜，且自给自足，终年不需一钱，说明当时潮州海鲜的丰富和极易得到。不过从诗中还可发现，此时的潮州菜并不太讲究精细。彭延年曾是潮州知府，后到揭阳县埔口村定居，应是当地一位很有地位的士绅。他的饮食尚较粗糙，那么平常百姓更应如此。但是，潮州民间饮食习俗此时已有讲究养生和食糜等习俗，文献记载，潮州人吴复古曾向大词人苏轼提议煨芋和吃糜，因为前者有"充饥养气"之功效，后者可以"利膈益胃"。

五、壮族的形成与民族饮食

1. 壮族的形成

住在广西和广东西部、北部的壮族人是两广地区主要的土著民族，通行壮语。壮族之名来源于"僮族"，是从居住在岭南的古代百越族中的西瓯、骆越人发展而来的。晋代岭南出现了和越人语言、习俗与社会文化相同的俚人。南北朝时期，著名的俚人统帅冼夫人和罗州刺史汉人冯融之子冯宝通婚，加速了俚汉文化的交流、促进俚人经济文化的发展。至隋唐，汉越民族进一步融合，当地土著接受了先进的汉文化，生产水平大大提高，只有部分未被汉人同化的俚人、越人逐渐迁移到山区，仍旧保持着本民族的传统文化。南宋时期，文献中首次出现"僮人"的称呼，这就是后来发展演变而成的壮族，即桂民系。

2. 壮族人的食俗

岭南地区是中国野生稻的故乡之一，自汉代开始，壮族先民就确立了水稻的主粮地位。宋元时期，岭南壮族地区水稻种植进一步发展，同时引进和扩种了不少其他粮食品种，初步形成了壮人以稻米为主食，辅之以薯芋、黄粟的主食结构。

作为从古越人演变而来的少数民族，壮人保持了古越人嗜吃蛇、鼠、黄鳝、蛤蚧等众多野生动物的习俗，"民或以鹦鹉为鲊，又以孔雀为腊"[1]。宋元时期的壮人还保留了一些特色菜肴，如蚁卵酱、不乃羹、牛羊酱、郎棒等。"交广溪峒间，酋长多收蚁卵，淘泽令净，卤以为酱，或云其味酷似肉酱，非官客亲友不可得。"又云，"交趾之人，重不乃羹"[2]。做此羹，需要把羊肉、鹿肉、鸡肉和猪肉连同骨头一起放进锅中煮熟，煮到极肥浓，漉去肉，在汁中加入葱姜，调以五味，盛贮于盆器，放置于盘中。羹中有一只带嘴的银勺，可以盛一升羹汤。宾

---

① 范成大：《桂海虞衡志》，中华书局，1985年。
② 刘恂：《岭表录异》卷上，中华书局，1985年。

客施礼揖让，多为主人先举勺饮用，满斟一勺，饮尽，"传勺如酒巡行之。吃羹了，然后续以诸馔。谓之不乃会"。"不乃羹"是壮人宴客集会时才会准备的隆重佳肴，故宴会又称"不乃会"。现在这道菜在壮人饮食中已失传。"牛羊酱"又叫畲，是牛羊肠胃中已消化的草的汁液，于饭后用"盐酪姜桂调畲而啜之"。"郎棒"即灌血肠，和我们现在的香肠差不多。在《北户录》中有很详细的记载，即把猪肠、肝、肺剁碎，拌以猪血、花生、胡椒等物，然后灌入小肠之中，用绳子束缚成一段一段，和肉一起煮熟，即可大嚼。

壮族人好酒，各处道路旁边都卖白酒，买卖酒成为极常见的事，且酒的价格不贵，"十四钱买一大白"。壮族人酿制的酒有两类：果酒和老酒。壮族人的果酒又有多种，且品质较好，入口香醇。像曼陀罗花酿制的昭州酒，酒色微红，放在烈日中曝晒多日，颜色和味道仍不改变。瑞露酒，利用当地的名泉酿制，极受广西各地官员的喜爱，成为招待外地官员的必备酒。还有贺州酒，《岭外代答》曰："广右无酒禁，公私皆有美酝，以帅司瑞露为冠，风味蕴藉，似备道全美之君子，声震湖广。此酒本出贺州，今临贺酒乃远不逮。"贬居岭南的苏轼在品尝桂酒后不禁作《新酿桂酒》诗感叹："烂煮葵羹斟桂醑，风流可惜在蛮村。"壮族人生产的老酒数量不大，但质量相当不错，放置数年，其色深沉赤黑而味不坏，成为当地招待宾客、操办喜事的贵重物品。

酒在壮族人日常生活和社会交往中具有重要作用，由此壮族地区还形成了一些独特的饮酒习俗：饮酒不用杯碗而以管，众人轮流吸酒，边饮边注水坛中，直至无酒味方休，如鼻饮和打甏（bèng）均是壮族人的酒俗。宋代范成大《桂海虞衡志》记载："南人习鼻饮，有淘器如杯碗，旁植一小管，若瓶嘴，以鼻就管吸酒浆。暑以饮水，云水自鼻入咽，快不可言。"汉魏时期的文献有载，岭南的骆越、乌浒和僚人有鼻饮的习俗。打甏流行于宋代，周去非《岭外代答》中对此有详细记载："溪峒及邕、钦、琼、廉村落间，不饮清酒，以小瓮干酝为浓糟而贮留之，每饷客，先布席于地，以糟瓮置宾主间，别设水一盂，副之以杓。开瓮，酌水入糟，插一竹管。管长二尺，中有关掫，状如小鱼，以银为之。宾主共管吸饮。管中鱼闭则酒不升，故吸之太缓与太急，皆足以闭鱼，酒不得而饮矣。主饮鱼闭，取管埋之以授客，客复吸引，再埋管以授主。饮将竭，再酌水搅糟，更饮，至甚醨而止。"鼻饮和打甏虽有别样的饮酒情趣，但不分主客尊卑长幼的饮食礼仪，带有较鲜明的原始氏族群体生活特色，体现了壮族较原始饮食习俗的一面。宋之后，鼻饮和打甏已经不见记载。

茶是壮族人日常所喝的饮料，其饮茶历史非常悠久，因为桂西的田阳、凤山、扶绥、那坡等地是野生茶树的故乡之一。《岭外代答》中记述了唐代韦丹任容州刺史时，又在当地传授种茶技术。壮族人的茶有多种，其中有一种茶色相不是很好，但却有一定的医疗作用。把茶叶放入冷水中，加热煮沸，茶叶呈现惨黑的颜色，茶水味道浓重，能治愈头风，因此在当地颇为盛行。《太平寰宇记》还记载了壮族人的竹茶，"叶如嫩竹，土人作饮，甚甘美"。近现代，壮族人生产的一些茶叶已是远近闻名。

壮人亦有喜嚼槟榔的习俗，但食多上瘾，且是待客和定亲的贵重物品。《岭外代答》记其食法为，"客至不设茶，惟以槟榔为礼。其法，斮而瓜分之，水调蚬灰一铢许于蒌叶上，裹槟榔咀嚼，先吐赤水一口，而后啖其余汁。少焉，面脸潮红，故诗人有醉槟榔之句"。

第五章

明清东南地区的崛起与饮食文化的兴旺

中国饮食文化史 —— 东南地区卷

明清时期，东南地区经济文化发展兴盛。兴旺的农业丰富了饮食资源，发达的手工业，促进了饮食器具的进步；繁荣的商业，促进了市镇的兴起和市镇饮食的兴旺。食俗必然和生态环境密切相关。东南地区背山面海，海产丰富，兽类众多，造就了东南人钟情于海鲜和野味的传统食俗；而东南湿热的天气又对东南菜肴清淡口味的形成有着重要影响。随东南各民族、民系的发展壮大，明清时期东南四大菜系成熟定型，壮族饮食文化也有了进一步的发展。

第一节　稻果茶酒资源丰富与东南食俗

明清时期是东南地区经济文化发展的兴盛时期，市镇兴起，手工业发达，商品经济繁荣，不仅在平原，而且广泛渗透到东南广大山区。农业方面，可供耕作的土地面积大为扩大，水稻、小麦等传统粮食作物的产量较大幅提高，番薯、玉米等海外耐旱粮食作物在东南地区普遍栽种，水果、茶叶、烟叶等经济作物大面积种植，从而为东南地区提供了丰富的饮食资源。据此，具有东南特色的饮食习俗进一步发展并形成。

一、稻米薯芋辅麦粮

1. 稻品多，粥饭香

水稻在东南地区种植最广，是本地区人民的主要粮食作物。稻米中氨基酸的组成比较完全，蛋白质高，易于消化吸收，又具有补中益气、健脾养胃、益精强志之功效，是东南人家的日常主食。东粤稻谷品种极多，有香粳稻，米粒细小但米饭甚香；有珍珠稻，米粒圆而白；还有鸭鸣稻、西凤早、光早、乌早、芮稻等，糯米有黄、白、红、麻四种，粳米则有余粳、赤粳等，适宜作糍饵。① 南地区水稻主要有早稻和晚稻之分，早稻初秋熟，晚稻则秋末或冬熟，早稻米出饭少且不耐饱，晚稻米蒸饭甘软，福建民间更重视晚稻。福建还有一种十分优秀的晚稻良种，不仅产量高，每亩比同类水稻可以多收两石，而且"米色晶莹，粒粗大"，做饭"软而黏"，味道甘香，是福建老百姓很喜欢的一种晚稻米。② 在东南许多山区，由于山田灌溉不足，"性耐旱"的占城稻或畲禾就有较大面积种植，使山区稻作面积增加，减轻了粮食不足状况。

东南米饭的烹制方法一般是蒸饭、焖饭或者捞饭。东南地区不少农家喜欢捞饭，因为这样既有干饭，又有米粥，不过捞饭会损失掉大量维生素。

东南人还会烹制一些特色米饭。福建长乐用香桂皮的叶子来蒸饭，味道甚香。广东东莞老百姓用荷叶把香粳米和鱼肉包裹而蒸，又称荷包饭，饭熟后，内外香透，格外诱人。海南土著用南椰粉和米一起制成椰霜饭，性温热而补中。广西南宁有三月烹制乌饭的传统，把青枫、乌桕嫩叶的胶液和糯米一起蒸，米饭色黑而香。还有以蜡树叶捣和米粉所做成的粔籹，色青而香。在广东南雄则有用乌糯饭来祭墓的习俗，每年寒食前后，广东南雄妇女结伴来到野外山丘上，"以乌

---

① 屈大均：《广东新语》卷十四《食语》，中华书局，1985年。
② 释如一：《福清县志续略》卷二上《土产》，书目文献出版社影印本，1990年。

糯饭置牲口祭墓"①。

东南天气炎热，出汗量多，需要补充大量的水分，米粥富含水分，具有补脾和胃、清肺功效，又更易于消化吸收，适宜一切体虚之人、高热之人、久病初愈、妇女产后、老年人、婴幼儿及消化力减弱者食用，因此东南人养成了喜欢早餐喝粥的习惯。福建一些地方甚至早、晚两餐都要喝粥。广东大半部分处于北回归线以南，气候更加炎热，当地人更喜欢喝粥。在粥中加入一些其他食料，形成了一些很有地方特色的粥。比较典型有皮蛋瘦肉粥、滑鸡粥、牛肉粥、鱼片粥、肉片粥、艇仔粥、及第粥等。

"艇仔粥"是清代广州船家划着小艇，卖给广州白鹅潭大花艇上游客的粥。艇仔粥其实是杂烩粥，粥中有鱼片、肉丝、猪皮丝、鱿鱼丝，起锅加上炸花生、薄脆，味道极好。比较有名的是骨腩粥、鱼云粥。"骨腩粥"是用大条鱼腩连骨滚成，鱼腩就是鱼肚皮，鱼的五花肉，最肥厚鲜美，有很多胶质或脂肪；"鱼云粥"和骨腩粥有点像，都是带骨鱼块滚的粥。

广州粥还很注意粥名，喜取吉祥之名，忌讳不雅称呼。岭南状元稀少，为了纪念岭南状元伦文叙及第，把他喜欢喝的粥叫"及第粥"，其实就是把猪肉丸、猪肠、猪肝一起放入白粥中煮熟。相传伦文叙在广州与粥店老板张老三相熟，张老三爱才施粥，后来伦文叙高中状元后回谢老板，并题"状元及第粥"匾，于是张老三的粥店名声大振，而"状元及第粥"也就广为流传。

潮州的"沙锅粥"讲究爽滑、筋道，米粒酥而不烂，据说是因为以前潮州穷，米粒都煮烂了感觉吃不饱，因此特意要保留米粒的完整。沙锅粥的材料来源丰富，什么都可以入粥，因此味道千变万化。吃粥时还要配各种小吃，比如水瓜烙（就是黄瓜丝烙饼）、南瓜烙（南瓜烙饼）、炒粿条（炒米粉），林林总总，不下二三十种。吃粥的时候一般还配有特制的黄豆酱和香菜，咸香滑嫩。广州粥主要是用于早餐，潮州粥则比较灵活，一般作为午餐和晚餐。

---

① 屈大均：《广东新语》卷十四《食语》，中华书局，1985年。

2. 种番薯，代主粮

番薯又称甘薯，明代中后期由福建人从吕宋引进我国，[①]最早在福建沿海地区种植，由于耐瘠性强，能适应各种不良环境，而且栽种既省人力，产量又高，遂不久即得以迅速传至福建全境。明代万历《惠安县续志》曰："是种出自外国……初种在漳州，今浸漫诸郡，且遍闽矣。"之后，番薯又由福建传至广东、江西、广西乃至全国。番薯的广泛种植，在相当大的程度上帮助了当地人度过了粮食短缺的困难时期，到清代已成为东南地区居民的副主粮，在饥荒或青黄不接时期甚至成为主粮，使东南人民摆脱了饥饿的困境。例如交通方便、繁荣富庶的福州，在清朝繁荣的雍正时期虽有"鱼盐蜃蛤之饶"，但仍然"佐以番薯葡芋"。[②]特别是山区或沿海的贫民耕地不足、土地贫瘠，水稻种植困难，且产量较低，再加上官府、地主严重的苛捐杂税，日常饮食更是常常以番薯为主粮，大米常退居二位。又如粤东嘉应州，"山多田少，贫户每借此以充粮"[③]，闽西汀州府"瘠土砂土皆可种，一亩之地可收十余亩，山居之民以此代饭，可省半年粮"[④]，福建漳州、泉州贫苦农民同样"多以番薯为粮，故山地之种番薯者，居六七"[⑤]。福建是典型的多山地区，山地面积占全境百分之八十以上，以致福建有"粮食半资于此"[⑥]的说法。

番薯同样成为台湾人的副主食。金门岛，山多田少，水田更少，山园多种杂粮、番薯、落花生等，民间多是红薯杂粮。[⑦]第二次世界大战期间，由于粮食紧缺，番薯成了台湾人民的主要代用粮食。[⑧]

番薯味道甘甜，可以生吃或熟吃。东南地区不仅贫户常吃以代主粮，不少富

① 梁方仲：《梁方仲经济史论文集补编》，中州古籍出版社，1984年，第228页。
② 孟超然：《瓶庵居士诗抄》卷四，刊本，1820年。
③ 光绪：《嘉应州志》卷六《物产》，刻本，1750年。
④ 杨澜：《临汀汇考》卷四《物产考》，刻本，1878年。
⑤ 台湾故宫博物院：《宫中档乾隆奏折》第一辑，台北故宫博物院，1983年，第743页。
⑥ 曾日瑛等：乾隆《汀州府志》卷八《物产》，方志出版社，2004年。
⑦ 林焜熿：道光《金门志》卷十四《风俗记》，浯江书院刻本，1882年。
⑧ 李汝和主编：《台湾省通志稿》卷四《经济志·农业篇》，台湾省文献委员会，1970年。

人亦喜吃番薯，有的人家甚至常常把番薯和米放在一起烹制成饭，美其名曰番薯饭，每日一餐，必不可少。不仅如此，东南人民还通过加工番薯，把它制作成不同的美食。把番薯煎熟加入盐后，成为"圆煎食"；用番薯和糖一起可以制成"干瀹食"；切番薯成片可蜜制成殷红色的番薯片，还可作为送礼佳品馈赠远方的朋友；碾磨番薯成粉，可制作成可口的糕点；锉其成丝，叫番薯丝。番薯还可以酿酒。至于"番薯叶"则是一道很清淡爽口的蔬菜。① 由此可见，明清时期番薯在东南地区，尤其在东南山区和沿海地区的日常饮食生活中起着多么重要的作用。

3. 辅以小麦玉米

麦是明清时期福建的又一主要粮食作物，据《八闽通志》载：福建八府都种植麦子。福建农民广种麦子的重要原因是麦子收成多在春夏之交，刚好解决福建青黄不接之时粮食短缺的危机。**"方夏，旧谷已没，新谷未升，二麦先熟，为接绝续乏之谷。"**② 一旦气候无常干旱或洪涝严重，导致**"二麦失种"**，势必影响粮食生产，造成**"民意惶惶"**。③ 而福建沿海多旱地，不适宜种水稻，而种麦收成更好。惠安有大麦、小麦，但大麦种植更多。麦子在明代福建部分地区的粮食生产中占有重要地位。

小麦喜温，对于偏南的广东种植较少，唐代刘恂《岭表录异》记载："广州地热，种麦则苗而不实"，故唐时岭外尚不宜种麦。宋代小麦在岭南栽种成功，明清时期随着客家人移居广东而在粤北粤东有了栽种。主要原因是粤北粤东位处山区，位置相对偏北，冬天天气较珠江三角洲冷，从而得以栽培，既开发了山区，又增加了粮食，帮助客家人度过了青黄不接的困难时期。光绪《嘉应州志》记载：**"晚稻即获即种麦，割麦定期于三月，割麦后即食早稻，于青黄不接之顷得此，而民不乏食"**。

---

① 严志铭：《永定县志》卷一，福建人民出版社，2005年。
② 福建省地方志编纂委员会：《宁化县志》卷二《土产》，福建人民出版社，1990年。
③ 曹履泰：《靖海纪略》卷四《请赈申文》，台湾文献丛刊第33种，第77页。

玉米又叫包谷、包粟，形状类似粽子，"苞上出须垂垂，苞折则子颗颗攒簇，大如粽子，黄白色，可熟而食"①，是和番薯同类的旱地作物。玉米于明末清初从海外传入，适宜旱地与山区种植，在东南沿海和部分山区亦有种植，成为当地人的另一副主粮。光绪《长汀县志》记载，"山人常以此作饭，亦可炒食，气味甘平"，另有光绪《镇平县志》载："民食半赖包粟。"同时，玉米还有很多用途，可以"为米、为面、为酒，无所不可"，其壳则用来喂猪，"猪皆肥脆"②。玉米作为一种杂粮，对闽粤人民解决粮食不足的问题起了重要作用。东南地区人民的其他辅食还有高粱、黄豆、荞麦等，但是产量不多，对解决东南地区粮食不足也起了一定的作用。

二、四时佳果满东南

东南地区地处亚热带和热带，气候湿热，阳光充足，雨量充沛，无霜期长，非常适合水果等农作物的生长，是中国著名的水果之乡。

明清以来，闽粤地区的果类品种更为繁多。根据《八闽通志》记载：福州一府水果有荔枝、龙眼、柑、橙、柚、橘、香橼、桃、李、杏、林檎、奈、梨、柿、石榴、枣、杨桃、橄榄、山核桃、金斗、胡桃、黄弹子、菩提果、木瓜、银杏、余甘、葡萄、蕉、甘蔗、西瓜、甜瓜等，而荔枝的品种竟有五六十种之多。广东的水果种类及产量丝毫不亚于福建。据阮元《广东通志》记载，当时广东比较有名的水果有杏、梅、李、栗、香蕉、菠萝、柑橘、柿、奈、山胡桃、荔枝、臭柚、雷柚、金橘、橙、杨梅、枇杷、梨、槟榔、菠萝蜜、佛手等。

东南地区水果不仅品种众多，且四季鲜果不断。在福建，一些地方流传着反映瓜果季节性的歌谣，"正月瓜子多人溪（嗑），二月甘蔗人喜溪（啃），三月枇

---

① 道光《永安县续志》卷九《物产》，转引自《中国方志丛书》华南地方第228号，成文出版社，1974年。
② 李拔：乾隆《福宁府志》卷十一《物产》，上海书店，2000年。

把出好世，四月杨梅排满街，五月绛桃两面红，六月荔枝会捉人（惹人爱），七月石榴不上眼，八月龙眼粒粒甜，九月柿子圆车圆（滚圆），十月橄榄不值钱，十一月尾梨排满街，十二月橘子赶做年。"①广东自古就有"岭南之俗，食香衣果"的佳话，进一步说明了水果业在广东经济生活中的重要地位。

1. 荔枝、龙眼半边天

闽粤是荔枝、龙眼的主产地，明清时期，荔枝、龙眼的种植有了进一步扩展。广州附近山地"丹荔枇杷火齐山"，顺德陈村周围四十余里，几乎全是果树，约有数十万株，以龙眼、荔枝、柑、橙为主，其中龙眼又占多数，当地人也多以种龙眼为业，番禺、南海则多"龙荔之民"。福州南门外至南台江，"十里而遥，民居不断，……过此山，行数十里间，荔枝、龙眼夹道交荫，丹榴绿蕉亹斐（wěifěi，勤勉）间之，令人应接不暇"②。荔枝有不少优质名品，福建的宋家香、水晶丸、焦核，广东的挂绿、香荔、状元红等，皆闻名遐迩。

荔枝"肉丰洁似水晶，味甘芳而多液体，为百果之上珍"③，而龙眼则成熟于荔枝之后，生吃的口感不如荔枝，但是炮制之后，其价值却胜于荔枝，"或生吃，或浸蜜食，或曝干煎炀食，健脾，益智，延寿"，因此东南人多把龙眼炮制成干。

龙眼干制以后叫桂圆，其肉质柔软，味道鲜甜，含有丰富的营养，不但有补血的效用，对于养精益气，温热滋补也有很强的功效，冬天食用更有利于身体。中医很早就有"桂圆养生"的说法，当地人在生活中喜欢把它当零食吃。尽管如此，但对于部分体质实热的人来说，龙眼干不能多吃，否则容易上火。所以东南人在吃龙眼干时伴以菊花茶，因为菊花性凉，味甘苦，有清热去火、清肝明目之效。当地人还把龙眼干配以其他食物做成各种甜食，例如八宝粥、桂圆汤等。

正是由于龙眼干的温补作用，所以自明代开始，龙眼干便在全国盛行，国内

---

① 福建省地方志编委会：《福建省志·民俗志》，方志出版社，1997年，第61页。
② 王世懋：《闽部疏》，商务印书馆，1936年。
③ 释如一：《福清县志续略》卷二十《土产》，书目文献出版社影印本，1990年。

销路极好，同时也成为福建外销的主要商品之一，"焙而干之，行天下"，龙眼干常作为当地特产用来赠送客人。①

在东南一些地方还逐渐形成了吃龙眼和桂圆的特殊民俗。比如，福建一些地区要求怀孕的妇女多吃龙眼。龙眼圆又亮，民间认为多吃龙眼日后生出的孩子眼睛会像龙眼一样又大又亮。而台湾一些地方则认为妇女若是多吃桂圆日后生子生孙可中状元。这些饮食习俗，虽不尽科学，但充分反映了坊间百姓寄托美好愿望的民俗心理。不仅如此，过年时把龙眼干摆在果盒中，是很有年味的零食；也可以简单泡成龙眼茶宴请客人，是东南一些地方的过年风俗。

2. 柑橘蕉柚名果多

柑橘是东南的又一佳果，广东除南岭山地外，几乎无处不种，潮汕平原尤多。福州多地种植橘子，在福州西城外，"广数十亩，皆种橘树。每秋熟后，红实星悬，绿荫云护，提筐担篓而来者，讴歌盈路"②。漳州朱柑色朱而泽，味甘而香，明代进士王世懋赞赏有加，"柑橘产于洞庭，然终不如浙温之乳柑、闽漳之朱橘"③。新会县以种植柑橘出名，很多人家有成百上千株的柑橘树，每年柑橘丰收季节，外地大商人纷纷前来收购，越过南岭运往各地，获利匪浅。④

香蕉怕大风，忌霜冻，对土壤要求较高，珠江三角洲、漳州平原种植最多，东莞、顺德的"果基鱼塘"基本上以种植香蕉为主。菠萝宜于山坡旱地种植，大多分布在雷州半岛的台地上和潮汕、闽南的丘陵之上。在番禺县黄村至朱村一带，还多种梅、香蕉、梨、栗和橄榄等，"连冈接阜，弥望不穷"⑤。至于地处岭南南端的海南岛，则以盛产槟榔而著称。当地的槟榔除供应国内之外，还大量出口，满足国外市场需求。

① 何乔远：《闽书》卷三十八《风俗志》，福建人民出版社，1995年。
② 施鸿保：《闽杂记》卷三，铅印本，1878年。
③ 王世懋：《学圃杂疏》，齐鲁书社，1997年。
④ 林星章：道光《新会县志》卷二《物产》，刻本，1841年。
⑤ 屈大均：《广东新语》卷二五《术语》，中华书局，1985年。

荔枝、福橘和柚子是福建"三大名果",有人撰文称赞曰:"荔支(枝)为美人,福橘为名士,若平和抛('平和抛'系福州方言'柚')则侠客也。"[1]此时,"平和抛"被列为贡品,更为珍贵。福橘因本身彤红,被民间看作是福寿吉祥的象征,成为春节期间每家每户必备的水果。此外,橄榄、芙蓉李亦为福州著名特产,生食具有消食清肺利咽的功效,还可加糖、盐、蜂蜜、五香等制成"檀香橄榄""丁香橄榄"等,口味独特。荔枝、柑橘、香蕉、菠萝则被誉为岭南"四大名果"。

随着对台湾的进一步开发和入台汉人的增多,清代台湾的水果种植业亦有了巨大发展,很多闽粤果木移植台湾成功,使台湾成为我国知名的水果之乡。香蕉、凤梨和柑橘被视为台湾的"三大名果",每年大量向外输出。香蕉种植面积最广,产量最高,外销最多,被称为台湾的"果王"。凤梨又名"菠萝""黄梨"等,传说是妈祖派遣玉山金凤从海南岛五指山讨来的种苗,故俗称"凤来",实际上是从闽粤传入的。台湾柑橘同样是由闽粤传入的,因地理条件更适合其生长,所以味道反而比闽粤柑橘更佳。

三、茶叶飘香传四海

东南人民种茶、制茶、饮茶,历史悠久。明清时期,东南地区茶叶产地更多,产量更大,出售更多,好茶名茶不断涌现,乡人饮茶成风。

1. 种茶遍及东南

福建雨量充沛,多红黄土壤,具有种植茶叶的优越自然条件,与浙、江、皖、川并列为我国的五大茶产区。我国六大茶类绿茶、乌龙茶、红茶、花茶、白茶和紧压茶,除主要为少数民族饮用的紧压茶叶外,其他五类福建都有大量生产。

---

[1] 施鸿保:《闽杂记》卷三《平和抛》,铅印本,1878年。

作为种茶大省，明清时期的福建茶叶更为发展。建阳一带，"茶居十之八九，茶山袤延百十里，寮厂林立。""武夷一脉所产甲于东南"。①作为福建重要产茶区，武夷山区名副其实。武夷茶叶有洲茶和岩茶之分，产于平地和沿溪两岸的叫"洲茶"，品质一般；生于山岩的称岩茶，品质特好。明朝初年，武夷岩茶已成为福建最好的茶叶，"茶出武夷，其品最佳。……延平、丰岩次之，福、兴、漳、泉、建、汀在在有之，然茗奴也"②。自明中期开始，政府对茶农的严重剥削，导致武夷茶的日渐衰落。嘉靖年间，政府免解了贡茶，但民茶的生产又受限制。直至明末清初，茶禁松弛，武夷茶才再度复兴。此后，武夷山茶园林立，茶厂遍及，"武夷山有三十六峰九十九岩，而茶园就在100个以上。……岩茶厂几乎遍及，达130余家"③。此时，武夷岩茶已盛名远扬，成为我国重要的出口商品。当地人靠种茶为生，每年生产茶叶达数十万斤，产品远销中外，从而为当地茶农创造了丰厚的利润。据马士记载：在号称"茶叶世纪"的18世纪，西方从中国输入的茶叶一直以武夷茶为主的福建红茶为大宗。④五口通商以后，洋人对茶叶的需求大增，武夷茶因味道浓烈，符合外国人口味，又可多次冲泡而味不散，从而逐渐赢得市场，种植更为广泛，茶叶生产进入了鼎盛时期。郭柏苍的《沁泉山馆诗》写道："年来通商号令行，穷黎遍享茶山利，高阜小邱恣铲除，百万磳田一朝弃"。

武夷岩茶在市场的畅销，刺激了茶叶品种的更新，功夫茶、白毫和色种都是由武夷岩茶改良出来的上好红茶，"武夷造茶，其岩茶以缯家所制最为得法，在洲茶采回时，逐片择其背上有白毛者，另炒另焙，谓之白毫"⑤。

安溪是我国茶叶之乡，是福建又一重要产茶区，其生产茶叶起源于唐末，兴于清朝，盛于当代。唐末，安溪阆苑岩岩宇大门有一副茶联："白茶特产推无价，

① 黄璿：《建阳县志》卷二《风俗》，群众出版社，1994年。

② 王应山：《闽大记》卷一一《食货考》，中国社会科学出版社，2005年。

③ 魏大名：《崇安县志》卷一九《物产》，北京图书馆出版社，2008年。

④ 马士：《东印度公司对华贸易编年史》卷1-2，中山大学出版社，1991年。

⑤ 陆延灿编：《续茶经》，文渊阁四库全书本。

图5-1 《清代广州茶叶交易图》，清代外销画①

石笋孤峰别有天。"说明当时安溪不仅已产茶，而且质量好价格高。宋元时期安溪茶叶得到了进一步的发展，仙苑的乌龙种就是在这个时期生产的。明清时期是安溪茶叶走向繁盛的重要时期。明嘉靖《安溪县志》载，"茶，龙涓、崇信出者多"，"茶产常乐、崇善等里，货卖甚多"。清初，安溪茶农发明创制了独特的制茶工艺，形成独特的茶类——乌龙茶。全国高等农业院校统编教材《制茶学》载："青茶（即乌龙茶）起源：福建安溪劳动人民在清朝世宗雍正三年至十三年（公元1725—1735年）创制发明青茶，首先传入闽北，后传入台湾省。"不久，乌龙茶中的极品铁观音也培育成功。安溪茶叶从此名扬天下。光绪时期，安溪县茶园面积、茶叶产量、茶叶出口量已达鼎盛。民国时期由于战乱的影响，安溪茶叶走向衰落。新中国成立后，安溪茶业重新焕发生机。

---

① 外销画：是由中国画家采用西方绘画技术和材料绘制而成。因其专供输出海外，又称为"中国贸易画"或"洋画"。多以清朝中晚期中国沿海开放口岸（如广州等）的社会风物为绘画题材，因其相对中国画有较强的写实性，故具有重要的史料价值。

岭南山区雾湿露重，适宜种茶。据陆羽《茶经》记载，唐代韶州（今韶关）已生产茶叶。宋代，政府对茶实行专卖，但岭南除外，这样利于岭南茶园的发展，此时龙川、罗浮山、和封州皆产茶。明清时期，随着商品经济的繁荣、城镇的发展和市场的扩大，广东茶树栽培面积亦不断扩大。此时珠江三角洲的茶叶已完全是商品性生产，大量占领了茶叶各地市场。像广州河南的茶农，采摘之后，销售广州市内。而西樵山"**旁有人居七八村。皆衣食于茶。其茶宜以白露之朝采之，日出则味稍减。或谓此茶甲天下。早春摘者尤胜，三日一摘。余则每月一摘**"[①]。乾隆以来，是历史上种茶产茶的兴盛期。广州河南有专门从事精选加工出口茶叶的工场和贩卖茶叶的茶庄。西樵山茶区几乎全部种上了茶树，已没有了可以开荒之地，西樵山也因此美称"茶山"。鹤山古劳地区的丽水、冷水等地，已是漫山遍野都种植了茶树，生产的茶叶品质可和当时全国著名的武夷山茶媲美，成为鹤山的特产，也是民间婚礼不可缺少的礼品。道光年间，当地人大多以种茶为业，进入茶区，来往采茶的人络绎不绝，可以想象此时期茶树栽培多么繁盛。茶叶生产的扩大，促进了当地茶叶市场的繁荣，如河源县每年春夏之交客商云集，当地居民"生计半赖于此"[②]。

居于闽粤山区的客家人也非常盛行种植茶叶。客家人居住的地区均产茶，这主要是因为客家人居住的山区环境非常适宜茶树的生长习性。客家产茶最早始于唐代，初在赣南一带盛行。明清时，茶树种植已遍及闽粤赣三省客家人居住地区。如乾隆《上杭县志》记载，"凡山皆种茶"，金山的茶叶不仅多而且品质最好。由于种茶业的发展，闽粤客家地区产生了不少好茶，如梅州的清凉山茶、阴那山茶，大埔的西岩茶和云雾茶、蕉岭的黄坑茶等。

台湾茶树多集中在北部，以台北新竹为中心，东起宜兰，南迄苗栗，中部仅限于高山地带。台湾茶叶主要是从闽粤地区移植并栽培成功的，像安溪乌龙茶在

---

① 屈大均：《广东新语》卷十四《茶》，中华书局，1985年。
② 彭君谷修：《河源县志》卷十一《物产》，刻本，1874年。

清初发明创制后不久即传入台湾并培育成功，其清香扑鼻，浓郁高雅，不逊安溪原产，"**夫乌龙茶，为台北独得风味，售之美国，销途日广。自是以来，茶叶大兴，岁可值银二百数十万圆⋯⋯台北市况为之一振。及刘铭传任巡抚，复力为奖励，种者愈多**"①。清朝同光时期，台湾港口开放，台湾茶叶凭借优异的品质赢得外商的青睐，台湾茶叶从此走向世界，扬名海外。

2. 东南好茶名茶多

在长期种茶制茶的生产实践中，东南人培育出许多茶叶珍品，如福建武夷山的"大红袍"、安溪"铁观音"、福鼎"白毫银针"，广东的"凤凰单丛"，广西的"六堡茶"，台湾茶的"冻顶乌龙"和"膨风茶"等都闻名遐迩。

武夷山的"大红袍"属于品质特好的岩茶。武夷岩茶又分大岩和小岩，福建功夫茶以武夷岩茶小种为最上，所谓"茗必武夷"。当然，岩茶也有区别，真正的岩茶多生长在山石缝中和奇形怪状的山峰上。武夷岩茶"臻山川精灵秀气所钟"，是我国历代名茶中的上品，历经沧桑而不衰。武夷岩茶在唐代制成"腊面茶"，在宋代制成"龙凤团"，明初朱元璋执政后期，诏改龙团凤饼为芽叶散茶，遂开冲泡品饮之宗，是我国茶叶制造工艺技术上的一次大革命。明朝谢肇淛《五杂俎》论茶叶："今茶品之上者，松萝也、虎丘也、罗岕也、龙井也、阳羡也、天池也，而吾闽武夷、清源、鼓山三种可与角胜"。

武夷岩茶除品种最佳的"大红袍"外，还有"铁罗汉""白鸡冠""水金龟"等，并称四大名丛。②武夷岩茶外形条粗大，略弯曲，如浓眉，体质轻松，色泽清褐，油润有光，初啜微苦，继则回甘，性和不寒，久藏不坏，具有独特的品质和风格。正宗岩茶有股独特的岩骨花香的"岩韵"，这是其他茶无法比拟的。品饮时，揭开杯盖，茶未入口，香气袭来，令人心旷神怡，疲倦顿消。品饮方法也甚奇妙，富有幽雅高尚之情趣。袁枚在《随园食单》中有入木三分的见解："杯

---

① 连横：《台湾通史》卷二十七《农业志》，商务印书馆，1983年。
② 魏大名：《崇安县志》卷十九《物产》，北京图书馆出版社，2008年。

小如胡桃，壶小如香橼，每斟无一两，上口不忍遽咽。先嗅其香，再试其味，徐徐咀嚼而体贴之，果然清香扑鼻，舌有余甘。一杯之后再试一二杯，令人释燥平矜，怡情悦性。始觉龙井虽清而味薄矣，阳羡虽佳而韵逊矣。颇有玉与水晶品格不同之感。"袁枚在这里把岩茶的使用茶具、品饮方法、独到功效、品饮情趣描述得非常生动形象。

"安溪铁观音"茶为乌龙茶极品，条索紧结壮实，置于手心，沉重似铁，外形如同观音手掌，故名"铁观音"。"铁观音"经晒青、摇青、凉青、杀青、切揉、初烘、包揉、复烘、烘干九道工序制作后，色、香、味、形俱臻上乘。铁观音独具"观音韵"，泡饮时，清香雅韵、芳香四溢，素有"绿叶红镶边，七泡有余香"之誉。铁观音是乌龙茶中的珍品，功夫茶亦多选用安溪铁观音。

在广东茶叶发展的过程中，许多地方培育出了自己的名茶，如凤凰单丛茶、英德红茶、罗浮山的罗浮茶、乐昌的白毛茶、长光的石茗等，其中，"凤凰单丛"茶尤为有名。凤凰单丛茶产于广东省东北部饶平一带，是以地名和采制方法而命名的。饶平境内有乌山、东山，地名叫凤凰，分为凤东凤西。在茶园中选择具有特殊质量的茶种，给予特殊的管理，以单丛采制，精心加工，成为单丛，故名。然而此茶的历史却并不是很悠久，据康熙《饶平县志》载："粤中旧之茶，所给皆闽产，稍有贾人入南部，则偕一二松萝至，然非大姓不敢购也。近饶中白花、凤凰山多有植之，而其品也不恶"。

凤凰单丛茶非常讲究采摘时机，采摘精细，要求严格，奉行"三不采"的原则，即早晨不采，中午太阳旺时不采，下雨天不采，只在每天下午三四点钟开始采摘。与福建乌龙茶的采摘要求相比，此茶略有不同。乌龙茶鲜叶采摘要求为展放的大叶，而单丛茶的鲜叶要求为稍展肥壮的嫩叶。单丛茶茶条外形粗大肥壮，挺直清净，叶底肥嫩明亮，匀齐美观，片片呈绿色红镶边，色泽金褐油润，水色橙黄明亮，香气清高优爽，滋味醇厚浓郁，带有兰花馨香。此茶同样为乌龙茶中的佳品。

广西很早就产茶，但茶叶质量一般。乾嘉年间，湖南的黑茶传入广西苍梧培育成功，其中又以六堡乡的品质最佳，故称"六堡茶"。六堡黑茶色泽黑褐光润，汤色红浓，香气醇陈，甘醇爽口，喝到喉中，有槟榔香味。嘉庆年间，六堡茶以其特殊的槟榔香味而列为中国名茶之一，居黑茶第二，仅次于云南普洱。据清《广西通志稿》载："六堡茶在苍梧，茶叶出产之盛，以多贤乡之六堡及五堡为最，六堡尤为著名，畅销于穗、佛、港、澳等埠。"六堡茶由于产量有限，很多人只能闻其名，不能购其品。

清代台湾茶叶品种有乌龙茶、包种茶、红茶、膨风茶等，其中尤以乌龙茶为佳。乌龙茶又以"冻顶乌龙"为上品。冻顶乌龙茶，俗称"冻顶茶"，产于台湾省南投鹿谷乡，是台湾知名度极高的茶，被誉为"台湾茶中之圣"。冻顶为山名，乌龙为品种名。冻顶茶品质优异，在台湾茶市场上居于领先地位。冻顶茶外观色泽呈墨绿鲜艳，并带有青蛙皮般的灰白点，条索紧结弯曲，干茶具有强烈的芳香，冲泡后，汤色略呈柳橙黄色，有明显清香，近似桂花香，汤味醇厚甘润，喉韵回甘强。叶底边缘有红边，叶中部呈淡绿色。"文山包种"和"冻顶乌龙"，系为姊妹茶。嘉庆三年（公元1798年）前后，安溪人王义程在台湾把乌龙茶制作技术进一步改进、完善，创制出包种茶，并在台北广大茶区大力倡导和传授。光绪十一年（公元1885年）安溪人王水锦、魏静相继往台，在台北七星区南港大坑

图5-2　清道光广彩人物纹茶具

（今台北市南港区）传授包种茶产制技术。自1920年起，每年春秋两次举办包种茶技术讲习会，对包种茶技术的传播与改进起了重要作用。至1930年左右，台湾各产茶区都能制造包种茶，产量逐年增加，出口量凌驾于乌龙茶之上。

台湾客家人生产的"膨风茶"起源于光绪年间，传说一位制茶老师傅制茶时由于过于疲劳而不慎使茶叶过度发酵，却无意中发现风味独特，因而传世成为台湾名茶。膨风茶之由来是因日据时代台湾总督极其喜爱，并以天价全数购买，消息传出，地方人士斥为膨风（吹牛之意），经报纸披露后，其知名度远传千里，流传至今。"膨风茶"其实原称"白毫乌龙"，因茶心有肥厚晶莹的绒毛而得名，全世界仅台湾新竹的峨眉、北埔，与苗栗、台北的坪林等少数地区生产。物以稀为贵，加上风味独特，使得膨风茶成为台湾乌龙茶中的极品。膨风茶的特殊之处在于，它需要在无空气污染及完全无农药的丘陵环境下生长，还须接受小绿叶蝉（浮尘子）的浮着（俗称着园）使叶片产生自然质变，才能孕育出这种茶中奇品特殊风味。膨风茶茶叶外观以顶芽肥大、白毫显著，颜色鲜艳者为上品，茶带有天然熟果香，茶水明澈鲜丽，入口味道醇厚圆润，喉舌徐徐生津，令人回味。

"柚子茶"是新竹、苗栗客家的特产，是柚子和茶结合制成的果茶，带有客家擂茶的遗风。

3. 乡人饮茶成风习

明初期朝廷取消了福建茶叶的进贡，加上王朝建立不久，政府提倡俭朴之风，福建民间饮茶风气不浓。明中期后，人们开始讲究饮食穿着，品茶重新成为时尚，福建沿海出现一股饮茶的新热潮，不仅富贵之家争相饮茶，乡村农家亦相效颦。饮茶热潮大大刺激了茶叶的生产和消费。"*雀舌一斤，售价三钱。自是而四方山寺争效种之，而买者争趋安海矣。*"[1]雀舌茶，清明时节采制，一斤价值一钱，而"谷雨采者次之"，至于"五、六、七、八月采者则粗茶"，三斤才价值一

---

① 《安海志》卷十一《物类志·土货》，江苏古籍出版社、上海书店、巴蜀书社，1990年。

钱。①明中期后饮茶重新成风，其原因有三：

其一，福建自古种茶、产茶，明清东南茶叶广种，名茶众多，为饮茶之风重启提供了非常好的物质前提。

其二，元明之际，中国饮茶习俗发生重大变化，民间不再流行饮用团茶，而是流行散茶。散茶制作的方法简单，将茶叶炒揉成条，喝茶时，将茶叶放入茶杯中冲泡即可。这样制茶工艺大为精简，以至福建产茶之地的百姓皆能制茶，同时又保持了茶的原汁原味。

其三，常饮茶有益于身体健康。《本草纲目》曰：茶有止渴、清神、利尿、治咳、祛痰、明目、益思、除烦去腻、驱困轻身、消炎解毒等功效。根据我国中医学及现代药理学对茶叶的保健功效研究认为：茶叶苦、甘，性凉，常饮可提神醒脑、解酒消脂，降低血压，防止动脉硬化等。总之，东南人们饮茶、品茶、嗜茶自然成风。

大约在清代中前期，福州一带开始流行把茉莉花和绿茶茶坯放在一起窨茶的习俗，并称这类茶叶为"花茶"。

图5-3 《清代广州茶叶仓库图》，清代外销画

---

① 《永春县志》编委会：《永春县志》卷一《物产》语文出版社，1990年。

茉莉花原产印度，性怕冷，虽无妖艳之姿，却有浓烈之香。刘克庄《茉莉》诗咏其"一卉能熏一室香，炎天犹觉玉肌凉"；宋代诗人江奎的《茉莉》赞曰："他年我若修花史，列做人间第一香"。茉莉花两汉时期传入我国，因南方温暖而逐步传入到福建、广东、浙江等省。根据茶叶独特的吸附性和茉莉花的吐香特性，经过加工窨制而成的茉莉花茶，既保持了茶叶浓郁爽口的天然茶味，又饱含茉莉花的鲜灵芳香。此外，茉莉花茶还有松弛神经的功效。此后福建商人将花茶运至北方销售，茉莉花的香气很快为人民所喜爱，被誉为可窨花茶的玫瑰、蔷薇、兰蕙等众花之冠，并在较短时间内开辟了以北京为主的北方市场。

明末清初，茶已经成为广东人日常生活中不可缺少的东西。据《广东新语》记载，其时广东茶有12种，即（广州）河南茶、顶（鼎）湖茶、罗浮茶、曹溪茶、新安杯渡山茶、乐昌毛茶、潮阳凤山茶、龙川皋芦叶、长乐石茗、琼州灵茶、乌药茶、东莞研茶等。作为毗邻福建又深受闽文化影响的广东潮汕人尤其好茶。宋代潮州上层人士中已有酒后上茶的食俗，潮州前八贤之一的吴复古有着相当高的品茶水平，送给大文豪苏轼的数品福建名茶，被苏轼赞誉为"皆绝佳"。明代中期，上至官宦士绅，下至平民百姓无不爱茶。状元林大钦《斋夜诗》云："扫叶烹茶坐复行，孤银照月又三更。"至清，当地百姓已是"宁可三日无米，不可一时无茶"，客来敬茶，客走喝茶，甚至有富户因喝茶至穷仍嗜茶如命。《清稗类钞》就记载了这么一则潮汕人好茶的故事：一日，一个乞丐到潮州一个十分好茶的富翁家，不讨饭，却讨茶，"听说君家茶最精，可否见赐一杯"。富翁听了颇觉可笑，说"你一个乞丐，也懂得茶"。乞丐道："我原来也是富人，只因终日溺于茶趣，以致破家，但妻儿还在，故只好乞讨为生。"富翁同情他，赏他一杯上好的茶，乞丐品后说，"茶虽好，可惜未醇厚，乃是新壶之故，我有一老壶，是往昔所用，如今每次外出均带在身边，即使挨冻受饿也舍不得出手"。富翁借以试冲一壶，果然茶香清醇，不同一般，想买过来。乞丐说："此壶实值三千金，只要你一半钱，拿来安排家事。从此我可以不时到府上，与君啜茗清谈，共享此壶，如何？"富翁欣然应允。从此每日至其家烹茶对坐，至成故友。

潮人好茶之风可见一斑。

台湾多山，长年炎热潮湿，自古荒埔丛莽，多烟瘴之气，通过饮茶可消暑驱疾，养胃生津，故饮茶之风颇盛。不仅如此，台湾人还注重发挥茶叶的保健作用，把茶叶和当地作物结合制作了具有一定医疗作用的特色茶如"柚子茶"等，柚子是粤东的名产，后移植至台并广泛栽种。柚子皮是一大宝，有着沁人心脾的芳香，客家人把红茶或包种茶填入柚皮，加以捆扎，挤压，干燥贮藏，用时剥开柚皮，即成著名的柚子茶。柚子茶发挥了水果、茶叶、中药的效能，具有止咳化痰，清热降火，开胃消滞之功，大受当地人喜爱。

四、美酒盈樽酒礼多

明清东南经济繁荣，物质丰富，市镇崛起，迎神祭祖繁多，乡饮宴会成风，推动了酿酒业的迅速发展。

1. 酿酒条件优越，造就诸多名酒

明清时期东南地区商品经济发展迅猛，酿酒业蓬勃兴起，同时人们非常重视酒品制作的自然资源，其中包括水资源、植物资源和生物资源。屈大均在《广东新语》记："粤又有酒泉焉，一在阳江之南，泉甘而香，以为酿，曰阳江香。一在龙川霍山之青华观，泉甘如饴，曰醴泉，昔时出酒极清异，曰满数斗。今泉孔滴水，犹含酒味。有酒峡焉，东莞之龙潭峡是也。以其水酿，曰龙潭清。有酒山，有香山境，以其白泥为饼，杂药物酿之。有酒井，在开建似龙山之下，其泉如醴。"当时也有外省的酒匠被广东名泉佳酿所吸引，也纷至沓来。如浙东酿酒人涌至顺德陈村酿酒，其水曰酿溪，水质与制作绍酒的鉴湖水可比美，"其水虽通海潮，而味淡有力。绍兴人以为似鉴湖之水也，移家就之，取作高头豆酒，岁售可数万瓮。"以外省酒匠的技术和工艺，取材于广东的资源酿制出岭南著名的"豆酒"，这确实是醇酒业新的创举。

图5-4 《清代酿酒图》，
清代外销画

曲药酿造是中国酿造史上一项具有划时代意义的科学发现，与古阿拉伯地区的麦芽啤酒、爱琴海地区的葡萄酒酿造，并称为现代世界酿酒技术的三大发明。中国酒曲产生于商周时期，魏晋南北朝时期出现了药曲。宋代酿酒技术出现重大技术革新，用了曲母和红曲，明清用曲酿酒已很普及，技术也有了进一步的发展。福建古田红曲历来有名，其制作方法是：用福建产的"将来米"蒸成米饭，伴以红糟，放在密室中藏熟，然后用冷水淘三次，即"可以作酒"。^① 当时的福建只有古田能够生产红曲，作为最有特色的产品畅销各地。广西曲饼配方独特，广西钦州的曲饼需要草药十一品，曰："坐地娘、硬骨硝、软骨硝、独梗硝、五娘、柴草、过山龙、狗肝、山柑叶、水碗子叶、辣芛，以坐地娘为君，宜多用，辣芛少用，晒干研碎为末。以糯米舂粉制饼为滴酒饼，以黏米舂粉制酒为白酒饼"^②。

在重视原料的基础上，明清时期的东南人酿制出了适合不同口味的酒。

烧酒是一种透明无色的蒸馏酒，一般称白酒、滴酒，又名火酒，宋元时期

---

① 古田县地方志编纂委员会：万历《古田县志》卷五《物产》，方志出版社，2007年。
② 林重元纂修：《钦州志》卷三《饮馔属》，古籍书店，1961年。

始创，明清逐渐普及，此时在东南也普遍酿制，用"浓酒和糟入甑蒸，令气上，用器承取滴露"。《广东新语》也记有著名的烧酒，"白酒号竹叶青者，比诸品稍良。又有一种大饼烧，以锡甑炊蒸糟粕，沥其汁液而成，性热尤甚，嗜之者伤脾焦肾"。粤西钦州地区烧酒很有特色，主要有两种酿制方法：一是以糯米粉制草药为曲饼，然后"将糯米蒸饭，粉其饼和之以箕器叙茅盛之而盖其上不濡水，待其气蒸酿自然水浆滴出，以瓷器承之，故曰滴酒。产灵山者尤皆佳"；二是以黏米粉制饼，"将黏米蒸饭和之，用水为浆盛于瓷器，待蒸酿成酒故其味淡"。[①] 可见这一酿酒法依然保存了越人的酿酒风习。饮用烧酒可以消冷积，止心痛，开郁结，故东南老百姓多在冬天饮之。

老酒，是东南人酿制的一种黄酒，其中福建老酒尤为有名，苏东坡有"夜倾闽酒赤如丹"的赞誉。福建老酒系用福州古田特产古田红曲、上等精白糯米和密传"药白曲"酿制而成，不仅是宴会佳酿，而且是烹调闽菜的重要作料。莆田老酒也很有名，明弘治《兴化府志》卷十二《货殖志》记载了其制作方法：用五斗糯米，一斗曲，"造酒一坛，燔而热之，越岁不败，此为老酒"。

在长期酿酒技术的基础上，东南产生了不少名酒，像顺德的蚝酒、陈村酒、重酽等名酒。[②] 周良工《闽小记》则记载了福建的玉带春、梨花白、蓝家酒、碧霞酒、莲须白、河清、西施红、状元红等十多种佳酿。不过，相对于四川、山西等省名酒，东南名酒可能还是有些差距，《闽大记》坦率地说："酒有佳品，如建阳金盘菊、浦城河清、顺昌香烧之属，亦不能角胜四方"。

壮族人好酒，唐宋时期广西名酒"瑞露"已盛名，使时任广南西路经略使的范成大赞叹不已。清代，"瑞露"已发展成远近闻名的"桂林三花酒"。三花酒颜色清澈透明，味道蜜香清雅，入口柔绵，回味爽洌。其得名是因为要蒸熬三次，故又称"三熬酒"。三花酒因销路广、销量大而让不少酿酒之人发财，因此，旧

---

① 林重元纂修：《钦州志》卷三《饮馔属》，古籍书店，1961年。
② 陈志仪修：《顺德县志》卷三《物产》，刻本，1750年。

时桂林民间又有"要想富，烧酒磨豆腐"的顺口溜。

2. 鲜花、动物入酒，香气、养生两宜

东南地区果木繁盛，多奇花异草、珍禽异兽。因而在酿酒业中，也充分发挥了物产特长，酿制出很多有地方特色的酒，既有酒之醇香，又有药效之用。

东南多水果，水果入酒酿制成各种果酒，在东南地区非常常见。如荔枝酒，民间用荔枝汁发酵而成，味道甘甜，明中期由于工艺较粗，酿制的酒质量一般，且易变质；明代末期酿酒技术提高，酿制的荔枝酒珍藏三年后，颜色如墨，"倾之，则满座幽香郁烈，如荔熟坐枫亭树下时也"[1]。其他则有"龙眼之笃（chōu），橘之冻，蒲桃之冬白，仙茅之春红，桂之月月黄，荔枝之烧春，皆酒中之贤圣也"[2]。果酒是通过汲取了水果中的营养及香气而做成的酒，酒精度低，且含有丰富的维生素和人体所需的氨基酸，有益健康。东南人认为果酒是酒中的圣贤，应不为过。

岭南人喜欢把香草、奇花、树皮等植物制入酒中，酿制成各种特色的草木之酒。如"严树酒"，产于琼州，捣皮叶浸之，和以香粳，或以石榴叶酿酝数日即成酒；还有"石榴花酒"，"以石榴花著瓮中，经旬而成"；有"倒捻酒"，用倒捻子酿制而成，倒捻子如棠梨而小，外紫内赤；有"甜娘酒"，用形状像艾叶的甜娘草酿制而成；有"七香酒"，用带有辛香的酒藤叶，和米粉酿制而成。[3]广州还有很著名的"百花酒"，又称"百末酒"，其制法常用龙江烧为半成品，把鲜花投入酒中，封缸两月，加沉香四两，此酒酿成芳香馥郁。也有把百花晒干研末入酒的制法，但岭南更多用鲜花，其中以松黄、荔枝花、蒲桃壳、香蕉子、龙眼花为胜，屈大均《赠单翁诗》云："陈村果木多龙眼，一一花头饱露华，翁欲酒香还有法，春时兼与荔枝花"。

---

① 周亮工：《闽小记》上卷《闽酒》，中华书局，1985年。
② 屈大均：《广东新语》卷十四《酒》，中华书局，1985年。
③ 屈大均：《广东新语》卷十四《酒》，中华书局，1985年。

岭南人喜欢把花草树木入酒的原因是，岭南花木多生长在气候炎热之地，吸收阳光多，《广东新语》曰："大抵粤中花木，多禀阳明之德，色多大红。红以补血，香以和中，故无不可以为酒者。"像百花酒，中医认为其具有活血养气，暖胃辟寒之功效，为老年人滋补之品。可见，当时岭南人已经认识到草木之酒的药效之用，用花草入酒自然非常常见。

此外，利用花露制酒，也是岭南又一酒品。"凡百草之露皆可润肌，百花之露皆可益颜。取之造酒，名秋露白，绝香。"而用椰子、槟榔、桑寄生等植物入酒，早在元明时已经闻名，清代这种传统名酒依然流行。

以动物入酒也是岭南酒品的一大特色。岭南盛产各种的野生动物，人们根据他们的不同药性用以浸制酒药。《岭表录异》记："蛤蚧，首如蛤蟆，背有细鳞，如蚕子，土黄色，身短尾长，多巢于树中。端州古墙内，有巢于厅署城楼间者，暮则鸣，自呼蛤蚧，或云鸣一声是一年者。里人采之鬻于市为药，能治肺疾。医人云，药力在尾，不具者无功。"故梧州有著名的"蛤蚧酒"。蛇是岭南的特产，岭南人除爱吃蛇肉外，认为蛇有驱风去湿，活血益气之功，故爱喝蛇酒。其中以最毒的金环蛇、银环蛇、过树龙、过基侠等泡浸的蛇酒功效最佳，故广州的"三蛇酒"闻名遐迩。岭南民间流行以初产的小老鼠浸酒，称为"老鼠酒"，对风湿跌打疗效甚佳。此药酒几乎家家必备。此外有蚁酒、公蛾酒、蚕蛹酒、三鞭酒、毛鸡酒、肉冰烧……等。

明代，福建葡萄酒的酿制特别引人注目。葡萄酒来自西方，明朝末年欧洲传教士来到福建，并把酿制葡萄酒的方法传给当地。对此，《闽小记》做了很翔实的记载："唯葡萄则依西洋人制之，奉其教者闽俗甚炽，取此酒以祀天主，名曰天酒"。

3. 民间有家酿，乡饮重酒礼，盛行酒令

闽人好喝酒，明清时期福建民间已有"无酒不成礼""有酒便是宴""无客不提壶"之说。无论是岁时年节、宴客访亲，还是婚丧喜庆、祭祖祀神，皆需有

酒。广东人同样如此。东南民间好酒，这和盛行家酿有很大关系。史载，南平"乡居有家酿，如峡阳、西芹、徐洋、南溪、漳湖坂、大横，皆有库酒发扛。漳湖坂酒如福州造发，生纳瓮中，以筤糠煨熟。峡阳之酒，则从延制，酿窨尚如法。城中市酤酒，人或煎蔗糖为膏，益之火烧以助色增酽，或加酒母。酒母者，压糟愈年润回之汁也，入酒味重，饮之令人头眩"①。由此可见一斑。

东南人好酒，特别讲究饮酒氛围，盛行乡饮，即乡人聚饮。乡人聚会饮酒讲究礼仪来自于中原古礼，后传入东南，并在东南民间一直流传，经不断演变，形成了自己的特色。东南乡饮主要有下面几种形式：

第一，节日庆贺需乡饮。正月初一至十五，为了庆祝春节，东南民间常常要聚饮。广东海丰县，正月初五以后各家轮请年酒，"尚有故传坐饮遗风"②；广东四会，开年后合家宴请叙事，铺户更是欢呼畅饮。有些地方还要举行"点灯酒"会，并有一定的特别仪式。广东阳江，正月初十或十一晚家家户户晚上"点灯"（对第一天晚上点灯的称呼），至十六晚才"散灯"（灭灯称呼），期间邀集亲友聚饮，称为"饮灯酒"。潮汕点灯日期则为正月初二，至十五结束，而且潮汕还有一种风俗习惯，未经"点灯"仪式的男子不得入族，亦不能读书，因此男子必须点灯。点灯时，每个男子需买一盏花灯挂在祠堂中，每晚点亮花灯，并用祭品祭祖。"开灯"和"散灯"都要邀请亲友聚饮。《揭阳县志》载：正月元宵后，送灯于晚嗣者，乡村送秋千竹，欢饮彻夜。九月初九重阳节，登高、赏菊、聚饮之风在东南一直流传。东南九月，秋高气爽，尤其适合野外活动，因此人们常常"携肴酒登高山，饮酒宴会"③。

第二，祭神拜祖需乡饮。春秋社日，上至天子下至庶民都要封土立社，以祈福报功。每到春秋社日，东南地区各地农民都要举行祭祀，聚而群饮。普宁县二

---

① 杨桂森修：《南平县志》卷八《风俗》，刻本，1810年。
② 胡公着修：《海丰县志》卷八《风俗》，刻本，1671年。
③ 胡居安纂：《仁化县志》卷五《风土》，中山图书馆，1958年。

月春社日，各乡农民聚集在祠堂，纷纷拿香帛、酒馔祭祀土神，祈求五谷丰登，完毕，则聚饮于神龛，叫"做灶"。①归善县二月春社日和九月秋社日，都要"酾酒群饮"。冬至大如年，东南农村尤其重视。这一天，很多地方都要举行盛大的家族拜祖活动，全家动员，宰牛杀猪，然后全族男子聚集宗祠，虔诚拜祖，群饮于宗祠。

第三，清明扫墓需乡饮。越人尚鬼，最敬重祖先，祭鬼之风浓厚。此风历久不衰，并成全民性文化心态，广东尤甚。每至清明节，成千上万人前往墓地扫墓，俗称"拜山"。扫墓期间，群饮是不可缺少的重要组成部分，"三月清明，门插青柳，或戴于首，具筵上墓"，祭祀完毕，群饮于祖墓旁。②在潮州地区，清明扫墓宴饮于郊野是常见的，扫墓宴饮也成为敬宗睦族的手段。

第四，寿辰婚嫁需乡饮。东南地区，孩子满月、老人大寿都要宴请乡亲好友饮酒欢聚；女儿出嫁、儿子娶妻是人生大事，更少不了摆酒乡饮。此外，喜迁新居也需要宴请乡亲群饮。

第五，行业盛会需乡饮。农历六月二十四日为鲁班师傅诞辰，泥瓦、木匠、搭棚（建筑行业中的三个行业，总称"三行"）工人酬神演戏聚餐喝酒，颇为热闹。据说，饮了先师诞辰酒，可保全年平安无事。农历八月二十二是陶师诞，广东佛山石湾各行会组织相聚饮行酒，当地俗称"饮行"。这样做主要是为了维护本行利益，大家自然也比较齐心。广州商人则会在正月期间邀请官员或乡绅及同行一起畅饮，曰"饮春酒"。

如此众多的乡饮自然少不了行酒令。民间行酒令会用"划拳"来助兴，也是最为通俗的酒令，又称为"拇战"，广东颇为流行。简单的如"五行生克令"：拇指为金、食指为木、中指为土、无名指为水、小指为火，以金克木、木克土、土克水、水克火、火克金来分胜负。"五毒令"与此相仿，各指依次为蛤蟆、蛇、

---

① 白玉新等编：《中国地方志民俗资料汇编》中南卷下，书目文献出版社，1991年。
② 王永名修：《花县志》卷八《风土》，刻本，1890年。

蜈蚣、蝎虎、蜘蛛。此外，还有哑拳、汉拳、走马拳、连环拳、过桥拳等，都以出指数目和口中所喊出数字的加减变化来定胜负。划拳喝酒，简单热闹，传至今日，历久不衰。

文人学士之间则流行雅令，这还必须要通读四书五经之人才能行此令，如"四书数目令""四书贯千字文令"等。四书不能倒背如流的人定会被罚酒无数。雅令中比较通俗的便是诗句令。广东吴川的文人，在重阳期间登山就会饮酒赋诗，谁作不出来就会被罚酒，此乃文人之雅气。

东南民间乡饮酒宴，其意义在于把自给自足状态的分散小农，通过群饮的纽带联系起来，在明长幼、习宾主之礼的规范约束下，增进乡人亲友感情，制造乡里祥和的气氛，培养重老尚齿的伦理道德，同时对巩固封建宗法统治无疑也起到了凝聚作用。

五、吞云吐雾烟草盛

烟草原产于美洲，明朝后期从吕宋岛（今菲律宾）传入福建漳州、泉州。《景岳全书》载："烟，味辛气温，性微热，升也，阳也……此物自古未闻也，近自明我万历时始出于闽广之间，自后吴楚间皆种植之矣。然总不若闽中者色微黄，质细，名为金丝烟者，力强气盛为优也。"明人谈迁也记载："金丝烟，出海外番国，曰淡巴菰，流入闽粤，名金丝烟。"①闽广是中国最早栽培烟草的地区之一，随即传至全国。

1. 烟草传入，种烟普及

福建漳州、泉州一带是我国最早传入烟草的地区之一，也是我国烟草生产最发达的地区之一。其烟草产量大、质量高，所出烟叶远近闻名，销售范围几乎

---

① 谈迁：《枣林杂俎》中集，中华书局，2006年。

遍及全国。据嘉庆年间陈琮在其《烟草谱》里所云：**"以百里所产，常供数省之用。"** 每年五六月烟草收获上市之时，漳泉地区便是 **"远商翕集，肩摩踵错……村落趁墟之人，莫不负挈纷如"**。明末时，漳州烟草还多售于烟草的来源地——吕宋岛。烟草是闽西客家地区重要的经济作物，如汀州府乃著名的烟草集中地，该府所属八县 **"膏腴田土，种烟者十居三四"**，其中又以 **"上杭，永定为盛"**，上杭县烟叶的发展在于该县 **"人情射利，舍本逐末，向皆以良田种烟"**。[①] 闽西烟叶的种植既为客家人带来丰厚的利润，更使 **"福烟独著天下"**[②]。

粤北南雄烟叶于清初从闽西传入，时过四五十年便取得了突飞猛进的发展，其 **"日渐增值，春种秋收，每年货银百万满，其利几与禾稻等"**[③]，使南雄在清朝时期成为岭南重要的烟叶交易中心。大埔等山区客民在乾隆中期也 **"竞尚种烟，估客贩运江西发展"**。种烟不仅能获 **"比稻加倍"** 的厚利，且具有 **"杀虫兼润苗根"** 之功效，[④] 故在乾嘉道三朝年间，粤东镇平、平远、大埔等地都成为广东烟草种植的主要地区。

由于烟草销路好、利润高，珠江三角洲烟草生产同样非常盛行。广东新会不少地方种烟的田地占全部耕地的十分之七八，鹤山种烟的村庄非常多，当地农民通过种烟摸索出一种烟稻的轮种法，早造种烟晚造种稻，则晚稻 **"所倍收，过庚肥田"**[⑤]，古蚕、芸蓼、沐河等地的烟叶则被公认为是上等的烟草产品。

2. 名烟众多，烟味浓烈

东南名烟一般都属于晾晒烟，即把地里生长成熟的烟叶采摘扎把挂在屋檐下（或晾房内）晾晒干燥后而成的烟叶。晒干的烟叶再加工成烟丝，烟丝有黄丝、熟烟、生切三种。"黄丝"是将晒黄的烟叶直接刨削成丝，"熟烟"是将晒红的烟叶掺

---

① 《乾隆汀州府志》卷八《物产》，方志出版社，2004年。
② 《道光永定县志》卷十《物产》，刊印本，1823年。
③ 《道光直隶南雄州志》卷九《物产》，石油工业出版社，1967年。
④ 吴思立修：《大埔县志》卷十三《物产》，中山图书馆，1963年。
⑤ 徐香祖修：《道光鹤山县志》卷二《物产》，刻本，1826年。

入花生油或茶油和酒再刨削成丝，"生切"则是不加油而配以其他原料或刨削成丝。

东南地区种烟及烟草加工业的发展，促进了本地区一大批名烟的产生。清代福建最好的"盖露烟"即皆"永，杭人为之"①。而福建"条丝烟"，在佛山则有专门的销售店铺。福建烟草产地的著名产品有浦城生丝、永定烟丝、漳州石码和小溪烟丝，产品行销全国。

广东以盛产黄烟而著称，如广东始兴、新会、南雄的晒黄烟，尤其是南雄黄烟。南雄地区因其红砂土中富含磷钾，所产烟叶颜色金黄，烟味醇香，烟叶易燃，烟灰雪白，故南雄黄烟素负盛名，当时"雄烟"在国内市场上是"名甚著"而"行销益广"②。新会县同样以黄烟而盛名，曾经是广西市场上黄烟丝的主要供应地，只是因为清代后期广西引种了黄烟才导致了广东烟叶的衰落。③广东黄烟的盛名产生了一批有名的城镇制烟字号，如新会城的如思馆、梅县城的耕耘馆、林翠堂、黄石安等字号都曾名噪一时。据邓淳的《岭南丛述》记载：黄烟以嘉应州耕耘馆所制为第一，林翠堂次之，另有黄石安字号，亦善制熟烟而与之抗敌。

广东高要的金丝烟以烟味浓烈而获得那些瘾君子的青睐，据《高要县志》载，金丝烟烟叶的种子来自交趾，后传自高要。茎高三四尺，叶子多细毛，采下晒干后制成的烟丝如金丝般发亮，烟味浓烈。把金丝烟叶碾成细末而做成的鼻烟"色红，入鼻孔中，气倍辛辣"④，市场售价与银两价相等。清代广东清远、新会、高鹤、廉江、新兴、惠东、高州的晒红烟也很有名。

3. 吸烟盛行，烟具众多

东南烟草的广泛种植和各地名烟的产生，极大促进了东南地区吸烟习俗的形成。东南吸烟习俗先在福建盛行，有人曰："明季服烟有禁，唯闽人幼而习之，

① 杨澜编：《临汀汇考》卷四《物产考》，刻本，1878年。
② 余促纯等：《道光直隶南雄州志》卷九《物产》，石油工业出版社，1967年。
③《新会乡土志》卷十四《桂州》，刻本，1908年。
④ 李调元：《南越笔记》卷五《鼻烟》，中华书局，1985年。

他处百无一二也。"① 由此可见，明朝末年福建吸烟之风已经非常兴盛。之后，随烟草从福建传至广东、广西、台湾等地的大量种植，吸烟之风随之在当地亦得以盛行。

清初，福建莆田人发明了炒烟，进一步推动了东南地区吸烟的习俗。郑丽生《闽广记》卷二《朋兄烟》载："朋兄烟，福州特别烟丝二种，一为厚烟，以为炒烟，皆以管吸之。炒烟俗呼朋兄烟，创自清初。这种烟吸时即燃，而烟灰弃地即灭，无引火之虞。最为农工及船户所喜，畅销于沿海各县，亦远至北京，渐起家。"福州王大盛炒烟享誉清代300余年，他炒烟来自偶然。传说莆田人贩烟叶来福州销售，一日天下大雨而淋湿烟丝，懊恼之际放烟丝于釜中焙干，不料烟丝香味更佳，大受民众喜欢，于是标榜为"王大盛炒烟"。吸烟之风盛行，使得烟与茶一样，成为待客之物。赵古农于道光五年写成的《烟经》云："近世以来，茶烟交进，烟之为用，是不可废……寒温共叙，非此无以申其敬，因知其用，此为第一也"。

明清东南民间多吸食土产烟丝，需要用火点燃。清代从西洋传入鼻烟，此烟以烟和香料为细末，无须点燃，直接吸入鼻孔之中即可。此外，西洋雪茄和卷烟也传入东南。其携带方便，吸食简单，且不需烟具，故先是香山（今中山县）及澳门人多吸食之，继而盛行于广州商人中。

吸食烟丝除了用纸自卷外，还需要专门的工具，于是为吸烟而创制的烟具应运而生。明清流行的烟具主要为旱烟筒、水烟壶、水烟筒等。

"旱烟筒"是当时最为普遍的习用烟具，其制作简单，携带方便，一般由烟管、烟斗和烟嘴三部分组成。烟管多用竹子制成，亦有用好木、老藤或其他原料，烟斗多用铜铁或陶瓷，烟嘴则用金属、骨鱼或玉石等。清广州人李纶丝在《塞烟筒赋》中对用旱烟筒吸烟做了详细而有趣的描述："爰制小筒，圆而不方，丈有所

---

① 董含：《三冈识略》卷六，转引自谢国桢编《明代社会经济史料选编》中册，福建人民出版社，1980年。

短，尺有所长。尔腹则坚，我铁则刚，再钻而入，一孔有光。长嘴上嵌，曲斗下镶。于是弄烟成丸，按指而藏，就灯取火，入口闻香，呵成云雾，直绕肝肠"。

"水烟壶"由烟斗、烟嘴和烟壶三部分构成，壶身多用白铜制成，壶内装有清水，用来过滤烟气，使香味更加清香醇厚，常用于吸食熟烟。清代李调元《童山诗集》有载："水烟壶腹如壶，以铜为之，柄如鹤颈长，其铜入口，以嘘烟气，其烟嘴横安背上，腹内受水，嘘毕则换。"水烟壶是我国清代至民国十分流行的通过水过滤而吸烟的烟具，至今仍留传不少。铜制水烟壶价格较高，且壶内装水携带不便，因而不受大众喜爱，多为城镇悠闲之人或有身份的商人所用。

"水烟筒"乃吸收旱烟筒和水烟壶两种烟具长处和工艺而成。筒身用长一二尺、径二三寸的大毛竹（楠竹）制成，内装清水，这样兼有烟管和烟壶之用；烟斗用小竹管或金属管，装在水线下。吸烟时，用嘴含住烟筒上口，稍稍用力吸气，烟气从烟斗入，再经过筒内清水的过滤，发出咕噜噜的声音。此烟具深受老百姓欢迎，广东话又称之为"大碌竹"。工余饭后，一支"大碌竹"在众人之中传递吸食，或几人各拿"大碌竹"围而聚吸，既消闲解困，又联络感情，曾是民间一景。现在粤西农村和雷州半岛仍然流行吸"大碌竹"。①

除此之外，当时富贵之家还很看重鼻烟壶和鼻烟盒等。鼻烟壶和鼻烟盒是用

图5-5　清代的进口鼻烟壶

---

① 广东省地方史志编纂委员会：《广东省志·烟草志》，广东人民出版社，2000年。

来装鼻烟的烟具。乾隆时期，鼻烟壶尚未成为春贡方物。洋船回澳门时，广东巡抚派人到澳门购买，不得私卖。但是洋船多置若罔闻，采买者又假公济私肆行多买，于是鼻烟壶多流入市。①清代贡品鼻烟壶和鼻烟盒多用水晶、玳瑁、玛瑙、玉石、蜜蜡、珐琅等名贵原料制成，图画装饰工艺极为精致，且价值不菲。广东人并不盛行鼻烟，但因鼻烟壶和鼻烟盒是贡品，拥有鼻烟壶或鼻烟盒即是有身份的象征，遂使权贵之人争欲购之。后来，由于广东工匠仿制得厉害，至道光初年，鼻烟壶已经普及了。

烟草从明朝万历年间传入闽广，天启、崇祯年间已遍及"大江南北"，几十年的时间，烟草的生产与加工已由星星之火发展到燎原之势，吸烟之风遍及全国。闽粤种烟叶的发展及各种名烟在全国的销售，虽对发展当地经济起了较大的促进作用，但对中国人民却也产生了严重的负面效果。对烟民来说，买烟的费用实为家庭一大支出，增加了家庭的经济负担；同时，吸烟对身体有害，对国民健康贻害很深。

六、食盐晒制调味丰

东南地区临海，近海水中含盐度高，地处热带亚热带地区光照充足，具有优越的发展海盐生产的条件。东南地区制盐历史悠久，历来是中国重要的海盐产区。海盐又称"末盐"，生产成本低，操作较简单：在盐田掘地为坑，坑口横架竹木，铺上篷席，再堆上咸沙。海潮涨时，"咸卤"淋在坑内，潮退后提取咸卤，用细竹篾编成牡蛎灰泥固的竹盘盛放，在釜中煎炼即成盐。

唐代，岭南的广州、潮州、恩州，福建的闽县、长乐、连江、长溪、晋江、南安，均开设有盐场。五代十国时期，岭南又增加了东莞、新会、海阳等盐场。宋代闽粤采制海盐进入大规模生产阶段，在海洋资源开发上迈出了新的步伐，盐

---

① 刘芳辑，章文钦校：《清代澳门中文档案汇编》第五章《对外贸易七·鼻烟》，澳门基金会，1999年。

场数量大为增加，海盐总产量随之猛增。当时的诗人曾称赞福建为"酿溪煮海恩无极，千家沽酒万家盐"①。元代福建有七座大盐场，包括海口、牛田、上里、惠安、浔美、浯洲、丙洲，食盐年产量约4000万斤，最高年份可达5000万斤，②比宋代有了明显的增长。

明代东南地区已改变原来的煮盐技术，多采用晒盐技术，"今闽之盐，皆用日晒而成，亦不复煮矣"③。利用阳光直接晒盐，进一步加速了制盐业的发展和海洋资源的利用，盐税成为明代福建广东两地政府的重要财政收入。晒盐需要用石头砌成的池，池宽一丈，深三寸，天晴时，将卤盛入池中，夏秋季节一天可成盐二石左右，冬春时节一天成盐一石左右，最好的盐田一年可得盐200石左右。④洪武二年（公元1369年），广东设置广东和海北两个盐课提举司，管辖从海南岛到粤东饶平沿海29个盐场，全年盐产量为73800引（1引等于200公斤），占同期全国盐产量的20%，是全国主要产盐大省之一。晒盐所需设备较少，投资不多，盐价大为降低，盐丘也大量增加，万历中，漳浦、诏安各有盐丘15007个、4167个；而浔、浯、滨、惠四场新涨海滩，民间擅自开晒的盐丘即不止两县之数。⑤

清初广东有盐场26个，雍正以后多达34个。清代制盐方法仍采用晒盐法，不过方法又有一些进步，且旧的煎盐法已渐淘汰。产盐量急增，乾隆五十五年（公元1790年），广东产盐152万包（1包=150斤），道光年间，增至1628914包，其中生盐1584561包，熟盐44351包。⑥

台湾四面临海，有很多优越的盐场。郑成功统治台湾时，参军陈永华在天兴之南（今濑口）教民晒盐，"筑埕海隅，铺以碎砖，引水于池，俟其发卤，泼而

① 詹体仁：《游南台民闽粤王庙》，《全宋诗》，北京大学出版社，1992年。
② 陈寿祺：道光《重纂福建通志》卷五四《元盐法》，福建教育出版社，1995年。
③ 黄仲昭：《八闽通志》卷二五《食货》，福建人民出版社，1990年。
④ 屈大均：《广东新语》卷十四，中华书局，1985年。
⑤ 谢肇淛：《福建盐司志》卷十三《万历三年都御史刘尧诲奏》，转引自朱维干：《福建史稿》下，福建人民出版社，1986年。
⑥ 阮元修：《道光广东通志》卷二六五，上海古籍出版社，1995年。

晒之，即日可成"①，晒制出来的海盐颜色雪白，味道甚咸。台湾归属清王朝后，台湾海盐销路日广，私自采盐之人日多，竞争激烈，价格不一。雍正四年（公元1726年），清政府实行统一管理的政策，在台湾分设盐场四处：州南、州北、濑北、濑南。乾隆二十年（公元1755年），增设濑东盐场。以后，又陆续增加了布袋嘴、北门屿等盐场。

明代盐业实行官府管制，盐户生产的食盐全部要销售给官府盐运司，或是官府制定的盐商，如果私自售盐便是犯法。官府为了保证食盐的销售，强迫沿海民众购买官府的食盐。

第二节　一方水土养一方人

古语有云："东南之人食水产，西北之人食陆畜。"然而此言并不全面，陆畜野味同样是东南地区人们所嗜好的，尤其是广府人和客家人。历史的发展，风俗的沉淀，至明清，山珍、海产、河鲜早已是闽潮菜和粤菜不可缺少的食材，尤其是海鲜。重视海鲜，善于烹制海鲜，是两大菜系的重要特色，其中较具地方风味、较受百姓欢迎的有牡蛎、蛤、虾、蟹、蚝、黄花鱼、带鱼、乌贼、鲳鱼等。

一、靠山居——喜食山珍野味

东南多山，山珍野味则是构成东南菜肴的另一个组成部分。在粤菜和客家菜系中，野味是其重要内容。继承古越人食俗，鸟兽蛇虫无不食之。至清代，野味品种已很丰富。据屈大均《广东新语》载，明末清初，广东人常吃到的野味有熊、鹿、猴、野兔、獐子、水獭、野猪、果子狸、田鼠等。粤人嗜野味成风，外

① 连横：《台湾通史》下册，商务印书馆，1983年。

人对此不甚理解，认为广东食品有别于他省，徐珂《清稗类钞·饮食类》："**粤东（即广东）食品，颇有异于各省者，如犬、田鼠、蛇、蜈蚣、蛤蚧、蝉、蝗、龙虱、禾虫是也。**"除了继承古越人食野味习俗和喜欢尝新尝鲜外，广东人尤其爱吃野味的另一原因是，广东人重视食补，而很多野味被认为具有较好的食补作用，体现了医食同源的饮食思想。这里不妨举几种广东人喜食的野味。

穿山甲，古代称之为"鲮鲤"，是一种生活在山麓、丘陵潮湿地带的动物，身披覆瓦状的角质鳞甲，头小嘴尖，四肢短小，广泛分布在粤北及海南岛各个山地丘陵。旧时人们发现穿山甲的鳞片可"治恶疮、疯症、痛经、利乳"，20世纪人们认为其肉可以治疗癌症，于是身价百倍大量捕杀，岭南尤甚。现在，为保护这一动物资源，东南地区采取保护措施，禁止猎取。

大鲵，又称娃娃鱼或海狗鱼，是我国的特产动物，外形像鲶鱼，但又不是鱼，栖于山间溪流，喜爱冷水和水质清澈的深潭洞穴。大鲵又是有名的药用动物，对贫血、霍乱、痢疾和妇女血经等有辅助治疗作用，因此导致它遭到大量捕杀。过去，仅广州市一地销售大鲵即可达三百多担，可见岭南人食大鲵之风气之浓厚。现在广东已很难找到大鲵，鉴于这种珍贵动物日渐减少，我国已将它列为国家二类保护动物，禁止捕杀。

"禾雀美，吃腊味"。禾花雀，原名黄胸鹀，外表像麻雀，是一种在稻花开放时节出现于广东省番禺、顺德、三水等地的候鸟。禾花雀骨小腴美，历来是岭南人的席上珍品。1983年出土的广州南越王墓中的陶器内，有200多只禾花雀残骨，经考证是依古"八珍"而制作的菜肴。这证明古越人已把禾花雀视作上等佳肴。现在每逢深秋，广州各大小酒家、茶楼都有禾花雀菜肴，备受当地人欢迎。

狸，外形和猫相似的山野哺乳动物，在广东省以豹狸、果子狸为多，历来被岭南人认为是秋冬季节进补的佳品。唐代段成式《酉阳杂俎续集》："洪州有牛尾狸肉甚美。"并称可以驱风补痨。其制作方法有炖、烧、煲等多种，红烧果子狸是最常见的烹制方法。

"秋风起，三蛇肥"。蛇肉因其食补作用而在岭南身价百倍，被普通家庭乃至高级食肆视为美食。蛇本为古越人的图腾崇拜，后成为他们嗜好的一种食物。隋唐以降，越人基本汉化，但其嗜好吃蛇的风俗却被沿袭下来，烹制技巧也得到提高。不仅如此，人们还发现蛇的更多食疗滋补价值：用于制成药酒，可强身健体；蛇胆则用来治疗疾病和滋补身体，效果甚佳。每年秋冬时节为吃蛇季节，各大小食肆茶楼纷纷推出各种款式的蛇菜以招徕顾客。吃蛇实为岭南饮食文化的一大特色。

鼠，在广东很多地方都被视为美食，尤以珠江三角洲、粤西、海南为盛。宋代苏东坡被贬海南，即曾见当地人好吃"熏鼠烧蝙蝠"。曾经做过广东（肇庆、罗定）道台的安徽定远人方濬师在其名著《蕉轩随录》中称赞当地鼠肉："予官岭西，同年李恢垣吏部以番禺乡中所腌田鼠见饷，长者可尺许，云味极肥美，不亚金华火（腿）肉。"闽西客家人喜欢把鼠肉制作成老鼠干，成为闽西闻名的"八干"之一。大鼠肉腌制成鼠脯，即成为顺德人的送礼佳品，酒座上若是没有鼠脯，则视为对客不尊。《岭南杂记》曰："鼠脯，顺德佳品也。鼠生田野中大者重一二斤，炙为脯，以待客，筵中无此，以为无敬。"东南人尤其是粤人，食鼠只吃田鼠，因为田鼠食谷，并认为腊干的鼠肉很滋补，但是家鼠是无人吃的，以为粤人凡鼠皆吃的说法是误传。其他野味还有鹧鸪、山瑞、田鸡、黄猄等。

此外，山区盛产竹笋、香菇、银耳等，是十分珍贵的饮食资源，它们大大丰富了东南饮食文化的内涵。

广东人好食野味的习俗在当今社会引起了很大的争论。食野味成风，最直接的后果是动物数量的减少，尤其是一些濒危动物，像穿山甲、大鲵；有些野生动物可能带有可传播的病毒，吃野味可能会感染病毒。在2003年非典横行之时，科学家曾经把果子狸视为病毒传播之源。钟南山等院士认为，尽管尚不能认定果子狸是SARS冠状病毒传播的源头，但果子狸的确是SARS冠状病毒的载体，是人类SARS病毒的重要动物宿主之一。为此，广东食野之风一度大减，野味成为人们避之不及的食物。野味是否全都能吃，是否有益健康，这实在值得人们深思。另外，食野导致野生动物减少，引起生态平衡问题，这也值得人们检讨和深思。

二、在平原——钟情河鲜陆畜

1. 鱼虾蟹螺河鲜多

东南地区的富饶之地多集中于江流出海的冲积平原，经过明清时期的大力开发，不少地区已步入全国经济的先进行列。广东的珠江三角洲、韩江三角洲，福建的漳州平原、蒲仙平原、福州平原都是东南著名的鱼米之乡，而珠江三角洲更是其中的佼佼者。

明代以来，珠江三角洲各县地势较低的农田常遭水淹，一些农民于是干脆把低田深挖成塘，挖出的泥土堆在四周作基，塘中养鱼，基上种果树，因此有了"果基鱼塘"的耕作方式。明代初期，这种方式得到逐渐推广，使得鱼的供给量大大增加。

福建建安、瓯宁一直是福建最著名的淡水养殖区，主要是用鱼塘养鱼。16世纪，葡萄牙人曾这样描述福建的养鱼业："这里的养鱼池，不用石板砌成，而是建在淤泥很多的地方。鱼苗所需的主要食物是母水牛和母黄牛的粪便，吃了后鱼苗长得如此之快和如此之肥，真是一件奇事。尽管这里是在每年的三四月份捕鱼苗，因为我们是在那时看见，但后来我们知道这种情况一直都有，因为人们一直都在吃鲜鱼，所以需要一直往鱼池里投入鱼苗。"[①] 东南的塘鱼养殖为东南地区提供了大量的鲜鱼，极大丰富了东南美食资源。

明中叶以来，珠江三角洲的池鱼生产处在兴旺发展的阶段，鳙鱼、鲢鱼、鲩鱼、鲮鱼四大家鱼成为池塘养殖的主要种类，并大量出售到当地市场。淡水鱼类的大量供应，让粤人对鱼类的烹制更加讲究，认为"鲩之美在头，鲤在尾，鲢在腹"，因为鲩鱼头肉滑骨酥，鲤鱼尾部滑而滋美，鲢鱼腹部肉甘而脂润。《广东新语》曰："水鲮土鲫，病人宜食。鲮浮鲫沉，可以滋阴。盖鲫属土，其性沉，长潜水中；鲮属水，其性浮游，长跃水上。鲫食之可以实肠。鲮食之可以行气。"

---

① 费尔南·门德斯·平托：《葡萄牙人在华见闻录》，三环出版社，1998年。

广府人对塘鱼的食疗功能很有见地，认为水鲮（鲅）土鲫具有滋阴的作用，而且吃鲫鱼可以"实肠"，吃鲮鱼可以"行气"，不仅仅是美味佳肴而已。这从一个侧面反映了岭南人非常注重医食同源的饮食观。

蟛蜞又称螃蜞，和螃蟹同属一科，但形体较小，其种类繁多，常见的有"红蟛蜞（螯红）""白蟛蜞（螯白）"和"毛蟛蜞"。珠江三角洲沙田、河滩、江河出海处是蟛蜞栖身的地方。据《广东新语》载："食惟白蟛蜞称珍品。"吃白蟛蜞，要用盐和酒腌制，再放蘼花朵于中，在烈日下暴晒之后便可香气扑鼻，成为一道非常可口的杂菜，有去胸中烦闷之功效。把毛蟛蜞放入盐水中腌制两个月，再"熬水为液"，投以柑橘皮，其味道绝佳。潮州人尤其嗜好蟛蜞，"无日不食"，把它当成日常的蔬菜。[①]一般七八月吃蟛蜞最适时，因为八月的蟛蜞生长最丰厚。虽然蟛蜞肉少，但在粤人的巧手之下，却成为一道极富地方风味的美食。烹制的方法有蒸、煮、炒、炸或烤等，而蟛蜞最美味之处莫过于它的卵和膏。除了色泽诱人外，其味道也特别诱人，有如"蟹黄"一般，民间传统的菜肴是蟛蜞膏蒸蛋、蟛蜞膏烩豆腐等，是流传至今的特色地方菜。

"禾虫"多生长珠江三角洲，俗称"禾虾"，是广东人的美食佳肴。据张渠《粤东见闻录》卷下《禾虫》所记："禾虫，盖小蛆也。形如蚂蟥，细如箸，长二寸余，青黄相间，中有白浆。……土人网得之，卖于城市，盛以瓷瓮，曝数枚于盖以招市者，标曰'鲜香禾虫'。若午前不售，午后即败不可食矣。置虫碟中，滴盐醋一小杯，白浆自出。未泔滤之，蒸为膏，或作醢酱。"禾虫浑身是浆，含高蛋白，美味可口，烹制可炒、可蒸、可炖，也可以晒干保存，而流传至今的是"清炖禾虫"，被认为是最原汁原味的滋补美食。

此外，炒田螺、炒蚕蛹、烤龙虱（一种水生昆虫）都是珠江三角洲地区的风味美食，特别是炒田螺，不论贫富之家，都视为席上之珍。把田螺洗净，敲去尖尾，用盐渍过，再放紫菜、辣椒、蒜头、豆豉等作料，把田螺放入油锅中快炒，

---

① 戴肇辰修：《广州府志》卷十《风俗》，刻本，1879年。

再加以烧酒，味道非凡。食时，先从尾部吸其汁，再从头部吸食其肉，美不胜收。在传统的节日中，像中秋节、乞巧节等，炒田螺是不可缺少的一道美食，也是顾客去食肆常点的一道美食。

2. 鸡鸭猪牛禽畜丰

珠江三角洲多河塘海滩，富产的水生动物和各种植物，极利于鸭的成长，明清时，珠江三角洲的养鸭业规模逐渐扩大。很多农户家有数以百计的鸭子，"皆沙田之所养而致"。像番禺的鸭子肉肥且大，数量也多，供应广州而有余，或者加工"腌为腊鸭"，销路极好。[1]以鸭子为美馔的菜肴也特别多，如冬瓜煲老鸭、芋头炆鸭、片皮鸭、酸梅鸭、五杯鸭、卤水鸭等。

东南地区有关鸡的佳肴特别多，粤菜素有"无鸡不成宴"之说，这很大程度上与东南地区于明清时期就培育成功很多优质肉鸡有关。广东黄鸡，俗称"三黄鸡"，出自广东的中山、惠阳等地，因黄毛、黄脚、黄嘴、下颌有一撮胡须，故称"三黄一胡"。以早熟易肥、肉质鲜嫩和独特外貌而驰名国内外。"潮州鸡"，又名石鸡，颈脖短且小。"翻毛鸡"，又称竹丝鸡，体形不大，羽毛向外翻起，产卵不多，但药用价值高，两广皆有。"河田鸡"是中国五大名鸡之一，以三黄（嘴、脚、毛）三黑（两翅、内侧、尾端）三叉（冠顶及两爪）著称，《中国菜谱》载："河田鸡起源于福建长汀县和田镇。"其脂肪适宜，肉质细嫩，皮薄柔脆，肉汤清甜，用其烹制而成的"酒醉河田鸡"是福建客家经典名菜。

东南人喜吃东南猪肉，这促进了东南养猪业的繁荣。如广东顺德县，"猪，邑人畜之最多"[2]，在福建民间畜牧业中，养猪业最盛。由此，本地区产生了很多地方名猪。如《本草纲目》记载，出自江南的猪耳朵小，而岭南的猪则白而极肥。不仅如此，岭南猪还具有身材矮粗、毛短耳小和皮薄肉肥的特点，从而有别于其他地方名猪。如广州猪，靠吃米汁杂以细糠长大，矮壮且粗肥，肉特别鲜

① 邓光礼等点注：《清同治十年番禺县志点注本》卷八《物产》，广东人民出版社，1998年。
② 陈志仪：《顺德县志》卷十《物产》，刻本，1750年。

腴，和其他府县的猪有明显的差异。鸦片战争后，随商品经济的进一步发展，对肉类的需求扩大，人民在实践中培育出更优良的岭南猪种。像良种花白猪，"背黑腹白者其常，以肥为胜"[1]，随经济贸易的交流，此猪遍及珠江三角洲各县，从而极大地丰富了人民的饮食生活。

岭南之牛主要有水牛、黄牛两类，在汉代已有文献记载。然而自南北朝起，因受佛教戒杀牲畜、禁食牛肉的影响，岭南养牛业一直很难发展，尤其在珠江三角洲地区。明中叶以后，养牛业才有了初步发展。清光绪年间，由于受来华外国人的影响，禁食牛肉的戒条打破，养牛业发展较快，牛乳业也有一定程度的发展。顺德龙山乡在16世纪后期出现了牛乳业。之后，牛乳业不断扩大，以牛乳为原料经加工凝结成块的牛乳饼也行销各地。[2]清朝末年，番禺沙湾一地日产牛乳上千斤，供给广州及四方。沙湾人把牛奶与姜汁相结合，凝结成固体奶，从而发明了名食"姜撞奶"，风行广州地区。

三、住滨海——嗜好海味鱼鲜

"闽在海中"，这是《山海经》对福建的描述，在一定程度上可以说明福建人民自古便与海洋结下了不解之缘。确实如此，自古以来闽广人民就利用临海优势，建立和发展了有别于内地的依靠海洋、资仰于海洋的海洋经济模式。早期先民"问生涯于洪涛万顷之中"，使用渔网等生产工具，以捕捉蛤蜊、鱼等水产为主要生计方式。汉代以降，闽广人民海洋开发的内涵不断丰富和扩大。到了明清时期，中国政府对南海诸岛及其海域主权进一步确立，闽广人民海洋开发形成热潮，"其人以渔海为业，岁所入腥鲜鱼鲞（xiǎng）之利，可当一名都赋"[3]，大

---

① 冯栻宗纂：《九江儒林乡志》卷十《物产》，江苏古籍出版社、上海书店、巴蜀书社，1990年。
② 温汝能纂：《龙山乡志》卷八《物产》，江苏古籍出版社、上海书店、巴蜀书社，1990年。
③ 叶向高：《苍霞草》卷十一《游九鲤湖记》，江苏广陵古籍刻印社，1994年。

海成为了沿海人民的衣食之源。明清时期开发与利用海洋资源的技术已经非常成熟，规模也相当大，从而对丰富东南饮食文化起了重要的作用。

1. 海产捕捞和常见海鲜美食

东海、南海有着丰富的海产，这为闽粤人民发展海上生产提供了优厚的条件。

明清时期东南海产捕捞量大为增加，海产丰收季节，市场上的鱼、虾、海参、海龟、瑶柱、紫菜、海带等海产应有尽有。这一方碧波万顷的广阔水域，培育了东南人好吃海鲜的习俗。明清时期东南人常吃的海鱼有黄花鱼、带鱼、纹鱼、鲚鱼、青麟鱼、目鱼等。

经过长期的生产实践，明清时期，东南人民已积累了丰富的捕鱼经验，捕获的鱼类也越来越多。像《广东新语》载，大黄花鱼，是大澳一带的特产，要捕获它很难。当地渔民根据它傍晚出来的规律和发出像老人一样声音的特征，一般在天黑时候循着响声即可大量捕捉。根据不同鱼类发出不同的声音，人们很容易捕捉到鲚鱼、青麟鱼、竹笑鱼、金钱鱼等。鲎，是一种生活在海底、背部有骨如扇一样的非常古老的节肢动物，"似蟹，足十有二"。渔民发现背部有一块半圆形的甲壳可以上下翻动。当它顺风游动时，可以翘起背甲像帆一样借助风力加速。于是"望其帆取之"。闽广渔民还掌握很多鱼类和游动性海洋动物的洄游性和繁殖期的特点，从而捕获到大量的肥美海产。《广东新语》云："凡鲈鱼以冬初从江入海，趋咸水以就暖。以夏初从海入江，趋淡水以就凉。渔者必惟其时取之"。

虾，是东南沿海常见的动物。根据闽广资料记载，两地沿海虾的种类繁多，主要有白虾、沙虾和龙虾等。白虾、沙虾形体较小，繁殖力强，生长迅速，故产量大。海虾，口味鲜美、营养丰富、可制多种佳肴的海味，有菜中之"甘草"的美称，含有丰富的蛋白质，具有超高的食疗价值，是东南人民嗜爱的一道美食。对虾，是名贵食品，肉肥美甘鲜，堪称"上馔"；龙虾，是虾类之王，在东南一带海面很常见，一只通常重半斤，长一尺，大者重达七八斤，其肉味甜，价值昂贵，且壳可制药，也可制成工艺品。除做鲜食外，虾还可制成干虾酱、虾皮、虾糕、虾子酱、咸虾酱和干虾米、干虾子等。新安县人喜欢把沙虾"以盐藏之"，味道极美，香山县以制作"可以久食"的虾酱——香山虾而著称，阳江一带则把酱虾称之为"咸食"，颇受欢迎。

福建近海除盛产"鲜美逾常"、重达数斤的龙虾外，还有江瑶柱、西施舌、蛎房等名产也是福建渔民所获取的重要海鲜资源。《闽小记》记载："**闽中海错，西施舌当列神品，蛎房能品，江瑶柱逸品。西施舌以色胜、香胜，当并昌国海棠。蛎房以丰姿胜，并牡丹。江瑶柱以冷逸胜，并梅。西施舌即西施之舌之矣。蛎房其太真之乳乎？圆真鸡头，嫩滑欲过塞上酢……他如香螺、珠蚶类，非不争奇竞美……不足诧也**"。

海龟，是龟类中最普遍的一种，东海、南海普遍都有，其形体较大，寿命较长，肉色鲜红，味美如牛肉。海龟之卵大如乒乓球，壳软，富含蛋黄，可食。龟掌、龟板、龟血、油、肝、胆、肉等都可做药。《南越笔记》记载了一种与众不同的海龟，产于高州海面，其背隆起，内藏珍珠，常从口中吐出，故称珠鳖，且味道鲜美。

海参，是沿海渔民捕捞利用最多的海洋棘皮动物，营养丰富，含有大量蛋白质。南海海参种类繁多、有梅花参、绿刺参、花刺参、图纹白尼参、蛇目白尼参、辐肛参、黑海参、玉足海参、黑乳参、糙海参等，明清时人多看到的是颜色较白的海参，像图纹白尼参，形状"类撑以竹签，大如掌"。海参是一种高级滋补品，且味道鲜美，被列为八珍之一。

燕窝，乃"海燕所筑"，是名贵的原料，有乌色、白色、红色三种。相比来说，乌色燕窝品种下等，红色燕窝最好，也最难得，有治疗小儿痘疹之功效，白色燕窝则"能愈痰疾"①。

怡贝，是沿海常见的附着贝类，俗名"青口"，也是著名的海产食品，干品叫淡菜，唐人称其为"东海夫人"，足见其开发利用较早。闽广使用淡菜甚为普

---

① 周亮工：《闽小纪》下卷《燕窝》，中华书局，1985年。

遍，人们常用作汤料，或作炊烧佳肴。水母，是海中常见的一种动物，腥味相当浓，属凉性食物，"脾胃弱者勿食"。水母干品称海蜇，八月出产的干品，"肉厚而脆"，备受食者喜爱。

东南海中蕴藏了丰富的海藻资源，主要有紫菜、海带、石花菜、麒麟菜、江蓠、马尾藻、鹧鸪菜、海人草和海笋等。紫菜，是一种富含营养价值的海藻，味道鲜美且具有治疗高血压、甲状腺肿大和清热作用，李时珍在《本草纲目》讲了紫菜的益处，并提倡要常食。紫菜一直为我国人民所喜爱，明清时随市场的需要扩大，闽广沿海人民对紫菜的采集利用量也得以大规模展开。

随着航海造船技术的进步和捕鱼工具及方法的完善，出现了远洋渔船，远洋捕渔业为此有了长足发展。福建渔船常于冬春时节前往浙江捕捞带鱼，"闽船只为害于浙江者有二：……一曰钓带鱼船。台（台州府）之大陈山，昌（昌国卫）之韭山，宁（宁波府）之普陀山等处出产带鱼。独闽之莆田、福清县人善钓，每至八九月，联船入钓，动经数百，蚁结蜂聚，正月方归。"[1]据《广东新语》载，当时使用的渔具不下十余种，作业渔船也从小船小艇发展到风帆船，从一桅帆船进而到三桅大型帆船。乾隆年间，北部湾海域出现一种抗风能力极强的大型渔船，命名"头猛"，有载重30万司斤（合176吨）和50万司斤（合295吨）两种。这种渔船可远到南海诸岛海域作业而没有多大风险。有文献记载，明代我国渔民就克服种种困难远到南海诸岛修屋造田，从事农业渔业生产。19世纪以来，更多闽广沿海渔民深入南沙海域从事渔业生产。如海南文昌、琼海等县渔民多在每年冬季利用东北信风南下南沙捕捞水产，至第二年台风季节到来之前利用西南季风北返。而每年4—6月，大量海龟随西南方来的暖流到南沙等群岛产卵，正是捕获它们的好时节，故捕捉海龟的渔民回来时间稍晚一些。

---

① 计六齐：《明季北略》卷五《张延登清申海禁》，中华书局，1984年。

2. 海洋养殖和丰富的海鲜美食

利用滩涂进行海产养殖是闽广人民开发海洋资源的又一传统开发模式。

沿海水乡居民常在低潮时在海滩上拾贝捉蟹，或筑鱼网截留鱼虾，在海潮地带养殖牡蛎、珍珠贝、紫菜、江蓠、麒麟菜等。《广东新语·地语》记载："广州边海诸县，皆有沙田……七八月时耕者复往沙田塞水，或塞蒉箔。腊其鱼、虾、鳝、蛤、螺、蛏之属以归，盖有不可胜食者矣"。

牡蛎，又名蚝，是一种依附在浅海岩礁上的软体动物，其肉蛋白质高，脂肪少，被当代人称作"海中牛奶"。干品叫蚝豉，还可以制成蚝油，因制作较难，在古代是一种名贵的调料品。牡蛎壳和蚝珠是常用中药，可以说牡蛎全身是宝。我国东南沿海和珠江三角洲一带的人民很早就懂得采集天然蚝作为食用，剩下的蚝壳则被广泛用于制作一些简单的器具或者做砌墙建屋的材料。《岭表录异》记载，晋代卢亭起义，兵败而死，其余党"奔入海岛野居，惟食蚝蛎，垒壳为墙壁"。宋代，岭南开始有了人工养蚝，是全国最早养蚝的地区。宋人梅尧臣《食蚝诗》载："薄臣游海乡，雅闻靖康蚝，宿息思一饱，钻灼苦味高。传闻巨浪中，为泪如六鳌。亦复有细民，并海施竹牢，采掇种其间，冲激姿风涛。咸卤日与滋，蕃息依江皋……"这里生动地描绘了靖康地方（今宝安南头一带）"细民"用投石围竹来进行人工养蚝的画面，且表明养殖牡蛎已由抛石养殖，嬗变为插竹竿养殖，这显然是牡蛎养殖技术的一大进步。明清时期，人工养蚝业得到进一步发展，养蚝技术比以前有了很大进步。宋元时期，一般用石头作为蚝的附着器，那时还不知道对石头加热的好处；到了明清时期，人们发现用燃烧通红的石头投入海中，更有利于蚝苗的附着，因为蚝"本寒物，得火气，其味益甘，谓之种蚝"。清末，东南人还用旧蚝壳片来采苗。随着养殖技术的进步，种蚝业已是"一岁蚝田两种蚝，蚝田片片在波涛。蚝生每每因阳火，相迭成山十丈高"。[1]明清时期养蚝的规模已经相当大，在东江口的东莞、新安一带，"蚝田房房相生"，

---

① 李调元：《南越笔记》卷十一《蚝》，中华书局，1985年。

蔓延至数十百丈，在崖门口的香山西南部，嘉庆年间蚝田无数。

蚝的大规模养殖带来了蚝油制作的兴起，最初，广东沿海一带的渔民将大量的海蛎子肉盛放在大缸里，加大量盐，用太阳晒，发酵后就成了臭烘烘的膏状。1888年，李锦记创始人——李锦裳先生在一次意外中发现，经过长时间熬煮的蚝汤会被浓缩成鲜美非凡的蚝汁。他用这种鲜蚝的精华加上多种调味料，秘制成了一种新的调味品，并将之命名为"蚝油"。今天李锦记蚝油、沙井蚝油等制品深受东南人的青睐，鲜美的蚝油为东南饮食烹调带来了珍美的调味品，促进了东南美食的发展。

蛏的养殖在东南地区并不晚，宋淳熙九年（公元1182）梁克家的《三山志》就有福建人从乐清湾购苗养蛏的记载。李时珍《本草纲目》谈到广东、福建有很多用于养殖蛏苗的蛏田。福建沿海获取蛏苗方法独特，《古今图书集成·闽书》："耘海泥若田亩然，浃杂咸淡水，乃湿生如苗，移种之他处，乃大。"屈大钧《广东新语》还记载了广东沿海人工养殖蛏、蚶等贝类食物。

蚶，是著名的海产贝类，"大而肥，鲜美特异"[1]，种类很多，一般栖息在近岸浅水粉沙质软泥滩涂底部，其中资源最丰富、产量最高的是泥蚶和毛蚶。泥蚶以养殖为主，是闽广传统的养殖对象之一，毛蚶主要捕自天然资源。

蚬，是一种壳的表面有轮状纹的软体动物，形体较小，生活在淡水中或河流入海的地方。蚬肉有清热、利湿、解毒之功效。人们常见和常食的有白蚬、黑蚬和黄蚬。白蚬生长于海中，黄蚬和黑蚬生于江中。每年二三月南风来雾气升的时候，白蚬子借雾而飘落于海水中，冬季长肥，海面上"积至数丈，乃捞取"。远古时期，东南沿海人民采食白蚬有着悠久的历史，至明清，白蚬的采集和养殖规模颇为壮观。《南越笔记》载"番禺海中有白蚬塘，从狮子塔至西江口，二百余里的海面，皆产白蚬"。此时，人工养殖白蚬也开始兴起，"蚬在茭塘、沙湾（番禺）二都江水中，积厚至数十百丈，是白蚬塘"，白蚬成熟的时候，采集白蚬就

---

① 陈懋仁：《泉南杂志》卷上，中华书局，1985年。

像捞泥沙一样，一般都需要整艘小船来装载。白蚬除了作为食物外，还可以用来肥田、壅蔗、饲养凫鸭等，利润颇大，自冬季至春季，"淘者鬻者所在有之"。

由于养殖白蚬的渔民增多，遂使政府对白蚬征税。康熙《番禺县志》记载："邑中蚬塘之税，种之者，方春下小白蚬于海中，及冬以罾（zēng）船取之，其利甚腴"。

蟹，乃著名海味，味道鲜美。蟹种类众多，有小娘蟹、飞蟹、青蟹等。小娘蟹的螯几倍长于身体，新安人常把它的螯煮熟用来招待客人。飞蟹形体较小，味道和其他的蟹类差不多。青蟹是质量较好的食用蟹，其俗称水蟹、肉蟹、膏蟹，主要栖息在盐度较低的潮间带和沿岸浅海泥沙质地部，是沿海渔民捕获的主要蟹种，也是养殖的优良品种。

明清以来，东南沿海各地的渔业生产更为兴盛，海洋捕捞和海洋养殖比以前有了更大进步，海鲜产量极为丰富。"靠山吃山，靠水吃水"，东南人民自然嗜好海味鱼鲜，形成了沿海之民日常所食"鱼虾蠃蛤，多于羹稻"的饮食结构。悠久的食用海味的历史，使东南人很讲究海鲜的口味和烹制的方法。《广东新语》曰："江海鱼之美者，语有曰：第一鲅，第二鲷，第三第四马膏鲫。又曰：黄白二花，味胜南嘉。又曰：寒鲚热鲈。黄者黄花鱼，白者白花鱼也。"这些谚语是东南人品尝鱼鲜的经典心得。在广府人心中，鲅鱼味道最佳，因为它肉厚细滑，骨头爽脆；鲷鱼味道其次，因以味鲜肉嫩而胜；马膏鲫（马鲛）排第三，大概是它肉厚味浓，均属于海鲜上品。黄花鱼和白花鱼属于有鳞之鱼，民间认为"有鳞之鱼皆属火"，属热性食物，可是"二花不然"，"功补益而味甘"，是味道上乘的鱼鲜，味道胜过南方嘉鱼。东南人吃鱼还根据鱼肉的食性讲究季节之分，天寒之时吃鲚鱼，天热之时吃鲈鱼，因为鲚鱼到冬天"多益肥"，鲈鱼则在夏天"多益肥"。按时令品食鱼鲜已成为一种惯例，故又有"春鲢秋鲤，夏三鳢"的说法。

屈大均《广东新语·鱼生》记载："粤俗嗜鱼生，以鲈、以鰔、以鳝白、以黄鱼、以青鲚、以雪鲮、以鲩为上。鲩又鲮以白鲩为上。以初出水泼刺者，去其皮剑，洗其血鲢（腥），细剑之为片。红肌白理，轻可吹起，薄如蝉翼。两两相比，沃以老醪，和以椒芷，入口冰融，至甘旨矣，而鲥与嘉鱼尤美。"又曰："然食鱼生后，须食鱼熟以适其和。身壮者宜食，谚曰：'鱼生犬肉糜，扶旺不扶衰。'又冬至日宜食，谚曰：'冬至鱼生，夏至犬肉。'予诗：'鱼脍宜生酒，餐来最益人。临溪亲举网，及此一阳春。'所以者，凡有鳞之鱼，喜游水上，阳类也。冬至一阳生，生食之所以助阳也。无鳞之鱼，喜伏泥中，阴类也，不可以为脍，必熟食之，所以滋阴也。"作者记录了自上古以降的至少两千年当中，中国人食用鱼生的丰富经验、体会。从选择原料到加工制作、食用方法、养生作用、饮食禁忌等，既全面具体，又深刻形象，简直令人拍案叫绝，佩服之至。

很多名贵海鲜又进一步使东南海鲜美食名扬天下，"海味重于天下者，称西施舌、江瑶柱，泉、漳间皆有之"。[①] 海鲜的盛产更使东南沿海一些地方免受饥荒之苦，福宁州"鱼盐螺蛤之属，不贾而足，虽荒岁不饥"。在广东潮州，"所食大半取于海族"，海产几乎取代大米而为主食；至于鱼虾蚌蛤，更是美味佳肴，当地"蚝生、鱼生、虾生之类，辄为至味"。[②]

四、十三行富商的崛起带动了进口海味的高消费

康熙二十四年（公元1685年），清政府废除海禁政策，允许开海贸易，在广州设立粤海关。为方便管理，更为了防止外商与中国人接触，1686年清政府在粤海关下设置专门经营进出口贸易的"洋货行"，俗称"十三行"，指定一些行商专门同外商进行交易。后来洋货行行商发展为特许行商。乾隆二十二年（公元1757年）清政府关闭了沿海江、浙、闽三关，仅保留粤海关一口对外通商，广州十三行便成为当时唯一合法的进出口贸易区，成为中国对外贸易的重要物流中心。广州一口通商的政策，奠定了十三行商馆区成为中国南大门的这一重要经济地位。

---

① 王世懋：《闽部疏》，中华书局，1985年。
② 吴颖：《潮州府志》卷十二《风俗》，中山图书馆油印本，1957年。

由于大量西洋商人的聚集，广州也逐渐形成中西合璧的文化风格。

"十三行"是由多家商行（也称牙行、洋行）组成，老板多是珠江三角洲各县的商人。其数目不限于13家，多时达28家（公元1751年），少时只有8家，道光十七年（公元1837年）正好是13家。十三行商人在沙面一带修建了十三行商馆，当时称"十三夷馆"，主要是租给外商住宿、办理商务和堆放货物之用。十三行不仅代表官方管理外贸，实际上还是本国商人和外商交易的中介，起着代理商的作用。因为按当时清政府规定，外国商人只能与十三行行商进行交易，不得与其他中国商人发生直接买卖关系。他们在大规模的交易中收取可观的手续费，积累了巨额的资本。十三行行商是由官府培植而成为封建政府对外贸易的代理人，实际上是享有对外贸易垄断特权的官商。广州外贸发展到巅峰时，十三行行商之富有也名扬海内外，从而促使了广州城市的繁华富有，由此使广州居于世界富裕城市行列。富裕的十三行行商普遍追求生活的高质量，住园林别墅，吃山珍海味，用高档器具，喝高级茶叶，抽名牌香烟，由此掀起了一股追求高消费的饮食热，带动了当时广州的奢靡之风，客观上促进了广州饮食文化向更高更精的方向发展。

东南地区以外国输入的珍馐海味作为酒席中的名贵菜肴是从清代兴起的。广州人爱吃海味，国外的海味珍馐自然大批输入。饮食市场需要有一个高消费的群体才能有高档次的饮食。随着对外贸易的兴盛，十三行富商的崛起，他们对饮食的追求也"更上一层楼"。国内的海鲜珍奇已难以满足他们的需求，于是国外的海味珍馐便被推上了酒楼筵席。其中日本干贝、南洋燕窝、墨西哥鲍鱼、东南亚鱼翅便成为高等粤菜的重要原料。据《广州城坊志》所记，位于广州城南的海味街特别繁荣，中外海味云集。谭敬昭《听云楼集·燕窝》诗："喧豗（huī）珠桥市，杂沓海味街，索价相什佰，献新殊菜鲑。"反映了高品位的海味深受欢迎。海味市场的鲍参翅肚本来就是珍贵的海味，而从国外转输的海产名珍，更是最昂贵的产品了。

海参，是棘皮动物门海参纲动物的通称。我国沿海产有多个品种可供食用，是一种名贵海味。一般制作是去内脏，煮熟、拌草木灰、晒干制成干制品。制品有光参、刺参两类。品种多样，如猪婆参、白石参、乌石参等。产于东南亚的猪婆参为优，其肉质厚、肥大、口感好，是酒楼最常见的用料，日本的辽参更是酒席中的珍品。

鱼翅，是一种名贵海味，用大型鲨鱼的尾背鳍、胸鳍和尾鳍干制成，以胸鳍和尾鳍为上品。我国沿海地区有出产，一般有明翅、乌翅和堆翅。进口的鱼翅以澳洲、美洲、东南亚为多。品种有勾翅类：如金山勾、大群翅、勾尾翅等，其中"金山勾"有翅王之称，其翅柔软滑嫩，为翅中稀有珍品；有片翅类：如海虎、五羊片、青片、牙拣等品种，其中"海虎翅"针粗壮，入口滑爽，深受食家欢迎。

鱼肚，又称花胶，一般以大黄鱼、鮸鱼的鱼鳔干制成，有良好的营养价值。品种有鳘肚、葫芦肚、黄花肚等，其中以"黄花肚"为名贵，特大的鳘鱼肚被称为极品。

燕窝，是一种特殊成因的燕之窝巢，系由雨燕科金丝燕属的几种燕属的唾液、绒羽混唾液，或由纤细海藻及柔软植物的纤维混合燕之唾液，凝结于崖洞口等处所形成。广东的怀集燕岩、海南崖州玳瑁山均有出产。李调元《南越笔记》曰："（燕窝）可以清痰开胃云，凡有乌白二色，红者难得。"以进口的南洋群岛的金丝燕窝为最名贵。燕窝品种主要有官燕、毛燕、血燕。燕窝为食用滋补品，药用价值高，能提高人体的免疫力。中医学认为燕窝补肺养阴，性平味甘，主治虚劳咳嗽，咳血等症。

鲍鱼，进口的鲍鱼多为干鲍，以日本鲍鱼和澳洲鲍鱼为著名。日本鲍鱼中吉滨、禾麻、网鲍是著名产品。其中"网鲍"较大，三只一斤的称为极品，特大的鲍鱼有鲍鱼王之称。此外中东鲍、南非鲍、澳洲鲍入输中国亦多。

马士《东印度公司对华贸易编年史》记录了1774年广州进口货物的价格，其中海味有："燕窝，特级，透明，每担1200两（白银）；燕窝，二级，通称一等，每担700两；燕窝三级每担450两。海参，一级，黑长条每担24两；海参二级，每担16两。鲨鱼翅，最好，最大，每担23两，鲨鱼翅二级每担16两"。可见其价格不菲。而在亨特所著的《广州番鬼录》中已记录了广州拥有第一流的厨师，他们能制作精美的燕窝羹、白鸽蛋以及精奇的海参、鱼翅和红烧鲍鱼。

燕窝羹、海参、白鸽蛋、鱼翅和红烧鲍鱼等，是清代的富商官员所食的高档名菜，非一般老百姓所能享用，系因一个外国人的记载而享誉全球。道光年间，在羊城美国旗昌洋行供职的美国人亨特由于常和十三行商人打交道，因而多次被邀请参加他们的宴会，其中给他印象最深刻的是参加十三行商人潘其官的酒宴，使他大开眼界：宴席上摆着美味的燕窝羹、海参、白鸽蛋、鱼翅和红烧鲍鱼，还有最后上席的那只瓦锅上盛着的一只煮得香喷喷的小狗。他认为，广州当时拥有世界一流的厨师，能品尝到他们做出来的精湛菜肴，乃是三生有幸。之后他把这段经历写进《广州番鬼录》和《旧中国杂记》两书。亨特所记下的这几道菜肴经久不衰，至今仍是广州的传统招牌名菜，属于中国名菜之列。

广东的国外海味甚多还有其特殊的历史原因，自明代澳门开埠以来，迅速发展成为一个重要的中外贸易港口城市，国外海味自此被引进广东。1840年鸦片战争后，香港被英国占领，来自世界各地的海鲜产品汇聚香江。如南洋群岛的龙虾、澳大利亚的鲜鲍、加拿大的象拔蚌……早已成为港人席上之珍。1895年中日《马关条约》签订后，日本人占据了台湾岛及其附属岛屿，这一时期日本海产品大量向中国的东南地区倾销，日本的元贝、鲍鱼、海参更多地进入到中国的东南地区。这一时期外国的海产品在东南地区再不是新奇之物，于是品尝国外海味已不是巨富豪门的专利，中上等的人家也可以吃到一些廉价的产品。著名的酒楼几乎都少不了以高级海鲜产品作为招牌菜以招徕顾客，如大三元酒家有名菜"红烧大群翅"，陶陶居酒家有"红烧鸡丝翅"。而民间婚宴酒会，如果席面上没有进口的鲍参翅肚的菜肴，总觉得上不了档次。追求高消费和高利润的饮食潮流带来了饮食习俗的变化，以高级海味为特色的饮食风格被酒楼食肆纷纷仿效，至民国时期这种饮食习惯已成风尚。

第三节 市镇兴起追求美食美器美境

明清时期，东南地区经济作物种植面积扩大，农产品和手工业品的商品化程度提高，城乡之间的交流日趋频繁，使小生产者对市场依赖程度不断加强，集市贸易异常兴旺，从而形成了繁荣的地方市场。在水路交通要道沿线，形成了一个个比较繁荣的商业市镇，佛山镇的崛起则是市镇发展的顶峰。在这些繁荣的市镇中，逐渐形成了一个高消费的社会阶层，追求奢华的美食美器，以及豪华宽敞的就餐环境，由此催生了美食园林的兴起。

一、市镇兴起和市镇美食

1. 市镇的兴起与繁荣

明清时期随商品经济的发展、集市贸易的增加和定居人口的增多等，在水陆交通要津之地或手工制造业比较集中的地方成长为较繁荣的商业市镇，有的市镇甚至发展为县城。如广东四会的隆庆墟，地处四会、清远、广宁三县交界，北通广宁江屯市，西通广宁潭步市，东通清远三坑墟，就是一个后起的繁荣小市镇。又如福建福安县的石矶津市，"鱼盐之货丛集，贩运本县，上通建宁"[①] 。

市镇是商人们进行交易的重要场所，街道两旁店铺林立。大批农村产品运此销售，市镇手工业者生产的商品也经此运往农村出售。坐贾住商的店铺还经常将本地区的产品及原料运往其他地区销售，同时将那些适合本地区销路的商品和原料贩回，建立地区间的经济往来。市镇的建筑和布局虽然不如城市，但也都颇具规模，店铺坊行，街道港巷，仿城而建，一些发达的市镇还有明显的作坊区、商业区之分。像福州西郊的洪塘市，"船舶北自西江者，南至海至者，咸聚于斯，

---

① 陆以载等：《万历福安县志》卷一《舆地志》，中央文献出版社，2003年。

盖数千家云", 沿江而住的居民达数里。[1] 距离泉州府五十里程的安海镇是泉州的外港, 明中叶已经有一定的规模, "数千人家, 粟帛之聚"。明朝末年由于巨商郑芝龙定居此地, 安海镇更加繁荣, "濒于海上, 人户且十余万", 各种商品琳琅满目, "凡人间之所有者, 无所不有, 是以一入市, 俄顷皆备矣"。实际上, 此时的安海镇繁荣程度已远超一般的城市。[2] 市镇的人口数量和结构远非农村可比, 工商市井, 佣工脚夫成为其主要的居民。市镇的繁荣, 随之也促进了市镇饮食业的发展。

2. 产供销多功能的初级市场体系形成

市镇的繁荣, 加强了城市农村之间各类食品的交流, 有的市镇甚至成为专门的饮食资源市场。粮食加工、油料加工、副食品加工等多集中于市镇, 实际上每一个市镇都是作为该地区的经济中心而存在的。它们不仅制作、加工各种手工业品, 是商品的生产基地, 而且还是农村商品的集散地和运销市场, 它将封建社会农村家庭副业经济和市镇经济连接起来。在定期集市和镇一级的市场上, 农民的农副产品和手工业产品, 如粮食、布帛、药材、牲畜、家禽、柴炭、农具、用具、水果蔬菜等, 是最常见的商品。如乾隆《上杭县志》载: "大率相距十里即有市场, 以便居民之贸易。其赴圩皆有定期, 沿用夏历, 以五日为期, 届期人家需用物品以及土产皆毕集于市, 互相买卖。"又如饶平县大埕新市, "多鱼虾、瓜果、布四、麻、铁, 逐日市"。将原料市场和成品市场进行统一协调交换, 形成生产、销售、贮藏、转运的初级市场体系, 加强了市镇之间、市镇与农村之间的联系, 促进了商品流通, 扩大了商品市场, 成为连接城市与农村不可缺少的中间桥梁。

随着经济作物种植的繁盛, 在一些地区出现了一些农产品的专业市场。例如南海九江的鱼花市和瓜菜市、西樵的茶市, 东莞的香市等。又如饶平县教场埔在

---

[1] 林濂: 《洪山桥记》, 转引自《福建通志》, 民国刊本, 1922年。
[2] 安海志修编小组: 《安海志》卷三、卷十一, 1983年。

乾隆年间"为牛市，通江右、闽汀，诸贾自秋及春，无日不聚"①。河源县产茶，每年春夏之交，各县商人云集于此，"争购外贩"②。南雄州盛产梅，该州道光志称："子熟时，渍以盐灰、甘草等汁，北售南赣十之三四，南货佛山十之六七。"南雄还是岭南著名的烟叶市场。

3. 商贾云集酒肆密布

市镇的繁荣，带来了市镇规模的扩大，促进了市镇饮食行业的发展。乾隆年间，广东新会县江门镇已经成为商船云集的港口，"远则高、廉、雷、琼之海船，近则南、顺、香、宁、恩、开之乡船，往来杂沓，乾隆时号繁盛"③。街道很多，有京果街、丰宁街、席街、打铁街、新华街、旧笋街、春魁街、竹几街、魁尾街等40余条。还有茶楼酒肆，甚至通宵不停。在福建，连一向较为落后的闽西山区，此时已是"城社烟墟，酒食竞为"④。

南海县佛山镇，从明中叶以后迅速发展，逐渐成为仅次于广州的岭南商业中心，明末清初成为天下四大镇之一，清中叶又被誉为"天下四大聚之一"。佛山镇内街道众多，乾嘉年间，大小街巷共有622条。其中最繁华的商业区汾水铺旧槟榔街，商贾云集，"冲天招牌，较京师尤大，万家灯火，百货充盈"⑤，至于茶楼酒肆，可谓"五步一楼，十步一阁"，令初到此地的客人大为惊奇。

4. 乡土美食涌现

市镇的繁荣提高了当地人们的生活水平，产生了许多著名的乡土美食。珠江三角洲在整个岭南地区具有特殊的重要地位，不仅是整个经济区商品经济最发达的地区，而且在庞大的多级市场网络中，还起着中心作用。这些新兴的市镇，人

---

① 吴颖：《潮州府志》卷十四，中央文献出版社，2003年。
② 彭君谷：《河源县志》卷十一，刻本，1874年。
③《新会县志》卷三，刻本，1841年。
④ 曾日瑛等：乾隆《汀州府志》卷六《风俗》，方志出版社，2004年。
⑤ 徐珂：《清稗类钞》，中华书局，1985年。

民生活比较富裕，饮食讲究，许多著名的乡土美食的涌现乃为必然，如佛山的柱侯食品、盲公饼和米酒，顺德的大良硼砂、仁信双皮奶和伦教糕，东莞的荷包饭，新塘的鱼包，新会的潮连烧鹅，清远的白切鸡，南雄的雄鸭等。

佛山的柱侯食品，是嘉庆年间佛山镇三品楼一位名叫梁柱侯的厨师创制的，品种主要有柱侯鸡、柱侯鸭、柱侯水鱼和柱侯牛腩等。制作此食品的主要作料是柱侯酱，这是一种用面豉、猪油、白糖等研磨精制而成的一种调味酱料，利用柱侯酱烹制出来的柱侯食品色味鲜美、骨软肉滑，至今仍经久不衰。

伦教糕，出自顺德伦教镇，又称白糖伦教糕。上好的伦教糕雪白晶莹，表面油润光洁；内层小眼横竖相连，均匀有序。其用料为大米米浆、白糖、鸡蛋等，制作工序非常复杂，明代即已扬名。清代《顺德县志》记载：**"伦教糕，前明士大夫每不远数百里，泊舟就之。其实，当时驰名者止一家，在华丰圩桥旁，河底有石，沁出清泉，其家适设其上，取以洗糖，澄清去浊，非他人所有"**。之后，随其制法的传开，伦教糕得以久盛不衰，成为深受大众喜爱的小吃。

顺德大良镇附近多土阜山丘，水草茂盛，所养本地水牛产奶虽少，但质量高，水分少，油脂大，特别香浓。清朝末期，董洁文与其父董孝华在顺德大良白石村以养牛为生，并跟着父亲做牛乳，后来为保存牛奶而制成著名的"仁信双皮奶"。

大良硼砂，是大良镇的又一特产，最初用面粉拌和猪油、南乳、白糖等配料而成，形似金黄色蝴蝶，顺德人俗称蝴蝶为"硼砂"，故得此名。硼砂始于清乾隆年间县城东门外的"成记"老铺，初为脆硬薄片；清光绪八年（公元1882年），李禧进行改进，使其风味甘香酥化，咸甜适度，继而驰名港澳地区以及新加坡、马来西亚，后已成为外地游客到广东必争购买的休闲小食。

雄鸭，是"南雄腊鸭"的简称，又称板鸭，以产于南雄府而得名，鸭嫩且肥，"腌，以麻油渍之，日久，肉红味鲜，广城甚贵之"。[①]南雄腌鸭，鸭皮白中透黄，油尾丰满、皮薄肉嫩、肉红味鲜、骨脆可嚼、风味独特，从而畅销广州。

———————————

① 吴震方：《岭南杂记》卷下，中华书局，1985年。

二、佛山崛起与铁锅制造业的勃兴

1. 佛山冶铁业崛起

佛山位于广东省的中南部，珠江三角洲平原的中北部，地处西北江干流通往广州的要冲上，控扼西江、北江之航运通道，交通位置便利，"上溯浈水，可抵神京，通陕洛以及荆吴诸省"[①]；向西可达云贵高原，通四川盆地；南达江门澳门、雷州半岛；向东可达番禺、东莞，通石龙、惠州，其强大的经济辐射能力，几乎覆盖了中国东南半壁河山。尤其在唐宋以后，北江航道南移汾江，佛山成为到达广州的必经之地，交通地理位置更加重要，从而为佛山以后成为岭南的中心市场提供了相当有利的条件。

佛山附近有着丰富的铁矿资源和精良的冶铁技术，明清时期，凭借优越的交通位置，佛山冶铁业迅速崛起，"春风走马满街红，打铁炉过接打铜"。发达的冶铁业带动了广东采矿、陶瓷、纺织、造船和其他手工业的发展，吸引了各地商人和无产者来到佛山，加速了佛山人口的增长，推动了佛山城市的繁荣兴旺。到清朝初期，佛山已是一个拥有几十万人口的典型的工商业城镇，**"四方商贾之至粤者，率以佛山为归"**，佛山城内**"屋宇森覆，弥望莫及"**，其街道是**"阛阓（huánhuì，店铺）群列，百货山积"**，街上人员**"往来络绎，骈踵摩肩"**，**"喧闹为广郡最"**[②]，其繁华程度一度超过了当时广东的省会广州，与朱仙镇、景德镇、汉口镇同誉为天下"四大名镇"。清中叶以后，全国工商业经济进一步发展，新兴的工商业城市不断涌现，佛山，作为发达的工商业城市一直保持到清中期，被时人称为："天下有四聚，北则京师，南则佛山，东则苏州，西则汉口"[③]。

---

① 吴荣光：乾隆《佛山忠义乡志》卷十《艺文志》，江苏古籍出版社、上海书店、巴蜀书社，1990年。

② 郎廷枢：《修灵应祠记》，转引自吴荣光：《佛山忠义乡志》卷十二《金石下》，江苏古籍出版社、上海书店、巴蜀书社，1990年。

③ 刘献庭：《广阳杂记》卷四，中华书局，1957年。

2. 铁锅制造业发达

明清佛山冶铁业发达，炉烟日夜不停，铸声不绝于耳，"佛山之冶遍天下"[①]。至清朝康雍乾时期更是达到顶峰，奠定了佛山在南部中国的冶铁中心地位。佛山冶铁业的发展促进了铁制厨具的盛行。佛山的铁制厨具中首当其冲的是铁锅，于是，锅行也成为冶铁行业之中的第一大行。"铸犁烟杂铸锅烟，达旦烟光四望悬"[②]，正是当时铸造铁锅的真实写照。铁锅产品又有很多，据《广东新语》记载："大者曰糖围、深七、深六、牛一、牛二；小者有牛三、牛四、牛五。以五为一连曰五口，三为一连曰三口。无耳者曰牛，魁曰清。"故时人称"佛山商务以锅业为最"。

佛山铁锅的兴盛和当时对铁锅的极大需求有着密切关系。明清时期随农业商品经济的发展，珠江三角洲甘蔗种植面积迅速扩张，有些地区蔗田几乎与禾田相等，随之促进了蔗糖业的发展。制糖的利润甚高，开糖房制糖的广东人大多由此致富，由此带动了粤东大部分农民自己榨蔗煮糖。煮糖之法一般需要大灶一个，灶上放置三口大锅，这种大锅俗称"糖围"，直径大约四尺，深约一尺，容纳糖汁约七百斤。此锅又常常需要更换，故需求数量相当大。明清缫丝业发展很快，缫丝煮茧也大量需要铁锅。明代盐业生产技术处于煎盐阶段，也需要大锅，"凡煎烧之器，必有锅盘。锅盘之中，又各不同，大盘八九尺，小者四五尺。俱用铁铸"[③]。当时广东盐场很多，每年采盐产量更是惊人，所需煎盆镬数量极大。铁锅还是家庭厨房必备炊具，此时的广东，由于经济发展的迅速，而使人口大增，铁锅需求量很大。

佛山当时创造了独特的铁锅冶铸技术——"红模铸造法"。用这种工艺冶铸出来的铁锅，金相组织（指金属或合金的内部结构）十分细密均匀，锅的表面光

① 屈大均：《广东新语》卷十五《货语》，广东人民出版社，1991年。

② 吴荣光：乾隆《佛山忠义乡志》卷十一《佛山竹枝词》，江苏古籍出版社、上海书店、巴蜀书社，1990年。

③ 陆容：《菽园杂记》卷十二，中华书局，2007年。

洁度极高，"烧炼既精，乃堪久用"，故"凡佛山之锅贵坚也"。[1] 当时，广东最好的铁矿石在罗定，佛山铁锅所需铁矿石原料全部来自罗定，凭借优质的铁矿石原料，佛山铁锅独具一格，与别处生产的铁锅有着明显的区别，"鬻于江楚之间，人能辨之"[2]。

明清两代统治者均在佛山采置"广锅"，"广锅"由此名扬天下，畅销全国。明朝郑和下西洋，最远到达非洲东海岸，每次都带去不少佛山铁锅，而广东民间嫁女常用佛山铁锅作为嫁妆。乾隆年间，在山东临清有锅市一条街，广锅成为其中的重要商品之一，此街亦因此成了临清"最为繁盛"之区。[3] 更令人惊奇的是，当时先进的炼钢技术——灌钢法也采用佛山锅片，"熟钢无出处，以生铁合熟铁炼成；或以熟铁片夹广铁锅涂泥入火而团之"[4]。佛山锅片薄而坚硬，正是"团钢"的好原料。那时两湖客商购买佛山铁锅，有很大一部分是放弃其使用价值，打成碎片炼钢，因此装运时随便乱扔。至今南海县仍有一句谚语：湖南佬买锅——携来扔。

佛山铁锅的畅销也刺激了很多广东人走私铁锅，他们不顾当时明朝政府实行的海禁政策，非法走私广锅至日本，因为日本"（铁锅）虽自有而不大，大者至为难得，每一锅价银一两"[5]；或者通过澳门贩运至东南亚等地，仅此一项即可获得相当丰厚的利润。康熙二十三年（公元1684年），清政府解除海禁，佛山铁锅才得以正式出口，如同久积的洪水滚滚销往海外。据雍正年间广东布政使杨永斌奏称："（夷船）所买铁锅，少者自一百连（口）自二三百连不等，多者买至五百连并有一千连者。其不买铁锅之船，十不过一二。查铁锅一连，大者二个，

东南地区卷

第五章 明清东南地区的崛起与饮食文化的兴旺

---

① 范端昂：《粤中见闻》卷十七《物产·铁》，广东高等教育出版社，1988年。
② 吴荣光：乾隆《佛山忠义乡志》卷八《人物志》，江苏古籍出版社、上海书店、巴蜀书社，1990年。
③ 徐檀：《明清时期的临清商业》，《中国经济史研究》，1986年第2期。
④ 唐顺之：《唐荆川先生纂辑武编·铁》，徐象枟耘山馆，明万历刻本。
⑤ 胡宗宪：《筹海图编》卷二《倭国事略》，台湾商务印书馆，1986年。

小者四、五、六个不等。每连约重二十斤。若带至千连，则重二万斤。"① 之后，佛山铁锅成为了大宗出口商品，近销东南亚各国，远至美国旧金山等地，大大促进了中国对外贸易的发展。史载，光绪年间，佛山铁锅贩往新加坡、旧金山等处，每年50余万口。②

三、精致食具异彩纷呈

明清市镇的兴起、手工业的发展和生活水平的提高，使得人们对饮食器具的质与量有了新的需求，从而把饮食器具的制作水平推上了一个新台阶。

1. 茶具

东南人好茶，好茶自然需要好茶具。一套精制的茶具用来配合色、香、味三绝的名茶，确实可以收到相得益彰的效果。中国茶具历史悠久，工艺精湛，品种繁多。茶具所用材料，唐宋时以金属为多，并以"金银为优"；到了明代时，茶具中的金属器具开始逐渐减少，陶瓷制品已经超过金银，特别是宜兴紫砂壶的出现，在陶瓷茶具中独树一帜，取得了首屈一指的地位。清代以降，茶具基本上都为陶瓷为主，并有了"景瓷宜陶"（即景德镇的瓷器、宜兴的陶器）的说法。纵观茶具的历史，东南地区生产的茶具也占有一席之地。

宋元时期，福建茶具主要为青瓷、白瓷和黑瓷，其中又以黑瓷最为有名。至明朝，由于饮茶方式的变革，黑瓷已不再受人欢迎，随之被白瓷茶具和青瓷茶具所取代。福建民间所用茶具多为青瓷茶具，虽然工艺较粗，但最为普及。兴化府仙游县万善里潭边"有青瓷窑，烧造器皿颇佳"，北洋澄村"有瓷窑，烧粗碗、

---

① 鄂尔泰等：《雍正九年十月二十五日广东布政使司杨永斌奏折》，《朱批谕旨》，北京图书馆出版社，2008年。

② 张之洞：《张文襄公全集》卷十五《筹设铁厂折》，中国书店，1990年。

图5-6　明代德化窑白釉双耳三足炉

碟"。①福建的白瓷窑分布很广，有邵武青云窑、泰宁际口窑、建宁兰溪窑、德化白瓷窑等，生产的白瓷为福建瓷的上品，②历来备受海内外的重视，这其中又以德化白瓷最为著名。

德化位于闽南山区，宋代以来即以生产瓷器盛名。明代德化白瓷做工精细，造型优美，质地坚硬，白如玉石，其上品在日光照耀下晶莹如玉，光洁透明，在海外极受欢迎，欧洲的中国瓷器收藏家称德化白瓷为"中国瓷器之上品"。德化白瓷瓷器有罌、瓶、罐、瓿等，洁白可爱，"博山之属，多雕虫为饰"。③德化白瓷茶瓯，式样精细美观，如宣纸一样洁白，但也存在一些缺陷，如"胎重"等，影响茶水的颜色，"泻茗，黯然无色"。④

潮汕功夫茶的盛行带动了潮汕陶瓷茶具的生产。潮汕先民很早就懂得制陶，在东晋时已能生产青釉瓷品。唐宋是潮州陶瓷发展的繁荣时期，当时潮州四郊有

---

① 周瑛、黄仲昭：《重刊兴化府志》卷十二《货殖》，福建人民出版社，2007年。
② 黄仲昭：《八闽通志》卷二六，福建人民出版社，2006年。
③《德化县志》编纂委员会：《德化县志》卷二《物产》，新华出版社，1992年。
④ 周亮工：《闽小记》下卷《器物》，中华书局1985年。

很多陶瓷作坊和窑瓷。据饶宗颐《潮州志》载：宋代笔架山有窑99座，有"百窑村"之称，其生产的陶瓷品种和福建德化瓷器、江西景德镇瓷器一同驰名中外。元代，潮州陶瓷业衰落，至明代才复苏，不过基地移至枫溪。继承宋代的传统工艺，此时的枫溪陶瓷技术有了明显的提高，茶具制作工艺也得到了极大提高。清初与梁佩兰、屈大均合称"岭南三大家"的布衣诗人陈恭尹，有一首咏潮州茶具的五律："白灶青铛子，潮州来者精。洁宜居近坐，小亦利随行。就隙邀风势，添泉战水声。寻常饥渴外，多事养浮生。"白灶，即截筒形茶炉；青铛，即瓦档（砂铫）。此两件乃功夫茶"四宝"中之二宝，能博得罗浮诗家陈恭尹"潮州来者精"的赞誉，可知其精洁、小巧，便于携带、逗人喜爱的程度，而茶具的精良，也正反映了其时潮州茶事的兴旺。

2. 彩瓷

清光绪年间，潮州枫溪人姚华开设瓷庄，吸收了彩瓷技术，首创"小窑彩"生产，彩绘颜料略厚于洋彩，纹样也较简单，但古色古香，俗称"本彩"，自此"枫溪彩瓷"出现。光绪末年，受中国画技影响，枫溪彩瓷工艺有了进一步发展。宣统二年（公元1910年），潮州廖集秋创作的"百鸟朝凤四季盘"，许云秋、谢梓庭创作的"釉上彩人物盘"，参加南京全国工艺赛，尔后又参展美国"太平洋万国巴拿马博览会"。自此，潮州枫溪彩瓷名扬海内外。

"广彩"是广州彩绘或广州织金彩瓷的简称，是我国陶瓷艺术上的一朵奇葩，亦是中外贸易发展的产物。清代中叶，由于欧美洋人对中国瓷器的喜爱，广州商人乃"投其所好"，他们从江西景德镇买回大批素白瓷胎，运到广州河南（今海珠区）设立的陶瓷工场进行加工，雇请工匠仿照西洋图画加彩绘烧制，由此促使了"广彩"的出现。刘子芬《竹园陶说》云，"广彩""始于乾隆，盛于嘉、道"。[1] 刚开初，"广彩"的匠师与彩绘颜料基本上来自景德镇，广东陶瓷商人根

---

① 刘子芬：《竹林陶说·广窑附广彩》，转引自陈柏坚、黄启臣著《广州外贸史》，广州出版社，1995年。

图5-7　清代广彩人物汤盅连托盘　　　　　　图5-8　清代广彩人物龙头把杯

据洋人需要而加工，或模仿景德镇风格加彩绘烧制，但缺乏自己的特色。嘉庆年间，广彩一改以前基本照搬景德镇的制法，颜料主要使用了广州所制的西洋红、鹤春色、茄色、粉绿等，画技则多仿照西洋画法，时间一长形成了自己"绚彩华丽"的风格，并得到了社会的承认。至道光时期，在吸收中西工艺精华的基础上，广彩已完全形成自己的风格，"绚彩华丽，金碧辉煌，热烈清新，构图丰满，繁而不乱，犹如万缕金丝织白玉的织金彩瓷"。清末民国时期，由于一些知识分子和岭南画家的参与，使得广彩瓷器得以继续发展。在广彩瓷器中，有相当多的是属于茶具一类，既可泡茶实用，又可作艺术品欣赏，使人在品茗中享受视觉的愉悦。寂园叟《陶雅》云：广彩"其所设茗碗，皆白地彩绘，精细无伦，且多用界画法，能分深浅也"。法国大作家雨果因酷爱广彩瓷器，不仅收藏了许多，而且赋诗称赞其为"来自茶国的处女"。

3. 锡器及各种酒具

明清的锡器很盛行，主要为食用器具，有碟、壶、盆、盒等。东南人善于制造锡制食具，其中又以广州人制造的最为精良。民间谚语曰："苏州样，广州匠。"意思是苏州锡器天下闻名，广州工匠工艺满天下。这也说明了广州工匠善于仿制国内名产而制出了同样闻名的食用器具。

图5-9　清镶玉兰花纹扇形锡壶

图5-10　清黄洽款梅花纹六角锡壶

广东人喜好喝酒，又颇尚奇器，各式特色饮酒器具应运而生。用本地特产植物椰子制成的椰杯，盛行于海南一带；椰杯以小为贵，像拇指一样大小的尤其珍贵。用动物特色部位制成的有：鹲（méng）鹏杯，是用鹲鹏鸟的喙啄制成，长一尺左右，光莹如漆；鹤顶杯，用海鹤顶部制成，坚润如金玉；其他还有鹦母杯、红虾杯、鸬鹚杯、海胆杯、共命杯、火鸡卵杯等。粤人平常喝酒多用沉香杯，系用大小、方圆合适的香木刳成，千姿百态。①

4. 西方食具的传入

随西方文化东渐，欧洲的饮食器皿纷纷传入东南，其中玻璃器皿颇受关注。张渠《粤东见闻录》载："今来自番舶者，玻璃有酒色、白色、紫色诸种，与水晶相似，碾作眼镜及器皿，表里莹彻。"也有用琥珀雕琢的器具，亦十分名贵，有密珀、金珀、水珀多种，色彩瑰丽而晶莹。还有以水晶制作的食器，精莹而光亮。来自日本的螺钿器"物像百态，备极工巧，令粤人亦善制之"，是当时非常豪华高贵的饮食器用。这一时期象牙、犀牛角大量进口，用它们制作的饮食器皿大受富贵之家青睐，如象牙筷子、犀角酒杯等。据说，象牙筷子遇毒发黑，犀角酒杯注

---

① 屈大均：《广东新语》卷十六《器语·酒器》，中华书局，1985年。

入沸酒甚香，遇毒则生白沫。由于有防毒的特殊功效，故销售价值昂贵。①

四、美食园林的兴起

明清岭南经济的崛起促使当地产生了很多富甲一方的商人，这些商人不仅追求建筑的风格和居住的舒适，而且追求食物的奢华和环境的雅静。为此，他们建造了各式各样的私家园林，聘请了专门的名厨，和亲朋好友或者重要客人在此品尝精心烹制的美食，确实是人生的一大快事，而这也是当时岭南富商和官绅之家普遍追求的生活方式。

广州是美食园林的发源地之一，五代十国时期的南汉政权（公元917—971年）修筑的皇家园林遗迹就有西湖、药洲、荔枝湾、流花桥等名胜，王公贵族相约其中举行宴饮。

明清以来私家园林层出不穷，尤其是清朝如东皋园、云淙别墅、杏林庄、小画舫斋、荔香园等都是当时著名的私园，留存至今的园林以广东四大名园：顺德清晖园、番禺余荫山房、佛山梁园、东莞可园最为著名。此时期岭南园林的兴起与岭南经济的崛起及城镇手工业的发展有着密切关系。

园林的兴建需要建筑材料，一些上等材料此时就派上了用场，例如佛山建筑行业著名的木雕、砖雕、灰批；石湾陶业生产的琉璃瓦、窗棂、鸟兽陶塑、大金鱼缸；广州生产的精美豪华的红木家具……这些为园林建筑奠定了重要的物质基础。而清代十三行富商大修园林别墅，则把园林艺术推向了新的高峰。《广州城坊志》引俞洵庆《荷廊笔记》说："广州城外滨临珠江之西多隙地，富家大族及士大夫官成而归者，皆于是处治广囿、营别墅，以为休息游宴之所。其著名者，旧有张氏听松园、潘氏之海山仙馆、邓氏之杏林庄。"在广州河南漱珠桥的南墅潘园，门外陂塘数顷，遍种藕花，风景秀美，收藏书画鼎彝。万松园的伍氏别

---

① 张渠：《粤东见闻录》卷下《洋皿》，广东高等教育出版社，1990年。

墅，收藏法书名画极富。

在众多园林中，行商潘仕成以其雄厚的财力在广州荔湾修建的"海山仙馆"最令人瞩目。这座园林建筑广达数百亩，巨湖环绕，直通珠江，蔚为壮观，门前有"海上神山，仙人旧馆"的对联，园内楼台交错，树木成荫，誉之为"荷花世界，荔子光阴"。海山仙馆是名流宴会、送客迎宾之馆，又是文物汇聚、文人雅集之地，馆内珍藏了大量的古董、金石、字画、图书，被誉为"南粤之冠"。

富贵之家对美食及其环境的讲究带动了岭南酒楼营销观念的变革，酒店老板不仅注重美食的数量和质量，而且开始追求饮食环境的典雅别致，纷纷改善店内外的装饰，力求园林式风格，以赢得更多客人的青睐，从而兴起了一股美食园林的热潮。

岭南的美食园林是在摹仿私家园林中探索出来的一条饮食文化新路。在继承和发扬中国园林传统技艺的同时，又融进了岭南独特的饮食文化。其建筑小巧玲珑，以青砖绿瓦为建筑特色，注重明亮淡雅的格调，布以小桥流泉，曲径通幽，池塘水榭。园内设叠石景观，池畔浮有画舫，环植花木，配以岭南盆景、书画、古董作点缀，桌椅俱用红木家具，营造出清幽奇特的胜景以吸引食客。当时不少酒楼则利用江流山景，营造园林美景，让食客边品尝美食边饱览自然风光。"寄园"即为典型的美食园林。寄园地处小北门外天官里，又名"评香小榭"。黄佛颐《广州城坊志》卷一《寄园巷》记："主人以鱼苗为羹，曰秀鱼羹，极美。主人荷榭落成，邀同南山司马过饮，因司马题咏，始盛觞宴。"从中可知，寄园有自己独特的菜肴"秀鱼羹"，又有池塘水榭为特色的园林，还特邀名家作题咏，从而成为兴旺的饮食乐园。

广州的濠畔街南临濠水，这里朱楼画榭，飞桥相接，连属不断，饮食之盛，歌舞之多，胜过秦淮数倍。《广州城坊志》引张维屏《艺谈录》说：他的外祖父湘门先生于濠畔街建素舫斋，池馆清幽，饮馔精洁，一时名流云集。岭南的名楼食肆多亲近水，《白云越秀二山合志》记："漱珠桥在河南桥畔。酒楼临江，红窗四照，花船近泊，珍错杂陈，鲜薨（hōng）并进，携酒以往，无日无之。初夏则三鲦、比目、马鲛、鲟龙；当秋则石榴、米蚧、禾花、海鲤。泛瓜皮小艇，与二三情好，薄醉而归，即秦淮水榭未为专美矣"。

以花舫形式巡回于珠江河岸，集游乐宴饮于一体的紫洞艇，是清末民初广州很流行的一种新潮游宴，也可以说是岭南人追求美食园林的另一种表现。《广州城坊志》引晚清时人周寿昌《思益堂日札》记："置船作行厨，小者名紫峒艇，大者名横楼船，极华缛，地衣俱镂金彩。他称是，珍错毕备，一宴百金，笙歌彻夜，风沸涛涌。"本来花舫游艇赏宴是很有珠江特色的游艺，但渗进了色情或艺伎活动，品位便低俗了。但这种宴饮方式，在清末民初仍然流行。"珠江总宜、乘莲、凤窠诸舫，皆花船之最巨丽者，每一夕宴费动百金，诸妓坌集，数十辈围坐左右，笙歌嘈杂，灯火熏蒸……"[1]特别在清末，花舫楼船云集珠江河岸，成为广州的一道亮丽夜景。

美食园林的兴起不仅意味着人们对饮食环境的重视和追求，而且它标志着饮食行业的发展已向近代社会迈进。传统的、单一性的饮食经营已经不能满足市镇生活的需求，新的经营机制应运而生，饮食与园林建筑、娱乐开始紧密地结合，一个饮食高消费的时代已经到来。

第四节　东南菜系的成熟定型和壮族饮食文化的发展

明清是东南经济的高速发展时期，亦是东南汉族各大民系与广西壮族的发展壮大时期。在这发展过程中，东南各大菜系成熟定型，自成一体。广府菜、闽菜名扬全国，在全国八大菜系中占据其二；潮汕菜融汇闽菜、广府菜之精华，在创新中又有了自己的特色；山居的客家人依托山区特色，形成有山区风格的客家饮食文化；在保持本民族特色基础上，受汉族先进饮食文化的影响，壮族饮食文化有了极大发展。

---

① 黄佛颐著，仇江、郑力民、迟以武注：《广州城坊志》，广东省出版集团、广东人民出版社，2012年。

一、广府菜——粤菜精华的荟萃

以广府菜（又称广州菜）为代表的粤菜集中体现了岭南饮食文化的重要内容。秦汉时期，北方移民南下，中原饮食文化和当地少数民族饮食的融合，产生了广府菜的雏形；唐代广州菜开始多样化，并形成自己独有的风味；明清时期，广州菜继续吸收中外菜肴文化的精华，使自身得以迅速发展和提高，从而进入了全盛时期。广府菜的主要特色如下：

1. 食源广泛，选料讲究

以广州为中心的珠江三角洲，河网密布，物产丰富；同时广州又是华南重要的政治经济中心和商品集散地，中外各种食料荟萃于此，为广府菜的发展提供了丰富的原料，也造就了广府菜用料广泛的一大特色。继承古越人的遗风，在唐宋广府菜的基础上，明清广府菜的用料更加广博，只要能食用，就都可用来作为烹调的原料，像路旁的野菜、美丽的鲜花、可怕的蛤蚧、令人生畏的蛇、鼠、猫、虫等皆可入馔，如广州名菜"龙虎凤大会"，即以蛇、猫和鸡为主料烹饪而成。不过，广府菜还是以海鲜和野味为上等佳肴。海鲜推崇石斑、鲳鱼、明虾、海龟、鳗鱼等，野味则推崇山瑞、甲鱼、果子狸、穿山甲、山斑鱼、龟、蛇等。广府菜用料广泛的特点一方面极大丰富了广府菜的菜品，但另一方面也造成了某些稀有动植物资源的减少，一些食俗值得反思。

广府菜选料很讲究，务求鲜嫩质优，讲究原料品种。海鲜河鲜要求新鲜，家禽野味要求即宰即烹，蔬菜瓜果要求新鲜嫩绿。如白切鸡要求选用清远鸡和文昌鸡，烹制鲳鱼要以白鲳为佳，吃虾则以近海明虾和基围虾为上乘。

2. 制作精细，技法多样

广府菜的制作精细体现在刀工和火候上。刀工就是按照烹调的需要，运用各种刀法把原料切成各种适合烹调的形状。粤菜刀法多样，变化繁多，有斩、劈、切、片、敲、刮、拍、剁、批、削、撬、雕12种刀法，通过这些刀法，可将原材料按需要加工成丁、丝、球、脯、茸、块、片、粒、松、花、件、条、段等形状，既可适应烹调，也使做出的菜肴极富美感，以便达到色香味的统一。广府菜的烹制还特别讲究火候，行内有"烹"重于"调"的说法。烹制时根据食料性质和作法而运用不同的火候。炒青菜用旺火，熬鸡汤则用微火，同一种菜有时需要旺火、有时需要中火或微火。对烧制各类菜肴、各种菜品火力的精准把握，正是高超烹饪技巧的体现。

早在唐代，广府菜即已有十多种烹调方法，至民国，这套烹调方法已发展至煎、炸、炒、炆、蒸、炖、烩、熬、煲、扣、扒、灼、滚、烧、卤、泡、焖、浸、煨等20多种，形成自己独特而完善的烹调方法。广府菜的烹调技法巧于百般变化，往往虽然使用同一技法制作同一种菜，但也会因火候的强弱、用油的多寡、投料的先后、操作的快慢不同，使菜肴质量有较大的差异。但是，这都是在一整套广府菜烹饪技艺基础上的灵活运用。广府菜多样的烹调方法使其菜肴特别丰富多样，是岭南饮食文化中的一朵奇葩。

3. 顺应四时，清淡新鲜

珠江三角洲气候炎热，高温期时间长，令人无法接受油腻的食物，自然追求清淡的口味，这也是广府菜长期以来所形成的风格。如广州名菜"八宝鲜莲冬瓜盅""清蒸大龙虾"等，均以清鲜可口见长。然广府菜的清淡并非淡而无味，而是清中求鲜，淡中取味，嫩而不生，滑而不俗，而且注重随季节而有所变化。广州夏秋漫长，冬春短暂，在炎热的夏秋时节尤其追求清淡的菜肴口味；在天气稍冷的冬天，广府菜稍可浓郁，并讲究滋补，如生煲羊肉、花雕肥鸡等。

4. 善煲汤粥，点心出色

由于岭南气候炎热时间长，人体流汗多，消耗大，且易"上火"，故广州人非常注重煲汤和粥，认为汤粥可补充人体缺乏的水分，并对身体有滋养作用，故有"宁可食无菜，不可食无汤"之说。汤，成为广州宴席必需的菜肴，且分量很重，在上正菜前，广府人一般喜欢先喝上一碗鲜汤。广府菜汤种类众多，用不同的汤料和不同的烹调方法，可以烹饪出不同口味的汤。汤的烹调方法一般是滚、煲、烩、炖四种，冬春多用煲炖，夏秋多用滚烩。在广州，据说看一个家庭主妇是否能干，就是看她能煲出多少种汤。"煲"是以汤为主的烹制方法，一般用瓦罐煲制。传统的广州"靓汤"有三蛇羹、椰子鸡汤、三丝鱼翅羹、老鸭薏米汤、西洋菜猪骨汤、虫草竹丝鸡汤等。

广府菜的粥品亦是非常有名，不仅种类多，而且制法独特，茶楼酒店的早餐晚茶都有各式各样的粥品供应，街上也遍布各种粥店。厨师一般用上好白米熬好一大锅白粥，然后按食客要求把白粥倒进小锅里，用鸡、鸭、鱼、虾、蟹、猪肝、肉丸、牛肉、皮蛋等预先备好的粥料，配以姜、葱、蒜等，制作出不同的粥品。

作为中外交通的重地，广州贸易发达，商业繁荣，商人云集，长期以来就汇集了各地的美点小食。广州人又善于仿效创新，吸取了中外各种点心的做法，形成了自己的特色，故粤式点心特别丰富，各大饭店茶楼都有上百款的点心菜单，使广州人民百吃不厌。

广式点心品种繁多，主要可分为三大类：一为从古代流传下来并有所发展的岭南民间小吃，如米花、纱壅、炒米饼、膏环、薄脆、端午粽、重阳糕、荷叶饭、粉果以及椰子、芝麻、豆糖做的糍等；二是从海外传入广东而被吸收改进的西方糕点，如面包、蛋糕、奶油曲奇、马拉糕等，它们最终发展成为具有岭南风格的点心；三是从北方传入广东而相继被改善创新的面食点心，像萨其马、灌汤包、千层饼、烧卖、馄饨、面条、包子、馒头等。像"蟹黄灌汤饺"，即是从北方的"灌汤包"发展而来，用热面皮包肉馅蒸制而成，至今已有几百年的历史。其色如蛋黄，皮薄如纸，软韧爽滑，馅嫩汤旺。20世纪30年代，广州点心师傅把它作了进一步改进：用鸡蛋液、碱和面作皮，而皮爽滑稍韧，擀薄至不穿破时为最好，以使馅中之汁不易漏失；同时在猪皮冻中酌情加些琼脂，使汤汁盈满而不腻口，吃起来更加可口。"叉烧包"亦从北方"包子"发展而成。用掺糖的发酵面团作皮，叉烧肉为馅，蒸熟后的包子色白松软，富有弹性，咸甜相成，美味可口。广式点心以用料广泛、品种繁多、制作精巧而著称，近百年来享誉海内外，成为粤菜饮食文化的重要部分。

二、闽菜——特色独具的滨海饮食风格

随福建社会经济文化的不断发展，福佬民系的发展壮大，至明清时期，闽菜体系已基本成熟，成为我国八大菜系之一。闽菜在坚持中国烹饪文化的优良传统基础上，突出了浓郁的地方特色，创造了鲜嫩、淡雅、隽永、醇和、色香味形俱佳的饮食菜谱。具有鲜明地方风味的福建菜系的形成，与福建独有的地理、物产、气候有着密切的关系。闽菜的饮食风格主要有以下几个特征：

1. 精致细腻，菜品千种

闽菜非常注重刀工，不仅严谨，而且巧妙，入于菜中，富于美感。像"淡糟香螺片""鸡首金丝芋"等菜，用"剞花如荔、切丝如发、片薄如纸"的精湛细腻刀法来表现其造型，既美观又易入味。如"龙身凤尾虾"一菜，以鲜对虾为主料，配以水发香菇、火腿、冬笋炒制而成，其刀工独特，成菜后虾肉玲珑剔透，宛如白玉，身似龙，尾似凤，故名"龙身凤尾虾"。又如"荔枝肉"，成菜色泽红艳，形似荔枝，脆嫩酥香，乃福州传统名菜。

闽菜选料精细，泡发恰当，火候适宜，烹调细腻，以擅长炒、熘、煨、炖、蒸、焖、爆诸法而著称。例如闽菜中最著名的"佛跳墙"，相传为光绪年间福州聚春园菜馆老板郑春发所创，即把鱼翅、海参、干贝、鲍鱼、香菇、鸡、鸭、肉等20多种山珍海味放在绍兴酒坛中用文火煨制而成。由于此菜选料精良，火候精到，发制独特，香鲜异常，并注重煨制的器皿，色、香、味、形无可挑剔，被誉为"坛启荤香飘四邻，佛闻弃禅跳墙来"，是闽菜的代表作。闽菜有2000种以上的花色品种，其中"佛跳墙""淡糟炒鲜竹蛏""一品抱蛎"等都是名扬海内外的名菜。

2. 海味山珍，相得益彰

福建海岸线长，岛屿众多，海产丰富，明代周亮工撰写的笔记小说《闽小

记》所记福建特产有江瑶柱、燕窝、土笋、西施舌（蛤、蚌之类）、墨鱼、鲟鱼等几百种。清代《福建通志》载："蚶蛏蚌蛤西施舌，入馔甘鲜海味多。"生长在闽南海边的西施舌（俗称海蚌），肉嫩味美，色香形俱佳，自古为贡品，名扬海内外。浙江钱塘陆姓秀才尝西施舌后赞曰："此是佳人玉雪肌，羹材第一愿倾赀（zī）。"[①]闽菜中以海产为主料的菜品特多，如著名的"鸡汤川海蚌""白炒鲜干贝""酥鱿鱼丝"等享誉国内，以海产制作的风味小吃也很多，如"深沪水丸""海蛎煎""炒蟹羹"等风味诱人。

福建全境多山，盛产山货，一些福建名菜多以山货为原料，如武夷山以蛇肉和鸡肉烹调的"龙凤汤"，闽北山区的"清水冬笋"和"酿香菇"、福鼎的"太极芋泥"等山区特色菜肴，为闽菜增色不少。

3. 口味酸甜，糟香浓郁

闽菜偏于酸甜，与福州拥有丰富多样的作料以及烹饪原料多取自山珍海味有关。与川菜、湘菜多用辣椒之不同，闽菜喜用糖调味，口味偏于甜、酸、淡。用糖可以去腥膻，用醋使菜品爽口，淡则是为了保存本味和突出鲜味，是适合福州炎热气候的口味。由于用得恰到好处，所以闽菜甜而不腻，酸而不峻，淡而不薄。如"淡糟炒竹蛏"即是，该菜选用福州沿海一带的特产竹蛏为原料，配以冬笋、香菇、葱蒜、淡糟等烹制而成。又如"香露全鸡"，以肥嫩母鸡为主料，配香菇、火腿肉、丁香子等，是福州传统名菜。

调味品还常使用红糟。红糟是福建特产，用红曲、糯米酿造而成，具有酒香浓郁、颜色鲜艳的特点。用红糟可给鸡、鸭、鱼、肉等荤菜调味，螺、蚌、蛤、竹笋、蔬菜也可使用红糟。用红糟调味技法诸多，有炝糟、淡糟、煎糟、醉糟、腌糟汁等十余种用糟法。如"淡糟香螺片"，雪白的螺片上淡妆着艳红的糟汁，成菜色泽呈红，香螺肉质脆嫩，糟香味美，食之清鲜爽口。此外，在调味品中也

[①] 徐珂：《清稗类钞》第十三册，中华书局，1986年。

多用虾油，并且吸收了不少的"舶来品"，如咖喱，沙茶，芥末等香辣型的调料，进一步丰富了闽菜的口味。

4. "无汤不行"，百汤百味

闽菜素有"无汤不行"之说。汤是闽菜的精髓，多运用炖、煮、煨、蒸、氽等烹饪技法，在汤中加上适当的辅料，可使原汤变幻出无数益臻佳美的味道来，而不失其本味。如福建名汤之一"七星鱼丸汤"，成菜汤清如镜，鱼丸洁白，漂浮在汤碗面上形似满天星斗。正因为汤菜的原料及调汤非常讲究，烹调上善于变化，从而出现"一汤多变"的效果。福州菜善于以汤保味，汤菜品种达2000种以上，且味型丰富，有"百汤百味"之说。

5. 佳果众多，果品入肴

福建水果种类繁多，以柑橘、龙眼、荔枝、香蕉、菠萝、枇杷、橄榄、甘蔗等闻名，各类水果的食用也较为讲究。如漳州有著名的"柚子宴"，宴席上点"柚灯"，喝"柚茶"，吃柚果和柚皮蜜饯。泉州的"东壁龙珠"即是果品入肴之佳品：先将龙眼去核，再将馅心填入龙眼，经炒制而成。还有些用水果加工的小食品，如永春的"金橘糖"、厦门的"青津果"、福州的"五香橄榄"等果肴，也都有盛名。

三、潮菜——闽粤融汇有创新

潮州地区自古就和福建有着密切的联系，饮食习俗和福建较为相似。明清时期，潮州地区商品经济有了较大的发展，樟林港海船出入，商旅云集，潮州城巷陌贯通街道轩豁，"殷富三吴井，繁华百粤强"①，潮州地区呈现出前所未有的繁荣。同时，受东南沿海社会风气的影响，潮州地区也日趋奢靡，"第宅错绣，鲜

---

① 黄钊：《潮居杂诗》，转引自雍正《海阳县志》卷一二，刻本，1734年。

衣丽裳，相望于道"，从而促使了潮州饮食文化向讲究高档次美食的方向发展。

潮菜是潮汕地区长期形成的、富含潮汕食俗民风的中国地方菜系之一，具有如下特点：

1. 擅长烹制海味，自成一体

潮州在食海鲜上有悠久的历史传统和丰富的烹制经验，素有"无海鲜不成席"的说法。乾隆《潮州府治·风俗》记载："所食大半取于海族，故蚝生、鱼生、虾生之类，辄为至味。"潮州菜的优点在于选料、烹制方面，有一套自己的经验与做法，自成体系，可以充分体现出海鲜甘美可口的风味。同一种海鲜原料可以烹制出色、香、味、形多种变化的菜式。如潮州菜中的肉蟹、膏蟹，其烹制方法有"生炊肉蟹""生炊膏蟹""干焗蟹塔""生炒蟹""炒芙蓉蟹""干炸蟹枣""清汤蟹丸""鸳鸯膏蟹"与"瓢金钗蟹"等几十种，其中"生炊肉蟹"和"生炊膏蟹"是潮州特有的海鲜名菜。虾的烹制有白灼、油泡、滑炒、干炸、盐焗、虾丸、虾枣、虾筒、虾烙等多种方法。因此，海鲜成为潮菜的一大标志。

2. 兼收广闽之长，注重汤菜

与广府菜偏重清、鲜、滑、爽相比，潮州菜口味更注重清淡鲜美。潮州菜的清鲜，主要靠原料的鲜活和烹调的清淡。在烹饪方法上，潮州菜更多采用了广府菜的炒、蒸、炖、焯等方法。潮州菜的清鲜还体现在汤的广泛使用上。与粤菜相比，两者有着十分明显的区别。粤菜宴席一般只有一道汤，用于餐前。汤以文火熬成，久熬者称"老火靓汤"。潮汕人无论日常生活的饭菜，抑或是筵席的酒菜，都以汤菜为重。这种汤菜种类很多，汤水讲究，料子丰富。边吃边喝，与其他地区筵席的清淡菜汤作为饭前酒前润喉用的习惯不同。这点可能是受闽菜的深刻影响。

在日常生活中，潮州人的午餐晚餐都要煮一盆汤菜。有以蔬菜为主，肉类作为配料的，也有以肉、鱼、贝类为主，以少许蔬菜、腌菜作为配料的。如：大白菜煮鳙鱼头或海蛎或排骨赤肉；白萝卜煮鱿鱼或排骨；春菜煮排骨；黄豆或花生煮排骨；菱角煮赤肉；大芥菜煮肥猪肉加姜片；空心菜煮螃蟹；冬瓜煮肉脞；苦瓜煮肥肉；豆粉煮猪肉排骨沙虾；竹笋煮猪肉、排骨等。

粗菜精做也是潮州菜的特点之一，例如有名的潮菜"护国菜"即是一例，该菜主要原料是番薯叶子。关于此菜的来历，还有一段典故。据说南宋末年，宋帝被元兵所追，南逃到潮州的一座小寺庙中。寺庙和尚见宋帝饥渴疲惫，却又实在拿不出什么可吃食物来招待皇上，只好用薯叶作了一道素菜，不料饥渴交加的皇帝却吃得津津有味，并赐名"护国菜"。实际上此菜由潮州家常菜演变而来。把地瓜叶烫熟切碎，加上草菇、鸡油、精肉上汤，蒸20分钟取出，捡去渣滓，然后加入油、上汤熬煮，最后加芡至熟即成，宜盛在白瓷小碗中，白绿相间入口滑嫩，清香可人。

3. 注重作料，讲求五味调和

潮州菜以清淡鲜美为主，然一味清淡则很难适应众人的胃口。为此，须通过餐桌上的各式佐食调料来调和。潮州菜的佐餐调料品种繁多，常用的有豆酱、鱼露、酱油、沙茶酱、橘油、红豉油、香豉、小麻香油、浙醋、陈醋、梅羔酱、三掺酱、沙茶、芫荽、芹菜等，还常用姜、葱、蒜再加调配，从而使潮菜酸、甜、辣、咸、香五味俱全。[①] 善于调味是闽菜的一大特色，这也是潮州菜在形成过程中受到了闽菜的深刻影响。

在饮食文化中，"和"从技术层面来说是指烹饪中的五味调和。《论衡》说"狄牙（著名厨师易牙）和膳，肴无淡味"；《淮南子》曰"桓公甘易牙之和"，即指齐桓公爱吃幸臣易牙做的菜肴。中国自古就讲究调和之术，例如在煮肉羹时加入盐、梅，就是最早的调和手段。肉类有腥、膻之气，咸酸可消除腥、膻，还能增加食物的美味，这就是调和的作用。后来在中国烹饪文化中逐渐形成了"和"的概念，讲求食物调和。精通西方文化的林语堂先生进一步认为："中国人在将各种调味品调和起来这方面，远比西方人做得多"。

---

① 黄挺：《潮汕文化源流》，广东高等教育出版社，1997年。

在长期的饮食实践中，潮菜形成了一套作料配味、食物调和的规范。如牛肉丸配沙茶酱、生蒸鲳鱼配豆酱、卤鹅配蒜泥醋、清蒸螃蟹配姜末陈醋、生炊鱼配豆酱、生蒸龙虾配橘油、烧乳猪配甜酱等，几乎每道菜或汤上席时都有相应的味碟随之上桌，对号入座。饭店上菜不按规矩配搭作料，则会被视为外行。潮菜作料之多及配法之讲究，充分反映了潮州人精致细腻的作风和极尽讲究的民风，体现了中国烹饪文化中"和"的思想。

4. 小吃品种众多，主食副食合一

潮州点心品种繁多，源远流长。它吸纳了广式点心的风格，又创造了众多别具特色的点心。过去，潮州府城经济萧条，百姓谋生艰难，有的人不得不做起小本的小食品生意。为了使产品能在市场上立于不败之地，经营小食的商贩，纷纷发挥自身的聪明才智，制作出"人无我有、人有我好"的名优点心。发展至民国时期，潮州城有口皆碑的点心有胡荣泉鸭母捻、状元亭头阿辉粿桃、刘察巷头喜盛笋粿、鸡鹅鸭巷口无米粿、义井脚顺合粿汁、图训巷口阿开油炸芋、瀛洲楼下曾伯油炸粿、南门古薯粉糕、维新煎饺、人龟蚝烙、宏阳豆捧、厚刀春饼等。潮汕点心以其品种繁多、美味可口而扬名天下。

不像西方饮食那样无主副食概念，中国饮食讲求主食副食之分，饭是饭，菜是菜，饭是主食，菜是副食，吃饭需要配菜，体现中国饮食文化中"甘受和"的思想。广府菜中的点心指正餐之前用来充饥的小食，也指糕饼之类的食品，是米饭面粉类主食的延伸，体现了主食和副食的合一，一般不在宴席上出现，然而潮菜宴席必须有点心配搭，这和广府菜有别。广式点心闻名中外，但多见于茶楼的早晚茶之中，酒楼饭店的筵席上较少采用。而潮菜筵席，一般在12道菜中要必配一咸一甜两道点心，既丰富了菜式，起到了调和众人口味的作用，又体现了中国饮食文化中的主食副食统一的风格。

四、客家饮食——山区特色重朴实

闽粤客家民系在明清时期得到进一步发展壮大，随之带来了客家饮食文化的成熟，也形成具有民间特色的客家菜。客家人南迁后多居于闽粤赣三角地带，此处多为山区，山区生活赋予了客家饮食朴实无华、简约实在的特点。具体表现如下：

1. 简约粗放，习尚"熟米"粉食

客家人生活十分简朴，平日一日三餐都是以清茶淡饭为主，即使是有钱人家也较少大鱼大肉。客家人虽以大米为主食，但番薯、芋头、马铃薯、豌豆、蚕豆等杂粮几乎占了一半。客家人日常米饭以粳稻米为主，糯稻主要用于酿酒和小食品制作。番薯是客家人的副主粮，在客家地区种植非常广泛。客家人多处山区，在粮食短缺或青黄不接的时刻，番薯使许多客家人摆脱了饥饿的困境。芋头也是客家人重要的蔬食，既可做粮，补五谷之不足，又可以作蔬菜，烹成美味佳肴，对于贫苦人家是一宝。在灾荒之年，芋头更成了与番薯起同样作用的救命粮。因粮食不足，客家地区养成了喝粥的习俗，有时是两餐粥一餐饭，缺粮时甚至是三餐粥，辅以杂粮。形成省食、粗食、杂食的传统。

客家人进食方式也是较为粗放的，农家饭菜更为简单，一蒸一煮，蒸的是咸菜，煮的是蔬菜，节时省柴火。至于冬令有食狗肉的习俗，一家人团团围在锅旁，边煮边吃，豪饮猜拳，尽兴吃喝。深圳南头一带也有不少客家人盛行吃盆菜的习俗，称"新安盆菜"。宴客是用一大铜盆盛上五花八门的什锦菜，把各种菜式混放一盆，故称"盆菜"。

聚居于闽西的客家人还有吃"熟米"的奇特习尚。熟米，即是将稻谷放在锅里煮熟，使谷壳裂开，再捞起晒干，然后再碾成米。熟米的制作，可以说是客家人粮食加工的创新。为什么要多设这些麻烦的工序呢？原因有四：一是经过熟煮的谷物再晒干，起到了除虫杀菌的功效，使大米易于保存；二是谷粒煮至裂开，碾米时谷壳自然脱落，糠秕得以保留，出米量大；三是熟米保存了米糠，含维

生素高，起到驱湿、消肿、防脚气的食疗功效；四是当熟米再经过蒸熟，饭粒粗大，增大了出饭量，也容易消化吸收，对于粮食短缺的山区，等于增加了粮食。上杭县旧志载："昔时山多水寒，居民多犯脚肿病，改食熟米乃除"。有人因制作熟米费柴薪、费力，遂变更之，则病又复发，唯食熟米得愈，所以这种风尚能传承下来。以后随着时代的进步，山区卫生条件的改进，吃熟米的风俗也渐趋式微。

客家人善于制粉，米粉、糯粉是农家必备的，许多食品都使用米粉制成，其他还有面粉、薯粉、豆粉、葛粉、蕨粉、菱粉等。这些粉类全靠自给生产，主要用于节日制作煎堆、油角、甜饭、发饭、汤圆等食品，平日较少食用。

2. 素食为主，制干菜腌菜

由于山区交通不便，自然环境闭塞，经济贫困落后，自然形成了客家人以素食为主的饮食结构特点。山区客家人平时很少吃肉，肉食只用于节日或待客，所以有"想食三牲望过年"的俗语。

客家人蔬菜栽培非常广泛，有芥菜、芹菜、笋、香菇、莴笋、瓮菜、香荽、莴苣、苦瓜、丝瓜、冬瓜、王瓜、壶卢、芥蓝、菠菜、白菜、茄、苋、藤菜、荚菜、茼蒿、萝卜、葱、蒜、薯、芋、蕨、瓠瓜等，其中芥菜、萝卜、笋、荚菜（俗写为脉菜）为山区客家人常吃的菜，这对解决山区客家人粮食不足食物短缺起着重要作用。客家人还善于移植外地的蔬菜，例如香菇即是从畲族人学得，继而进一步改造，使香菇更具美味。

豆腐是客家最常见的菜，也是客家菜最常用的料，能把平常菜点烹调成名菜是客家菜的一大特色。豆腐是客家菜里的重要角色。客家人以善于烹饪豆腐名菜闻名于世。其烹饪方法及菜品可谓繁花似锦，蒸、煎、烧、炆、炸、焗样样齐全，而且各地的客家豆腐制法还都不尽相同，即使同一地区、不同的师傅也有不同的处理技巧。有红烧豆腐、酿豆腐、五香豆腐干、鲜虾仁豆腐、辣椒豆腐、豆腐饺、杏仁豆腐……

客家菜中少不了酿豆腐。关于酿豆腐的起源各地有不同的传说。广东五华民间传说是，南宋末年，逃难到嘉应州的客家人想念家乡，想吃家乡的饺子，由于缺少面粉，因而想出了用饺子馅酿入豆腐块的食法。这一方法传遍客家地区，变成名菜。这个传说显示了客家移民的饮食特色。在闽西，豆腐饺子很流行。在各种豆腐菜中广东的"五华酿豆腐"最负盛名。其做法是选取鲜嫩豆腐切成所需块形，馅心的原料是瘦猪肉、咸鱼、鸡蛋等。先将咸鱼去骨、炸香，再和猪肉、香菇、葱白、鱿鱼一起剁烂，再加蛋拌浆，酿进豆腐块中，然后下锅煎炸至金黄，再加味汤，文火焖煮五分钟后，加入芡料、味精、香料即可起锅。酿豆腐易入口，味鲜美，被称为"老少平安"菜。酿豆腐很早就从寻常百姓家进入到各地大酒楼，深受各地群众喜爱。

客家山区竹笋特别多，不必耕锄而自生自长，长年不断。客家人利用大自然的厚赐，创就了以笋为特色的客家饮食。他们把冬笋晒干或烘干，以便久藏，随时食用。客家人做笋菜强调鲜嫩、脆爽、甘甜。煮时先出水去涩，并要保持其原味，同时注重以荤配素，以肉配笋，以肥浓调和素雅。客家人做笋注重刀工，根据菜品的不同，而把笋切成丝、片、条、粒等不同形状。素食易于消化，富于营养，同时调节人体肝脏功能，降低胆固醇，净化血液，有利健康。客家以蔬菜、菇类、豆制品为主的素食风格符合健康饮食之道。

客家人喜食干菜，肉类也多曝干而少腊。客家人非常节俭，食物有剩余或处于作物盛产季节时，多将其晒成干品，以备不时之需。客家干菜品种很多，有番薯干、芋干、菜干、芋荷干、蕨干、笋干、鱼干、肉干等。有的干菜为当地仅有，如用芋茎制成的芋干，"晒干以盐酒渍之，当小菜，或配肉作汤，味甚甜，似金针"①，极富客家风味。客家笋干在清代就是很受欢迎的食品，"延平属一线，切片暴干，为明笋，岁千万斤，贩行天下"②。本省贸易之大，"无过茶叶、杉木、

---

① 黄香铁：《石窟一征》卷五《日用》，刻本，1882年。
② 杨澜：《临汀汇考》卷四《物产考》，刻本，1878年。

笋干三项"①。

腌菜是客家人的又一拿手菜，在客家人饭桌上几乎少不了腌菜。光绪《嘉应州志·方言》载："渍菜曰腌，渍肉亦曰腌。"平常的腌菜在客家妇女手中变成了一道道诱人的菜式。水腌菜最吊味，可以做汤，味道中带酸，用以炒肥肉、猪肠特别可口，使人食欲大增。梅菜本很平凡，用它来制作扣肉便成了一道脍炙人口的名菜。萝卜干可以用来煎蛋、煮汤、炒肉，在许多风味小吃中，都能派上用场。客家人腌菜形式多花样，芥菜、白菜、萝卜、豆角、竹笋样样都能腌，有干腌，有湿腌，有咸有酸，可谓极尽其味，甚至于可以说，离开了腌菜就没有了客家风味。

3. 口味浓烈，喜热食，重畜禽

客家人所处环境大多自然条件差，劳动强度必然大。出门即要登山爬岭，出汗多，所以需要补充盐分，食物自然偏咸。简朴的习惯使客家人平时少食鱼肉，脂肪补充不够，故在酒席上就追求甘脆肥浓的食品。炒菜时用油颇重，猪肉类喜欢用半肥瘦，很少用纯瘦肉，从而形成了客家菜浓烈厚重、原汁原味的饮食风格。虽然客家各地的口味不同，赣南客家喜辣，广西客家味多酸甜，闽西浓烈，台湾客家偏咸，粤东客家人的口味受广府影响，但追求重味是一致的。尤其是许多客家人爱吃辣椒，赣南、闽西南一带的客家人最喜吃辣。宁化辣椒干久负盛名，誉称为"闽西八干"之一，该县农民都把辣椒晒干，以备长年食用。

客家人居住在山高水寒的地区，夏季山岚瘴气重，冬季寒风凛冽，故食物宜热忌寒。因此，采用煎、炸、炒、烧、炆、焗是客家人常见的烹调方式，而少用广府传统的"清蒸"方法。例如客家的砂锅菜，即是一道很有特色的菜，以砂锅盛菜而不用盆碟，既保持温度又原汁原味，同时沙锅煮烧的菜肴要比铁锅煮出的菜肴香，所以砂锅菜深受客家人青睐，后被广府菜吸收采用。

---

① 德福等：《闽政领要》卷中，清光绪年间刻本。

客家山区离海偏远，用以入馔的多为陆地上的禽畜和野味，故不重海鲜而重畜禽，也形成了客家人以畜禽为主调的宴席风格。客家人婚葬喜庆的酒席上必有三牲（猪，鸡，鱼），东江的厨师认为"无鸡不清，无肉不鲜，无鸭不香，无鹅不浓"，只有具备了鸡、鹅、鸭、猪的菜式才算得上完备的酒席。在鸡肉菜谱中，"东江盐焗鸡"一直是历久不衰的中国名菜。据说三百年前起源于东江惠阳盐场。初始是用盐堆腌熟鸡，原本是为了方便食用而这样做的。传到市肆才改为以炒热的盐将鸡焗熟。兴宁人的制法为正宗，它以玉扣纸包鸡，煨于炒熟的生盐中，以文火煨至皮爽肉脆，然后撕肉拆骨，吃时蘸上沙姜粉、麻油、猪油等配料。客家酒席上猪肉是主角，红烧猪肉、扣肉、梅州猪肉丸几乎成了客家的席上之珍。传统客家菜注重香和味的制作，不偏重色和形的追求，进一步显示了客家民风淳朴的特点。

4. 红曲盛名，喜喝酒善酿酒

把大米加工成红曲是客家人在饮食文化上的辉煌创造，客家红曲的生产以福建古田、广东兴宁最负盛名。客家人制作红曲多用红米（也有用白米，但红米色素更佳），要求米粒品质优良，粒粒完整。先用大锅将米蒸熟，然后倒入竹箪中吹凉，再撒上客家人自己配制的草药曲种，放存在室内发酵，温度的控制全凭经验，十天左右红曲霉素繁殖，饭粒透红，再经晒干变成红曲。红曲的制作推动了发酵食品业的发展，红酒、红糟、南乳、豆腐卤、海鲜酱、番茄酱等食品的制作，都离不开红曲的制作。同时红曲又是理想的食物染料，它色泽鲜红，又没有其他化学染料的副作用。此外，它在医学上有活血化瘀、消食化滞之功，专治妇女产后恶露不尽、红痢下血等症。

客家人爱喝酒，善酿酒。客家人酿酒以甜酒为主，最普遍的是用糯米酿制的黄酒，几乎每个家庭都会酿酒，客家妇女都有一手过硬的酿酒技术。客家酿酒技术既受岭南土著影响，又从畲民的酿酒技术中吸取过经验，学会了以草药作曲制成酒药；同时又结合中原传统技术，促进了东南酿酒技术的进步。

广东梅州、兴宁客家人酿酒多以红曲掺入米饭中，加入红曲助长发酵，增加了酒的浓度，带来了特别的芬芳，酒色也更加诱人。同时红曲又具有药效，有暖胃驱湿之功。而闽西客家人却多以白曲酿酒。初酿的糯米酒叫"酒娘"，这是未兑水的酒，味道最浓。把酒娘升入陶瓮，用稻草或木屑煨烧，至煮沸，叫"老酒"。经过炙烧的老酒耐贮藏，味更香醇。把酒糟加水再榨出的酒叫"黄酒"，也称"水酒"，味稍淡。黄酒也要经过炙烧才更香浓耐久。

客家名酒不少，如梅州娘酒、纯米酒、人参米酒，五华岐岭的长光烧，兴宁的珍珠红老酒，平远的米制南台酒等。闽西的山泉甘美，酿酒特醇，有老冬、中冬、时冬的名酒，其中以武平"象洞酒"最著名。"姜鸡酒"是客家的一种传统名药酒，是客家妇女坐月子期间必不可少的营养补品。其制法特别，选用两斤重的鸡（产后第一次吃鸡酒，必须服用大雄鸡，以后用子鸡）和老生姜数斤。先把鸡切成块，老生姜捣成碎末，以生油下锅，把鸡、姜炒至焦黄，再加入定量的糯米酒，把鸡、姜煮熟，然后盛入沙煲，以文火煮透。姜鸡酒有祛瘀活血之功，是客家妇女产育期间的至佳补酒，也成为生儿育女的喜庆物品。

客家人也会酿制白酒。白酒又称"烧酒"，烧酒之法，从元人开始，亦曰火酒，故称为"大火烧"，广东人均称"逼酒"。《石窟一征》卷五记载："黄酒之外，有白酒，盖烧酒也，又谓之大火烧"。

5. 喜喝擂茶，粗犷简朴实在

客家爱喝茶，客家人所喝的茶非常能体现其生活俭朴实在的特点。粤东以萝卜苗作茶是当地农村最经济实惠的饮料，它同样起了解暑清热、止渴生津的作用。这是无茶叶的"茶"。粤北南雄一带有以布荆嫩叶或布荆子作茶，故有客家山歌唱道："茶油煮出猪油菜，布荆泡出细嫩茶。"闽西宁化还有将有梨叶、大青叶、淮山叶制作茶叶长年饮用。然最能体现客家特色的传统茶还是擂茶，其中又以东江擂茶最为有名。

擂茶风格和功夫茶迥然不同。其制作工具为粗糙的擂钵和擂棍，而非功夫茶所要求的典雅细致的小壶小盏；基本原料是茶叶，且并不要求是上等茶叶；制作时，将茶叶放入擂钵，再用擂棍把茶叶捣碎，于锅中冲入开水煮沸，再放入油、盐、葱、蒜等香料调味而成。各地擂茶的下料不一，福建长汀一带加入大米，称为米擂茶；宁化则配以中草药，用川芎、肉桂、小茴香、白芷、陈皮、甘草等，以求解暑消滞、健脾开胃之功；江西兴国客家则"加芝麻、油盐及姜，瀹而羹之"[1]，喝时，大碗朝天，尽显古朴粗犷。擂茶，很可能是我国最初的茶饮方法的延续，或者是受到土著居民饮食习惯的影响。饮茶最初称为吃茶，即是将茶和其他一些食物杂煮而为羹饮，在魏晋南北朝时相当流行。三国魏张揖《广雅》曰："荆巴间，采茶作饼，叶老者饼成，以米膏出之，若煮茗饮，先炙令色赤，捣末置瓷器中，以汤浇覆之，用葱、姜、橘子芼之。"《太平御览》引西晋郭义恭《广志》云："茶，丛生。直煮饮为茗茶；茱萸、橄子之属，膏煎之，或以茱萸煮脯，冒汁为之曰茶；有赤色者，亦米和膏煎，曰无酒茶。"可见西晋之时，所谓茗茶，是单一的煮茶饮；所谓茶，是掺和其他食料膏煎而成。[2]唐樊绰《蛮书》卷七在介绍云南特产时说："茶出银生城界诸山，散收无采造法。蒙舍蛮以椒、姜、桂和烹而饮之。"茶叶中杂以其他食物煮饮的习俗，在唐宋时期的北方仍较流行。单煮茶叶的方法在唐代已经开始得到人们的重视，陆羽《茶经》曰："或用葱、姜、枣、橘皮、茱萸、薄荷之等，煮之百沸，或扬令滑，或煮去沫，斯沟渠间弃水耳。而习俗不已。"将间杂葱、姜、枣、橘皮、茱萸等物煮饮的茶水贬为"沟渠间弃水"，对一般人仍喜欢吃这种茶极为感慨。客家人大多是两晋、唐宋时期从北方辗转迁移到闽粤地区的，可能就是那时把中原的这种吃茶方法带到了客家地区，并延续流传下来。

---

① 蒋叙伦：同治《兴国县志》卷七《风俗》，江西人民出版社，1988年。
② 李昉：《太平御览》卷八六七，中华书局，1960年。

五、壮族饮食——民族风情多姿彩

明清时期，壮族的饮食结构发生了较大变化，形成了以大米为主，伴以番薯、玉米、麦类、豆菽之类杂粮为辅的饮食组合。不过在不同的地区、不同的家庭又有很大区别。桂东、桂西一些自然条件和经济条件较好的壮族，一日三餐可吃米饭，稍差者两饭一粥，或以番薯、玉米、麦子等杂粮辅之；自然条件、经济条件较差的壮族，"朝夕充饥，不离薯芋及大粟、小粟诸种"，最穷者"每日只吃稀，清可照人"。①

1. 稻米辅以杂粮

壮族地区稻米品种众多，可分为糯米和粳米两大类。根据其特性不同，壮族人民有着不同的利用方法：粳米是日常用米，多做成饭、粥和米粉，糯米多做成节日食用的五色饭、粽子、糍粑、米糕、汤圆和其他小吃。这和汉族没有多大区别。把米做成饭，除常用的蒸、煮、焖、炒之外，在长期的实践中，壮族人民还创造出带有鲜明民族特色的南瓜饭、竹筒饭、包生饭、黄花饭、豆饭、八宝饭等。"南瓜饭"的制作方法如下：将一个老南瓜切开顶部作盖，挖掉中间的瓜子、瓜瓤，将泡涨洗净的糯米、腊肉等放入瓜中，适量加水拌匀，盖上瓜盖。将南瓜放于灶上，用文火将瓜皮烧到金黄，再用炭烬火灰围住南瓜四周，使之熟透，便可将瓜剖开而食，风味别具一格。②"竹筒饭"的制作更是充满原生态气息，"以竹节充满水米，炽于炭火中，竹爆而饭熟；佐以虫蛇鸟兽肉，以为鲜味"。③

由于受经济条件的限制，以及炎热的气候所致，壮族人有食粥的习惯。粥的种类颇多，有大米熬成的白粥，有和玉米、番薯一起混煮的混合粥，还有肉粥、菜粥、瓜粥等。近代以来，"交通稍便地区，此俗渐渐改变，但早粥夜饭者，所

① 光绪《新宁州志》卷八《民俗》，刻本，1878年。
② 金鉷等：《广西通志·民俗志》，广西人民出版社，1992年。
③ 刘锡蕃：《岭表纪蛮》第一章，南天书局，1987年。

见仍复甚多"。① 受汉族人的影响，壮族人懂得将米磨成浆后，蒸熟加工制成米粉。

壮族人种植薯芋历史悠久，东汉杨孚《异物志》记载了古越人爱食薯芋，此后壮族人继承了这一饮食习俗。光绪《郁林州志》曰："薯不一种，均名番薯，四时可种，味甜，贫家常用充饥。"薯芋食用方法有蒸、煮、烤，或磨成浆、粉煮成磨芋豆腐。在田间劳作时，壮族人时常携带几个薯芋以解饥。玉米虽然在明中晚期才传入中国，但在18世纪中期，壮族人已用玉米充当口粮，有些贫困地区甚至长年都以此为主食。壮族人一般把玉米做成饭、粥或糍粑，也会把其放入火中烧烤，制成香喷喷的烤玉米。

壮族节日食品众多，风味独特，体现了壮族人饮食文化的特点。粽子、糍粑、米糕、汤圆、五色饭、油团等各具特色，尤其是"五色饭"和"五色蛋"。每年农历三月三，壮族人家家户户要吃。五色饭，又叫乌米饭，色彩斑斓，香气袭人，是把五彩绚丽的枫叶、黄花、红兰草、紫番藤的根茎或花叶捣烂，提取其彩色汁浸泡糯米，然后蒸熟，即成五彩缤纷的饭。五色蛋有鸡蛋、鸭蛋、鹅蛋等，分别染成五色，每人吃一个有色蛋，小孩每人还要胸前挂一个五色蛋，作碰蛋游戏之用。

2. 嗜食酸味

壮族人嗜酸味，尤其是腌制的酸味食物，像酸肉、酸鱼、酸菜、酸黄瓜、酸豆角、酸笋等，在民间往往有"三天不吃酸，走路打孬蹿""食不离酸"之类的民谚。南宋人范成大《桂海虞衡志》记载了壮族人对水果加工制作的一种带酸味的芭蕉干：把芭蕉用梅汁沾渍，再晒干压扁，味道甘酸，有微霜。民国刘锡蕃《岭表纪蛮》第四章中曰："*腌菜一物，为各蛮族最普通之食品。所腌兼有园菜和野菜两种，阴历五六七月间，蛮人外出耕作，三餐所食，惟有此品，故除炊饭外，几无举火者*"。壮族人常用作腌菜的原料非常广泛，不仅有白菜、芥菜、萝卜、红豆、刀豆、黄瓜、豆角、辣椒、姜、笋等蔬菜，还有鱼、肉、虾等荤料。

---

① 刘锡蕃：《岭表纪蛮》第一章，南天书局，1987年。

民国《同正县志》载："西部山麓诸村远隔市，每合数村共宰一猪，将分得肉和糯米粉生贮坛中，阅十余日可食，不须火化，经久更佳，名曰'酸肉'"。

3. 嗜野味，喜生食

作为从古越人演变而来的少数民族，壮族人保持了古越人嗜吃蛇、鼠、黄鳝、蛤蚧等众多野生动物的习俗，"鹦鹉，近海郡尤多。民或以鹦鹉为鲊，又以孔雀为腊，皆以其易得故也"。[①]同时，壮族人还继承了古越人喜吃生的习俗，尤其喜吃生鱼、生肉，以及禽畜的鲜血。据说，吃生具有清热解暑去痧之功效，起到药膳的作用。

生鱼片又叫鱼生，用腌山姜拌食即可，壮族人嗜吃鱼生古已有之，光绪《横州志》记载："剖活鱼细切，备辛香、蔬、醋，下箸拌食，曰'鱼生'，胜于烹者。"吃生肉，即把猪、牛、鱼肉等切成丝或薄片，用米醋浸泡一小时左右，拌以冬菇、木耳、姜、葱、熟茶油等，做菜或当饭吃。吃生血，即在杀鸡、鸭、羊等动物时，将其血注入米醋内，混以姜、葱、油、盐、辣椒等，待血凝成块后，可以作为吃鸡、鸭、羊肉等的调味品；壮族人尤其认可羊血，认为大补，清人陆祚蕃《粤西偶记》云："山羊出左江，大者百余斤，小者六七十斤。……生得剖者，新血为上，余血亦佳。"

4. 善酿好饮

壮族人好酒，尤其是男子。宋代壮族人就以酿制特色酒而出名，发展至民国，已基本上以米酒为主，"凡属圩市所沽者都属米酒，每当圩日，罗列于熟食摊两旁。"[②]米酒原料大多是糙米，在甘蔗种植较多的地区，则有用糖浆酿制，还有的地方用包粟酿酒，也别有风味。壮族人还创造出一种特别的梨叶糟酒。"梨

---

① 范成大：《桂海虞衡志》，中华书局，1985年。
② 梁明伦：《雷平县志》卷四《民俗》，成文出版社，1946年。

叶糟，为壮人所独嗜。"①立春时节，摘取嫩绿的野梨叶（俗名乌梨），去除粗蒂，用手搓软，浸入甜酒中，到四月分秧时，用井水调和而食，清甜可口，据说能消暑解毒。

第五节　台湾、海南的开发与饮食文化的变迁

台湾、海南因与大陆隔海相望，又远离中原，明清以前经济文化极其落后，居住其中的高山族、黎族等少数民族的饮食文化比较原始。明清以来，随闽粤汉人纷纷入迁，台湾开发加快，经济文化发生了巨大变化，随之引起了台湾饮食文化的变迁，形成了以闽粤饮食为主导的饮食文化特色。粤人的大量进入和海南岛的开发加大，加快了海南黎族地区的经济文化发展，黎族人民的饮食文化获得一定发展。

一、台湾开发与饮食流变

台湾位于我国大陆的东南海面上，隔台湾海峡与福建相望。很早以前台湾即同祖国大陆有来往，三国时期称之为"夷洲"，隋朝称为"流求"。宋代对澎湖的开发，加强了台湾与大陆的联系，同时亦有不少泉州、漳州边民移居澎湖，并从事种植业。周必大《汪大猷神道碑》记载："乾道七年（公元1171年）……四月起知泉州，海中大洲号平湖，邦人就植粟、麦、麻，有毗舍野蛮，扬飘奄至，肌体漆黑，语言不通，种植皆为所获，调兵逐捕，则入水持舟而已。"元统治者曾一度设澎湖巡检司，辖管琉球，泉漳之民移居澎湖增多，从单纯的种植业发展到畜牧业和手工业并举。据《岛夷志略·澎湖》

---

① 魏任重修，姜玉笙纂：《三江县志》卷十二《生活民俗》，铅印本，1946年。

描述，澎湖"岛分三十有六，巨细相间，坡陇相望，乃有七澳居其间，各得其名。自泉州顺风二昼夜可至，有草无木，土瘠不易禾稻。泉人结茅为屋居之。气候常暖，风俗朴野，人多眉寿。男女穿长布衫，系以土布。煮海为盐，酿秫为酒，采鱼虾螺蛤以佐食，蒸（ruò）牛粪以爨（cuàn），鱼膏为油。地产胡麻、绿豆。山羊之孳生数万为群，家以烙毛刻角为记，昼夜不收，各逐其生育。工商兴贩，以乐其利。"

明代，台湾分为中山、山南和山北三国。此时期，福建汉族人开始不断迁移入台垦殖，从事渔业、农业、畜牧业和商业。1624年，荷兰殖民者侵占台湾。1661年，郑成功率部队赶走荷兰侵略者，台湾重新回到祖国怀抱。康熙二十二年（公元1683年），清政府统一了台湾，置台湾府，隶属福建省。之后，大陆沿海人民不顾清政府限制向台移民的政策，纷纷偷渡入台。乾隆时期，清政府对台湾的封禁逐渐缓解，出现了汉民迁台的高潮。荷兰殖民时期，大陆汉族移民就开始在台南附近开垦；郑氏执政时期，进一步扩大了对台南的开发；清统一台湾后，汉民相继对台北大佳腊平原、淡水、葛玛兰等地，进而对全岛进行了开发，台湾经济由此获得巨大发展。其标志之一是人口的迅速增加。清统一台湾时，台湾人口估计在20万左右，至嘉庆十六年（公元1811年），据当地政府统计，口户得241217户，人口2003861口，较之清初增加9倍多。[①]至清末，人口已超过300万。在这增加的人口中，大陆汉民占主要部分。其二是耕地面积迅速增加。据连横《台湾通史》载，康熙二十一年（公元1684年），台湾在册赋地共计：田7534甲（一甲地相当于11.31亩），园10919甲，共计赋地208703.43亩。道光年间，全台共有在册赋地734491亩，增长2.5倍。其三，粮食产量迅速提高，台湾成为福建不可缺少的粮食供应地。有学者估计，在18世纪末，商人每年从台湾运进的米谷都在100万石左右，台湾米谷在福建粮食市场上占有极为重要的地位。随着台湾的开发，其饮食文化也发生了重大变化。

---

① 连横：《台湾通史》卷七《户役志》，商务印书馆，1983年。

1. 闽粤人入台带来了稻麦薯类种植技术及加工技术

台湾土著人种稻，但土地贫瘠的状况使其只能种植旱稻，**"无水田，治畲种禾"**；耕作技术落后，用石器开山垦田，禾苗成熟则多用手撷取，**"不知钩镰割获之便，一甲（十三亩）稻要采拔数十天"**①，故粟米很少，因此日常饮食多以薯芋为主，吃米饭的人家仅为十分之三四，而且**"饭皆团而食之"**，外出也携带饭团；或者将糯米蒸熟，**"舂为粉糍"**，名曰**"都都"**，视为上品。17世纪，**"闽粤两省同胞移居台湾增多，同时将大陆稻引进，并以土法栽培"**。②至道光时期，水稻种植已达鼎盛。台湾水稻种植基本是沿用闽粤的习俗与技术。一年两季，春种夏收，收后复种，晚秋再熟。稻种有白色赤色之分，主要有粳稻和糯稻两种。日常饮食以粳米饭为主，但贫寒之家多为一粥二饭。以前吃的大米是自己种的**"在来米"**，在来米煮成的饭较粗硬不易消化。日据时期，日本稻与在来稻杂交后育出新种**"蓬来稻"**，这种稻米煮成的饭软而香，已逐渐代替了在来米，成为了台湾人的主食米。台湾产的糯米**"味甘性润"**，可以用来磨粉、酿酒和蒸糕。和大陆一样，每逢岁时节庆，台湾必定要吃用糯米做成的米丸，**"以取团圆之意"**。至于端午之粽、重阳之糕、冬至之包、度岁之糕，都是用糯米制作。

甘薯，又有番薯、红薯、朱薯、金薯、地瓜等别名。番薯于万历年间从吕宋引进中国福建，在闽广一带山区普遍种植。郑成功统治台湾前已有甘薯引种台湾，其后随闽广汉人进入台湾山区而得以推广。甘薯耐旱性强，可适应各种不良环境，土田沙田皆可种植，且无时间限制，台湾的气候又非常适宜番薯的成长，故产量相当大。甘薯因栽培容易、产量高，同时食之又易饱，故台湾番薯的种植**"长年不绝，夏秋最盛"**。客家人在大陆时已把番薯作为重要副粮，并已形成好食番薯的习俗，深深影响台湾地区。每年春夏之间是番薯收获的季节，当地人**"掘**

---

① 杨英：《从征实录》，台湾文献业刊第32种。
② 蒋毓英：《台湾府志》卷十，刻本，1685年。

为细丝，长约寸余，曝日干之，谓之薯纤，以为不时之需"。① 澎湖人则长年吃番薯，"夏用黄黍煮粥，或以膏（高）粱舂碎杂薯片煮食。……秋后皆食生地瓜，冬春食干地瓜，即薯片、薯丝也"。② 番薯一部分作为食粮，一部分作为淀粉、酒精、糕饼的原料，剩下还可作为家禽家畜的饲料。第二次世界大战期间，由于台湾缺粮，番薯一度成为台湾人民的救命粮。

小麦为温带的粮食作物，台湾较少，当地土著人也不会栽培，一般从大陆运进。明清"始于汉民移往台湾时将华南小麦引入"，初在中南部之旱田地带栽培，因当时栽培方法极其粗放，故单位面积产量较低。日本人占据台湾后，台湾人民致力于农作物改良，小麦栽培方法亦见改善，且因面粉需要而逐年增加，是以栽培面积日渐扩充。③ 小麦的引种和输入，极大丰富了台湾的点心、糕饼等饮食行业。

清代，稻谷、番薯、小麦成为台湾的主要粮食作物，这些粮食作物的栽培，主要归功于闽广汉民的功劳和贡献。闽粤汉民东渡台湾时，随之把自己的食品加工技术带到了台湾，对台湾食品工业的发展起了一定的作用。

制粉是汉人较擅长的，在台湾地区也不例外。米粉、薯粉、面粉、豆粉等都由自家加工，米粉、薯粉成为很多台湾人家的必备之物。利用米粉，可做成各类粄（bǎn。客家人的传统小吃，泛指用米浆所制食品，如瓷粑，粄圆等）食、沙河粉、汤圆、年糕等。

豆类加工是汉人的特长，从豆豉、面豉、酱油，到豆腐、腐乳、腐竹都有独到之处。随着汉人东渡台湾，豆类加工技术也得到了普及，豆腐、豆干等豆制品在台湾市场终年可见。台湾客家地区制作豆腐通常是把黄豆去皮，洗净，泡浸很久，然后磨成浆，隔出豆渣，取出豆浆。用石膏或盐卤凝固便成豆腐，豆腐去水加工可成豆干，其中客家豆腐以嫩滑而著称于世。

---

① 连横：《台湾通史》卷二七《农业志》，商务印书馆，1983年。
② 林豪：《彭湖厅志》卷九《风俗》，台湾文献丛刊本。
③ 黄纯青、林熊祥：《台湾通志稿》卷四《经济志·农业篇》，台湾文献委员会，1969年。

在台湾客家人所居住的苗栗、新竹等县，至今仍保留着客家人传统的碓磨等加工技术，碾除谷壳，再用风柜或簸箕分离谷糠。台湾水力资源丰富，客家人又多处丘陵山区，水流落差较大，故用水碓代人力来加工粮食也较普遍。客家乡村还保留有传统的砻（lóng）谷业，道光《苗栗县志》有记："用土砻磨去谷壳，再以风鼓分离粗糠，便成糙米。"加工后的米糠是客家人饲养禽畜的重要饲料。

2. 闽粤人入台改变了台湾土著人的原始习俗

台湾原土著少数民族饮食极为落后，他们在茫茫原野中追捕野鹿、野猪、野羊等野兽，在海边捞鱼、蚌，用石片切割兽肉，刮削兽皮，挖掘块根，砍砸野果，过着较原始的饮食生活。随着后来农业生产的发展，饮食结构大为进步。种植水稻和粟类，捣谷为米充作粮食，种植块根植物以为副粮，懂得煮海水为盐，酿蔗浆为酒。尽管如此，却仍保留食人肉的原始野蛮之风。据元代汪大渊《岛夷志略》记载："番人知番主酋长之尊，有父子骨肉之义，他国之人倘有所犯，则生割其肉啖之，取其头悬木竿"。

台湾四面邻海，富产鱼虾，中部多山，麋鹿众多，所以台湾土著人都喜吃鱼、虾、鹿等。不过当地土著喜吃生，鱼、虾、鹿之属，放于火上稍微烤炙，即带血而食；土著人也嗜鹿，常猎杀，至于鹿血，则生啖之，认为有大补元气作用。当然土著亦有腌鱼为鲑，腌鹿为脯的饮食之风，不过大部分保留了深厚的原始之风。澎湖土著居民长年"煮海为盐，酿秫为酒，采鱼虾螺蛤以佐食"[1]，由于生产落后，饮食生活甚为艰苦，女子尤其如此，每日等海潮退后，"赴海滨拾取虾蛤蟹螺以供饔餐"[2]。

台湾土著懂得圈养牲畜，但种类甚少，只有猫、狗、猪和鸡，但"食豕不食鸡，畜鸡任其生长，唯拔其尾"，"见华人食鸡雉辄呕"[3]，故鸡特别多。台湾

---

① 顾祖禹：《读史方舆纪要》卷九九《泉州府》，上海书店，1998年。

② 丁绍仪：《东瀛识略·习尚》，台北大通书局，1987年。

③ 陈第：《东番记》，中华书局，1985年。

土著没有水牛、马等家畜，渡台汉人把牛、羊、马、鹅、鸭等家禽家畜品种引进台湾，并逐渐使土著人接受食鸡。但是，台湾吃牛肉较少，也禁止宰杀耕牛，原因之一是缘自闽粤汉人吃牛肉较少的习俗，二乃牛具有耕田之功，深受保护。

台湾土著人不善于种菜，除葱和姜外，可以说没有其他蔬菜。汉人来台后，把大陆优良的蔬菜种子引进台湾，如萝卜、白菜、芋头、姜、蒜、韭菜、芥菜、菜瓜、金瓜、王瓜、冬瓜、紫菜、豆类等，极大丰富了台湾饮食原料。汉人移植冬瓜入台后，台湾土著视冬瓜为珍贵之物，他们晋见政府官员时常用冬瓜进献。

台湾土著居民嗜酒，"有佳者，豪饮能一斗"，但酿酒技术极简单原始，酒味不浓。所喝之酒有两种：一为"姑待酒"，色白味酸，由"番女嚼米置地，越宿以为曲，调粉以酿，沃以水，色白，曰姑待酒"，喝时加水即可，"客至，出以相敬，必先尝而后进"。①嚼米为曲的工作常由未婚少女担任，齐体物《台湾杂咏》中曾经为之咏叹："纪叟山中浪得名，何如蛮酒拨醅清，宁知一醉牢愁解，几费香腮酿得成？"一为"老勿酿"，将黍米、青草花放在一起进行春烂，然后用草叶包裹，水煮数日，再用清水漉净，藏于瓮中，过以时日即可。土著人喝酒时，喜欢群坐于地，或用木瓢，或用椰碗，"互汲递酌，以味酸为醇"。②当地还有类似啤酒的饮料，是用某种苦草夹杂黍米一起酿成。陈第《东番记》记载："东番夷……采苦草，杂米酿，间有佳者，豪饮能一斗。"随着迁台闽粤汉人酿酒技术的出现与普及，这种原始技术在后来已基本消失了，但喝酒的风气却并没有减少，反而更加浓厚，由此促使台湾酒的种类增多。村庄之人则有地瓜酒等，市场上则多卖老酒。老酒在台湾中部和南部一带相当盛行，台南市人"祀神宴客多用老酒，此酒以糯米酒酿之，味甘而醇，陈者尤佳。老酒之红字，取其吉也"③。

台湾饮食离不开酒，喝酒是台湾土著和迁台汉人的一大饮食习惯。这种饮食

① 高拱乾：《台湾府志》卷七《风土志》，刻本，1695年。
② 丁绍仪：《东瀛识略·番俗》，台北大通书局印行。
③ 黄典权、游醒民：光绪《台南市志》卷七《人物志》，台南市政府，1978年。

风气至少由两种因素所致：一是当地雨水多，湿气重，酒可以起到祛湿的作用；二是酒是走亲访友的礼物和祀神宴客的必备物。当然，酒还有其他的妙用，像"姜鸡酒"，是客家妇女坐月子期间必不可少的营养品，也流行于台湾，尤其是苗栗和新竹一带，称其有驱风养血之功，间接推动了台湾饮酒风气的盛行。

台湾土著居民原不植茶，但有野生茶。据康熙周钟瑄《诸罗县志》记载，台湾没有人种茶，只有水沙连山中有一种野生茶，据说能够消暑避寒。郑成功统治台湾时期，福建茶叶传入台湾，当时武夷茶开始成为台湾茶文化的主流。康雍乾时期，来自闽粤等地的移民携带茶树栽植于台湾北部地区，以后茶树种植逐渐南移，台湾饮茶之风也开始流行，不过好茶叶仍以从福建引进为主。当时士人所饮之茶几乎都是武夷茶。嘉庆年间，来自福建的武夷茗茶在台湾培植成功。据连横《台湾通史》所记载，"嘉庆时，有柯朝者归自福建，始以武彝（夷）之茶，植于嵊（jié）鱼坑，发育甚佳。既以茶子二斗播之，收成亦丰，遂互相传植"。相对对台湾影响较大的福建茶来说，粤茶影响逊色很多，但亦有记载。光绪《苗栗县志》记载："道光七年，有魏阿义者，由广东传植（茶叶）到苗栗，当时栽培甚佳而逐渐扩及"。

"台湾之馔与闽、粤同。"[1] 随闽粤汉人的大规模迁台和台湾经济的快速发展，当地落后的饮食习俗逐渐消失，台湾也逐渐刻上了闽粤饮食文化的烙印，乃至最终形成以闽菜、粤菜为主的饮食风格。另一方面，当地丰富的饮食资源也促进闽粤汉人饮食文化的发展，例如台湾盛产鱼翅、鸽蛋，后来就成为闽粤汉民烹调的珍品，由此也扩展了闽菜和粤菜的饮食资源。台湾客家菜的发展即是一个很好的例子。

客家菜讲究"咸""香""肥"，尤其是台湾的客家菜偏重咸。台湾客家菜咸的原因，一方面是因为当时台湾交通不便，乡村人要逢年过节才买食物，一买就是好几天的，自然要买较咸而不易坏的食物；另一方面是由于在台客家人做体力活多，流汗量大，自然需吃咸的食物以补充体力。

---

[1] 连横：《台湾通史·风俗志·饮食》，商务印书馆，1983年。

腌菜也是台湾客家人较擅长的。因长期迁徙住所不稳，加上多处山区，故需要一些经久耐藏的菜蔬，以备不时之需。客家制作的腌菜品种较多，其中较有名气的是梅菜、咸菜、酸菜等。梅菜多半是和肉制品一起做成各种菜肴，后来在台湾客家地区与客家饭馆颇为盛行。

迁台移民不仅把故乡风味的菜肴、小吃带到台湾，也带来了福建一带"食补"的习俗。每年春夏之交、秋冬之际，移民总要用中药和"四神"（莲子、芡实、山药、茯苓）燉鸡鸭或猪肚等，叫作"半年补"或"养冬"。此外，移民亦把大陆众多岁时节日盛行的饮食习俗传入台湾，像春节吃米圆、肉圆、鱼圆，立春前一天吃春饼，清明扫墓做薄饼，八月中秋吃大面饼等。

3. 闽粤及海外果品引进台湾

台湾是有名的水果之乡，水果种类丰富，但现在的水果多是随明清时期闽粤地区的汉人迁入而带来的，其中常见的有柑橘、荔枝、龙眼、李、柿、枇杷、西瓜等。闽粤汉族人擅长水果栽培，当他们移居台湾后，积极发展果木业，为台湾的饮食文化作出了极大贡献。据载"柑橘原产广东，嘉庆十七年（公元1812年）新竹县新埔镇鹿鸣人杨意春祖父杨林福，从其老家广东省陆丰县葫芦峰迁台时带入柑苗数株，经试适应栽培。"[1]以后逐渐推广，至日据时已远扬海外，现主要分布于新竹及台北。

荔枝、龙眼是闽粤传统水果，康熙年间随闽粤人入台输入栽培，最先种于新竹、台中两县，后逐渐普及。台湾荔枝品种有"状元红""凤叶荔"等，其中"凤叶荔"更佳，肉多汁浓，风味良好。

"李是从华南输入，初植于园林，后传于今天名产地新埔及南投等地。"[2]主要分布在台中，品种有"中心李""凤李"等。

---

① 郑鹏云：同治《新竹县志》卷九，台湾文献丛刊第61种。
② 郑鹏云：同治《新竹县志》卷十，台湾文献丛刊第61种。

"柿，原产于中国与日本，台湾柿系从华南输入"①，分布在新竹最多，次为台南、台中、台北等地，品种有"牛心柿"等。

"桃，嘉庆年间，新竹新埔人刘阿金从广东带来。"②现主要分布在台湾北部。原产于华南的枇杷，苗栗县最多，由客家人传入。

西瓜，同样从内地引种，夏秋季节特多，皮薄瓤红，可与常州西瓜并驾齐驱。

同时，台湾还引种了来自海外的水果，像菠萝蜜，种出南洋，在盛夏时节成熟，其液黏而味甜，与蜜相似，故称菠萝蜜。《赤嵌笔谈》记载，台湾人用菠萝蜜煨肉，风味特佳，有奇特的保健效果，享誉海外。番柑，来自荷兰，比橘子略大，肉酸皮苦。檬果，种出南洋，荷兰移植进入，有肉檬果、柴檬果、香檬果三种。柴檬果产量最多，把青色的柴檬果切成片拌酱，即可代替蔬菜吃，或者用盐腌制拿来煮鱼，味道特别酸美，有醒酒之功效。还有黄色的柴檬果，晒干之后再用糖拌蒸，出售闽粤。

台湾气候湿热，非常适合甘蔗的生长。台湾土著人种蔗，也懂得简单的制糖技术，但工艺极为简陋。随闽粤汉人迁台和蔗糖技术的传入，甘蔗得以迅速普及，也促进了台湾制糖业的发达，食糖成为台湾最大宗的出口商品。经加工制成的糖，品种有白糖、青糖之分。雍乾之际，台湾年产糖约在60万篓左右，以每篓重170斤或180斤计，年产糖应该不低于一亿斤。台湾制糖业的兴旺带动了台湾蜜饯制作的发展，如新竹的萌姜、嘉义的梅李、凤山的凤梨糕等都驰名海内外。

早在宋元时期，槟榔已经成为泉、漳等闽南人日常生活的重要组成部分，及馈赠亲友的佳品。明清时期，随大量闽南人迁台而带入这种习俗，加上槟榔有弃积消湿、祛除瘴气之功，因此在台湾得以迅速传播。台湾土著居民更是嗜好槟榔，整日口含槟榔咀嚼，也舍得用金钱购买槟榔，"日茹百余文不惜"。客人来了，不设茶酒，而用槟榔招待。台湾人亲友来往，纷纷以槟榔相赠。槟榔干，末端如

---

① 觉罗四明、余文仪：乾隆《续修台湾府志》卷十八，台湾文献丛刊第121种。
② 觉罗四明、余文仪：乾隆《续修台湾府志》卷十八，台湾文献丛刊第121种。

笋，切成丝片炒肉，味道甘美，是台湾的一道特色菜。

总之，明清以来，尤其在清代，大批闽粤的汉族人迁台，带来了汉族丰富的食物资源与先进的饮食文化。改变了原来土著居民落后的生产方式及原始简单的饮食结构，使台湾的饮食文化发生了巨大的变化。迁台的汉族居民，主要来自于福建的漳州、泉州等地，部分来自于广东的潮汕人和客家人，故台湾的饮食文化受闽广饮食生活习俗影响相当深远，可以说基本与闽粤同出一辙。

但在清中后期，鸦片的非法输入和盛行给台湾饮食文化留下了不光彩的一笔。18世纪初，鸦片开始通过走私流入台湾，吸食鸦片最初只在无赖恶少之中流行，到18世纪中期，已在富人阶层扩散，**"台地富室及无赖人多食之以为房药，可以精神陡健，竟夕不寐。凡食必邀集多人，更番作会，铺席于地，众偃坐席上，中燃一灯以食，百余口至数百口为率"**①。至18世纪末期，鸦片馆已堂而皇之出现于台湾，鸦片烟**"索值数倍于常烟，专治此者，名开鸦片馆。吸一二次后，便刻不能离"**②。此时，吸食鸦片之风已蔓延于整个台湾。

二、海南开发与黎族饮食文化的发展

海南岛隔琼州海峡与大陆相望，自古居住着百越人，开发很晚。唐代，海南岛设置琼、崖、儋、振、万安五州，从此加强了与中原的经济文化交往，海南岛及其岛上的居民也日益受到中原人的关注。唐末，广州司马刘恂所著《岭表录异》首次用"夷黎"称呼岛上的少数民族，以后官修史书及私家著述一直沿用"黎"这一专称，至今依然。宋元时期，闽、浙、广州人口大量迁入海南，元军进兵海南并留戍于此。大陆迁来的人们在此兴修水利、开垦荒地，组织屯田。这种长时间的开发，促进了海南的经济发展，加速了生活在沿海平原和州县附近黎

① 朱士玠：《小琉球漫志》卷六，中华书局，1985年。
② 黄叔敬：《台海使槎录》卷二，中华书局，1985年。

族社会的封建化进程。

明初，封建政府对黎族实行以抚为主的一系列笼络羁縻（mí）政策。在琼州府黎族地区实行"峒首"统治，组织黎族上层人物进京朝贡，对接受招抚的黎族人实行减免赋税的政策，这一切，进一步密切了汉黎两族人民的联系，加快了海南黎族地区的经济文化发展，使两族之间的差别逐渐缩小。

清代，海南黎族地区正式纳入政府州县统治，封建统治进一步加强，黎族封建化程度加深，黎族人口增长迅速。据道光《琼州府志》估计，当时黎族人约有20万。这时海南不少黎族地区农业普遍实行一年两熟制，"耕种之法，力农之具，均与内地无异"，陵水、崖州一带黎米还售往内地，社会经济取得了很大的进展。不过，在海南岛的腹地，以五指山脉为主的山区，其经济生产和社会风貌仍保持着较原始状态。随海南岛的开发加大，黎族的饮食文化有了一定发展。

1. 饮食结构单一，饮食方式简陋

明清时期，黎族分为经济较发达的熟黎和比较落后的生黎，熟黎种植的稻谷品种不少，屈大均《广东新语》："**苏子瞻言：海南秋稻，率三五岁一变。顷岁儋人最重铁脚糯，今岁乃变为马眼糯。草木性理，有不可知者。岭南以黏为饭。以糯为酒。糯贵而黏贱。其价倍之。**"儋州、崖州黎人还多出薏苡米。生黎地区由于地高田少，且和汉族接触不多，故经济比较落后，主要种植旱稻和杂粮，"以薯蓣、桄榔面、南椰粉鸭脚、狗尾粟等充饥"，也有把海南椰粉做成饭，叫作椰霜饭。[①] 对于蔬菜"生黎不知种植，无外间菜蔬，各种唯取山中野菜用之"。由于种蔬菜较少，黎族人常以野菜代替。黎族人饲养猪、牛、狗等，这些家禽是他们的主要肉食。由于天气炎热的缘故，黎族人习惯冷食和喜欢食粥。黎族人煮粥的方法与汉族人基本相同，喝粥时常拌以豆角、竹笋、山蕨之类的咸菜。

在烹饪方式上，黎族人则较简单，常常是用南瓜、野菜、菜叶和盐煮食，肉

---

① 屈大均：《广东新语》卷十四《食语》，中华书局，1985年。

类则大块煮烂，加盐后切开而食，不知道采用炒、煎、煲等其他烹饪方法。海南岛五指山地区的黎族人还使用较原始的肉食制作方法。将猪杀死后，不去毛，用一根木棍由猪肛门直穿，通过猪口伸出，两人扛起放在火上辗转烧烤，烤熟后，便用刀破肚割肉而吃。对此，《黎岐纪闻》记载，黎族人"**遇有事则用牛犬豕等畜，亦不知烹宰法，取牲用箭射死，不去毛，不剖腹，燎以山柴，就佩刀割食，颇有太古风**"。然而黎族人的家庭畜牧业并不发达，野生动物成为他们的重要肉食来源，包括兽类，以及蛇、蟹、蚱蜢、蜂蛹、蚁卵、螺、蝉等。

黎族人饮食器具也非常简陋，无碗筷，以叶包饭，以手掇食，或"以椰壳或刳木为之，炊煮熟以木勺就釜取食，或以手捻成团而食之，无外间碗箸"①。不过随着汉族先进文化的浸润，至民国时期，很多黎族人已经常使用从汉族人那里输入的铁锅、瓷碗、竹筷、瓦缸等饮食器具。②此外，黎族人还保留了原始的烹饪方式——使用竹筒做饭。先把大米和水盛入一段段竹筒里，用树叶或芭蕉叶包紧竹筒口，然后放在火上烧烤，熟后破筒而食。此种方法是在陶锅出现之前，人们解决粒食熟吃的一种方法。

2. 擅长食物贮藏，嗜食槟榔椰子

海南炎热潮湿，谷物、肉类、蔬果等食物容易变质，为应对这一特点，黎族人将食物进行加工贮藏，制作出很多具有地方特色的风味食品。谷物类，如番薯，"**土人每片切干，名曰薯粮，或磨为面粉，白如雪，食之最滑**"③；蔬果类，如槟榔，"**生海南黎峒，亦产交趾，木如棕榈，结子叶间如柳条，颗颗丛缀其上。春取之为软槟榔，极可口，夏秋采而干之为米槟榔，渍之以盐为盐槟榔**"④；肉食类，黎族人喜欢将生猪肉掺以米粉和野菜制成酸肉，或将生鱼和嫩玉米一起切

---

① 张庆长：《黎岐纪闻》，上海书店，1994年。
② 陈铭枢：《海南岛志·礼仪民俗》，上海神州国光社，1933年。
③ 张嶲等：《崖州志》卷三《舆地志》，广东人民出版社，1983年。
④ 周去非：《岭外代答》卷八，中华书局，1985年。

碎，用盐腌渍在陶罐里，以为待客的上好食品。苏东坡被贬官海南时，当地土著即用"蛙掾（yuàn）与柢醯"（即酸肉和陵鱼）两道当地特色菜肴招待这位大词人。苏东坡对此大为感慨，诗咏"敬我如族姻"。

海南气候适宜果树的生长，水果品种众多，槟榔与椰子是海南岛具有代表性的果类，也是黎族人喜好的水果，在黎人日常生活中占有重要地位，有"以槟榔代茶，椰代酒，以款宾客"的习俗，而且还是亲朋来往、婚约之间的重要礼物。黎族妇女嗜嚼槟榔，嚼得嘴唇发红，牙齿变黑，并以此为美。黎族人还善于利用椰壳和椰叶。椰壳，黎族人擅长把它做成喝酒用的椰器，这种酒器不仅实用，还起着防毒作用，因为**"椰壳有两眼谓之蓴，有斑缬点文甚坚。横破成碗，纵破成杯。以盛酒，遇毒辄沸起，或至爆裂"**[①]，故深受黎族人的喜爱。椰叶，则做成椰席和椰笠，黎族人不分男女，都爱戴椰叶做的斗笠。黎族人对椰子的热爱，在苏东坡的《椰子冠》一诗中作了很传神的描绘：

> 天教日饮欲全丝，美酒生林不待仪。自漉疏巾邀客醉，更将空壳付冠师。
>
> 规摹简古人争看，簪导轻安发不知。更著短檐高屋帽，东坡何事不违时。

3. 善酿酒好饮酒，制粗茶饮苦茶

古代海南地区早晚潮湿，瘴气弥漫，黎族人多从事繁重的体力劳动，饮用适量的酒能驱赶瘴气、消除疲劳、强身健体，因此黎族人普遍好酒，也善于酿酒。黎族酿酒有着悠久的历史。

宋代黎族人酿酒技术就较发达，酒的品种也特别多，带有浓郁的地方民族特色。"安石榴酒"，用形似安石榴的酒树的花放置瓮中而成，味美且颇能醉人。[②] "椰酒"和"银皮酒"两种名酒，深受苏轼父子的喜爱，苏过有诗云："椰酒醍醐白，银皮琥珀红。"[③] 苏轼则赞曰："小酒生黎法，干糟瓦盎中。芳辛知有

---

① 李调元：《南越笔记》卷六《椰器》，中华书局，1985年。

② 赵汝适：《诸蕃志·海南》，中华书局，1985年。

③ 苏过：《斜川集》卷三《己卯冬至儋人携具见饮既罢有怀惠许兄弟》，四库全书本。

毒，滴沥取无穷”①。

至明清时，黎族人的酿酒业有了更进一步的发展，“以稻米作酒，谓之黎酒，味甚淡”②；酒的品种也越来越多：“七香酒”以沉香等浸烧而成，“荔枝酒”以鲜荔枝酿成，“捻酒”以都捻子酿成，“黄桐酒”以桐子酿成，“椰酒”以椰子酿成，“槟榔酒”以槟榔酿成，其他还有金银花酒、蔗酒、甜酒、山柑酒、桑奇生酒、龙眼花酒、菊花酒、番薯酒、黄酒、老酒、烧酒、三白酒、鹿蹄酒。③在酿制的酒中加上当地的特产配制成各种美酒，充分显示了黎族人民的智慧，也说明酿酒业在当地的兴盛。

茶叶在黎族人的生活中不占重要地位，其生产和消费水平较低，相比于酿酒业较为逊色，然其种茶产茶却是事实，且带有鲜明的海南特色。其一，茶叶来源较杂。海南朱崖地产苦菜，“民或取叶以代茗，州郡征之，岁五百缗”。④其二，茶叶质量较差，但有一定的医疗作用。“黎茶粗而苦涩，饮之可以消积食、去胀满，陈者尤佳，大抵味道近普洱茶，而功用亦用之。”⑤

① 苏轼：《东坡全集》卷二四《用过韵冬至与诸生饮》，四库全书本。
② 张庆长：《黎歧纪闻》，转引自王锡祺：《小方壶斋舆地丛钞第九帙》，西泠印社，2004年。
③ 明谊：《琼州府志》卷五《物产》，刻本，1841年。
④ 脱脱等：《宋史》卷一六七《崔与之传》，中华书局，1985年。
⑤ 张庆长：《黎歧纪闻》，转引自王锡祺：《小方壶斋舆地丛钞第九帙》，西泠印社，2004年。

第六章

清末至中华民国东南的变迁与饮食文化的昌盛

中国饮食文化史

———

东南地区卷

鸦片战争后，根据一系列不平等条约实行五口通商，英割香港，葡占澳门，东南地区被迫成为中国最早打开大门的地区之一，西方文化开始大量进入。随着西方资本主义文化的浸润日深，东南地区的传统文化不断受到冲击，越来越多地被涂上了近代西方文化的色彩。沿海港市的崛起，使东南饮食文化焕然一新，而近代工业的兴起又使东南食品工业诞生。在保留传统饮食文化的基础上，东南地区逐步吸取了西方饮食文化，中西合璧的饮食文化逐步形成，自此东南饮食文化的发展进入了一个昌盛时期。

第一节　东南海港城市的崛起与城市饮食文化

　　近代中国的开放及中外贸易的发展，使东南一些最先开放的地方凭借良好的地理位置和海港优势迅速崛起，至民国时期，已发展成为近代工商业城市。受西方饮食文化的熏陶，中西结合的城市饮食文化有了进一步的发展。

一、澳门兴起，中葡饮食齐发展

澳门原称"濠境"，亦作"蚝境"。以产蚝丰盛故名。素有"东方钻石"之美誉。它位于珠江口西侧，包括澳门半岛和氹仔、路环两个离岛，总面积29.5平方千米，东隔伶仃洋与香港相望，西边与珠海市湾仔一衣带水。澳门原本是一个小渔村，主要居住着广东人和东南沿海的移民，在历史上属于广东香山县（今珠海、中山）管辖。1553年，葡萄牙人诈称舟触风涛，水湿贡物，愿借濠境晾晒，"久之遂转为所用"。随后，葡人将澳门作为中西互市的港口和外贸市场，并于1573年正式向中国政府缴纳地租，开始了其长期租居澳门的历史。明清政府在对澳门行使主权和实行全面管治的前提下，允许葡萄牙人在澳门实行一定程度的自治。此后，澳门很快成为广东沿海贸易集散地和海上丝绸之路的重要中转站，人口也随之增加，大量华人涌入澳门定居或经商，葡萄牙人亦纷至沓来。至万历年间，澳门已是"高居大厦，不减城市，聚落万头"[1]，初步形成近代城市景观。1640年，澳门人口已超过4万人，其中中国籍人口2万人，葡萄牙人6000人，此外，还有来自西班牙、意大利、英国、德国等国的欧洲人和来自日本、朝鲜、印度、马来西亚等国的亚洲人，那时澳门已成为重要的国际商业城市。1887年，根据《中葡和好通商条约》，葡萄牙人获得了"永居管理"的权利。直到1999年12月20日，中国政府收回澳门主权。

澳门是中西文化最早的交汇点，富有中西合璧的情调，在16—18世纪形成了高潮。澳门原属广东，居民绝大多数是中国人，其中广东人占绝对优势，广东人中又主要是广府人，其次是潮州人、客家人、海南人，因此广东人的生活习惯、风俗礼仪在澳门影响最为深远。同时，澳门自1553年被葡萄牙人占据以后，随着葡人及其他外国人的入居，西方生活方式也随之而来。随着中西文化的交流，澳门居民的礼仪习俗逐渐发生变化，带有明显中西合璧特点的澳门饮食文化也逐渐形成。

---

① 王士性：《广志绎》卷四，上海古籍出版社，1993年。

1. 崇尚传统食俗，海鲜食品丰富

与广府人一样，澳门人非常重视传统佳节，在节日中也特别讲究吉利。中国最隆重的传统节日是春节，早在春节来临之前，澳门人就纷纷上街置办年货，并且讲究年货及做菜的好寓意，以示来年平安顺利、大吉大利。如年糕，意思是年年收入步步高；煎堆，煎堆碌碌，金银满屋；红色瓜子，寓意"福星降临"，瓜子形状像小银元，剥瓜子也叫"抓银"。对年菜的取名也多用吉利之词，如"发菜蚝豉"，按广州话来说就是"发财好事"。元宵节，澳门人要吃汤圆后才去灯会赏灯。端午节，人们喜吃粽子和赛龙舟。中秋佳节，人们相互之间馈赠月饼成了传统。

广东香山人喜吃糕点、饼食，光绪《香山县志》有载："炊笼糕，大者至数斗，其以糖炊者曰甜糕，否则曰白糕，豆壳灰和粉炊者曰藕糕，黄叶汁和粉炊者曰黄叶仔糕，其炊糯米为饭揉作饼者曰白糍。"澳门人把香山的糕点、饼食制作的传统进一步提高和改进，形成了蔚为大观的饼食制造业。19世纪早期，美国人亨特来到澳门，看到澳门有许多糕点铺子，他对其中一家铺子里的食品作了生动的描述：

"澳门有各种极珍贵松饼。这间铺子是制作龙凤甜饼的，做工精良值得称道。可以用来送礼或应节。有玫瑰色镶边的结婚礼饼，有用来馈赠亲友的中秋月饼。精致的包子里包着甘香的鹅油和美味的猪肉。角锥形的糖被称为'耸入云端的千层高阁'。有糖做成的屋宇、洞室和人物、鸟兽的塑像。品种繁多、用料名贵的饺子。美味的白面糕，纯白如银，摸上去柔滑如丝，食之可以延年益寿。还有总是那么好卖的蜜糖煎饼，永远是那样刺激食欲。形形色色的'老头饭'吃起来香滑可口。此外还有蜜饯的名贵水果，掺和着一些芳香辛辣、味道隽永的作料，有一种令人愉快的风味。品种多得数不尽。在这间铺子都有出售。"[1]
由于广府风俗中嫁女必备礼饼，故饼铺的生意兴隆日盛，澳门饼食誉满

---

[1] 亨特著，沈正邦译，章文钦校：《旧中国杂记》，广东人民出版社，1992年。

东南。

澳门临海，当地居民自古就以打渔为生，鱼虾等海鲜产品是澳门人最普通的菜肴，市场上海鲜商品琳琅满目，"咫尺沙冈市，鱼虾不少钱。蟹黄随月满，沙白入春鲜"①，正是明末清初澳门人生活的写照。

澳门盛产鲜蚝，道光《香山县乡土志》也提及澳门青洲产蚝。澳门旧称蚝境，内港河道称蚝江，可知澳门当时蚝的数量之多，蚝是人们日常食用的食物，也成为当地著名的土特产。不仅如此，人们还普遍制作蚝油，《澳门杂诗》有"独有蚝油腴且隽"之句，陈澧在《香山县志》中亦云："蚝油，煎蚝汁为油，味胜盐豉"。

2. 西方饮食的传入，与饮食文化的交融

随着澳门的开埠，葡萄牙人纷纷东来从事贸易，谋取财富。他们定居澳门，生息繁衍，既给澳门带来了西方的饮食，也带来了西方的生活方式：穿洋服，吃西餐，住洋房，说洋话，行洋礼，写洋文，以及开办学校、教堂和医院等，使当地居民"渐染已深，语言习尚渐化为夷"②。这一切使澳门成为一座西洋文化气味很浓的小城。对此，文献有很多记载。

《澳门纪略》中讲到葡萄牙人"饮食喜甘辛，多糖霜，以丁香为糁"，同时也记载了其饮食方式，"每晨食必击钟，盛以玻璃，荐以白布，人各数器，洒蔷薇露、梅花片脑其上。无几案匕箸，男女杂坐，以黑奴行食品进，以银叉尝食炙。其上坐者悉置右手褥下不用，曰此为'触手'，惟以溷（hùn），食必以左手攫取。先生击生鸡子数枚啜之，乃割炙。以白布拭手，一拭则弃，更易新者"。葡人饮食不用匙和筷子，而是用一块方尺许的西洋布，置小刀在布上，"人一事手割食之"。他们吃的米饭是西国米，"色紫柔滑，益胃和脾"，饮的是西洋酒或葡萄酒，

---

① 屈大均：《香山过郑文学草堂赋赠》，《中山侨刊》，2011年第97期。
② 印光任、张汝霖：《澳门纪略》卷上《官守篇》，广东高等教育出版社，1988年。

"味道醇浓，倒入玻璃杯中，呈琥珀色"[1]，"色如琥珀，亦贮玻璃瓶，内外澄澈，十二瓶共一笥也"[2]。

葡萄牙人懂得享受，其菜肴丰富，主要有清炖肉（鸡）汤、香菇虾馅小酥饼、野味肉冻、串烤沙滩鸟、小牛肉、牛舌、蛋白杏红烤甜饼、干酪火鸡、煨火腿、里昂灌肠、奶酪及各式蛋糕；喜欢高档菜肴，有燕窝，"乌白二色，红者尤佳"，还有无刺的海参、糖腌百果、蕃饽饽等；喜用荼蘼（mí）入饮馔，荼蘼本是大西洋的一种植物，葡人据其花做成上等的荼蘼露，沾洒人衣，芬芳效果颇佳；以荼蘼露注入饮馔之中，可使饮料和食馔更为芳香诱人。

葡人东来，把不少国外蔬菜、水果等传至澳门。澳门的"西洋菜"即来自国外，西洋菜即凉菜，又称"豆瓣菜"，内地有产。据说一百多年前，有一名来澳的葡人船员，因患严重肺病而被抛弃一海岛上，靠岛上的一种水生植物治好了他的肺病。后得路过的船只救助来澳，并将那种植物移植澳门，此植物即是西洋菜。以后，西洋菜成为澳门很普通的一种菜蔬，既可熟食，也可生吃，气味不俗，具有去燥润肺、化痰止咳、利尿等功效，在干燥的秋冬季节，成为一般人家用来煲汤的上好用料，是一种益脑健身的保健蔬菜。

洋秥（nián，糯稻），又叫竹秥，"来自洋舶，土人有种者，肥田宜之"；薏苡，二三月生，"米如白珠，不甚圆。一种小粒而圆者，出外国，曰洋薏苡"；菽和兰豆，"近数十年得种于澳夷，今处处种之，蔓生花白，荚比扁豆小而狭长，子如珠，青脆软薄，味甘"；耶珠菜，又称蕃荠兰，叶子呈蓝色，"类荠兰而大，一科重至数斛，茎端嫩叶团结似椰子内珠，味甘脆，其种来自蕃舶，夷人多种之。"[3]洋葱也来自海外，葡人引进澳门用作菜肴，其形状"如独蒜而无肉，缕切为丝，玲珑满盘，以之饷客，味极甘辛"[4]。

① 叶权：《贤博编》，中华书局，1987年。
② 杜臻：《粤闽巡视记略》卷二，文渊阁四库全书本。
③ 祝淮：《香山县志》卷二《舆地》，刻本，1827年。
④ 印光任、张汝霖：《澳门纪略》卷下《澳蕃篇》，广东高等教育出版社，1988年。

传入的水果也不少。羊桃，亦为杨桃，能为药，具有辟岚瘴之毒的作用，有中蛊者，捣汁饮之，毒即吐出。做成果脯，还能治水土不服和疟疾等病。《澳门纪略》记载："（羊桃）如田家礧碌状，又曰'五棱子'，粤产味酸，澳门数株高六七丈，种自西洋来，花红，一蒂数子，大而甘。"丁香，树高丈余，"叶似栎，花圆细而黄，子色紫，有雌有雄，雄颗小，称'公丁香'，雌颗大，其力亦大，称'母丁香'，蕃人常口含嚼以代槟榔，亦钉之牛羊中蒸而食。"洋山茶，葡人从海外引进澳门种植，"有红、白二种，重苔千层，性畏寒，而花色绝胜。"蕃荔枝，大如桃，色青，"似壳非壳，擘之中有小白瓤，黑子，嚼之味如菠萝蜜。"陈澧《香山县志》中也有记载："蕃荔枝，种自西洋，邑处处植之，皮内有细纱如梨，中数十苞，每苞一核，味甘芳，虽名荔枝，实非其族也。"1679年，耶稣会士曾进献康熙帝品尝。另有橄榄（一名青果）、甜荔枝、酸荔枝等水果，1722年，暹罗曾贡大西洋青果15株、甜荔枝30株、酸荔枝20株。

此外，还有营养丰富的牛奶及奶制品等，这一切，极大地丰富了澳门的饮食文化。

明清时期澳门的中外往来频繁，使澳门的许多华人也接受了西方的饮食习惯，"久居澳地，渐染已深，语言习尚已渐化为夷"[1]。葡萄酒传入澳门后，中国人不但开始饮用，而且也学会了酿制。"外洋有葡萄酒，味甘而淡。红毛酒色红，味辛烈。广人传其法，亦酿之，与洋酒无异。洋酒者数十种，惟此两种内地能造之，其余不能酿也。又有黑酒，蕃鬼饭后饮之，云此酒可消食也。"[2]同时，西方传来的食物也深受中国人喜爱，当地有首歌谣深刻反映了这点，"面包干饼店东西，食味矜奇近市齐。饮馔较多番菜品，唐人争说咖喱鸡"[3]。

葡人长期定居澳门，受中国饮食的影响也创制了不少中西结合的佳肴。如

① 印光任、张汝霖：《澳门纪略》卷下《澳蕃篇》，广东高等教育出版社，1988年。
② 阮元：《广东通志》卷九五《舆地略》，上海古籍出版社，1990年。
③ 中国第一历史档案馆等编：《明清时期澳门档案文献汇编·文献卷》，人民出版社，1999年。

"葡国鸡"就是当地葡人融入了中国鸡的熬法制成的，只是用西餐方式上菜，食之确实别有一番风味，也赢得了中国人的喜爱。此外，"马介休"（一种咸鱼炒饭）、"咖喱蟹"以及被称为"喳咋"的一种甜食，都成了中葡人所共同喜爱的食物。在生活方式上，"东西结合"也很明显，外国人有很具体的记载：

"在澳门的烹调方面，产生了文化融合现象。有些风味的菜肴可以被独特地称之为澳门菜。例如，fasho和capella。前者是多种肉的杂烩，后者则会有猪肉和杏仁。然而，中国菜对澳门烹调的影响是很小的。澳门菜包含着果阿和马六甲烹调的情趣。

虽然中国菜的烹调方法相对来说很少受到西方的影响，但是中国人所吃的水果和蔬菜的种类却深深受西方产品的影响。这一点毫不奇怪，因为广东菜一向以吃几乎任何东西而著称于世。就连北方的中国人也这样说：'一样东西如果有腿而不是桌子，或者有翅膀而不是飞机的话，那么广东人就会吃它。'

青豆、甘蓝、莴苣，水田芹在广东话里仍被称为西洋蔬菜，而西洋则是葡萄牙国名的俗称。菠萝、番石榴、番荔枝和干辣椒也是由葡萄牙人以广泛分布的葡萄牙帝国的其他地区带入的。他们的另一项重大革新就是制作河虾酱（hamha），这已成为中国南部地区即使是最偏远乡村的一项副产业。

澳门的葡萄牙人常常到中国餐馆进餐，而中国人也经常进入葡萄牙餐馆。在许多比较小的餐馆，人们可以同时预定葡萄牙鸡和中式炒面，许多本地小饭馆则以这种方式把各种食物混合起来制饭。"①

这里还要提到葡人传至中国的鸦片。鸦片，起初是作为药品由葡萄牙人、荷兰人传入中国的。曾有说法云，明末葡人曾向中国皇帝进贡鸦片两百斤，向皇后进贡一百斤。1589年，鸦片列入明政府的关税征收表。1685年，清朝开放海禁，鸦片重新列入关税征收范围，输入渐多。至鸦片战争前，澳门成为外商长期对华鸦片输出的重要基地。鸦片及其吸食之法的输入，首先使沿海居民出现吸食鸦片

---

① R. D. Creme：*City of Commerce and Culture*，Wing King Tong In Hong Kong，1987.

之风，吸食之法也不断花样翻新，随后不断流行各省，对中国社会经济和人民造成巨大的危害。

二、香港崛起，粤菜与西餐共兴

香港位于珠江口东侧，北与深圳相连，西与珠海、澳门相望。包括香港岛、九龙、新界和周围235个大小岛屿，全境面积1078平方千米。香港地区自古就属于中国。

在19世纪英国占领之前，香港本地居民主要为广东土著和福建移民，以种植谷物、蔬果和打鱼为生，稻米是他们的主食。由于此地区可耕地的缺乏和水利灌溉的落后，粮食经常不敷食用，海产成为他们的重要食物。在开埠前相当长的一个时期内，土居的香港人仍旧继承着祖传的生活方式，19世纪初期"新界"流行着这样的民谣：

"正月妇人二月蔗，三月螃蟹四月虾。五月芒兜粽，六月猪肉争鲜虾。七月鸭肥关，切片炒姜芽。八月中秋到，月饼送名茶。九月重阳节，登高扫墓插萸花。十月小春到，新鲜糯米春糍粑。十一月来冬又到，风干腊肉炒兰花。十二月来乱如麻，预备糖糕谢灶爷。多谢神灵常庇佑，一家欢乐笑哈哈。"

这是说，正月女人比较悠闲，可以修饰打扮自己。二月甘蔗味道最甜美，其他各句则大致讲的是普通百姓每个月的特色食品。那时农户家里的副食一般是咸鱼青菜，吃鲜鱼也多半是小鱼，猪肉则是稀罕食物。因此，乡村人又流传一句话："年时到节，节食到年。"意思是新年吃过一顿猪肉后，要等到下一个新年才能有下一顿猪肉吃。

英国人占领香港后，香港社会的饮食结构发生了很大改变。

1. 嗜食海鲜，餐桌搭配有"规矩"

香港濒临南海，渔业发达，香港人又多为广东籍，嗜食海鲜。香港海鲜酒家众多，甚至有些并非专营海鲜的茶楼食肆，也会在门前摆设几个胶盒鱼盆，蓄养虾蟹贝类在其中，借此以广招徕。海鲜水产和饮食行业关系密切，海鲜成为香港人最为青睐的佳肴。随着社会经济的发展，吃海鲜已经大众化，并形成了一套自己的饮食文化规则。例如，桌子上都有骨碟，这是用来盛载虾壳和鱼骨的。再如，上菜有一条不变的规律：第一道上单的菜式多为白灼虾，最后一道菜则一般是螃蟹。此外，除了传统的芥辣和椒酱外，每一种海鲜菜式都有固定搭配的酱料供作蘸取之用。如"香煎金蚝"，蘸料就要用砂糖和糖浆；"龙虾刺身"用日本芥辣；螺片、螺盏或虾球，是用虾酱；"东风螺"则用海鲜酱；而"酥炸生蚝"则一定要用淮盐与唅（jié）汁；"炒鱼球"更不能欠缺蚝油。这些酱料的搭配，近乎是不成文的规定，半点来不得含糊。如蒸蟹的蘸料，是要用浙醋，并要加进几条姜丝，还要再浇几滴麻油，口感微酸中带有香味，这才是一道正宗的，合规矩的酱料。

2. 粤菜潮菜为主，茶楼酒楼两旺

香港居民以广东籍为主，所以粤菜在香港饮食中居于非常重要的位置，这其中又以广州菜为代表。受广府饮食影响，香港城市居民喜欢去茶楼"饮茶"，而这成为香港饮食文化的精华之一。自开埠以来，香港茶楼就经久不衰。像广州等地一样，居民饮茶并不只是喝茶，而是包括吃点心、吃饭。最平常的是一盅茶、两样点心，叫作"一盅两件"。去茶楼吃饭比去酒楼吃饭花钱少，比较经济实惠。茶楼传统的点心有：虾饺、凤爪、粉果、烧卖等。这些点心的制作一般采用煎、炸、蒸、焗、炒、煮、凉拌等烹饪技术。至20世纪，香港已是茶楼林立，竞争非常激烈，很多茶楼都注重采取各种方法来吸引食客，"或则四时换点以新口味，或则每餐笙歌以乐嘉宾"，而在1924年12月开张的高升茶楼，全座五层，环境幽雅，装饰精美，饼师聘自苏沪等地，更是为全港"空前未有绝大特色之茶楼"，呈现出一片繁荣景象。①

---

① 《高升茶楼开张广告》，《香港华字日报》，1924年12月20日。

图6-1　始建于1939年的广州酒家，素有"食在广州第一家"之美誉

在茶楼发展的同时，各式酒楼也不断涌现，从1906年到1930年的二十多年间，一大批酒楼陆续建成，如香港中华酒店、康乐酒店、品芳酒楼、香江酒楼、香港上海酒店、乐贤酒店、颐和酒家有限公司、随园酒家、上海酒家、皇后大酒店、九龙半岛酒店、乐陶陶酒家等。到20世纪30年代，香港酒楼又有著名的大三元、大同酒家、新亚酒家、广州酒家、亚洲酒店、文园、西园、南园等，这些酒楼多是沿承了广州之名号招牌来经营。据当时统计，香港酒楼茶室共有大小店铺500家，年营业额达2500万元（其中酒楼占五分之三）。①

香港的潮州籍人数不少，潮州菜馆在港有一定的地位，香港人嗜海鲜，这也是潮州饮食风俗的一大影响。第二次世界大战前，香港的潮州菜馆不过数家，战后的几十年，其数量有了明显的增加，成为仅次于粤菜的风味。潮州人在港经营糕饼铺也有悠久历史。清朝末年，潮安人陈开泰在香港以搭棚栅卖凉茶起家，后改为专卖优质糕饼的"宜珍斋"，拳头产品为"老婆饼"，此饼的独特味道使"宜珍斋"成为香港著名的糕饼铺。

①《工商业概况》，《香港华侨工商业年鉴》，香港，1939年。

3. 西餐兴起，中餐借鉴

英人占据香港后，大批英法美等外国人来至香港。为适应他们的需要，西餐馆逐渐在香港兴起。西餐馆以幽静的环境、整洁的餐厅、高雅的格调、一流的服务、精致的美食而吸引顾客，使国人大开眼界，为香港的饮食文化带来一股清新之风，从而也赢得了很多富贵国人的青睐。

西菜烹饪变化万千，除常见的扒类菜式外，汤羹、沙律、粉面、甜品及糕饼也各有特色的。西菜注重物料的原汁原味，也比较倚重调料及味汁。像"红酒煎鲍鱼"，就要用到牛油食盐、胡椒粉、面粉、蒜、葱、它拉根香草、红辣椒粉、红酒、醋，以及鲜忌廉等十余种调料。在港西餐店有名的西菜还有很多，海鲜系列如芝士焗生蚝、豉汁煎三文鱼、白汁鲜鱼卷、蒜茸焗大虾；家禽系列有咖喱鸡、红酒烩鸡、法式芥香鹅、蜜桃鸭、香滑烧乳鸽；牛肉系列有烧西冷牛肉、杏香汉堡牛扒、红酒烩牛尾、蒜茸牛仔骨等。

开埠初期，香港并没有华人开设的专门西餐馆。当时只有一些高级的中国酒楼设了几间西餐间，聘请会做西餐的厨师做西餐，供英法等欧洲人享用。而西人经营的餐馆，则只招待西人，华人不得入内。直到1905年2月，香港才有了第一间华人开设的西餐馆——港岛的鹿角酒店内的西餐厅，它的价格非常昂贵，一顿

图6-2 民国时期的西餐奶壶、茶壶、茶杯

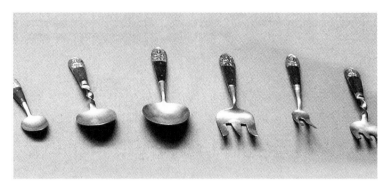

图6-3 民国时期
的西式叉勺

大餐的费用相当于100个工人一个月的伙食费。不久，又有了一家大众化的华人西餐厅开业，那就是"华乐园餐室"。以后，随香港经济的繁荣和港人生活的富裕，堂而皇之去西餐店享受美食，已成为普通老百姓的正常消费，不再是富贵人家的独享。

香港厨师善于吸收与敢于创新，他们一方面保留了中餐的传统特色，例如菜名注重吉利，如龙凤呈祥、佛光普度、金鸡报喜、大展鸿图等，一看就让人心生好感，垂涎不已。另一方面，他们努力吸纳西餐之长，为己所用，遂形成了一批具有中西融汇特色的饮食，创制出了新的中国名菜，如"西法鸭肝""西法鸡""西法大虾""纸包鸡""华洋里脊""铁扒牛肉""羊肉扒"、"炸面包盒"等菜肴，这是当时旷古未闻的中国菜。点心则有鸳鸯千层糕，糯米粉团等。

这一时期，西餐技术逐渐为在港华人所掌握。起初，西洋菜肴、糕点、酒类等只在有外国人的地方制作，也仅限于外国人享用。到了清朝光绪年间，开始出现了由中国人自己开设的以盈利为目的的"番菜馆"以及"咖啡厅""面包房"等，经营西洋菜、咖啡、面包等西方饮食。并出现了中西风味兼具的饮食店。光绪末年，不少香港中国食品店已经增设了西餐，成为中西餐皆备的"时髦饮食店"。于是香港饮食市场的传统格局被打破了，西方饮食成为香港饮食市场的一个有机部分。

图6-4 民国时期从西方进口的绞肉机

　　这一时期，香港华人的饮食观念也逐渐发生了变化，早餐喝牛奶、咖啡，面包涂果酱或黄油者不足为奇，过生日买西式冰点、点蜡烛庆贺者也开始流行。

　　最令人瞩目的是中餐馆服务方式的变化。他们吸收了西式餐厅的服务方式，如长条餐桌的设置，餐巾的使用，分食制的采用，金属圆托盘的使用，菜单的使用，服务员用笔纸上桌开票等，使中餐服务更加完善。但中餐服务中的优良传统不丢：客人入座献茶后，精通业务的店伙计请客人点菜，菜名由店伙计报给客人，一经客人点定，传至厨房立即制作供应；菜肴熟后，店伙计左手叉三碗，右臂自手至肩驮叠几碗，散下尽合各人呼索，不容差误。在这些餐馆中，中西服务各显所长，相得益彰。

三、福州、厦门、汕头三大城市的饮食特色

　　福州简称"榕"，位于闽江入海口，是闽江流域经济腹地的贸易集散中心。晚清开埠后，福州作为对外通商的五大口岸中的第二大口岸，成为东南商贾云集的重要商埠。

　　厦门面海环山，地势险要，港口优良，与金门岛互为犄角。明中期以来，厦门成为当时众多私人海上贸易的地点之一。鸦片战后，作为五大通商口岸之一，厦门的经济发展进入一个更盛时期。

汕头位于潮汕平原的南端，居韩江、榕江、练江三江汇合之处，自然环境优越，然乾嘉以前并无汕头之名。同治三年（公元1864年），汕头设立海关。随内外贸易的发展和商业的繁荣，汕头市逐步发展成为潮梅、赣南和闽西的货物集散地、粤东的门户和华南的第二大商港，并最终取代潮州府城而成为潮汕商业中心。

作为东南沿海的海港城市，兼又同属于闽文化圈，清末民国时期的福州、厦门和汕头三大城市在饮食文化方面有着很多相同之处，形成了具有鲜明地方特色的城市饮食文化。

1. 酒楼茶馆众多，嗜好饮茶

清末时期的福州菜早已具有鲜明的地方特色，作为闽菜的代表菜，其以选料精细、操作严谨、调味清鲜、色泽美观而著称，烹调上擅长炒、熘、炖、蒸、煨，口味上偏重甜、淡、酸，重视汤水，一代又一代福州厨师孕育出了许多名牌菜肴和各式特色的风味小吃。近代以来，福州的饮食行业有了进一步发展，产生了很多有名的饮食店，糕饼店有"观我颐""万隆""老宝和"等；小吃店有"永和正宗鱼丸店""龙岭王炒粉店"等；酒楼有"聚春园""福聚楼""聚英楼"等。这些饮食店以其特色的拿手招牌菜而经久不衰，至今仍是福州著名的老字号。"聚春园"始创于清同治四年（公元1865年），是福州现存历史最长的老字号菜馆。"观我颐"糕饼店名气最大，生产的猪油糕是远近闻名的名牌货，具有油量足、口感清甜的特点。

随着厦门的兴起，民国时期的厦门菜逐渐形成了自己的特色，成为闽菜的重要组成部分。厦门菜的烹调方法以蒸、炒、煎、爆、炸、焖为主，口味偏重清、鲜、淡、脆，兼带有微辣，擅长海鲜、素菜的烹制，重视仿古药膳，盛行风味小吃，比较著名的有榜舍龟、炸五香、炒面线、芋包等。

汕头市作为新兴的通商口岸，清末民国时期这里是国内外商贾云集，市场繁荣，酒楼菜馆林立，名师辈出，名菜纷呈，潮菜进入了一个飞跃发展的时代。在20世纪30年代初，汕头市就有"擎天酒楼""陶芳酒楼""中央酒楼"等颇具规模的高档酒楼。

福州人、厦门人讲究品茶，其中不少人嗜茶成瘾，"有其癖者不能自已，甚有士子终岁课读，所入不足以供茶费"①，可见饮茶风气之浓。受闽南文化的影响，汕头人同样好茶，尤喜饮功夫茶。饮茶风气的盛行使清末民国的福州、厦门和汕头三市兴起了众多的茶馆。像广州人上茶楼一样，当时的人们喜欢上茶馆谈生意、聊家常等，在祥和温馨的饮茶气氛中度过。至今走进这三市，最常见最普遍的建筑仍是各式各样的休闲茶馆。

2. 喜好海鲜，重视食补

福州、厦门、汕头地区东南靠海，盛产鱼、虾，其中尤以厦门为著。厦门海鲜种类繁多、品质优良，制作出来的海味菜肴肉质爽滑，鲜美可口，较有名的海鲜菜有松子明虾、吉利虾、黄鱼翅、莲环鲍鱼、碎皮明虾球、沙拉香麻鳗、香酥鱼排、鹭岛松子鱼等。厦门海鲜的盛名催生了许多海鲜名餐馆，如"好清香""吴再添""黄则和"等。

厦门人重视食补，仿古药膳别有特色。宋元时期福建人就已经重视药食同源，认识到药膳的作用。民国时期，在继承传统药膳技艺的基础上，厦门药膳形成自己的特色。厦门药膳最大的特色就是以海鲜制作药膳，利用本地特殊的自然条件、根据时令的变化烹制出色、香、味、形俱全的食补佳肴。一是精心选料，突出其海鲜药膳的特色，像台湾风味的"姜母"即是仿古药膳的代表之一（姜母即老姜，可治疗外感风寒及胃寒呕逆等症），当时台湾种植的姜母广受厦门百姓的青睐，在冬天常和中药一起放入海鲜之中用以滋补。二是做工精细，外观独特，带给人视觉和味觉双重的享受；三是药膳虽以中药为主料，而成品却清香自然，味美可口，手法令人称奇；四是药膳的食谱随着节令变化而做相应变更，有效发挥食补顺应四时的调理作用，如"枸杞碎龙虾"等。

---

① 周凯：《厦门志》卷一五《风俗志》，玉屏书院刊本，1839年。

3. 崇尚饮食新潮，追慕西方饮食

清末民国时期，随着中西交往的增多，随即产生了一系列变化，穿西服、吃西餐、住洋房等西方生活习惯和观念大量涌入东南沿海城市，和当地的传统习俗互相碰撞、融合，形成富有现代元素的风俗，影响着城市市民的心态和生活观念，这自然也包含了人民的饮食文化。这一时期，面包、蛋糕等西方食物的传入和盛行，改变了三市民众以往单一食用大米的习惯。糖、海带、海菜、海蜇、咸鱼干、干贝、胡椒、糖块等一些食品工业产品的进口，开阔了人们的眼界，方便了人们的消费。香烟和洋酒也为追求时髦的人们所喜爱。

4. 现代食品加工企业的出现

近代东南由于众多华侨的投资，而使一些现代食品加工企业得以发展，如罐头食品业即呈现出欣欣向荣景象。厦门于光绪年间就成立的一家名叫"瑞记栈"的罐头厂，与1908年从吉隆坡回国的华侨杨格创办的另一家罐头厂"厦门淘化公司"，于1927年合并为淘化大同罐头食品有限公司，成为抗战前厦门最大的近代工业企业之一。[①]

四、基隆、高雄，闽粤风格气象新

基隆位于台湾岛的东北端，面临东海，扼北部之门户，誉称台湾北大门，是福建居民最早移民拓台的地方之一，也是台湾第二大港口城市。基隆港港口外窄内宽，形似鸡笼，故旧称"鸡笼"。至道光二十（公元1840年）年，鸡笼还是一个拥有700余户的渔村。鸦片战争后，鸡笼地位凸显重要，因其港口优良，且附近产煤，遂为各国所垂涎。咸丰十年（公元1860年），鸡笼正式开辟为商埠，鸡笼港亦成为淡水的副港。光绪元年（公元1875年），取基地隆昌之义，改"鸡笼"

---

① 戴一峰：《闽南华侨与近代厦门城市经济的发展》，《华侨华人历史研究》，1994年第2期。

为"基隆"。基隆是台湾最早发展起来的工业城市，也是台湾重要渔港之一，也是著名的海港旅游城市。由于商业贸易繁盛，人口众多，基隆于民国十三年（公元1924年）十二月设市，时年人口为58524人。

高雄位于台湾西南端，西南部靠海。高雄港为南部第一大港，与基隆港南北并重。高雄原名"打狗"，亦称"打鼓"，为山地同胞平埔族所居住。高雄附近鱼产丰富，渔民在大陆和"打狗"间来往频繁，从事渔业和商业，使高雄有了初步发展。自咸丰年间起美英陆续涉足高雄，此后外商来此渐多，商务日盛。光绪三十四年（公元1908年），高雄开始筑港。民国五年（1916年），高雄港成为台湾南部对外贸易的枢纽。1920年高雄港的贸易额占全省贸易额的49.31%。其后高雄港和高雄市相辅相成，相得益彰，成为台湾的重要城镇和国际港口。

1. 尚简朴重节日，继承闽粤饮食习俗

基隆居民主食皆用米饭，每日三餐以米饭和粥为生，贫苦人家常以甘薯或番薯掺杂煮稀粥而食。岁时节日，多炒米粉、粿等，亦食米丸，以取团圆之意。基隆居民过年非常看重做年糕，每年腊月二十四至二十六日，家家忙着蒸年糕，以在新春招待亲朋好友。年糕主要有四种：甜粿、发粿、包仔粿、菜头粿。"甜粿"是用糯米水磨后掺拌红砂糖，放入蒸笼蒸熟而成，色赤黑，味香甜，意味生活甜蜜；"发粿"是把米水磨后，掺拌砂糖及酵素，蒸时发大高厚，取发财及大吉祥之意；"包仔粿"是用肉为馅，色黄似金，取积金之意；"菜头粿"，即菜头年糕，用白萝卜切成细长丝状，拌入糯米浆内做成，意味吉祥绵长。高雄居民素尚俭朴，日常主食除米饭、粥外，还常常用番薯拌细米煮吃。本地不产小麦，多向大陆购买以制饼作面。岁时节日，还多用面粉制成红龟状，以象征吉祥。

基隆、高雄气候湿热，居家烹制的食物大多清淡，日本人占领台湾期间开始使用味素。佐食的鱼肉蔬菜与大陆没有什么差别，平时以猪肉为主，岁时节庆多用鸡鸭。菜肴烹饪多沿用闽南、粤东之俗，所用油腻不多，以清淡著称。

2. 小吃丰富多样

随基隆经济的发展、商业的繁荣和人口的增多，街头巷尾出现了很多食物摊担，沿街叫卖，种类齐全。有饭有粥，卤烧类、面食类、粿粽类、煎炸炒类、汤浆类、水果类、蜜饯类、糕饼类、糖果类、冷饮冷食类……甜咸食物，几无不备，成为基隆一景。有的小吃后来发展成为远近闻名的名吃，像基隆的"邢记鼎边锉"，原是福州的传统米食，店主于1937年迁台至基隆后，看着基隆路边小吃兴起引发其灵感，遂将家乡福州的小吃"鼎边锉"①配上基隆特有的海鲜，独创出的香醇好吃的风味小吃。

小吃的盛名，人气的聚集，人口的增加，使路边密集的小吃售卖聚合成为城市有名的食市。

3. 喜食海鲜，融合日本食俗

基隆、高雄临海，水产为多，市场中鱼虾品种众多，味道鲜美，居民日常用餐多离不开海鲜。日常食用的淡水鱼为鲢鱼、鲈鱼等，海水鱼则以乌鱼、旗鱼、马甲、赤鱼等较为普遍，且有将鱼制作成鱼丸者。日本人统治时期，日人喜嗜生鱼片及豆瓣酱汤，这种习俗传播到当地，颇受当地市民喜爱，基隆各条街道也出现了不少专卖生鱼片的食摊及饮食店。这一时期，受西方文明的熏陶，西餐开始在这里出现，但并没有占据主流，不甚普遍。

4. 茶酒之风浓厚，饮料、鲜果众多

台湾产茶，基隆市民嗜好饮茶，茶摊遍及各处集市。茶摊又叫"老人茶"，大多座无虚席。高雄市民饮茶之风亦盛，茶品众多，平日以"铁观音"为主；而每至新年等喜庆节日，则多用特制甜茶，有荔枝茶、龙眼茶、乌枣茶、红枣茶等，寓意生活甜蜜吉祥。台湾民间还普遍流行以茶待客的习俗，日常有客来访，

---

① 鼎边锉是由闽南话直译成普通话而来的，闽南话称锅为"鼎"，爬为"锉"。其制作是用米磨成米浆，沿着大锅鼎边滚下，米浆滑滚的动作叫"锉"。

首先请客喝茶。在婚嫁喜事中亦常用茶作为仪式的重要部分。初到夫家时，新娘端茶见客；闹新房时，新娘亦端茶见客，称"食新娘茶"。

高雄人多好酒，酒类品种不少，多为自行酿造，有李子酒、葡萄酒、米酒之类，外来酒有五加皮酒、绍兴酒等。祀神宴客时多用老酒。老酒是用糯谷酿造，味甘而醇，陈年老酒尤佳。乡间也有用地瓜作酒，俗称地瓜酒。日据时期，红露酒、福寿酒、米酒流行一时。[①]

高雄地处台湾南端，纬度较低，气候炎热。民国时期，国外一些冷饮制品传进高雄。夏秋时节，街头随处可见各种冰棒、冰淇淋、刨冰、冰砖以及凤梨柠檬、仙草、杏仁等冰制品。基隆供消暑的饮料也非常之多，有汽水、青草药茶、地骨露、爱玉冰、冬瓜茶、蜂蜜冰等。

基隆、高雄四季皆有鲜果，其中香蕉、凤梨、西瓜、甘蔗、芒果、木瓜、柑橘、番石榴、柚、桃、李最为繁盛，由此带来了水果罐头制品业的发展。由于中南部来基隆谋生的人日渐增多，即将家乡嗜好嚼槟榔的习俗也带入了基隆，于是街头出现摆制槟榔的诸多小摊。

第二节　食在广州

有句民谚："生在苏州，玩在杭州，食在广州。"这句民谚，道出了广州食品之美。千百年来广州以其精美细腻的烹饪、流光溢彩的美食和清淡爽口的小吃而享誉海内外。早在唐宋时期广州饮食已天下有名，明清时期有了进一步发展，到了民国时期"食在广州"已在国人中流传。

---

① 民国《高雄市志·风俗篇》，《中国方志丛书》，成文出版社，1967年。

一、"食在广州"民谚的形成

广州是一座有着悠久历史的文明古城，很早以来即成为华南的政治、经济、文化中心。明清时期，南北经济交往更加频繁，人员流动增多，城乡商业更加繁荣，"城南濠畔"成为广州的商业中心、消费中心。濠上画船相连，濠畔建筑华丽，酒楼妓馆众多，商铺会馆云集，一时成为富商子弟纸醉金迷之地。广州经济的繁荣吸引了各地名厨的到来，如广州著名菜馆"南阳堂"的邓大厨师，原本即为京城布政司的专业厨师。

乾隆以后，清政府实行海禁，广州成为我国唯一对外开放的港口，全国对外贸易商品都要通过广州出口到国外。作为商品集散地，广州辐射范围延伸至华东、华北、西南、西北各地。在独领风骚的80多年中，广州外贸经济发展迅速，繁华程度远超昔日，城市人口空前膨胀，至鸦片战争（公元1840年）前夕人口已达100万以上。当时的广州聚集了来自全国各地的商贾，适应这些人的需要，全国各大菜式纷纷落户广州，而十三行富商的兴起又对广州的饮食行业起了推动的作用。十三行商人靠垄断对外贸易，短时间集聚了巨额钱财，这部分人挥霍无度，食不厌精，讲究排场，使得广州饮食市场异常兴旺。

鸦片战争后，广州虽失去了专营外贸的地位，但作为中国最早的对外通商口岸之一，它的实力仍不减当年，"广货"闻名中外，广州商人仍活跃于全国和世界各地。随着与各国经济文化的频繁交流，广州饮食文化获得了长足的发展。在吸取了西方菜肴的烹饪精华中，粤菜不断丰满。这一时期旅居海外的广东华侨日益增多，他们在异地落地生根，稍有积蓄，便开办唐人餐馆，把粤菜带到了海外；同时他们也把海外的饮食文化带到广州，并在广州开设具有外国风情的饮食店。另外，随着在广州的洋人增多，广州的西餐店也逐渐多了起来，进一步推动了广州饮食行业的繁荣。

随着广州商业贸易的繁盛，以及各地风味的餐饮店在广州的开设，清末广州饮食行业有了巨大发展。清光绪年间（公元1875—1908年）南海人胡子晋有首《广州竹枝词》写道："由来好食广州称，菜式家家别样矜，鱼翅干烧银六十，人人休说贵联升。"这首词虽然没有正式提出"食在广州"这种称呼，却可以看出，此时广州的饮食业已相当繁荣。至民国时期，"食在广州"这一说法已在国人间广泛流传。民国十四年（1925年）6月4日《民国广州日报》登载的一篇《食话》文章，开门见山地写道："食在广州一语，几无人不知之，久已成为俗谚。"既然是"久已"之事，那当是此前的很长时间，否则也不会无人不知，更不会成为俗谚。

二、"食在广州"的饮食特征

清末民国广州赢得"食在广州"的美誉，并非浪得虚名。当时，不管本地人还是外地客人，只要在广州，就会切切实实感受到广州的"食"业兴旺，这里的茶楼酒家星罗棋布，各式佳肴异彩纷呈，餐饮人员众多，要想找到自己喜欢吃的或没吃过的非常容易。纵观"食在广州"，体现出如下的饮食特色：

1. 广揽天下美食，几尽有之

"计天下所有之食货，东粤几尽有之；东粤所有食货，天下未必尽有之也。"[1]清中期以来的广州，国内外贸易繁荣，商贾云集，物资极其丰富，食品众多。光绪年间（公元1875—1908年），广州有"七十二行"之称，其中属于食品行业就有酒米行、屠牛行、西猪行、菜栏行、白糖行、酱料行、海味行、南北行、酒行、烟叶行等。当时广府菜、潮州菜、客家菜遍布全市，从老火靓汤、烧鹅、早茶、点心到宵夜、生猛海鲜，无所不有；同时各地美食传入，除粤菜外，几乎全国各地的食品皆可在广州品尝，而不少食品却为各地所罕见，潇湘名吃、四川小吃、金陵名菜、姑苏风味、扬州小炒、京津包点、山西面食等应有尽有。

---

① 屈大均：《广东新语》卷十五《货语》，中华书局，1985年。

广州饮食网点则主要分布在惠爱路（今中山五路）、汉民路（今北京路）、长堤、西濠二马路、西关上下九路、陈塘、珠江南岸的漱珠桥和洪德路一带，其中漱珠桥畔是吃海鲜的最佳之地，西关则被称为"肉林酒海"之所。据当时在广州珠江南岸设馆授徒的长乐（今五华）人温训在公元1822年目睹西关大火而写成的《记西关火》一文中描述："西关尤财货之地，肉林酒海，无寒暑无昼夜。一旦而烬，可哀也者。粤人不惕，数月而复之，奢甚于昔。"由此可见西关当时饮食之兴旺。

至民国时期，饮食业进一步发展，食肆林立，网点众多，分布合理，分工细致，供应方便。那时期的广州食肆包括茶楼、茶室、酒家、饭店、包办馆、晏店、北方馆、西餐馆、酒吧、小吃店、甜品、凉茶、冰室等，小吃店又有粉粥面店、糕饼店、云吞面店、油器白粥店、粥品专门店等，此外，还有日夜沿街叫卖云吞面、猪肠粉、糯米鸡、松糕、三鸟脚翼等的肩挑小贩。专门经营北方风味的北方饭店在广州也逐渐有了市场。当时一些外省官员在广州为了聚会需要，集资开设具有北方风味的饭店，聘请北方厨师。最开始有贵联升、南阳堂、一品升等，后有经营湘菜的半斋、福来居，经营姑苏食品的越香村和聚丰园菜馆等。经营西餐的餐厅也逐渐增多，除太平馆外，还有"华盛顿""哥伦布""美利权"、亚洲酒店西餐厅、东亚酒店西餐厅、新亚酒店西餐厅、爱群酒店西餐厅，等等。可以说，此时的广州是南北风味并举，中西名吃俱陈，高中低档皆备，令人目不暇接。粤系军阀陈济棠治粤时期，广州饮食业尤其兴旺，当时较大的饮食店竟达200家以上。

这一切让来到广州的外地人既可以找到适合自己口味的家乡饮食店，又可以品尝到全世界不同风格的佳肴；同时，又因广州市肆经营的品种各具特色，营业时间、供应方式和服务对象各有不同，顾客可选择的范围较大，不用担心找不着适合自己吃的食物。

2. 烹技纷繁，各家招牌菜竞美

面对竞争日益激烈的广州饮食行业，店家非常注重本店菜点的数目，力求让

图6-5　建于1889年的"莲香楼"，摄于20
世纪30年代

顾客有更多的选择。在长期的发展过程中，以广州为代表的广府菜吸取中西饮食
文化之长，融会贯通，自成一格。其烹调方法善变多样，据统计，民国时期广
州粤菜烹调方法多达20余种，诸如煎、炸、炒、蒸、烩、焗、煲、扣、扒、焖、
灼、浸、烧、氽、卤、泡、熬、烤等法，一应俱全。根据各种用料、刀工乃至口
味的不同，采取不同的烹制法，而在各种烹饪方法中又有具体不同的派生技法，
如"煎"就有干煎、湿煎、蛋煎、软煎、煎封、煎酿和半煎炸等七种煎法。有了
这些纷繁复杂的烹饪方法，粤菜的菜肴自然味道鲜美、数量众多。

　　不仅如此，店家还非常注重改进和提高烹调技艺，且努力创就自家的"招牌
菜"来吸引顾客。作为本土餐饮店，粤菜更加注重自己的"招牌"菜，据专家统
计，民国初年广州的招牌名菜主要有：

　　贵联升的满汉全席、香糟鲈鱼球、干烧鱼翅；聚丰园的醉蟹；南阳堂的什锦
拼盘、一品锅；品容升的芝麻鸡、玉波楼的半斋炸锅巴；福来居的酥鲥鱼；万栈
的挂炉鸭；文园的江南百花鸡；南园的红烧鲍片；西园的鼎湖上素；大三元的红
烧大裙翅；蛇王满的龙虎烩；六国的太爷鸡；愉园的玻璃虾仁；旺记的烧乳猪；
新来远的鱼云羹；金陵的片皮鸭；冠珍的清汤鱼肚；陶陶居的炒蟹；陆羽居的化

皮乳猪、白玉猪手；宁昌的盐焗鸡；利口福的清蒸海鲜；太平馆的红烧乳鸽等。[1]

"白云猪手"是粤菜的名牌菜之一，也是老少皆宜的家常菜，广州几乎每家酒楼都设有这道菜。此菜相传是白云山下的一个小和尚偶然创立的，因用白云山泉水泡过的猪手不肥不腻又爽又甜而得名，后传至民间，人们争相如法炮制而盛传开来。

"白焯螺片"则是广味海鲜的代表菜。民国初年《广州民国日报·食话》赞曰："海鲜之中，响螺亦著名者也"，"细切作花形，调味渗透，又杂以酱瓜之类，食时略蘸蚝油，虾酱，不失其真味"。粤菜制作白焯螺片，一般选重1500克以上的大海螺，破壳取肉，去掉靥、肠，清洗干净，取螺肉中心部分切成圆形薄片，先焯后炒，吃时佐以虾酱、蚝油，肉质爽软，味道鲜香。

"龙虎烩"又称"龙虎斗"，是清末民国"蛇王满"餐馆中的一道招牌名菜，以毒蛇为原料，用眼镜蛇、金环蛇和眼镜王蛇（俗称三蛇），配以老猫烩制而成，味道特别，滋补健身。据说是广东美食家江孔殷在同治年间为庆祝自己七十大寿独创出来的，用蛇和猫加工成肉丝，用姜、葱、盐和酒煨熟，再把冬菇丝、木耳丝、陈皮、蛇汤及蛇、猫肉丝等放在一起烩制而成。在大寿当天，亲友品尝后觉得妙不可言大为赞赏。从此流传开来。因主料是蛇和猫，故被江孔殷命名为"龙虎斗"。后人又将鸡肉掺杂，味道更佳，故又称"龙虎凤"。蛇王满餐馆在此基础上，再配上菊花，人们吃蛇肴时还能尝到菊花清香，顿觉十分舒畅，"菊花龙虎凤"由此成名。

"无鸡不成宴"，广州的酒楼宴客，一般都有"鸡"的菜式，所以鸡的款式很多，许多酒楼都有自己的招牌鸡馔，这其中又以广州酒家的文昌鸡较为有名。这款鸡造型独特，味道清淡鲜美，在1936年由厨师梁瑞创制，一经推出，便获得食客的青睐。因菜肴主料为文昌鸡，再加上广州酒家又地处文昌路口，故取名为"文昌鸡"。现在，"文昌鸡"仍为广州酒家的一道名牌菜。此外，广州的"白切

---

[1] 陈基等主编：《食在广州史话》，广东人民出版社，1990年。

鸡"同样有名，它是以清远未生蛋的肥嫩母鸡为原料烹制而成，食用时用熟油、姜、葱、盐作作料，"骨软肉嫩滑，鲜美，原汁原味"。

众多的美食让"食在广州"盛名远扬，有些广东菜只有广州才有，像"龙虎斗""龙虎凤"等，其他地区罕见，因此不少外商到广州也要特意品尝广东的特色之食。

3. 餐饮环境高雅，开先使用女工

清末民国时期广州比较高档的茶楼酒店，大多装修中式古典，布置格调高雅，极具民族风情；同时注意保持干净整洁的饮食环境，让人在享受美食的同时又带来视觉的享受。广州人喜欢喝茶，茶楼特多。当时广州的茶楼建筑一般有三层。第一层最高，有的甚至高达7米，给人以宏大宽敞之感，同时便于悬挂宣传招牌；二三层是客座，楼层一般达5米，广开窗户，空气流通。茶楼装饰设计以古代装饰为主，间隔采用满洲窗，人物山水图或彩色玻璃图，有的写上唐诗宋词或治家名言，有的画上二十四孝、桃园结义等图案，同时注意邀请名人题词。像广州百年老字号"莲香楼"的招牌，系由清末举人陈如岳手书，

图6-6 20世纪40年代的"莲香楼"

字体厚重稳健，制作简洁庄严。

为了吸引顾客，广州的茶楼酒店可谓是"八仙过海，各显其通"。茶楼经营的好坏，无非是这么几条：干净清雅的环境；醇厚味香的茶水；热情周到的服务；价廉物美的点心。地处广州市闹区中山五路的百年老店"惠如楼"，其经营之道颇有特色。为满足不同顾客对茶的要求，店里专门备了干爽清洁的房间来储备龙井、水仙、乌龙、普洱、六安等名茶，货真价实，绝不以次充好；注重水质和水沸，没有沸腾之水绝不拿来泡茶；每层楼设有茶炉，以保证开水温度；坚持"问位点茶，每客一壶"的传统服务做法；记住常来老茶客的爱好品位，常喝之茶未说已到。这些经营作风加上精美又有特色的点心，使惠如楼在众多的茶楼酒店中名声鹊起，正如惠如楼的门联所言"惠己惠人素持公道，如亲如故长暖客情"，自然食客络绎不绝。

尤其值得注意的是，民国时期的广州酒楼茶室开始雇请女服务员来吸引客人。大约在1925—1926年，广州第一家聘请女招待的茶室——"平权女子茶室"在永汉路高第街开设，1927年"平等女子茶室"在十八铺创设。两家茶室使用"平权""平等"一词，是为争取男女平等、妇女解放之意，反映了当时妇女的愿望和要求，但由于遭到酒楼茶室工会的干预而无法营业，再加上当时的市民还未适应这种习俗而相继停业，但其开创了中国使用女侍之先例。之后，广州酒楼开始雇请年轻貌美的少女做招待来吸引食客。南海人胡子晋有诗描述当时女招待受人欢迎的场景："当垆古艳卓文君，侑酒人来客易醺。女性温存招待好，春风口角白围裙。"[1]为了招揽更多的食客，不少酒楼大打"女侍招待，服务周到"之类的宣传广告。当时的六国大饭店曾在报纸连续刊登"女侍皇后莫倾城小姐恭候光临"之类颇具诱惑性的广告，在店门前则高挂莫倾城小姐的牌匾，一时门庭若市。粤系军阀陈济棠主政广东时期，广州大小酒家基本上都聘请了女招待，从此

---

① 胡子晋：《广州竹枝词》，转引自钟山、潘超、孙忠铨编：《广东竹枝词》，广东高等教育出版社，2010年。

女工成了酒店的主要服务人员，并逐渐成为了赌场、烟馆和大茶楼的主要招待。

4. 注重季节饮食，盛行饮茶之风

无论家庭用餐还是茶楼酒肆，广州人对饮食都十分重视和讲究，以敢吃、能吃、善吃、会吃、巧吃闻名，且注重季节饮食。广州人根据季节的变化，讲究菜肴的不同保健功能。

春天，广州气候潮湿，时冷时热，广州人重视滋阴补肾祛湿之类的菜肴，餐桌上此类的佳肴就很多，如广东独有的"和味龙虱""炖禾虫""蛇羹"等，即有祛湿之功效，又因菜式鲜美而为食客喜爱。夏季，天气炎热干燥，人们胃口较差，清热解暑、开胃消食之类菜肴相继被各大酒楼推出，如"八宝冬瓜盅""清蒸海鲜"等成为广州人的最爱。秋天，天气转凉，但广州温度仍较炎热，清淡、鲜嫩的粤菜深受粤人喜爱，如"蚝油扒鲜菇""生焯芥兰"等，使人胃口大增。冬季，寒冷潮湿，广州人讲究食补，各式营养丰富、味道香浓的煲菜纷纷推出，狗肉煲、什锦煲、羊肉煲、香菇笋鸡煲、砂锅鱼头煲、黄鳝煲等煲炖名菜争相上市，"龙虎烩""炖甲鱼""烧乳鸽"、烧鸭烧鹅等各类滋补菜肴纷纷面市，让人百食不厌。

广州人好茶，人们早上相逢，互相都用"喝茶没有？"来问候早安。工余之际、上班之前、洽谈生意、打探信息、招待亲友、唠唠家常等，人们都喜欢上茶楼或茶居（低档）饮茶。饮早茶是广州人的一大特色。广州人饮茶，又称"叹茶"，"叹"是广州俗语，即享受之意。农民、工人、商人、公务人员、自由职业者、达官贵人、肩挑小贩等，都是茶楼和茶居的座上客。茶楼地方通爽，空气清新，座位舒适，水沸茶好，点心精美，且花费不多。"一盅（茶）两件（点心）"成了广州人饮茶的代名词。

5. 广式点心，品种 4000！

广式点心品种繁多，主要可分为三大类：一为从古代流传下来并有所发展的岭南民间小吃，如米花、沙壅、炒米饼、膏环、薄脆、端午粽、重阳糕、荷叶

饭、粉果以及椰子、芝麻、豆糖做的糍等；二为传入广东而相继被改善创新的北方面食点心，像萨其马、灌汤包、千层饼、烧卖、馄饨、面条、包子、馒头等；三是从海外传入广东而被吸收改进的西方糕点，如面包、蛋糕、奶油曲奇、马拉糕等，它们最终发展成为具有岭南风格的点心。20世纪二三十年代，是广式点心业发展的繁盛时期，品种发展到数百种，产生了号称点心界"四大天王"的禤（xuān）东凌、李应、区标和余大苏点心大师，他们创就的名品点心——笋尖鲜虾饺、甫鱼干蒸烧卖、蜜汁叉烧包、掰酥鸡蛋挞等，流传至今经久不衰。到20世纪80年代，广式点心已达到4000种以上。

"虾饺"是广东茶楼酒家的传统美点，创始于20世纪20年代广州郊外靠近河涌的五凤乡。那里盛产鱼虾，茶居师傅用鲜虾配上猪肉、竹笋制成肉馅，外包较厚的米粉皮，蒸熟后味道鲜美，随之很快流传开来。后经点心师傅改进，成为茶楼名点。

"干蒸烧卖"是茶楼酒家的必备之品，在20世纪30年代已盛行广东各地。其皮色蛋黄，蟹黄鲜艳，吃起来皮软肉爽，香鲜可口。

"泮塘马蹄糕"是广东最普遍的糕点之一，又是广州名牌点心之一，创制于清末年间的广州西关泮塘乡，20世纪40年代，随西关"泮溪酒家"的开设而声名远扬。

"粉果"是光绪年间广州西关"上九记"小吃店店员娥姐发明制作的，故又称"娥姐粉果"。其样式玲珑，形如橄核，摇之有声，吃起来肉馅皮脆，味道鲜美，从而赢得老少的喜爱。粉果带旺了"上九记"，也使娥姐被一茶楼老板聘去主制粉果，成为其店名牌点心。后各茶楼争相仿制，遂使粉果成为广州非常普遍的传统点心。

广州制作点心的茶楼店铺众多，竞争激烈，为更好地招揽顾客，不少茶楼纷纷推出自己的点心特色，例如"星期美点"的出现又使广州点心业为之一新。"星期美点"是20世纪20年代末期由广州"陆羽居茶楼"点心师傅郭兴首创的，以一周为期，每周点心不少于12种，每星期更换一次点心品种，每期点心形状不同，称呼必须由五字组成，且要注意色泽相搭配，从而大受顾客欢迎。后来"星期美点"成为广州茶楼招徕食客的常用手法。

三、粤式酒楼名满天下

鸦片战争后，广州社会经济发生了重要变化，中外贸易日益繁荣，工商业发展迅速，在商业繁华地段的广州酒楼业务不断扩大，如商贾云集的西濠街、富人居住的西关、码头集中的长堤、画舫妓艇密布的东堤、妓馆林立的陈塘等地，酒楼数量不断增多。同时，西方饮食浸润日深，达官贵人、商贾大亨、新兴富裕阶层等不断壮大，为适应他们的需要，酒楼的经营环境和风格也开始发生质的转变，装饰从简陋转向豪华，布局从单一简朴转向精致典雅，规模从一层转向多层，环境从喧闹单调转向清净高雅，竞争可谓十分激烈。

民国是广州酒楼发展的鼎盛时期，高中低档俱全。以官僚买办、富商巨贾为对象的高级酒楼非常旺盛，知名的酒家有一景、贵联升、聚丰园、福来居、玉波楼、南阳堂、利口福、南园、文园、西园、大三元、愉园等，各有特色，互相竞争。如"一景酒家"以设备最贵而著称，"贵联升酒楼"以"满汉全席"来吸引食客，"聚丰园"以"金华玉树鸡"为招牌，"南阳堂"以"一品窝"独树一帜。在陈塘兴起以专营花酌（歌伎侑酒）为主的还有六大酒家——京华、流觞、宴春台、群乐、瑶天、永春；为适应厌倦城市喧嚣而喜欢宁静的客人，在郊区兴起了具有岭南乡村情调的宝汉、甘泉等酒家。大酒楼的兴起，导致原先设备落后、业务简单、饮食环境不佳的小酒楼相继倒闭。各种酒楼不断开张，但也不断歇业。

20世纪二三十年代，广州知名酒家中的佼佼者南园、文园、西园、大三元声名鹊起，成为广州著名酒楼的代表，名扬省内及港澳地区，被誉为广州"四大酒家"。那时，广州人和所有外来者，无不知"四大酒家"是广州饮食业的"最高食府"，对它们的招牌菜也如数家珍。

"南园"位于八旗二马路，原为孔家大院，因地处南关而得名，是四大酒家之首。南园原是私家园林，几经周折，后转售给了外号"乾坤袋"的陈福畴。陈福畴善于经营，他先是改变酒楼利润的分配办法，增加了主事人的利润分成。其次是对南园的天然园林优势进行了进一步改造，使酒楼亭、台、楼、阁俱全，又有独立的小庭院，十分适合达官贵人单独就餐之需，又符合文人墨客爱好美景之意。且所有建筑皆可"曲径通幽"，这在当时是绝无仅有的。再次是陈福畴极力宣传主厨邱生，并大力宣传自家的招牌菜"红烧网鲍片"。南园的"红烧网鲍片"之所以有名，在于其独到的制作功夫，即烹饪好的红烧大网鲍片，每片都是京柿色的，吃起来不硬也不烂，最妙之处在于略微粘牙，可以咀嚼。这样的制作功夫，没有一家酒楼能胜过。因此，南园生意大为起色，声名鹊起，名震广东，陈济棠主粤（1929—1936年）时其业务更是登峰造极。

这家"红烧网鲍片"有名的原因还在于南园有三位能人，一位善于挑选好干货鲍鱼，一位善于切干货鲍鱼，另一位擅长烹制。只有活鲍鱼晒成干货，烧好之后才会成京柿色；死的鲍鱼晒成干货，则永远烧制不成京柿色，所以有位善看是否活鲍鱼制成干货的能手非常重要；其次在于南园有位好刀手。做好这道菜最好的是三个头的大网鲍，但这样的鲍鱼很难做到完整无缺的一片一片地切下来，只有南园酒家的这位切菜师傅能做到，而别处的只能用较好切片的四个头的大网鲍；最后就是南园厨师的手艺，能做到每块鲍片夹起来都沾满汁，等到鲍片全吃完，碟上亦干干净净，不留一点点菜汁，真是难得的一绝。

"文园酒家"地处西关繁华之地文昌巷，原为文昌庙，民国十二年（1923年）由于政府拆迁而为某富人购买，并委托陈福畴主持集股经营。陈福畴认为西关是商人、文人荟萃之地，业务不能与南园相同，于是装修设置更注重文化气息，把它建成了亭台楼阁的花园式酒家，中开一池，池心建亭，连以曲桥，踏桥亭中，里设雅座，茶室可摆十来桌，即使是酒席宴客，也可摆上四五桌。主楼为"汇文楼"，每个房间装修典雅，还设神龛供奉文昌帝君，非常符合文人墨客之意，因而成为西关数一数二的顶级酒楼。据时人目击，每天中午刚过，便陆续有"两人轿""三人轿"来到店前，长袍马褂者、西装革履者、粉白黛绿者络绎不绝，颇为奇观。文园名菜有江南百花鸡、蟹黄大翅、玻璃虾仁等，而"江南百花鸡"为其代表菜。粤菜品种中鸡的烹制方法多样，作为四大酒家之一，文园当然需要标新立异，于是其厨师发明创制了"江南百花鸡"这一特色佳肴。此道菜独特之处是净肉无骨，而肉却并不是鸡肉，外面是完整的鸡皮，里面却是经过无数次加工而特制的虾胶，吃起来爽而不腻。

"大三元"酒家地处广州最繁华地段之一——长堤，始创于民国五年（1916年）。最初，大三元店铺面积狭小，仅有一间铺位，且因此地酒楼竞争激烈生意岌岌可危，后被陈福畴接手后而大为改观。大三元先出资收购右面店铺扩充店面，不久又趁机兼并了左邻的破产倒闭的羊城置业公司，铺位得到进一步扩充。至此，三间铺位相连，面积大扩，但陈福畴仍觉不够气派，想出新招，在店中安装了刚面世不久的电梯，使大三元成为当时全市仅有的安装电梯的酒家，于是备受市民欢迎，不少人因好奇而光顾。大三元酒家的代表菜是"六十元大裙翅"，此菜价格昂贵，一菜之价格相当于当时市面上十四担上等白米，但因是用"上汤"来"煨"翅而成，工序严密，烹饪独特，且是由人称"翅王"的吴銮主理，因而产生极大的轰动效应，生意因此带旺。

"西园酒家"地处惠爱中路（今中山六路），原来为六榕寺产的一部分，孙科主穗时，拍卖寺产而为陈福畴购买并重新装饰。里面竹木众多，花草茂盛，其中有一株北方所未见的连理树，树身高大，两株连理，合二为一，成为来此就餐的食客必看的风景之一。所有就餐厅堂全处在竹林树木中，环境幽雅，清静自然。西园以素菜招徕食客，显示了其独到之处，"鼎湖上素"是其招牌菜。①

---

① 冯明泉：《陈福畴与四大酒家》，转引自陈基等主编：《食在广州史话》，广东人民出版社，1990年。

第三节　地方小吃尽显特色，承载多种社会功能

明清以降，东南地区社会生产力得到空前发展，商品经济非常发达，经济作物种植普遍，饮食资源相当丰富，人民生活水平有了提高，也较重视物质生活享受。这一切带动了各地风味小吃的兴起和发展，尤其在民国时期，人们制作了各种风味小吃，并用于岁时佳节、婚丧喜庆、迎亲送友、拜神祭祀、纪念先人、祈福祛灾、市场销售等。这些小吃既有着良好的经济效益，更体现了饮食文化的社会功能。

一、用于岁时、婚丧及祭拜

东南地区各地小吃丰富，绝大部分小吃是在岁时佳节、婚丧喜庆以及拜神祭祀时用。

"鱼丸""扁肉燕"是传统福州菜中不可缺少的小吃。逢年过节、婚丧嫁娶，一般有了鱼丸和扁肉燕，老百姓就可安心了。当地有"鱼丸扁肉燕，乞（让）侬诮一诮"之谚。即这两道菜可让主人"诮一诮"，很给主人撑面子。因为鱼丸可以让客人把部分菜肴携带回去与家人共享，而用扁肉燕、鸭蛋及其他配料一起煮成"太平燕"待客，寓意太平吉利，故这两道风味小吃相当盛行。

"线面"是非常具有福州地方特色的面条，也是我国各类面条中质量最好的优质传统面条之一，丝细如线，洁白似银，食用时具有软而韧、不糊汤等优点。线面制作始于南宋，工艺复杂而考究，被称之为"席上珍品"，传说是九天玄女指点创制，又因其长度较长，民间俗称"长面""寿面"。宋代诗人黄庭坚曾赞誉："汤饼一杯银丝乱，牵丝如缕玉簪横"，故又称"银面"。闽中习俗，正月初一吃线面，庆贺生日送线面，寓意健康又长寿。不仅如此，线面还有其他民俗含义：妇女分娩坐月子，多以线面为主食，称之"诞面"；结婚定亲送线面，谓"喜面"；游子离家远客至，线面加两蛋而煮，曰"太平面"。总之，线面是福州民家常备的一种面食。"卤面"则是泉州人过生日常要煮食的面条，配料多样，

色泽金黄，味道鲜美。

"海南粉"是海南最具特色的小吃，流传历史久远，在以海口为中心的北部一带食用普遍，是象征吉祥长寿的喜庆必备的佳品。有粗粉和细粉两种，粗粉配料简单，细粉则较讲究，要用多种配料、味料和芡汁加以搅拌腌着吃，故又叫"腌粉"，也通常称为"海南粉"。其多味浓香，柔嫩爽滑，多吃不腻，爱吃辣的人加点辣椒酱则更有味。

厦门的"油葱果"又叫"油葱"，是一种用米粉蒸成的糕食时用刀切开，配以沙茶酱、橘汁、蒜泥、萝卜酸、香菜，柔软芳香，鲜美可口。"芋包"为夏秋小吃，以猪肉、虾仁、香菇、冬笋、荸荠等为馅，吃时佐以辣椒、芥辣、沙茶酱等，滋味更好。

"粿品"是将大米磨成粉，再经加工制作而成。潮州粿品品种众多，因为潮汕地区节日喜庆、拜神祭祀活动时都需要用大量的粿品。潮汕人对粿品的形状、颜色也都很讲究，使得粿品成为潮州饮食文化的一大特色。潮州粿品根据味道不同分为甜粿和咸粿，根据配料和包馅不同，有糯米饭粿、菜头粿、芋粿、菜粿、红曲桃、朴子粿、鼠曲粿、豆粿、笋粿等，其中红曲桃和鼠曲粿较具特色。用粿品还可做成日常小食，其中特色小食有炒糕粿、碗糕粿、虾米笋粿和粿条、粿汁，粿条、粿汁又是最为大众化的米制品。

二、用于纪念先人

东南地区的一些小吃富有纪念意义，常用于纪念一些为民从所敬重的英雄或先贤。

"鼎边糊"又称"锅边"，白脆薄弱，汤清不糊，食之细腻爽滑，清香可口，是福州人喜爱的独具一格的风味小吃。"鼎边糊"相传是西汉时老百姓为纪念自刎的闽越王郢（yīng）的部将而做。明清时期福州附近地区的百姓三月在迎大王神时，家家户户也要煮鼎边糊，俗称"迎鼎边糊王"。①后来制作的鼎边糊增加了鸡鸭肝、胗、虾干、目鱼干、香菇、黄花等多种配料，味道丰美，享誉民间。

明朝中期福建沿海倭寇肆虐，人民流离失所，灾难深重，后由于戚继光入闽灭寇才得以光复。为此，当地有不少纪念戚继光伟绩的小吃。"炊切饼"即是其中的一种，相传明嘉靖年间，奉命入闽歼倭的戚继光为方便行军，用面粉制成一种便于携带的面饼，每个饼中间留有一孔，能串挂在战士身上。后福州人民为纪念戚家军的伟绩，竞相仿制，称之为"光饼"，也一向被福州人作为祭祀祖宗的重要供品。炊切饼用料以面粉为主，配以少量的食盐、碱和糖，操作技术简单，具有粗饱而不油腻的特点，因此，后来发展为闽江流域平民百姓的日常食品，也成为福州著名的传统风味小吃。

"芋泥"是用槟榔芋蒸熟后捣成泥状，再加上糖、芝麻、梅舌、猪油等，拌匀而成。据说当年戚家军因被倭寇围困断粮时，就靠野芋充饥渡过难关。故戚继光给野芋取名"遇难"以兹纪念。后来人们煮糖芋以怀念戚家军，"遇难"逐渐演变成"芋艿"。吃芋泥时因猪油覆在表层、热量不易散发，而表面又看不到热气，极易烫伤。民间传说，因为英国人曾用冰淇淋为难过林则徐，后来林则徐宴请英国人时，上了一道芋泥，烫了"番仔"的嘴。

广州"及第粥"非常有名，是在白粥中加入猪肉丸、猪粉肠、猪肝煮熟，以味鲜香浓而闻名。据说是因明代广州状元伦文叙而出名的。因粥中有三个肉丸，又称"三元及第粥"。

"伊面"，又称"伊府面"，相传是300多年前福建闽南府伊秉绶厨师无意中创制的，即将煮熟的蛋面放入沸腾的油中，捞起后用上汤泡制而成，乃面中佳品。伊面特色是面条粗厚，香滑可口，同时有一种韧的感觉，在广东也特别受欢迎，是广东寿宴中必点的主食，延续至今日。

"春卷"，又称春饼、薄饼，传说是在宋代福州一女子为发奋读书的书生丈夫

---

① 民国《滕山志》，《中国地方志民俗资料汇编·华东卷》，书目文献出版社，1995年。

而制作的。制作时把米磨成粉，擀成粉皮，内包豆芽、韭菜、肉丝、葱花等为馅，用微火榨至金黄色，外酥内嫩，又称"炸春"，后逐渐流行于城乡各地。

福建松溪盛行一种名为"小角"的小吃，原名"削桧"，寓意将南宋奸臣秦桧切削吞食，饱含民间的正义情结。①

三、体现多元文化融合

东南地区是中国对外交流的窗口和交通枢纽，接纳、融合着多元文化，东南地区的一些小吃体现了中外之间、民族之间、地域之间，以及宫廷与民间的饮食文化交流与融合。

唐宋时期来自阿拉伯、波斯等国的穆斯林来到东南地区，随即带来了穆斯林饮食文化，这其中包括不少小吃。漳州有一种来自于穆斯林饮食习俗的地方小吃，叫"手抓面"，即用手直接抓食，又称"豆干面粉"。制作时将面在沸水锅里氽熟后捞出，摊成巴掌大的圆形薄面饼。食用时放在手掌中，依个人口味抹上甜酱、花生酱、沙茶酱、蒜蓉酱、芥末酱等，再放上油炸豆干，卷起来用手抓着吃。香甜酸辣，冰凉涓润，别有风味。"柳州牛鲜子"乃是回族人传来的清真小吃，历史悠久。"桂林萝卜糕"原是桂林回族人过年时特制的一种家庭食品，用料简便，在当地却有口皆碑，成为桂林一道特有名气的小吃。

"云吞面"乃广州面店著名的小吃。当时北方面条比较粗糙，南方人难以下咽。聪明的广州厨师通过加工把北方的面条做得更有韧性，又切得特别细，称为"银丝细面"，再加上鲜虾、猪肉、韭黄馅的云吞，以及用鱼和猪骨熬制的上汤即成。此外，面店还有牛腩面、猪手面等。

"潮州肉丸"是潮州人吸收融化客家肉丸精华而做成的。当时勤劳简朴的客家人挑着小担，远至潮汕一带卖自家所作的牛肉丸，有的小贩甚至专门为停泊在

---

① 林国平主编：《福建省志·民俗志》，方志出版社，1997年。

韩江小船上的客人提供夜宵，专卖牛肉丸汤。牛肉丸在潮汕地区深受欢迎，精明的潮州人从客家人那儿学会了牛肉丸的制作手艺，并发扬光大。后来的潮州牛肉丸以"清、鲜、巧"而深受大众欢迎，而且还登上大雅之堂，成为潮州菜的一道招牌菜。

"南宁八仙粉"，据说来自清宫，后来传至民间，并经当地改造加工而成。因配以山珍、海味、时鲜八味以上，味道迥异，有如"八仙过海各显神通"，故取名为"八仙粉"。

四、本地特产的风味小吃

东南沿海一带海鲜丰富，流行螺、蚝、虾等海鲜贝类制成的海味小吃。

"蛎饼"为福州民间流行的传统风味小吃。蛎饼，圆形，色金黄，壳酥香，馅鲜美，味带荤，可单独食用，亦可做下粥小菜，与"鼎边糊"同吃更佳。"土笋冻"则是极富厦门代表性的小吃。厦门人俗称星虫为"土笋"，其产于海滩泥沙中，吃时佐以酱油、北醋、甜酱、辣椒酱、芥辣、蒜茸、海蜇及芫荽、白萝卜丝、辣椒丝、番茄片等，清脆可口，别有滋味。厦门其他传统风味小吃还有虾面、蚵仔煎、五香卷、炒鱿花等。福建晋江的"桂花蟹肉""田螺肉碗糕"等也相当不错。[①]潮汕沿海盛产蚝，把蚝、薯粉、鸭蛋拌匀放入平底锅，用"厚油"摊煎成饼状，即成为精致可口的"蚝烙"。蚝烙小吃只在闽南和潮汕两地有，而在潮汕地区制作尤为精美，是清代潮汕地区最风行的小吃。

福建客家肉丸是客家人喜爱的小吃。客家肉丸品种众多，像猪肉丸、牛肉丸、鱼丸、蛇肉丸、虾肉丸、鸡肉丸等，其中牛肉丸最多。客家地处山区，荒草地甚多，多放养牛，为作牛肉丸提供了丰富的原料。"羊鱼"为客家地区龙岩的著名风味小吃，清代以前就已创制，是用羊肉加工而成，兼有鱼肉鲜甘之味，故

---

① 陈国强主编：《福建侨乡民俗》，厦门大学出版社，1994年。

命名为"羊鱼"。

广州地区产螺，"豉汁炒田螺"是广州传统的风味小吃，很多小吃店有售。先用清水把螺养一两天，让螺吐尽秽物，再把螺的顶端剁去少许，以令田螺入味，又便于啜吸。把花生油倒入烧红的锅中下入田螺煸炒，并加入蒜头豆豉、盐、糖或辣椒丝，为增香气还可加入少许紫苏叶丝。吃田螺时手拿田螺啜吸，别有风味。牛杂汤、炒田螺、酸辣芥菜、猪红汤等小吃，起初多是在街头摆卖，后由于大众的喜爱而进入店铺经营。

潮州小吃以粗粮精制、重在做工、花样变化而出名，其中最有名的要算粿品、蚝烙、三丸（牛肉丸、猪肉丸、鱼丸）。潮州人食用的"粿条"与广州人的"粉"是一样的做法，可炒可煮。煮粿条方法较特殊，锅是中间隔开的，一边是泡粿条的沸水，一边是煮开的骨头汤，把粿条放入沸水中片刻，捞至碗中，再浇上锅中另一边煮开的骨头汤，放入冬菜、葱花、芹菜、芫荽等作料，再加入肉丸、鲜虾肉、蚝仔或猪肝，即成一碗可口的粿条汤。"粿汁"则是把粿条切成条状，和入米浆煮成稀糊。在热汁中放上几片卤烂的五花肉，撒入切细的蒜头粒，淋上热卤汁即成。粿汁不淡不腻，润滑爽口，用料普通，价廉物美，深受当地人民喜爱。

海南气候炎热，盛产椰子、竹子等热带作物，再加上黎族风情，形成了自己特色的小吃。"海南椰子船"是琼海、文昌一带的民间传统小吃，又叫"珍珠柳子船"，是用鲜椰子、糯米、味料煮熟而成，色泽白净，软硬相间，细嚼慢品，清甜爽口，椰香浓厚，具有浓郁的椰乡风情。"黎家竹筒饭"，是黎族传统的美食，是用新鲜竹筒盛装大米及味料烤熟而成，米饭酱黄，香气飘逸，柔韧爽口。过去是黎族人们在山间野外或家里用木炭烤制的，后经厨师改进提高，已登上大雅之堂，成为海南著名的风味美食。其他风味小吃还有"抱罗粉""海南煎棕""海南萝卜糕""海南椰丝包"等。

五、极具地方特色的"饼"与"粉"

东南地区的饼食非常有名，品种众多，据屈大均《广东新语》记载，当时的广州饼食有白饼、黄饼、鸡春酥冥饼之类，"富者以饼多为尚"。民国时期东南地区较出名的饼食主要有广州的小凤饼、咸煎饼、福肉饼，中山的杏仁饼，佛山的盲公饼，南海的西樵大饼，潮州的老婆饼和腐乳饼，福州的葱肉饼和虾干肉饼，泉州的茶饼、绿豆饼，霞浦县的豆馅饼等。

广州"成珠小凤饼"，又叫"鸡仔饼"，是清末"成珠楼"老板伍紫垣的婢女小凤首创的。它是用面粉、猪肉、糖、梅菜干、榄仁、熟盐、胡椒粉等和匀，捏成蛋形，烤烘至脆而成。其饼色金黄，脆软相兼，咸中带甜，甘香浓厚，味道独特。后被成珠楼老板改进而成为成珠楼的招牌点心，从而行销海内外。因广东人称"鸡"为"凤"，此饼又以一小鸡为商标，故广东人多称此饼为"鸡仔饼"。"德昌咸煎饼"，1938年由广州龙津中路德昌茶楼点心师傅谭祖创制，以用料精当、制作恰宜而闻名，是华侨带回侨居地馈赠亲友的佳品。

民国时期的广州，还产生了不少有名的饼干厂家，创制出自己的名牌饼干，像马玉山糖果饼干公司的"奶油好好饼"，黄值生饼干食品厂的"梳打咸饼"，赞美饼干食品厂的"奶盐梳打饼"，嘉顿的"体力架"等。广东婚礼上的用饼十分讲究，称之为"嫁女饼"，有豆沙馅的"红菱酥"、豆蓉馅的"黄菱酥"、夹糖馅的"白菱酥"、莲蓉馅的"莲蓉酥"等多种，一般大酒楼都兼营饼饵生意。其中"趣香""莲香""广州""陶陶居"等酒楼的饼食在民国期间最负盛誉，广府人嫁女都在这些名店订货。

潮州饼食以特色的制作而闻名，像"老婆饼"，形圆而稍扁，色金黄，以选料上乘、饼皮脆薄、饼馅清香而畅销港澳穗一带，声明远扬，是潮汕人娶妻必备之礼。徐珂《清稗类钞》记载了一个好食老婆饼成瘾之人，为食老婆饼而倾家荡产，最后甚至以卖老婆而解馋。"潮州腐乳饼"则以酥脆而带柔润、甜中夹咸、美味可口而著称，老少咸宜。

"葱肉饼"和"虾干肉饼"乃福州传统的饼食，至今已有三四百年的历史。"葱肉饼"是用面粉为主料，以猪肥膘肉、葱花、生芝麻为辅料而制成的一种烤炉酥饼，"虾干肉饼"则是用碎虾干、肉丁、椒盐等制成的，味道香酥可口。

"茶饼"，泉州特产，是清朝末年一民间医生用仿古验方采用地道中药材配合名茶精制而成的。它具有开胃理气、消食和中、搜风解表、提神醒脑之功效，可作药用，亦可当茶饮，气味芬芳，老少皆宜，为闽南及南洋一带华侨所珍爱。"绿豆饼"，清末年间创制，用料精细，制作考究，酥皮清晰多层，为泉州人喜爱的食品之一。福建霞浦县的"豆馅饼"乃当地名食，用麦粉制作，中间用豆和红糖为馅，价廉物美，深受妇孺喜爱。①

东南地区的"粉"类食品非常有特色，就像北方的面条。著名的粉类小吃有福建"兴化米粉"、广州的"肠粉"和"沙河粉""桂林米粉""柳州螺蛳粉""南宁干捞粉"等。

兴化米粉系大米制品，色白条细，质佳味美，十分爽口，且耐储藏，便于携带。北宋以来，一直是兴化（今莆田市）乃至全国著名的粉制品。

肠粉、沙河粉是广州的著名特产。"肠粉"是把大米磨成浆，蒸熟后理成长条形，因其形状像猪肠而命名。肠粉兴起于20世纪20年代，刚开始是由小贩沿街叫卖，后成为茶楼酒楼早市必备之品。"沙河粉"是先把米浆蒸成薄粉皮，再用刀切成带状而成，盛行于广东、广西、海南一带，以广州市沙河出产的最好，故名"沙河粉"。正宗沙河粉是用白云山的九龙泉水泡制，粉薄白透明，软韧兼备，炒、泡、拌食皆宜，是食肆和居家的极好食品。

桂林米粉是当地最有名的小吃，洁白、细嫩、软滑、爽口。根据汤底（又叫卤水）的用料和做法不同，可以烹制出牛腩粉、三鲜粉、生菜粉、酸辣粉、卤菜粉等不同风味的米粉。柳州的"螺蛳粉"远近闻名，用柳州特制的米粉，配以酸笋、木耳、花生、鲜嫩青菜等，加以浓郁适度的酸辣味，再用特制的螺蛳汤调和

---

① 刘以臧等：《霞浦县志》卷二四，铅印本，1929年。

而成，具有酸、辣、爽、烫的风味，吃后常让人大汗淋漓，却又回味无穷，是柳州最具特色的地方小吃。"干捞粉"是南宁的特色小吃，把米浆蒸熟后切成条，用调好的叉烧、肉沫、葱花、炸花生、酱料、香油等调味料相拌，香、酸、脆、甜、咸五味适度，食而不腻。还有"生炸米粉"，价格低廉，鲜滑爽口，深受大众喜爱。"老友面"，起源于清末年间，在精制面条中拌以蒜末、辣椒、豆豉、酸笋、胡椒粉、牛肉末，食之可开胃驱寒，深受百姓喜爱而历久不衰。

第四节　药膳及海外香药入馔

一、东南人的药膳进补与保健

东南地区有广袤的原始林区，野生植物资源丰富，南岭、武夷山是天然的药材宝库，其中以岭南地区为多，故向有"南药"之称。嘉靖《广东通志初稿》所载的主要药材，就有陈皮、黄连、麦门冬、五加皮、茵陈、黄精、远志、芡实、何首乌、藿香等140多种。东南人很早就知道许多药材既可治病，又是上佳的保健食物。湿热的气候条件、肆虐横行的瘴疠、落后的医学条件以及长期的生活经验积累，使东南人民养成了把药材作为日常饮食保健原料的习惯，形成了药食两用的饮食食俗。

俗话讲："药补不如食补。"东南地区盛行食补之风，以秋冬之交的"补冬"居多，很多药材因其药食两用而成为东南人重要的食补辅助原料。福建人补冬讲究用鸡、鸭、羊肉、猪脚、猪肝、鳗鱼等荤食，再配以当归、川芎、党参、熟地、白术、茯苓、人参等中药清炖而食。福建人还特别注意给正在长身体的孩子进行食补。像给男孩子吃雄鸡炖八珍（当归、川芎、党参、白芍、熟地、白术、茯苓、炙草）或蚶壳仔草，女孩则吃雄鸡炖红曲、蚶壳仔草。据说这些食物有助于发育。广东老百姓则喜欢用巴戟天、肉苁蓉和鸡肉一同煨炖，制成巴戟苁蓉鸡，饮汤食肉。台湾农家在农忙时节，常用猪肚、小肠等配"四臣"（淮山、芡实、莲子、茯苓）等，文火慢炖，烹制成"四臣汤"，作为家中主要劳力的补品。有时煲汤时还喜欢放些陈皮，以起清肺润喉之用。

羊肉，性温味甘，是东南人们"补冬"的重要食料。《本草纲目》记载："补气滋阴，暖中补虚，开胃健力，可正气祛邪、治畏寒怕热；为补元阳、宜血气的滋补上品；对寒暑侵袭、冷热不均、四肢无力、产病后虚弱有奇效。"故传统中医学又有"人参恒气，羊肉补形"之论。羊肉除了用来做菜，炮制各色汤品也是一大特色，巴戟杜仲炖羊鞭汤、羊胎汤、天麻炖羊脑等都是东南人的靓汤。广东人还喜欢大补羊胎素，此菜以纯正的海南东山羊羊胎盘为主要原料，佐以黄芪、当归等多种原料精心制作而成，让人在品尝美味的同时还能享受到滋补的效果。"元肉"也是东南人们喜欢的补冬佳品。元肉是晒干了的龙眼肉，东南的饮食中十分普遍，可作干果食用，或作滋补药材，或作汤料，著名的如"桂元汤"等。

"狗肉滚三滚，神仙企唔稳。"这是广东的俗语，意思是狗肉滚三滚，神仙也站不稳，这说明了广东人非常中意吃狗肉。狗肉也是广东人补冬的重要食料。岭南地区的潮州、梅州、宝安（今深圳市）、广州等地，食犬之风长盛不衰。多数地区视狗肉为冬令补品，故有"十二月吃狗肉，六月见功"的说法。广东英德称狗为"地羊"，是当地过年的一道食补佳肴，烹制成大糍粑状，"新年佳饵见真希"；同时狗肉还是当地祭祀的必用品，无论贫富，祭祀时一定要用烹制好的狗肉，没有烹制狗肉的人家会被耻笑。狗肉祭祀完毕后，"家家牵得地羊归"。[①]广西的"灵川狗肉"则是一种具有悠久历史的风味小吃，民间戏称："好狗莫过灵川。"灵川人选狗、宰狗、烹调、吃法都十分讲究。而南宁人喜欢带皮吃，有名的"狗肉砂锅"，选料讲究，技法独特，浓香四溢，鲜美无比。据《本草纲目》记载："冬日食狗肉能安五脏、轻身、益气、强肾、暖腰膝、壮气力、补五劳七伤、实下焦"。故岭南人食补讲究食狗。

---

① 彭格：《英德竹枝词》，转引自钟山、潘超等编：《广东竹枝词》，广东高等教育出版社，2010年。

"秋风起，三蛇肥"，蛇肉是岭南人的又一重要食料，而蛇胆则是重要的名贵药物。它可医治风湿、镇咳除痰。广东人吃蛇肉是因为蛇肉有滋补作用，故蛇餐馆的滋补品不胜枚举。岭南又是燕窝的产地，其中以广东怀集燕岩和海南岛崖州玳瑁山所产为著名，岭南富贵人家都讲究用燕窝作为重要的食补佳品。

"姜醋"不是陌生之物，是岭南女性坐月子的必食滋补品。姜能驱风，醋能定惊，除忧郁症，故坐月子的人都会吃，其他女性也能吃此物滋补。

东南民间还普遍相信滋阴补阳之说。滋阴即要吃冷性食物，以避免热性、燥性，调节体内虚火，如清炖甲鱼、清炖鲍鱼、冰糖炖燕窝等。补阳则要吃热性食物，以壮气补肾，扶元益血，如吃羊肉狗肉、猪脚炖八珍、红酒炖河鳗或鹿茸、鹿鞭等。民间还讲究滋阴时忌吃热性、燥性食物，如油炸食物、狗肉、羊肉等；补阳是忌吃冷性食物，如白菜、萝卜、水果等，否则将破坏食补效果。

二、海外香药入馔促进了东南菜系的发展

1. 海外香药入肴的保健作用

香药，亦香亦药，是对香料并兼有药物作用的物品统称。香药的医药价值很早即被东南人们所利用。汉代以降，随来自东南亚、西亚阿拉伯、波斯等地的海外香药大量输入并用于肴馔中，人们对香药保健作用的认识逐渐加深。民国时期，常见的海外香药有：

丁香，又名鸡舌香，属香木类木本植物，汉代以来即已大量输入，其味道辛、香、苦，单用或与他药合用均可。民国时期已是东南很多菜肴不可缺少的作料或调味品，常用于扣蒸、烧、煨、煮、卤等菜肴。

胡椒，是东南地区最喜食用的香料，"以来自洋舶者色深黑多绉名胡椒者为贵，胡椒产红毛国"[1]。它性热，具有强烈的芬芳和辛辣味，有温和驱寒之功。胡

---

① 屈大均：《广东新语》卷二七《草语》，中华书局，1985年。

椒多研成粉末食用，在东南的食肆中，桌上都备有胡椒粉，给客人随时备用。广东人爱煲汤，秋冬季节汤中常放少量胡椒粉。

至近代，从海外引进的香药中，最有代表性的是东南亚的沙茶酱和欧洲的咖喱粉。

沙茶酱，原为印度尼西亚的一种风味食品，是一种呈深褐色的合成酱料，具有大蒜、洋葱、花生米等特殊的复合香味，亦有虾米和生抽的复合鲜咸味，以及轻微的甜、辣味。沙茶酱传入东南地区后，经改造去掉其辛辣味，致其香而不辣，并略带甜味。后已成为盛行于福建、广东等地的一种混合型调味料，尤其在闽南和潮州地区流行。

咖喱粉，是由红辣椒、姜、丁香、肉桂、茴香、小茴香、肉豆蔻、芫荽子、芥末、鼠尾草、黑胡椒以及姜黄粉等香料混合而成。原产于印度和马来西亚等地，后被欧洲人吸收作为一种调味品，又随欧洲人传入东南地区。

砂仁，是热带和亚热带姜科植物的果实或种子，香气浓郁，有甜、酸、苦、辣等多种味道。砂仁始载于《药性论》，名缩砂蔤。《本草纲目》云："李珣曰：缩砂蔤生西海及西戎、波斯诸国，多从安东道来。"从历代本草记载可见，砂仁有国产、进口之分，"绿壳砂仁"即为进口者。《本草纲目》载，砂仁可以健脾、化滞、消食。东南人制作酱肉时，常放入砂仁作调料，气味清香。

除海外的香药外，国产的一些香辛料也广泛用于肴馔中，如桂皮、大料等。

2. 香药入馔促进了东南菜系的发展

中国人自古就有使用香药入馔的饮食习惯。体现了"医食同源"的饮食文化思想，至民国时期，东南地区已是香料大量入馔，除提高了菜品的保健功能以外，还祛除了闽粤肉类、海鲜等荤菜的腥膻之气，增加了闽粤菜肴的美味，对粤闽腊味的抑菌防腐亦起了特殊功效，促进了东南菜系的发展，体现了东南饮食文化的特色。概括起来，东南地区的香药入馔有如下几个特点。

第一，海内外香药、香辛料主要作为调味品。各式香料都有其独到的芳香，东南人在香料的运用中颇具匠心。如茴香，盛产于南洋，明代就已成为东南人常食的香料。据李时珍《本草纲目》卷二十六所记："（八角茴香）*自番舶来者，实大如柏实，裂成八瓣，一瓣一核，大如豆，黄褐色，有仁，味更甜，俗呼舶茴香。*"茴香主要用于肉类、海鲜及烧饼等面食的芳香调味，在东南菜肴中广为运用。

桂皮，又称肉桂、官桂或香桂，是最早被人类使用的香料之一。在公元前2800年的史料记载中就曾提到桂皮，在西方的《圣经》和古埃及文献中也曾提及肉桂的名称。岭南盛产桂，广西尤多产桂，《本草纲目》载："*嵇含《南方草木状》云：'桂生合浦、交趾。生必高山之巅，冬夏长青，其类自为林，更无杂树。有三种，皮赤者为丹桂，叶似柿叶者为菌桂，叶似枇杷叶者为牡桂。'*"秦代以前，桂皮在我国就已作为肉类的调味品与生姜齐名。肉桂为桂皮下面最厚的部分，味辛性辣，芳香异常，为古代烹饪中的重要调味料。《广东新语》卷二十五记："*饮食中，古称蜀姜越桂。粤中以高州为珍，杂槟榔食之，口香竟日。*"可见古代的烹调已看重粤中的肉桂，同时已有了咀嚼肉桂使口气芬芳的习俗。

八角，是类似茴香的一种香料，广西自古有之，早在宋代就很著名，范成大《桂海虞衡志》记："*八角茴香，北人得之以荐酒，少许咀嚼，甚芬香。出左右江州洞中。*"《岭外代答》也记："*八角茴香，出左右江蛮峒中，质类翘，尖角八出，不类茴香而气味酷似，但辛烈，只可合汤，不可入药。*"它说明广西左右江出产的八角茴香在宋代已经是全国著名的香料产品，并普遍作食用。至今广西防城八角仍为全国名产。

姜，也是一种香料型的调味品，它能调节机体，驱邪暖胃。《广东新语》云："*越姜为古所重，记称妹嬉嗜珍味，必有南海之姜。越之新兴多姜，田种者十三，山种者十七，其性亦异。语曰：在田姜多腴，在山姜多辣。*"[1]反映了当时的广东人对姜高度重视，尤其认老姜。老姜是很好的调味品，其皮厚肉坚，味道辛辣，用姜需加工成块或片，且要用刀面拍松，使其裂开，便于姜味外溢浸入菜中。老

---

[1] 屈大均：《广东新语》卷二七《草语》，中华书局，1985年。

姜一般用在如炖、焖、煨、烧、煮、扒类的菜肴中，主要是取其味，熟后去姜。岭南人喜食鱼虾，姜更是理想的去腥香料；每天炒菜总要以几片生姜起锅调味，这几乎成了广式烹饪的定则。

第二，蔬菜型香料普遍运用。像辣椒、葱、蒜、芫荽、芹菜等都是蔬菜型香料，为烹调不可缺之物，东南菜肴最善用这类菜蔬去点缀香味，故广东人称这类菜为"香头菜"。

辣椒，是最常用的香料，它除了本身的芳香外，更以其辛辣的味道是烹调中不可缺少的用料。尤其是在山区等地。人们通常把辣椒加工成辣椒干、辣椒粉和辣椒酱。其中桂林辣椒酱分蒜蓉辣椒酱和豆豉辣椒酱两种，味极鲜美，风味别致，既可佐餐又可调味。

芫荽，又名胡荽，俗称"香菜"，其味芳香宜人，在东南一带无论是做鲜鱼汤，还是红烧、炆、焗都习惯放一些芫荽以调味。广东人有俗语云："老兄老兄，唔食芫荽葱，生在河南，死在广东"。

第三，新工艺加工成新式香料。近代以来对香料加工有了较多新工艺。为了烹调方便，人们把各种香料研成粉末，混调使用，这是香料使用的新变革。如"五香粉"即是东南地区最为普遍的食用香料粉，它以花椒、八角、茴香、胡椒、香粉等料制成，这种常用的香料可用于各种各类的烹调品中，起着调味、调色、芳香等作用。香料的酱化生产也很普遍，芥酱是用芥菜籽舂成粉，加油和香料搅拌制成酱，它更能兴奋味觉，刺激食欲，同类的有芝麻酱、花生酱等。

此外，也有把香料制成油剂使用的，如麻油、玉桂油、胡椒油等。点滴香油置于食物之上，便有满盘皆香之效。其中麻油是东南重要的食用香料，广式菜很重视以麻油来点缀香味。

椒盐，是东南地区食用香料的另一种配制方式，它把盐炒熟制炼，伴以胡椒等香料，食用时人们可根据各自口味的不同撒入食物之中，增加咸味和芳香。对煎、炸、炆、焗等菜肴尤其适用。东南花卉品种繁多，人们还擅长利用花卉制作香料，并以此入馔，较常见的是荼蘼露，这是从荼蘼花中提取的香精，可用于饮食。

第五节　发酵食品，东南一绝

发酵是细菌和酵母等微生物在无氧条件下，酶促降解糖分子产生能量的过程，是人类较早了解到的一种生物化学反应，如今在食品工业、生物和化学工业中均有广泛应用。东南劳动人民很早就掌握了发酵工艺，并制作了具有鲜明地方特色的酱、醋、豆腐乳、腌制菜、腊味等发酵食品。至近代，东南地区发酵工艺技术得到进一步发展，制作了更多、更加成熟的发酵制品，从而对粤菜、闽菜的发展和东南饮食文化的丰富有着重要意义。

一、风味独特的调味品

俗话说，民以食为天，食以味为先。可见调味品在饮食中的重要性。近代东南已能生产品种众多的调味品产品，主要有酱油（生抽、老抽）、柱侯酱、鱼露、蚝油、沙茶酱、豆豉、面豉、腐乳、南乳等品类。

1. 酱油类

酱油是用大豆、小麦等为原料，经加盐酿制而成，是中华民族传统的调味品，也是东南人民家庭必备的调味品，含有氨基酸、可溶性蛋白质、糖类、酶和维生素等多种人体必需的营养成分。近代东南酱油的生产以广东为中心，而广东酱油的生产又以广州、揭阳、佛山为中心。

广州的酱油调味品具有悠久的历史。作为华南地区的经济中心和对外贸易口岸，广州酒楼茶室遍布全市，油料调味品的生产也随之发展，至近代广州制酱业已驰名海外，其中致美斋生产的"天顶抽"酱油更是佼佼者。乾隆年间，刘守庵在广州文德路开设了"致美斋酱园"，由于地居闹市，经营有道，生意越做越旺。从清代到民国再到新中国成立，致美斋一直保持其在华南地区的领先地位。最具特色的产品是"天顶抽""麻酱"等招牌名产。"天顶抽"酱油选料严格，味鲜色浓、醇香馥郁、体凝浓厚。

作为潮汕地区的一项名优特产，"揭阳酱油"也以其色泽鲜艳、酱香纯正、而享誉海内外，并成为当地重要的传统调味品之一。道光十年（公元1830年），揭阳县人杨祥坤在荣城开设酱油作坊，以"杨财合"为店号，取财源广进，合顾客口味之意，成为揭阳县第一个生产酱油的人[①]。杨祥坤生产酱油严格遵循三条原则：一是选用新鲜大豆为原料；二是充分采用阳光，天然发酵以增酱香；三是制作工艺考究。因此，所产"杨财合"酱油鲜甜浓香，久藏不腐。20世纪初，揭阳荣城镇相继出现了许多同类酱油作坊。至20世纪30年代，揭阳酱油有了长足发展，质量也得到了更大提高，出现了杨财合、洪信美、袁龙记、林太源等有名的酱油作坊。作为酱油生产的首创者，此时期的"杨财合"酱油以质量超群、风味独特而饮誉国内外。到20世纪40年代，揭阳酱油作坊已经遍及潮汕地区，并向福建等地发展。

佛山以生产"生抽王"酱油而闻名。生抽王酱油是华南酱油的代表，最早为清中叶佛山茂隆酱园的名牌产品，它以味鲜色美，体态澄明，豉香纯正为特色。民国时期成为珠江三角洲地区人民常买的酱油之一。

2. 酱露类

"柱侯酱"是佛山传统的调味佳品，色鲜味美、香甜适中，有芬芳的豉味。清代嘉庆年间（公元1796—1820年），佛山三元梁柱侯开设饮食店，经长期的实践，探索出一种诸菜皆宜、广泛使用的酱料——柱侯酱。它是用豆酱、酱油、食糖、蒜肉、食油等原料精制而成，适用于烹调风味独特的住侯鸡、鹅、鸭，并可焖制各种肉类。

"鱼露"是潮汕人民创制的调味酱料。鱼露俗名"臊汤"，福建人又称"虾油"，是潮菜的主要调味酱汁，清代中期于澄海县首先创制。其制作方法是：将小鱼置于食盐中腌制一年以上，待小鱼腐化，用加工的盐水进行水浴保温、浸

---

① 王崧修、李星辉纂：《揭阳县续志》卷八《物产》，刻本，1890年。

渍、滤渣等工序，成为味道鲜美香醇的清汁，即为鱼露。鱼露颜色很浅，液体透明，味道鲜美，对原料本色不会掩盖，是形成潮菜清淡素雅的特色调料。鱼露在近代通过潮汕人传到越南、泰国以及其他东亚国家，对当地菜肴口味的丰富起到了积极作用。

"蚝油"是用牡蛎熬制而成的调味料，是广东常用的传统鲜味调料。广东沿海人民很早开始养蚝，在近代已经形成一定的规模。1888年中国广东省新会人李锦裳以蚝为原料，经煮熟取汁浓缩，加辅料精制而成蚝油，并取名为"李锦记"。李锦裳的蚝油煎熬火候得当，浓度适中，加之他为人热情豪爽，人缘极好，故前来购买者除附近百姓外，江门、石岐、广州、澳门亦不少客商光顾。以后经过他后代的发展，"李锦记"成为一个蜚声海内外的、产品达60余种的酱料王国，畅销世界80多个国家和地区。

近代广东还有许多出色的调味品，如中山虾酱、紫金辣椒酱、沙茶酱、潮州烤鳗酱油等都闻名遐迩，丰富了粤菜的口味。

3. 醋类

醋是酸味液体调料，多用粮食发酵酿制而成。"法醋"在福建非常有名，将杂糙米蒸熟，压制成饼型，用草麻叶覆盖在上面。等到饼上长了细小的黄毛后洗净，盛藏于大缸中窨制半月以上即成。放置十几年，其色如漆，味道酸甜，价值比平常醋贵几倍，但"不为常食，用以入药尔"[1]。

近代广东生产的醋主要有甜醋、酸醋，民间的臭屁醋。其中甜醋最为有名，因为当地妇女产后习惯于以甜醋煮姜、猪脚和鸡蛋，作为产后必食的滋补品，认为它有驱风补血、养颜之功效，故甜醋的需求量特大。致美斋生产的"添丁甜醋"是广东甜醋的代表，又是南粤产妇的必需品，三乡四邑人家，凡有孕妇，也多向致美斋购买，以备一时之需。

---

① 周瑛、黄仲昭：《兴化府志》卷一二《货殖志》，福建人民出版社，2007年。

"臭屁醋"（也称臭脚醋）是广东民间颇具特色的醋，在近代它流行于珠江三角洲一带的乡镇。这是一种家庭自制的米醋，酿制时天气要晴朗，民间习惯用石湾黑釉醋埕，并以端午节正午十二时的井水或用七月七的井水酿制，民间传说这天的水最洁净，不会生沙虫。酿制时把大米、黄豆炒至焦黄，倒入埕中，加水，再放盐、果皮之类的配料，然后进行土法消毒，把烧红的木炭放入埕中淬火，再封埕，让其发酵成醋，约一百天后便可开埕食用。各乡的制法会有不同，有些地方还充分利用废弃的粮食脚料，把洗米水、饭焦（锅巴）或剩饭放入罐中，让其自行发酵。臭屁醋闻起来有臭味道，但煮起来却很香。通常煮醋都要加上咸菜、薯粒、辣椒等料，妇女们最喜爱食用，它有驱风去湿、健胃消滞之功效。当时每家每户在天井或晒台都有一埕臭屁醋，它在珠江三角洲百姓的日常生活中很有地位。

二、颇具特色的豆制品和酱腌菜

1. 豆制品类

腐乳，又称为酱豆腐，是继豆腐之后的又一发明。浙江是我国历史上腐乳的重要产地，广东的腐乳在吸收浙江技术的基础上，又有了较大的创新。开平"广合腐乳"创建于1893年，采用优质黄豆为主要原料，再配以各种传统辅料腌制而成，具有色泽金黄、咸淡适口、鲜香嫩滑、入口即化等特点，成为当地家庭佐餐佳品，也是当时江门华侨最爱带到国外的食品之一。1933年浙江的王世荣、王阶眉于广州创"谦豫酱园"，带来了浙江的腐乳工艺，特别是南乳的工艺。20世纪30年代中期，谦豫酱园的南乳已经名满省内外。随着广东大批华人流落美洲，广东的饮食文化也传向西方世界，抗战时期华人在美国旧金山开设"广合腐乳厂"，那时西方人把腐乳称为"中国乳酪"，其时广东腐乳已名扬海外。

"桂林豆腐乳"是当地著名的土特产，清代诗人袁枚《随园食单》记："乳腐，……广西白腐乳最佳。"其特点是细嫩味美，营养丰富。桂林名菜的烹调少不了用腐乳做作料，有汁鲜味美之功，桂林腐乳的制法，是将卤水豆腐切成小块放入霉房，后将发酵的乳坯裹上食盐、五香粉，或加上辣椒粉然后装入缸中，再用酒泡浸，封存缸三月即成。桂林豆腐乳又以"天一栈豆腐乳"最为有名。天一栈豆腐乳创始于咸丰年间，由迁至桂林的江西吉安人阳天一初制，当时以细滑味美而盛名，传至第三代阳幼卿时，通过多次技术改进，进一步提高了产品质量。抗战期间，许多文化人云集桂林，他们品尝天一栈豆腐乳后赞不绝口，又经戏剧教育家熊佛西先生提字后，更是身价百倍。当时远在重庆的孔祥熙的二小姐，曾经派人乘专机飞至桂林，指名购买天一栈腐乳，之后又用飞机送回重庆。由此可见天一栈豆腐乳的盛名。

"豆干"是普宁独具风味的食物，久负盛名。其制法是用大豆磨浆，加上少许薯粉、石膏等原料配制，蒸熟包成方块状，色呈白、黄二种，每块约重50克。食法可分为焗、煎、油炸三种，尤以油炸豆干最为脍炙人口。油炸豆干皮赤而酥脆，内肉白而嫩滑，称"外金内银"。尝之又脆又软，香味久存于口齿之中。

2. 酱腌菜类

"酱菜"是用酱或酱油腌制的咸菜。利用乳酸菌制作腌菜是广东人的一大特长。南方天气炎热，蔬菜容易变质腐烂，腌菜的制作能使菜品长期保存，同时又能创制出新的饮食风味。

"腌菜"是东南客家人最擅长的，因为客家人长期在山区居住，所需菜蔬均自生产，所以贮备一些经久耐藏的菜蔬十分必要，以应付青黄不接和缺蔬少菜的时日，同时给生活在山区的人们带来了极大的方便。客家人对腌菜贡献尤多，各地区制法也不同，据不完全统计品种有十多个，其中最有代表性的是梅菜、咸菜、酸菜、萝卜干之类。

"梅菜"是最具客家特色的菜肴，它是以芥菜为原料制作的干咸菜。其加工工艺是把芥菜洗净，晒干后搓盐，经多次搓盐，多次晒干，再经反复蒸、晒，直至菜呈金黄，然后捆扎收藏。"惠州梅菜"是全国驰名的产品，它曾被历代王朝列为宫廷贡品，加工精细入微，梅菜棕黄秀色可餐，菜叶爽嫩，芳香浓郁。另一类是水咸菜，制作时把芥菜加盐搓揉后装入陶瓮紧压，使腌出水，咸菜全泡入咸水中不得露风，也不能渗入其他水。腌熟的咸菜醇香甘黄，爽脆带酸，以梅县石扇镇的水咸菜最为著名。

"咸菜""菜脯"是潮汕地区有名的传统土特产，以其制作精良、风味独特、健脾消食而享有盛誉，长期以来即为潮汕人好吃的佐膳小菜，不论老少贫富，经年久月的食用。居住他乡的海外潮汕人，更是把它视为佳肴，其中"新亨咸菜、菜脯"尤为有名，远销东南亚。在越南西贡，因其香鲜清脆而备受欢迎。潮州人还擅长制作果脯，即使是极其普通的蔬果，到了潮州人的手中也能腌制出高品质的食品。而广州风味的瓜樱、五柳菜、锦菜，风味独特，更是席上之珍。

长期以来东南地区的民户家中都设有"榨士"，这是一个埕形的陶罐，上口边沿设有环形水槽，当顶盖盖下时，盖口边沿刚好插入水槽中，形成一个虫蚁爬不进、空气也透不进的封闭容器，类似四川的泡菜坛子，故"榨士"有很强的防腐功能，特别是乡村的家庭，日常食用的泡菜都储藏于"榨士"之中。新中国成立前的山区、农村以及中小城镇，腌制咸菜、酸菜、面豉、豆豉、腐乳、豉油在普通人家的一日三餐中，几乎是必不可少的家常佐餐之物。

三、声名远扬的广式腊味

腊味是岭南的特色食品，广州腊味制作方法又尤为独特，生产出来的腊制品集"豉味""风干味""香味"于一身，称为广式腊味，闻名海内外。

广式腊味历史悠久，外形美观，风味独特。唐朝以前，岭南人们便在京都腊味的基础上，创制了具有地方特色的腊味。唐宋时期，来华的阿拉伯人和印度人带来肠制食品。广州厨师们将其制作方法与本地腌制肉食的方法相融合，创作出"中外结合"的广式腊味。广式腊味有各种腊肠、腊肉、腊鸭等50多个品种，其三味（酱香味、腊香味、酒香味）俱全，条子均匀，肠衣脆薄，色泽鲜艳，咸甜适中，因而深受国内外食客的欢迎。腊肠是广式腊味的主要品种，其肉色红润，色泽光鲜，外体均匀，口感爽脆，种类有生抽肠、老抽肠、润肝肠、冬菇肠、鱿鱼肠、云腿肠、金钩肠、净瘦肉肠等。

广式腊味的制造不需烟熏，故味道较淡。正因如此，粤式腊味一般不宜独食。像广东的煲仔饭，便最能体现广式腊味的魅力。炉火在煲底不紧不慢地烧着，而在煲内，米饭是主体，腊肉是陪衬，当那些覆盖在表面的腊肉、腊鸭、腊肠的肉汁全面地渗透了满煲的米饭时，揭开煲盖，浇上酱油，米香肉香便扑面而来。因此，广东人不大说"腊肉"，而是取代以"腊味"一词。广式腊味的著名厂家在民国时有"皇上皇""八百载""沧州"等几家名牌店铺。

"沧州老铺"是中山人黎敦潮在光绪三十九年（公元1903年）创办的，店名"沧州栈"三字出自清末书法家吴恬胜之手，苍劲有力，气势磅礴，为店增色不少。其店生产的腊肠选料考究、操作严密、制作精细，创制的名牌产品"生抽腊肠"和"鲜鸭润肝肠"以特殊风味而著称，再加上店主黎敦潮始终秉承"信誉第一，货真价实"的经营理念，至20世纪30年代，沧州老铺已成为广州数一数二的腊味铺，"沧州鲜鸭润肝肠"更是闻名遐迩。

"八百载腊味铺"是于1937年在海珠南路开设的，店主番禺人谢柏取《三字经》中"周武王，始诛纣，八百载，最长久"的"八百载"三字为店名，意味生意永远兴隆发达。开店之初，"八百载"便创制出独具特色的"香化鸭润肝肠"，其色泽鲜润，香味浓郁，皮脆肉松，入口酥化，特别适合广州人咸中带甜的口味，再加上条子均匀，质量稳定，价格适中，能长期储存，[①] 故一推出即深受广大顾客的青睐。至20世纪40年代，"八百载"已名扬海内外。

"皇上皇"是"八百载"店主谢柏之弟谢昌于抗战时期开办的，位于"八百载"腊味铺对面。由于比八百载晚涉及腊味行业，又加上资金短缺、产品单一、

---

① 刘学增：《腊味渊源八百载》，转引自《广州老字号》，广东人民出版社，2003年。

图6-7　中华老字号"皇上皇"腊味店匾额

成本较高等原因，刚开张的皇上皇可说是举步维艰。后经过谢昌的苦心经营，又推出了自己的拳头产品，抗战胜利后，皇上皇已有了巨大发展，成为与"太上皇八百载"齐名的"东昌皇上皇"。

东南地区地处热带和亚热带，菌种繁殖迅速，为食品的发酵提供了天时之利。作为全国八大菜系占有其二的粤菜、闽菜，非常注重色泽味，其兴起、发展和丰富离不开东南发酵工艺的成熟，利用当地成熟的发酵工艺制成的各式调味品极大增加两大菜系的原料，丰富了两大菜系的口味。总之，东南发酵食品是我国食品制造业的辉煌创造，深深影响了中华饮食文化数千年的历史，对世界饮食文化也作出了杰出的贡献。

第六节　东南特色饮食民俗

民俗作为一种社会群体共有的代代相传的行为方式，是广大民众所创造、享用和传承的生活文化，是人类文化的重要构成要素。民俗又和当地的环境、物产、文化氛围和民众特性等紧密联系。东南气候潮湿炎热、百姓易生疾病，造就了东南人重食补和食疗的食俗；东南物产丰富，槟榔种植仅在东南，造就了东南人钟情槟榔的特有民俗；东南人务实，重休闲，好美食，又善于创新，造就了东南人特有的赌文化和别样的茶俗，这正是一方水土养一方人。至清末民国，东南地区原有的特色饮食民俗有了进一步发展。

一、种蔗煮糖，甜蜜绵长

东南地区是一个非常适合甘蔗生长的地区，冲积平原、台地和丘陵地区皆可种，而广东尤甚。明后期，闽粤甘蔗已在国内占有重要地位，甘蔗种植面积、蔗糖产量居全国首位。至清末民初，东南地区甘蔗种植面积已非常普及，很多地方的甘蔗种植已是"连岗接阜"，远看就像一望无际的芦苇群；同时，民众榨蔗制糖的形式非常普及，福建漳州当时已是"家家蔗煮糖"①，促使蔗糖产量有了极大的提高。甘蔗的大规模种植，蔗糖的普及，对民众社会生活、东南菜系的发展、果蔗制品的制作等产生了重要的影响。

1. 啃蔗立蔗，赌蔗斗柑

甘蔗是东南人喜爱的冬令水果之一，闲暇之余人们爱啃甘蔗。其原因除了本地方大量产甘蔗外，还因为它对人的身体有裨益。甘蔗含糖量十分丰富，为18%～20%，是人类必需的食用品之一。甘蔗的糖分是由蔗糖、果糖、葡萄糖三种成分构成的，极易被人体吸收利用。同时，甘蔗还含有多量的铁、钙、磷、锰、锌等人体必需的微量元素，其中铁的含量特别多，每公斤达9毫克，居水果之首，故甘蔗素有"补血果"的美称。甘蔗还是防病健身的良药。传统中医认为，甘蔗味甘性寒，甘可滋补养血，寒可清热生津，故有滋养润燥之功，适用于低血糖症、心脏衰弱、津液不足、咽喉肿痛、大便干结、虚热咳嗽等病症。

甘蔗在东南地区中还具有特别的民俗意义，被认为是一种吉祥的食物。在闽

---

① 李维钰：《漳州府志》卷四一《艺文志》，刻本，1878年。

南一些地方，每当春节到来之时，大人们就和小孩一起到蔗园中辞旧迎新，祝贺孩子们"过年过节，节节长高"。在台湾，人们过年时一般要把一棵带叶的甘蔗立在门旁，意味着家门永远不会衰落，希望家门节节高升。有的人家则将两棵连根带叶的甘蔗立在门旁，希望来年所计划的事情像有根有尾的甘蔗一样，有始有终，顺利如意。在福建西部、中部一带农村，人们喜欢正月开春咬甘蔗，俗称"咬春"，象征着今年生活像咬甘蔗一样，一节比一节甜。在福州，在当年春节的前几天，新嫁女的人家要挑选两根用红纸或红线捆扎好的粗大的甘蔗当作扁担，一头是一篮橘子，另一头是一盏花灯，送到女婿家，祝愿新婚夫妻生活吉祥顺利、早生贵子、美满幸福。甘蔗还是清明祭祖不可缺少的祭物。

"赌蔗斗柑"是清代广东地方独特的民间娱乐，其游戏规则是：从首至尾一刀破开甘蔗，又一刀从尾至首，不偏一添者赢，即"添粒无差心称平"，这需犀利的眼力和平静的心情才能做到。《广东新语》对此有很好的记载："广州儿童，有赌蔗、斗柑之戏。蔗以刀自尾至首破之，不偏一黍，又一破直至蔗首者为胜。柑以核多为胜。有咏者云：赌蔗斗柑独擅场。"道光年间的新宁县和民国时期的龙山县的方志中，都有同样的记载。这反映了"赌蔗斗柑"这种民间娱乐方式在清朝乃至民国备受当地百姓的欢迎，也从另一个方面说明了广东甘蔗的普遍及它在人们心中的地位。民国时期"赌蔗斗柑"的游戏在台湾亦开始出现，但普及程度不如广东。

2. 以蔗制糖，糖果众多

甘蔗是我国制糖的主要原料。东南蔗糖品种众多，"浊而黑者为黑片糖，青而黄者为黄片糖"，凝结坚宁、黄白相间的则为冰糖，"其为糖沙者，以漏滴去其水，一清者为赤沙糖，双清者为白沙糖"，最好的蔗糖颜色雪白，在太阳底下晒上几天，细若粉雪，销售于东西二洋，故又称"洋糖"①；福建泉州则有黑砂糖、

① 陈伯陶等：《东莞县志》卷十五《风俗》，铅印本，养和书局，1927年。

白砂糖。

东南蔗糖的盛产，也使糖果制品众多。

根据《广东新语》记载，明清时期广东的糖制品有茧糖、糖通、吹糖、糖粒、糖瓜、饗糖、糖砖、芝麻糖、牛皮糖、秀糖、葱糖、乌糖等。"茧糖"是市肆上常销售的一种糖，因形状似茧故名。又叫"窠丝糖"；"糖通"是用蔗糖炼成条子状而又玲珑剔透的糖；"吹之使空者"则为"吹糖"；小的实心糖叫"糖粒"，大的叫"糖瓜"；"饗糖"是铸炼成人物或鸟兽形状的糖，多用于吉凶之礼，祭祀则用"糖砖"；芝麻糖、牛皮糖、秀糖、葱糖、乌糖是用来招待客人的常用糖果。这些糖果各地有各地的喜好。"葱糖"在朝阳一带盛行，极白无渣，入口酥融，如沃雪一样极易融化；东莞人喜欢吃"秀糖"，广州人则喜欢吃"糖通"；"乌糖"则是用黑糖烹制成白色，又用鸭蛋清搅拌，使渣滓上浮精英下结而成。

广东还有不少带有地方独特性的糖果。如广东的"糖不甩"，方志作了这样说明："糍食为之糖不甩，今东莞以糖谓之名，曰糖不甩者，中亦有馅，以糯米粉和糖为圆形蒸之，有大径尺者。"[1]又如，赤溪的甜食——"粄"（bǎn）在民国时期流传于广东各地，"米饵谓之粄，粄屑米饼也。唐以前已有粄之称矣，今县俗以粉为年糕，谓之甜粄，松糕谓之发粄，又有园子粄，串粄之名。"[2]东莞县的"糖环"很有特色，用膏油煎炸像古代的粔籹，"以糖为之，故曰糖环。然亦炸以膏油即古之粔籹也"。

广东人过年喜欢制作甜点，一为过年自家吃，二是用于相互馈赠，从清代至民国初年均如此。光绪年间，花县贫穷之家过年，用食糖制的白饼当年货。民国初年，鹤山县虽贫穷之家，过年时仍能以糖作糕点应节。晚清至民国初年的潮连乡，糖制的米饼除新年用作拜年外，常年均有食用，可见民众用糖之普及。用糖制作的广乐小吃计有白饼、煎堆、片糖、甜糕、春糕、年糕等，这些品种在《广

① 陈伯陶等：《东莞县志》卷十二《方言下》，铅印本，养和书局，1927年。
② 王大鲁：《赤溪县志》卷二《方言》，刻本，1926年。

东新语》中均有记载。用糖制作的食品功能众多，常用于祭祀、赠送、作年货、日常食用等。

3. 蔗糖入饮馔，妇娠饮姜酒

"粤人饮馔好用糖"。糖性微温，有润肺调和脾胃的功效，在食物中加糖，还有防腐去腥的作用。因此，在气候炎热潮湿的东南地区，烹调食物多加糖已成习俗。闽台和潮汕地区烹调多汤汁，调味喜甜、清淡、鲜美，这与北方的干食，调味喜咸、辣、浓烈大相径庭。

东南人爱喝糖水，市镇有不少店铺专营糖水。明代崇祯《尤溪县志》载："沙糖、糖水，皆竹蔗为之。"糖水品种多样，有红豆沙、绿豆沙、眉豆沙、芝麻糊、花生糊、杏仁糊、桂圆汤、汤圆、莲子百合、菊花雪梨糖水等。有的档口则专卖竹蔗糖水，当街榨取蔗汁，不少农民在甘蔗成熟时也纷纷效仿，上街榨自家甘蔗为汁以出售。

在广州人的婚礼上，"莲子糖水"往往成为酒宴结束前一道不可少的美食。莲子，寄托着新妇早生贵子，糖水，则寄托着新婚夫妇从此开始甜甜蜜蜜的新生活。这种食俗延续至今并得到进一步推广，很多酒店把糖水作为餐宴后送给食客的一道食品，寓意甜蜜如意，它同时还有解酒、和胃、润喉的作用。

明末清初以来，民间产妇在坐月子期间多要"饮姜酒"。屈大均在《广东新语》中对姜酒的做法作了翔实记载："粤俗，凡妇娠，先以老醋煮姜，或以蔗糖芝麻煮，以坛贮之。既产，则以姜醋荐祖饷亲戚，妇女之外家亦或以姜酒来助，名曰姜酒之会，故问人生子，辄曰姜酒香未？"姜酒有去风的作用，糖，尤其是煮姜酒的红糖，有去瘀血、通经脉、除恶露、补充产妇失血的作用，可见姜酒是非常适合作为产妇的保健补品。之后，这种食俗更加普遍。清代吴震方在其《岭南风物记》对姜酒的制作及其含义也作了相关的诠释："粤俗产男日先以姜酒奉其祖先，随用甘蔗糖兼醋煮姜片请客及馈送亲戚邻里，故俗人问人云：生男何时请姜酒？探人生男日：姜酒曾香未？故生男则必具姜酒可知矣。"发展至后来，"饮姜酒"成为生子报喜和请生子酒的代名词。

4. 蔗糖祭灶，糖梅庆婚

东南祭灶常用到蔗糖。腊月廿三、廿四用糖祭灶，但不像全国大多数地区只用饴糖那样，广东的祭灶大多既用饴糖也用蔗糖，在产糖区的不少地方，甚至只用蔗糖，且蔗糖制品种类繁多，有糖丸、片糖、糖果、橘糖、甘蔗等，这种现象在方志史料中有具体记载。光绪《九江儒林乡》卷三五《风俗》："小年祭灶，用片糖，以米粉作袄包，燔灶疏以送灶神。"民国《遂宁县志》卷二五《风俗》载："祀灶，以糖为饼曰灶糖。"民国《潮连乡志》卷十五《物产》载："十二月二十三日，为谢灶之期，祭以橘糖、片糖、炒米团等。除夕复祭，谓之接灶"。

东南各地婚俗中基本都要用到糖及甜制品，这点和全国大多数地方一样。如在下聘礼时，男方给女方下聘的物品一般有饼、糖果、鱼、鸭蛋、海味、烟酒等，女方收了聘礼后，即还以"响糖"（是用白糖和些许石膏粉制成，其形有人物、走兽、楼阁、塔等）、"棋子饼"（用白糖和面粉做成，形状如棋，故名）和其他衣物等。而"打糖梅"则是流行于广东大多数地区非常独特的婚俗，于清末民初流行于广东省大部分地区，是婚礼中的一道必经程序。

糖梅，是粤人用蔗糖和当地梅花制作的一种糖果，在广东一带有着特定的民俗用途。民间嫁女，无论贫富都必须用它作为嫁妆必备之资，多时要用数十百罂（古代一种容器）。民谣对糖梅作为结婚的陪嫁礼品作了这样的描述："亚妹妹，睇着人个边嫁女，四张铰椅两张台，糖梅糖榄先头去，竹丝花轿四人抬。"[1]然后召集亲朋好友聚会，叫作"糖梅宴会"。如果有不速之客光临，则用糖梅打发走，又称"打糖梅"。糖梅以甜为贵，谚语曰："糖梅甜，新妇甜，糖梅生子味更甜；糖梅酸，新妇酸，糖梅生子味还酸"。"糖榄"具有和糖梅一样的民俗用途，"有糖梅必有糖榄"。凡是新妇新进门，夫家妯娌等诸位女子都要唱歌助兴，"其歌曰解，解糖梅者词梅新妇，解糖榄者词美新郎"。[2]用糖梅歌来赞美新妇，用糖榄歌

---

① 李炳球辑：《东莞歌谣辑录》，东莞文史编辑部编：《东莞文史》第三十一期《风俗专辑》，2001年。
② 屈大均：《广东新语》卷十四《糖梅》，中华书局，1985年。

来赞美新郎，这给新婚喜庆带来了优雅而欢乐的气氛，至今广州人的婚宴仍有一幕吃"和顺榄"的食俗。

二、嚼食槟榔，意蕴深远

槟榔属棕榈科植物，常绿乔木，茎基部略膨大，叶长达2米，花有香味，果长椭圆形，可供食用，中国南方及东南亚地区广泛栽培。东汉时期杨孚的《异物志》就记载了槟榔的嚼食方法，唐宋时期由于东南亚的槟榔大量输入，使东南不少地方的人们嚼食槟榔成风，开始形成了独特的槟榔习俗。至清末民国时期，东南嚼食槟榔的人群进一步扩大，并形成了独具特色的槟榔文化。

1. 闽粤槟榔文化

早在唐宋时期，东南很多地方嗜好槟榔，广州城"不以贫富长幼男女，自朝至暮，宁不食饭，唯嗜槟榔"；啖槟榔还成为"泉南风物"之一，在泉州人日常生活中占有较重要地位。明清以来东南嚼食槟榔的习俗有了进一步发展，并向周边地区扩展。王士祯《池北偶谈》中记录《岭南竹枝》词曰："妾家溪口小回塘，茅屋藤扉砺粉墙。记取榕荫最深处，闲时来过吃槟榔。"东莞槟榔儿歌："月光光，照地塘。年册晚，买槟榔。槟榔香，买子姜。"[1]从休闲时吟唱的民歌民谣可以看出吃槟榔的习俗已经深入民间。不同地区的人们有着不同的槟榔食法，广东廉州、新会及粤西等地嗜好熟槟榔，广东高州、雷州、阳江、阳春人喜好吃"熟而干焦连壳"的枣子槟榔；广州、肇庆人喜食用盐浸的卤槟榔；惠州、潮州、东莞、顺德人则喜吃干槟榔。[2]

岭南人对槟榔的嗜好带动了槟榔制品的盛行。"槟榔盒"是岭南人的嗜好品，几乎每家都有槟榔盒，富人以金银，贫穷者以锡为小盒，盒上雕嵌有人物花卉，

---

① 李炳球：《东莞歌谣辑录》，东莞文史编辑部编：《东莞文史》第三十一期《风俗专辑》，2001年。
② 屈大均：《广东新语》卷二五《槟榔》，中华书局，1985年。

非常精丽。盒分为两层，上贮灰脐、蒌须、槟榔，下贮蒌叶。①槟榔盒是居家的用品，随身携带的是槟榔包。包以龙须草织成，宽三寸许，存放着上述的四种物品，富川所织的槟榔包最华贵，金渡村织的次之。出门行走，身不离槟榔包。

槟榔是一种药材，有止泻治痢、杀虫去积等功能，在被喻为"瘴疠之地"的岭南地区，当地人对槟榔尤为重视，它在人们的日常生活中占有重要地位，是待人接物的贵重物品。屈大均《广东新语》卷二十五《槟榔》记载："**粤人最重槟榔，以为礼果，款客必先擎进。**"除了社会交际方面，槟榔还充当婚庆嫁娶礼俗中的重要礼品，"**聘妇者施金染绛以充筐实，女子既受槟榔，则终身弗贰**"。男方到女家订婚时要用槟榔作为重要聘礼，女家一旦接受了男方的槟榔，则终身不得嫁给他家。广东廉州府同样如此，"**不论男女，率挟槟榔而行，交会约婚以槟榔为礼。**"②槟榔习俗之盛可见一斑。

槟榔还有不少特殊功用。在广西的灵川县，凡来参加象征男子成年的冠礼或女子的笄礼时，都要用竹叶裹槟榔为礼，以表祝贺，受礼之人则藉以袖而受之。③不仅如此，它还是调解邻里纠纷的媒介物，在广东增城县，"且乡里有争执，求人曲直者，亦皆献以槟榔"。④

闽粤居民嚼食槟榔之风气在明清两代十分浓厚，但到了民国，槟榔习俗呈现明显衰减趋势，近代在少数地方的遗风遗俗中仍可见。据民国时人记载，东莞还有以染红槟榔当婚嫁聘礼的习俗。婚后，女家还须馈赠一担槟榔给男家及其亲戚，这被称作"担槟榔"；新婚满月，男家则须备一担槟榔送女家酬谢，名曰"酬槟榔"；甚至在祭祀鬼神中也用槟榔。这些槟榔习俗并不多见，故而被称作"槟榔遗俗"。⑤

---

① 屈大均：《广东新语》卷十六《槟榔合》，中华书局，1985年。
② 嘉靖《广东通志》卷二十《民物志》，广东省地方志办公室誊印本，1997年。
③ 李繁滋：《灵川县志》卷四五《礼俗》，石印本，1929年。
④ 王思章：《增城县志》卷十五《风俗》，刻本，1921年。
⑤ 容媛：《东莞遗俗上所用的槟榔》，《民俗》，1929年第43期。

2. 黎族槟榔文化

槟榔是热带树种，为海南岛特产。海南栽培槟榔有悠久的历史，距今1400多年梁代的《名医别录》就有"槟榔味辛温……生海南"的记载。海南黎族早就有咀嚼槟榔的习惯，愈嚼愈香，醇味醉入。在黎族人民生活中槟榔具有重要作用，并形成了具有黎族风情的槟榔文化。

（1）醉槟榔 近代黎族人仍保留唐宋以来吃槟榔的食俗，"食时先取槟榔，次蒌须，次蒌叶，再放石灰"。加石灰十分重要，食时槟榔和蒌叶会回甘味。灰有石灰、蚬灰，以乌爷泥制作，食槟榔时汁更红。[①]吃槟榔不单食它的瓤肉，还要与"扶留叶"（俗称蒌叶）、灰浆（用蚌灰或石灰调制而成）为作料一起嚼食，即所谓"一口槟榔一口灰"。先将槟榔果切成小片，取灰浆少许放在"扶留叶"上，裹住槟榔片放入口里慢慢咀嚼。此时口沫变成红色，再把口沫吐掉而细啖其汁，愈嚼愈香，津津有味，直至脸热潮红，谓之"醉槟榔"。

（2）槟榔礼 槟榔是黎族妇女的爱物，家家户户都有槟榔盒，每个中老年妇女腰间都系着盛槟榔的小袋子。走亲访友、闲坐在家、乡间劳动、邻里闲谈等场合，妇女口内总是嚼着槟榔。黎族人爱吃槟榔，把槟榔果作为美好和友谊的象征，因此把吃槟榔看成了一种接待礼仪，"俗重此物，交接必为先"[②]。如果双方相遇不赠槟榔，则会导致相互之间的怨恨。黎族人把槟榔视为上等礼品，认为"亲客来往非槟榔不为礼"。不论订婚、娶嫁、盖房、拜年，甚至平时走家串户，人们都要赠送槟榔或用槟榔待客。槟榔作为一种物质文化形态，已经内化入黎族人民的精神世界当中，成为衡量好客与否的标准。

（3）"放槟榔"求婚 槟榔不仅在黎族人民日常生活中不可或缺，而且还与婚姻礼仪结合在一起，成为爱情的象征。黎族人把槟榔作为定亲的信物。一旦男方看中某位姑娘，就要向女家送去槟榔果，俗称"放槟榔"以示求婚。如果

---

① 周去非：《岭外代答》卷二五《食槟榔》，中华书局，1985年。
② 张岳松：《琼州府志》卷五，成文出版社影印本，1890年。

女方父母将赠来的槟榔盒打开，并拣一颗槟榔果来嚼，便是答应了婚事，否则便如数退还，表示推辞。清《琼州府志》载："媒妁通问之初，洁其槟榔，富者盛以银盒，至女家非许亲不开盒。但于盒中手占一枚，即为定礼。凡女子受聘者，谓之吃某氏槟榔。此俗延及闽广。"订婚下定礼时，男方同样要送槟榔到女家并作为聘礼之一。《文昌县志》曰："定婚自少时，谓之'送槟榔'，以纳聘兼用槟榔为礼也"。

结婚时，新娘还得请双方父母和乡亲吃槟榔。《海南岛志》亦曰："岛之东西部，婚俗各有不同。（西部女子）及至十五六，男家再备具酒肉、金钱送女家，谓之'押命'，或谓'出槟榔'。是日，男女家均大宴宾客。又有所谓出新妇者，有男家请亲属妇女盛装往贺女家，女艳妆出，奉槟榔、蒌几袋。男家亲戚受槟榔，给封包一二元，谓之'押彩'……至其东部诸地之婚嫁，男女两方凭媒说合后，即行出槟榔礼，与西部同，独无出新妇礼。"槟榔在婚姻过程中逐渐从实物变成一种象征：不再注重槟榔本身，而是成为一种重要的礼节，可见槟榔在黎族婚姻文化中所占地位之重。

（4）生女种槟榔　黎家妇女在生下女孩时，总要在自家门前种下一株槟榔树，到女孩长大出嫁时，这株树也要随之挖出，移植到男方家，直到她死后才砍掉，以示其人如槟榔树一般坚贞不二。在黎族居住区，男子爬上槟榔树，或在槟榔树下小便，皆被视为不尊重妇女的表现。

（5）以槟榔为祭品　在海南，人们在祭祀伏波将军时，亦将槟榔陈于神像前，供神灵享用，以示敬重。[①]

槟榔作为一种食品，在黎族人民的日常生活中是个重要角色，具有积极的社会功能。首先，作为当地一种常见食品，槟榔丰富了人民的物质生活；其次，作为一种具有药用价值的食品，嚼食槟榔在一定程度上使黎族人们减轻了古代瘴疠肆虐的疾苦；再次，槟榔充当了社会关系和民俗活动的象征物，对黎族人民的日

---

① 屈大均：《广东新语》卷二五《木语》，中华书局，1985年。

常生活有着较大的帮助，显现出深刻的社会内涵。

3. 台湾槟榔文化

台湾自古是否有槟榔现无据可考，直到清代有关当地土著和迁台汉人嚼食槟榔的风俗才有明确历史记载，清末台湾嚼食槟榔成风，台南尤甚。光绪《台湾通志》记载："台之南路，最重槟榔，无论男女，皆日咀嚼不离口"。

（1）齿黑为美　常年嚼食槟榔易使牙齿变黑，这在现代人看来是很不美观的，也是牙齿不健康的标志，但在台湾土著妇女看来却恰恰相反，"食则齿黑，妇人以此为美观，乃习俗所尚也"。[1]不少诗歌对台湾土著以齿黑为美作了很传神的描述，《台湾竹枝词》云："槟榔何与美人妆？黑齿犹增皓齿光；一望色如春草碧，隔窗遥指是吴娘。"[2]清代黄学明《台湾吟》："山花满插鬟头光，蛮妇蛮童一样妆。久嚼槟榔牙齿黑，新成曲蘖口脂香。"[3]

（2）槟榔为礼　台湾把槟榔视为待客的上品，"相逢歧路无他赠，手捧槟榔劝客尝"。[4]当地人通过槟榔传达着非常重要的情感信息，用其表现晚辈对长辈的尊重，主人对客人的热情。雍正《福建通志》载："全台土俗皆以槟榔为礼。"以槟榔招待宾客，沟通人际关系，正是台湾槟榔文化中所表现出来的重要文化内涵。高拱乾《台湾府志》亦称："台湾人有故则奉（槟榔）以为礼。"台湾土著在招待客人时，槟榔一定要用刚摘下的新鲜槟榔，过夜的绝对不用，对槟榔的挑剔程度如此之高，足见槟榔在当地礼仪民俗方面有着举足轻重的位置。

（3）爱情信物　槟榔在台湾土著人眼中是青年男女爱情婚姻的信物，被视为忠贞爱情的象征，男女之间的爱情通过槟榔而互相传递着。清代周钟瑄《诸罗县志》记载："（高山族）男亲送槟榔，女受之即私焉，谓之牵手。"清代孙尔准

---

① 薛绍元：《台湾通志·产物·草木类》，台湾文献丛刊第130种。
② 黄逢昶：《台湾生熟番纪事》，台湾省文献委员会，1997年。
③ 高拱乾：《台湾府志》卷十，台湾文献丛刊第65种。
④ 范咸：《重修台湾府志》卷二十三，高等教育出版社，2005年。

《番社竹枝词》描述了当时台湾高山族婚娶用槟榔作聘礼的土风习俗，"槟榔送罢随手牵，纱帕车鳌作聘钱，问到年庚都不省，数来明月几回圆。"高山族在婚聘多个环节中都使用槟榔。光绪《云林县采访册》："订盟用番银、红彩、大饼、槟榔"，完聘后"仍备礼盘、大饼、槟榔"。高山族在婚恋中，以槟榔为媒介，以槟榔为聘礼，以槟榔作应答，以槟榔为爱情忠贞不渝的信物，极致地凸显出槟榔文化的人文价值和美学意蕴。

（4）解纷法宝　清代以来各地移民纷纷涌入台湾，移民之间、移民与土著之间难免会发生纷争，槟榔则充当了"化干戈为玉帛"的角色。在诸罗县，"闾里雀角或相诟谇，其大者亲邻置酒解之，小者辄用槟榔，百文之费，而息两氏一朝之忿"，[①]以致有"解纷惟有送槟榔"之说。这也可说明槟榔在化解矛盾、促进人际和谐方面有特定的功效。

在社会生活中，台湾土著亦把槟榔当作化解矛盾的催化剂。乾隆年间，台湾海防同知朱景英曾记录了当时台湾吃槟榔的习俗，其中就谈到"解纷者彼此送槟榔辄和好"的情景。如发生了纷争，想和解的一方只要通过送槟榔，即可视为对对方表示诚意。张巡方有诗云："睚眦（yázì）小忿久难忘，牙角频争雀鼠伤。一抹腮红还旧好，解纷惟有送槟榔。"[②]刘家谋《海音诗》曰："鼠牙雀角各争强，空费条条诰诚详；解释两家无限恨，不如银盒捧槟榔。"[③]

三、广东凉茶，解疬除瘴

1. 广东凉茶保健一方

凉茶，一般指中草药植物性饮料的通称，是指将药性寒凉和能消解人体内热

---

① 陈梦林：《诸罗县志》卷八《风俗志》，台湾经世新报社，1909年。
② 董天工：《台海见闻录》卷二，台湾省文献委员会，1981年。
③ 王凯泰：《台湾杂咏合刻》，台湾文献丛刊第028种。

的中草药煎水做饮料喝，以消除夏季人体内的暑气，或治疗冬日干燥引起的喉咙疼痛等疾患。凉茶对于广东人，可以说是"生命源于水，健康源于凉茶"。广东人热衷于凉茶和广东的气候环境、饮食习惯密切相关。

广东所处的岭南地区古代乃瘴疠之地，气候条件恶劣，"炎阳所积，暑湿所居，虫虫之气，每苦蕴隆而不行。其近山者多燥，近海者多湿"，以致一年当中"风雨燠（yù）寒，罕应其候，其蒸变而为瘴也"，故明清以前一直都列为流放之地，民间也有"少不入粤，老不入川"之说。正因为此，古代在岭南居住的人们多体弱多病，尤其在夏天，"暑气郁勃，有若釜隔，人性其间，苦为炎毒所焮（xìn），晕眩烦渴"，轻则寒热来往，"是为冷瘴"，重则蕴火深沉，"是为热瘴"，稍稍延迟一两天则可能死去，所以来广东的外人，"饮食起居之际，不可以不慎"。[1] 另外岭南北有南岭山脉，南则濒临南海，纬度又较低，形成独特的地理环境和气候条件，使岭南人由于湿热郁积，容易发生筋脉拘急、麻木不仁的疾病。《岭南中医》中称此病为温病。为防治温病，生活于此的岭南人常服用败火去湿、防暑防痢的中药。但由于当时的人们生活贫苦，无长期吃药的条件，好在茶叶比较流行，且价格不贵，于是人们就把茶叶和芝麻、菜叶等一些能去火的食料一起煎服，"能去风湿，解除食积"，疗效不错。[2]

广东人喜吃海鲜山珍野味，古代烹调方法常用煎、炒、炸、炖、烧、烤等，配料多用姜、蒜、葱、花椒、八角、豆豉、椒盐等辛温燥热之物，因而疾病以燥热、湿滞为多见，而凉茶对感冒发烧、燥热湿滞有较好的功效。

2. 广东凉茶历史悠久

广东凉茶是中国凉茶文化的代表，在岭南有着悠久的历史。秦朝，即有方士在广东罗浮山采药治病。据光绪《广州府志》卷二十九载：秦人安期生在罗浮山时，曾经"采涧中菖蒲服之"。菖蒲有开窍化瘀、清热解毒之效。东晋时期，道

---

① 屈大均：《广东新语》卷一《天语》，中华书局. 1985年。
② 屈大均：《广东新语》卷十四《食语》，中华书局，1985年。

学医药家葛洪来到岭南并卒于此。由于当时瘴疠流行，他悉心研究各种中草药来为当地人治病。葛洪死后所遗下的医学专著《肘后救卒方》（简称《肘后方》）记载了很多治疗岭南热毒上火及传染病的药方，如"老君神明白散""太乙流金方""辟天行疫疠方""虎头杀鬼方"等。[①]在长期的防治疾病过程中，岭南劳动人民继承并进一步扩充了葛洪的草药方。到了元代，只要碰上旱灾、热灾，患者都会到药房购买清热解毒的汤药，当时称之为"凉药"。据元代释继洪《岭南卫生方》载：当时岭南瘴疠成灾，患病者都是上热下寒，不幸者不可胜数，造成不少百姓之家全家卧疾，于是用"生姜附子汤一剂，放冷服之，即日皆醒"。[②]明清之际这些凉药有了进一步发展而形成了岭南文化底蕴深厚的凉茶。

3. "王老吉"凉茶

岭南历史最早的凉茶是由广东鹤山人王泽邦于清道光八年（公元1828年）始创的"王老吉"凉茶。清嘉庆年间，医师王泽邦（乳名阿吉）得一位道士真传创制一种药茶，以岗梅根、山芝麻、金樱、海金沙藤、金钱草、千层纸、火炭毛、五指柑、淡竹叶等10种土产草药煎熬而成，专为普通百姓日常清热解毒之用。很多人饮用后立见功效，阿吉凉茶很快名声远扬。当年钦差大臣林则徐入粤禁烟，服过阿吉凉茶后确见其效，于是派人送来一个刻有"王老吉"三个金字的大铜壶赠给王阿吉。道光八年（公元1828年），王阿吉以"王老吉"为号在广州十三行靖远街开设了王老吉凉茶铺。由于该铺地处江边闹市，过往客商、黄包车夫、搬运工很多，人们花两枚钱就可买到一碗凉茶来消暑解渴，因而门庭若市，而大铜壶、大葫芦也由此成为了广东凉茶铺的标志。

道光二十八年（公元1848年），王老吉凉茶店开始把凉茶所用的药料切碎，用纸袋包装出售，让顾客带回家自煎。脱离了"水碗"，王老吉更是"一茶走天涯"，远销省内外各地。一直以来，"王老吉"在广州人的心目中都是有病除病、

---

① 葛洪：《肘后救卒方》，人民卫生出版社，1956年。
② 释继洪：《岭南卫生方》，中医古籍出版社，1983年。

无恙安身的平安茶。因为它凉而不寒，四季可用；味苦而甘，老少咸宜，是真正的粤中奇宝。当时广州流传着这样一首"王老吉"的歌谣："落雨大，水浸街，阿哥担柴上街卖。吾（不是）系呵姐想花戴，细佬（小弟）热气要药解。吾够派（分配），吾够卖，好嘢（东西）从来都崇拜。王老吉伙计够高大，上山采药跑得快。凉茶快，见效快，一碗落肚就好嗰（了）。人人想饮不奇怪，煲一铜壶随街派。跑得快，好世界，你采药，我斩柴。互相不欠钱和债，齐齐搵（wèn）年（赚钱）娶太太。"这首歌谣一方面说明王老吉善于经营，用民间歌谣的形式宣传自家的凉茶产品，另一方面更说明了王老吉凉茶的神奇功效，否则不会这么受到大众的欢迎。清代还流传着不少关于王老吉凉茶的神奇传说：林则徐虎门销烟以王老吉凉茶解毒，洪秀全广州赴考以王老吉凉茶救命，太平军天京保卫战以王老吉凉茶劳军，慈禧把持朝政以王老吉凉茶益智清神等惊天动地的大事。

以后，"廿四味"、邓老、黄振龙、徐其修、春和堂、金葫芦、上清饮、安方、健生堂、星群、润心堂、沙溪、李氏、清心堂、杏林春、宝庆堂、福庆堂、黄福兴等广州老字号凉茶纷纷出现，并在广州开设自己的凉茶铺。凉茶的效用促使珠江三角洲地区遍制凉茶及开设凉茶铺。公元1892年源吉荪在佛山创制了"源吉林甘和茶"，便立即畅销佛山。它之所以畅销，一方面是因为其价格比一般的药品便宜，而且服用方便，入口甘凉。但更重要的是，它以山茶叶为主要原料，用藿香、连翘、葛根、薄荷等31种药材制成，对感冒发热、头痛骨刺等有一定的疗效，且有解渴生津、解暑消食之功而受岭南人们的喜爱。清朝末年黄汇父子在中山创制了"沙溪凉茶"，并建立了"黄潮善堂"，出售专治感冒暑热的沙溪凉茶。

4. 广东凉茶的分类

广东的每家凉茶店都会有自己保守的药方，秘不传人，但主要的药物都是大同小异。按照不同功效，广东凉茶主要可分为四类：

第一，清热解表茶，主要适合内热、火气重的人。代表药材有银花、菊花、山枝子、黄芩等，适饮于春、夏和秋季。第二，解感茶，主要医治外感风热，四时感冒和流感。代表药材有板蓝根等。第三，清热润燥茶，此类凉茶尤其适饮于秋季，对于口干、舌燥、咳嗽有良好的药用功效。代表药材有沙参、龙梨叶、冬麦、雪耳等。第四，清热化湿茶，适用于湿热气重、口气大、面色黄赤等人饮用。代表药材有银花、菊花、棉茵陈、土茯苓等。

凉茶具有清热益气、滋阴潜阳的功效，但它毕竟是药，因此要注意因人制宜，不能滥服，更不能作为保健药长期服用。即使在炎热的夏季里，仍有一大部分人是不适宜喝凉茶的，像阳虚体质之人、苦夏之人、月经期和产褥期的女性、儿童和老年人等。

总之，上百年来，广东凉茶及其林立于广东的凉茶铺，形成了岭南文化一条独特的风景线。凉茶独特深厚的文化内涵使其具有持久的扩张力，这是目前世界上任何饮料都无法比拟的优势。

四、茶楼茶俗，别样风情

东南地区丘陵遍布，土壤湿润，温暖多雨，十分适宜茶树的生长，很早即为全国的重要产茶区。长期以来，生活在这里的闽粤人民，形成了浓郁的地方饮茶习俗。

1. 情趣盎然的茶楼风情

广州人爱喝茶，与闽潮人品茶习俗不同的是，广州人喝茶喜欢上茶楼。广州茶楼的兴起发展和十三行有着密切的关系。十三行由于洋船靠岸，洋商来此较多，形成外商云集。当时牙行为代办关税、商品购销等业务而设宴款待外商和其他客人的应酬较多，这就需要找一处干净且幽雅的地方。

但当时广州的茶肆多为环境简陋的路边摊铺，以解饥渴为目的，价廉物美，广州人又称为"二厘馆"。这样的茶肆根本不适合来华做生意的那些富裕且又讲究情调和卫生的外商，同样也得不到富裕的十三行行商的喜爱。因此，第一家现代化的茶楼就在广州十三街诞生，名为"三元楼"，为三层建筑，装饰金碧辉煌，陈设典雅名贵，从低矮的茶肆中脱颖而出，人们称之为"高楼馆"，以区别于过去的"二厘馆"。此后，人们开始把茶肆称为茶楼，把品茗称为"上茶楼"。

当时的茶楼主要是为洽谈生意、交际应酬和其他礼俗往来应用而设。随形势的发展，饮茶时兴起来，并渐渐改变原来单纯喝茶的习俗，饮茶的同时还要配以各式精美的点心和菜肴，由此，饮茶逐渐成为社交礼仪的一种重要方式，茶楼遂变成这种礼仪活动的重要场所。至20世纪二三十年代，广州兴建的茶楼越来越多，高、中、低档兼备，一般百姓也去得起，于是茶楼真正成为市民和劳工群众的活动天地。他们一般天明即起，先上茶楼沏上一壶茶，要两样点心，权当早餐，所费不多，既可以休息，又可结交朋友，打发空闲时间，深受各界欢迎。一些人习以为常，风雨无阻，成为茶楼的老茶客。饮茶之风从此在广州大盛，并逐渐扩展到珠江三角洲各城镇，乃至广东的其他地方。

图6-8　20世纪30年代的"陶陶居"茶楼

随着人们的不断需要，新的茶楼不断出现，如现位于海珠南路的怡香楼和大新路的福如楼。稍后便是陶陶居、天然居、陆羽居、惠如楼等，因多带有一个"居"字，故广州人又把茶楼叫作"茶居"。广州最著名的茶楼有陶陶居、广州酒家、莲香楼等。陶陶居始建于清光绪六年（公元1880年），坐落于广州西关，原名"葡萄"，更换老板后改成"陶陶茶居"，从"乐也陶陶"中取意，并特请当时的名人康有为题书"陶陶居"，因而名声大振，慕名而来者络绎不绝。这些茶楼从里到外都颇具特色，走进门，首先呈入眼帘的是宽敞高大的门厅空间和雕梁画栋的门厅装饰，大厅高宽，楼梯宽大，大厅内是满洲花窗的室内间隔，每室镶有云石之红木家具及名人字画等，带有古色古香之风味。茶楼每日供应早、中、晚夜茶饭市，为吸引顾客，还常常聘请名伶演唱以增添欢乐氛围，为此宾客如云，其中又以早、夜两市尤为热闹，充满了南国情调。

粤菜及其点心小吃的扬名促使广东茶楼在上海安家落户。最早在上海开设的广东茶楼是位于广东路和河南路口的"同芳居""怡珍居"等几家规模较大的茶楼。之后，随大上海的崛起，广东茶楼也随此机遇盛行一时，称雄上海闹市。那时，单是由南京路至西藏路这么短短的一条街上，就有"大三元""东亚""新雅"等近10家茶楼，荟萃一处，争奇斗艳，生意相当兴隆，天天高朋满座，好不热闹，其中尤以"易安居"和"陶陶居"最负盛名。

至今，广州的茶楼仍然散发出独特的魅力，成为广州饮食行业的一大品牌。

2. 闲情逸致的功夫茶

福建民间饮茶风气浓厚，茶叶用文火煎之，"如啜酒"，闽南乡村更有"宁可百日无肉，不可一日无茶"之说。从明代中期以后，福建人对饮茶、茶具就非常讲究，品茶讲究理趣，追求品饮过程中的精神、文化享受，茶具因此而日趋小巧精致。明清之际闽南地区逐渐形成了自己独有的饮茶风俗——功夫茶。修撰于清乾隆二十七年（公元1762年）的福建漳州《龙溪县志》最早记载了功夫茶的品饮程式，茶叶需要"近则远购武夷茶"，茶壶一定要选"大彬之壶"，茶杯一定要选

"若琛之杯"，烧茶的炉子一定要选"大壮之炉"，水以三叉河的水为上。[①]20多年后，袁枚在《随园食单·茶·武夷茶》中记载了他于乾隆五十一年（公元1786年）游武夷山时在寺院中的品茶方式，即为后来所说的功夫茶道。随人员的流动和经济文化的频繁交流，功夫茶逐渐在福建普及。

福建"功夫茶艺"，是一门关于冲泡茶和品饮功夫茶的高深技艺，有许多讲究，极具功夫，可谓集中国饮茶文化之大成。其一，要求有上等茶叶，如武夷岩茶、铁观音或乌龙茶为上品。其二，要求有精致典雅的茶具、茶杯和水。茶炉、煎水壶、茶壶、茶盏被称为功夫茶的"四宝"，而茶壶以内壁无上釉为好，茶盏以小巧为佳，水以山泉为上，井水溪水次之。其三，要求煮水必须用炭火，冲泡时必须"高冲低泡"。高冲可以翻动茶叶，使汁味迅速释出；低泡可使水不走香，不生水泡。其四，要求慢慢品茶，"饮必细啜久咀，否则相为嗤笑"。[②]端起核桃般小巧的茶杯，先尽情领略茶的温馨香味，而后徐徐将茶啜入嘴喉，再专注品尝茶的滋味，只觉嘴生甘味，顿感回味无穷，真所谓"茶里乾坤大，壶中日月长"。徐珂在《清稗类钞》中有详细的记载：

"烹治之法，本诸陆羽《茶经》，而器具更精。炉形如截筒，高约一尺二三寸，以细白泥为之。壶出宜兴者为最佳，圆体扁腹，努嘴曲柄，大者可受半升许。所用杯盖，多为花瓷，内外写山水人物，极工致，类非近代物。炉及壶盘各一，惟杯之数，则视客之多寡。杯小而盘如满月，有以长方瓷盘置一壶四杯者，且有壶小如拳，杯小如胡桃者。此外，尚有瓦铛、棕垫、纸扇、竹夹，制皆朴雅，壶、盘与杯旧而佳者。先将泉水注之铛，用细炭煎之初沸，投茶于壶而冲之，盖定复遍浇其上，然后斟而细呷之。其饷客也，客至，将啜茶，则取壶，先取凉水漂去茶叶尘沉滓，乃撮茶叶之壶，注满沸水。既加盖，乃取沸水徐淋壶上，俟水将满盖，覆以巾。久之，始去巾，注茶杯中，奉客。客必衔杯玩味，若

---

① 黄惠、李畴：《乾隆龙溪县志·风俗篇》，上海书店，2000年。
② 施鸿保：《闽杂记·功夫茶》，铅字本，1878年。

饮稍急，主人必怒其不韵也"。从上述描绘中可见，功夫茶对茶具极为讲究，泡茶、饮茶有整套的规矩，半点不得马虎，表现了闽人精细、儒雅、飘逸的风格。

广东潮汕人的祖先来自福建，受福建文化影响极深，品茶同样是潮汕人的嗜好。随潮州饮茶之风的盛行和文化的互动，发源于福建的功夫茶在潮州得以兴起，《清稗类钞》载："闽中盛行功夫茶，粤东亦有之。盖闽之汀、漳、泉，粤之潮，凡四府也"。清末潮汕经济崛起和人文风俗的濡染与升华，使"功夫茶"在潮汕地区得到进一步发展，更趋完美，逐渐成为习尚，"功夫茶"三字也写成了"工夫茶"。据《清朝野史大观》所记："粤之潮州府，功夫茶为最，用长方磁盘，盛壶一杯皿。壶以铜制，或用宜兴壶，壶小如拳，杯小如胡桃，茶必用武夷。"潮汕"工夫茶"以和谐、雅致、精细、情趣为最大特色。

和谐，是潮州工夫茶的一种境界。"客来茶当酒"，潮人迎客必以工夫茶，茶烟袅袅，融情洽洽，体现了潮人的好客与热情。好友相逢，亲朋会聚亦必以工夫茶相敬，通过品茗传达爱心与敬意。在"食、食、食（潮语通饮），请、请、请"的祥和气氛中，工夫茶架起了沟通心灵的桥梁，营造了交流情感、增进友谊的气氛。同时，工夫茶在潮汕地区还起着和解的作用。很多民间纠纷通过工夫茶的敬茶和礼让，平息了怨气和争执，对和睦民众、陶冶品格起着潜移默化的作用。

雅致，是潮州工夫茶的风格。在东南，人们普遍认为潮汕姑娘最具优雅气质，而潮州工夫茶正体现了这种品位和风格。

工夫茶的用器都宜小不宜大，"小则香气氤氲"，小巧玲珑的器具雅气十足。潮人很注重茶具本身的艺术，所用壶、杯、盘托、炉、茶叶罐都要深寓雅兴，观赏之下意味无穷。茶具和色香味俱佳的名茶相配，更为相得益彰。潮人称茶壶为冲罐或苏罐，以宜兴紫砂为优，以"小、浅、齐、老"为好，最珍视"孟臣""铁画轩""秋圃"等制品。茶杯则选用江西景德镇和潮州枫溪出品的白瓷小杯。要"小、浅、薄、白"，因为"小"能一饮而尽，"浅"使水不留底，"薄"易传香透味，"白"便赏观茶色。茶炉用小红泥炉，炉要放在炉架上，更显雅观。

潮州工夫茶讲究选茶，所用茶叶一般以福建乌龙茶为上品，其中安溪茶颇受欢迎。"好茶配好水",潮州人公认:灵山寺唐井、南澳宋井、叠石岩智慧泉、峡山饮凤泉、西湖处女泉、桑浦山龙泉岩、饶平黄冈涑玉泉为烹茶名泉。

潮州工夫茶讲究精细,有些接近了繁琐和苛求。茶炉要离开壶七步,水要求煮至"蟹眼水"(即煮开的水泡如蟹眼大小),炭火以榄核炭最佳,它能使水产生一种不可名状的香味。冲茶艺术更是精益求精,它有着一套成熟的程序:

烫杯热罐:烫杯热罐是卫生清洁的一个过程,让杯具保持一定温度才能品出真味。烫杯是一个颇具技巧的动作,小杯注满沸水后,拿起一杯置另一杯中,轻转一轮,即洗洁净。整个过程,要做到不烫手,杯干净,提杯轻。

高冲低斟:提壶向罐冲水时要高,以让水冲击茶叶,便于茶叶成分分解,开水冲入壶内,必须沿壶口圆圆切入,切忌冲破"茶胆";向杯中斟水时壶嘴要低,减少溅起泡沫。工夫茶一般只冲四次,"首冲为皮,二三冲为肉,四冲为极"。

刮沫淋盖:初冲水入壶,壶口会浮现一层白泡沫,巧手把泡沫刮去而不沾茶末,也是十分技巧的功夫。再用开水将壶连盖淋一下,这既加温,同时也将壶外杂质清除干净。

关公巡城:冲茶入杯要用手腕转动,在几个杯子上巡回旋转,使得各杯茶浓淡均匀,水色一致。

韩信点兵:冲茶最后,浓茶会点滴落下,这是精华所在,要点点滴滴点到各杯子上。

正是这些精巧的茶艺,使潮州工夫茶独树一帜,把中国的茶文化推向了一个艺术新境界。

潮州工夫茶的情趣,在于它浓缩了中国道家的清虚淡泊、无为而治的哲学意蕴,也饱融了禅宗超然物外、自见真如的悟性。这种审美情趣深受文人学士的喜爱并沉醉其中。它展示了一种独特的生命价值观和处世哲学。饮工夫茶有清神益思的作用,几杯落肚,逸兴遄飞,加上场景气氛的烘染,则使文思勃发,诗兴顿生,画意倍增,言之不尽。如果在幽雅的环境中饮品工夫茶,更有出尘脱俗,飘飘欲仙之感,这又是一种文人的情趣。

最难得的是工夫茶具能雅俗共赏。在无拘无束的温馨笑语中，人们可以思绪奔放，畅想交谈，没有像日本茶道作礼仪表演的拘谨和肃穆。在花前月下，楼台幽室，三五知己围着红炉香茗，谈天说地，品味人生，此乐何极。清末爱国诗人丘逢甲客居潮州时曾写过潮汕功夫茶的诗："曲院春风啜茗天，竹垆榄炭手亲煎，小砂壶沦新鹪（jiāo）嘴，来试湖山处女泉。"正是这种情趣的生动写照。

功夫茶可说是中国茶文化的一绝，包含着丰富的内容。既有明伦序、尽礼仪的儒家精神，又有优美茶器和茶艺方式的艺术格调；既讲究精神与物质、形式与内容的统一，又体现小中见大、虚实盈亏的哲理，是中华民族对天、地、人三者之间的圆满、充实、统一的精神追求。

五、佳节美食，喜庆祥和

东南地区重视年节，一年当中的不同佳节有不同的节日食品。这些节日美食寄托着老百姓心中的美好期盼与祝愿，它是东南传统食文化的积淀，是中华民族传统文化的重要组成部分，有着很重要的民俗意义。

1. 春节

春节是我国民间最隆重、最热闹的一个传统节日，老百姓又俗称为"过年"。东南人特别讲究过年，各地为了过年都准备着丰富多彩的佳节食品，盛行吃一些特色食品。福州过年盛行吃用燕皮做成的"扁肉燕"。"燕皮"为福州的风味特产，用精肉为原料，经过反复捶打，并施以团粉加工而成，薄如纸片。厦门在除夕盛行舂米麦为"糍粿""饵饵"之属。泉州迎新年时，习俗常做"炸枣"，圆形，色泽金黄，外脆里软，馅香甜可口。海南岛人在明代就已常做春饼庆祝新年，民国时期则更普遍。大年初一闽台盛行吃"线面"，福州人讲究吃线面时还要配两个"太平蛋"，寓意福寿绵长、太平如意。莆田、仙游吃线面要配菠菜，台湾则是线面配芥菜，寓意延年长寿。在闽台，每逢春节，还制作"红龟粿""发粿"等为年糕。红龟粿，像龟形，外染红色，打龟甲印。龟长寿，民间把龟看做是长寿的象征，以吃龟粿象征延年益寿。

广州过年盛行"炮谷"、"米花煎堆"和"沙壅"等，炮谷乃"以烈火爆开糯谷"，用作煎堆心馅；"煎堆"以"糯粉为大小圆，入油煎之"，用来馈赠亲友；用糯米饭盘结诸花，放入油锅中煎，即为"米花"；"沙壅"则以糯米粉杂白糖沙，放入猪脂煎制而成。[1] 广西桂平过年则盛行肉粽，"煮粽叶苴糯，杂肉豆其中，大如升，煮一昼夜，取出解叶食之"。[2]

拜年是春节期间最传统的一种民俗，闽台地方有客人来拜年时，主人要拿出蜜饯、红枣、贡糖、瓜子、花生糖、柑橘、槟榔等，泡甜茶，请客人"吃甜"并互说吉祥话祝福。对方如果是老人，就说食甜祝您老康健；对方是年轻妇女，就说食甜祝你生后生（儿子）；对方是商人，则说食甜祝你赚大钱等。拜年时，如果客人携带小孩，主人往往赠给小孩红橘，意味着小孩未来吉祥如意。

2. 端午节

端午制粽乃中国的传统民俗，东南各地纷纷推出有自己特色的粽子并互相赠送。福建将乐县有俗语称："斗米粽，家家送。"福州粽子种类繁多，有九子粽、百索粽、筒粽、秤锤粽等。[3] 闽东山乡畲民则制出很有特色的横式粽子，称作"横巴"，"未亦糯，而碱独佳，故质柔韧、较寻常的角式者更可口，"俗称"畲婆粽"，亲朋好友之间，相互用来馈送。[4] 泉州粽子非常有名，主要有肉粽、碱粽和豆粽等，"肉粽"是泉州具有悠久历史的传统风味小吃，选料考究，制作精细，以肉嫩不腻味香鲜美而闻名。"碱粽"是在糯米中加入碱液蒸熟而成，具有黏、软、滑的特色，冰透后蘸些蜂蜜或糖浆尤为可口。"豆粽"盛行于泉州一带，用

---

① 李调元：《粤东笔记·食物》，上海广益书局，1917年。
② 黄占梅：《桂平县志》卷六，铅印本，1920年。
③ 乾隆《福州府志·风俗》，海风出版社，2007年。
④ 刘以臧：《霞浦县志》卷八《风俗》，铅字本，1929年。

豆子加少许盐，再配上糯米裹成，蒸熟后豆香扑鼻。福建漳平过端午节还有包"假粽"和"乖粽"的习俗。"假粽"即是把谷皮用竹叶包好送到屋外去，美其名曰送蚊送虫，据说可以避免虫蚊的叮咬，"乖粽"则是专门包给小孩子吃的，据说小孩吃了后便会变乖，很听话。这种做法虽然欠缺科学依据，但寄托了百姓的良好期望。

广东粽子以肇庆产最为有名。肇庆粽子又叫"裹蒸粽"，有三大特点：其一，一般粽子用竹叶包制，呈四面三角形，而肇庆裹蒸粽用肇庆特产柊叶包制，呈枕头状或四角山包形；其二，主要原料除糯米外，还要加绿豆和肥猪肉；其三，耐保存。裹蒸粽要置于大锅中用猛火蒸煮8小时，熟后的糯米呈碧绿色，散发出柊叶特有的清香。据说用柊叶包的粽子耐于保存，挂于屋内通风处可以半个月也不变馊，这是用其他叶包裹粽子无法做到的。《广东新语》载："有柊叶者，状如芭蕉叶，湿时以裹角黍，干以包苴物，封缸口。盖南方地性热，物易腐败，惟柊叶藏之，可持久，即入土十年不坏"。

广东中山的"芦兜粽"也很有特点，粗如手臂，呈圆棒形，配料也分甜、咸两种。"甜粽"由莲蓉、豆沙、栗蓉、枣泥包裹而成，"咸粽"由咸肉、烧鸡、蛋黄、甘贝、冬菇、绿豆、叉烧等包裹而成。广西南宁"大肉粽"以大闻名全国，每只重约两斤，用肥猪肉、绿豆为馅，做好的粽子清香、软糯、甘润、膏腴不腻。无名诗人这样形容："香腴体态丰，细腻如脂凝。肉粽巨无霸，名头冠绿城"。

3. 中秋节

月饼是中国人过中秋佳节的必备食品，东南人也不例外。福建月饼种类繁多，用料考究，制作精巧，讲究艺术性。早在清代，其所制月饼"圆大尺许，厚径寸，高起皆蟾轮桂殿，兔杵人立，或吴质（即吴刚）倚树，或嫦娥窃药，精致夺目"[①]，到民国更是异彩纷呈，仅在用料上有莲蓉、豆沙、蛋黄、火腿等一二十

---

① 陈瑛：《海澄县志》卷十五《岁时》，刻本，1762年。

种。东南乡村农家亦有土生土长的自制月饼，台湾也不例外。台湾《葛玛兰志略》曰："中秋，制糖面为月饼，号'中秋饼'，居家祀神，配以香茗。"制好的月饼不仅家用，而且用来祭神，有着重要的民俗意义。

广式月饼是中国月饼的佼佼者，以制作精细、品种繁多而著称，盛行于两广、海南等地区，并随华侨流传至东南亚。早在清末，广式月饼已名声在外。发展至民国，工艺有了更大进步，其选料考究，做工精细，以糖浆面作皮，皮薄松软，色泽金黄，外观油亮，花纹清晰，造型大方，可贮藏20天不坏，有名的月饼生产厂家主要有"莲香楼""陶陶居""惠如楼""趣香酒家""广州酒家""泮溪酒家"等。品种有蛋黄莲蓉月、莲蓉月、上甜肉月、豆蓉月、果子月、五仁咸肉月、五仁甜肉月、蛋黄烧鸡月、叉烧月、豆沙月等，其中以莲蓉馅最为有名，莲蓉馅又以广州十甫路莲香楼制作的莲蓉月饼为上品。

用莲蓉作月饼馅料，起源于光绪年间广州西关一家专门生产糕点的"糕酥馆"。当时该馆一位老制饼师傅偶然由喝莲子糖水而想到利用莲子来制作糕点馅料，经过多次试验，终于研制出色泽金黄、糯滑清香的莲蓉馅。为保证莲蓉馅料的质量，该店精选当年产的湘莲作原料。由于制作讲究，生意日渐兴隆，声名远扬，后来莲蓉馅成为其他月饼厂家争相采用的重要馅料。

"莲香楼"开办于光绪十五年（公元1889年），起先是以经营包办筵席为主，光绪二十八年（公元1902年），改名莲香楼后，重点发展中式点心和饼食，通过长期的实践，创制出自己特色的莲蓉月饼。莲蓉月饼精选洞庭湖、鄱阳湖等地莲子，通过精细加工而成，造型精致，色泽金黄，油光闪闪，吃起来香甜不腻。莲蓉月饼一经推出，便风靡广州，深受大众喜爱，后成为华侨回国必买的月饼。随着生意的扩大，莲香楼生产的月饼达二十多种，有纯正莲蓉、蛋黄莲蓉、双黄莲蓉、三黄莲蓉、四黄莲蓉、榄仁莲蓉等。

台湾中秋还有"中秋戏饼"的习俗，称"博状元饼"。《重修福建台湾府志》卷六《岁时》载："制大月饼。名为'中秋饼'，朱书'元'字，掷四红夺之，取'秋闱（秋试）夺元'之兆。"游戏时，先把月饼由大到小分为状元、榜眼、探花、会元、进士、举人、秀才、贡生、童生等各种等级，然后用红纸按月饼的大小顺序贴上名称，四五人为一组。游戏时，每人轮流用骰子六颗掷入碗中，各视其点数，夺其所定科名高低之月饼。

4. 重阳节

重阳节又称"老人节"，东南民间有在此日吃重阳糕的习俗，且由来很久。东南重阳节糕点品种众多，像福建建阳县重阳日用红薯蓣、粳米制成的"红薯糕"，霞浦县有"甜糕"、"咸糕"等，台湾人普遍吃"春麻糍"，而福州则盛行"九重糕"（又称"九重粿"）。民国《闽侯县志》卷二二《风俗·岁时》曰：重阳节食九重粿，上面插小旗。九重粿共九层，每层相连又可以一一掀开，符合重九之意。重阳吃糕，原因是"糕"与"高"同音，民间认为当天吃糕，意味万事皆高。早在明朝，谢肇淛引吕公忌的话说："九月天明时，以片糕搭儿女头额，更祝曰，愿儿百事俱高。"①

5. 冬至

冬至乃重要节气，民间有"冬至大过年"之说，东南地区尤其重视。福建台湾许多地方称冬至为"亚岁"，这天往往需要"各祭其祠，米为圆"，又称"添岁"。②"搓圆"是闽台冬至最浓重的民俗活动。冬至前夜，在大堂设一条长几，点香燃烛，"男女围坐，作粉团，谓之'搓圆'"。③冬至搓圆象征全家和气团圆。民国《连江县志》卷一九《礼俗》曰："冬至前一夜，搓粉米为圆，取团圆之义。"冬至所搓之圆有大有小。煮熟后的大圆一般用伴有糖的豆粉蘸着吃，小圆则一般与红糖、生姜一起放入水中煮熟吃。搓圆时人们还喜欢把米粉捏成一些吉祥物，如捏成公鸡、山羊象征万事如意，捏成鲤鱼意味年年有余，捏成蝙蝠、

---

① 谢肇淛：《五杂俎·人部》，上海书店出版社，2009年。
② 周凯：《厦门志》卷十五《岁时》，玉屏书院刊本，1839年。
③ 施鸿保：《闽杂记》卷一《搓圆》，铅印本，1878年。

鹿、寿桃，意思是福、禄、寿等。

至于其他节日的应节食品同样很有特色，如同安县上元日的"春饼"，连江县立夏日用韭菜和米浆煎成的"夏粿"等。

6. 东南特色节日美食

东南地区还有许多极富地方特色的节日美食，岁时年节异彩纷呈。

福建以种植水稻为主，有许多以米为原料的特色节日食品，如厦门"烧肉粽"、闽南一带的"石狮甜粿"，福州市的"白八粿"、闽西的"糍粑"等。还有福州的肉松和澄海的"猪头粽"，乃东南名特食品之一。澄海名产猪头粽并非粽子，它以猪的头肉、腿肉为主料而制成，分大小两种。大的松脆，小的松软，各具特色。制作方法非常讲究，先选取上等头肉、精肉配以香料，卤制一段时间后去掉脂肪，用腐皮包好，外再包以细苎布，放入长方形的模具中，压制之后撤去木模即为成品。其色棕褐带黄，粗的褐中有白，香味色彩均好。吃时切成极薄的长方形小片。澄海的"山合"、樟林的"喜列"、莲阳的"老雷"都是自清代以来一直营业的老店，老店所产的猪头粽最为有名。

"烧猪"是南粤美食一绝，在喜庆宴会、迎神祭礼、清明祭祖、龙舟竞渡等活动中，都离不开烧猪这道美食，而烧猪中又以"烧乳猪"最为名贵。

在广州象岗南越王墓中出土有烧乳猪的铜制盘炉，证实了早在2200年前烧乳猪已是南越国宫廷中的名菜。以后烧乳猪的制法在不断改进，北魏贾思勰《齐民要术》已有了烧乳猪的记录，发展到明清时期烧猪美食已传遍祖国大地，烹制技术日趋精湛，然而内地的烧猪总没有广东那样大红，它长盛不衰地发展并在清末民国时期进入了鼎盛阶段。

南越大地的城乡小镇，在烧腊店和酒楼食肆中都会悬挂着整只烧猪，以广招来客，并美其名曰"金猪"，取其脆皮若黄金的富贵意头，粤人更以其红皮赤壮，作为健康祥瑞、鸿运当头的象征，故这道吉祥美食特别走红。《广州土俗竹枝词》形象地描述了广州人对烧猪美食的喜爱："人情嫌简不嫌虚，土俗民风不可除。

不论冠婚与丧祭，礼仪第一用烧猪"。

清末民初制作烧猪的名店层出不穷，其中驰名省港澳的百年老字号广州的"孔旺记"烧猪最为著名，孔旺记脆皮乳猪是烧猪中的绝品，猪肉薄脆肉酥，入口香盈，皮有化融之感，油而不腻，故孔记享有"广州乳猪第一家"的盛名。孔旺记烧乳猪以断奶不久的小猪为原料，先以大米喂养一段时间作肌体清理，屠宰后去除内脏，把猪皮用蜜制上料脆过，抹上蜜糖，然后在明炭火上转动烧烤而成，乳猪烧成红润清亮，带镜面般的光亮，故称"玻璃皮"。后至20世纪80年代，不少名店改进传统工艺，创制了"麻皮乳猪"的新品种，形成了光皮和麻皮的两大流派。

在广州、香港、澳门的高级酒楼，宴客时少不了烧乳猪这道名菜，上桌时先是全猪捧上，这既是秀色可餐作香欣赏，又以示盛情隆重，然后再分两次上席。第一次上席把猪皮切成32片，片片矩形配以白糖、千层饼、酸菜、葱球、甜酱等配料佐食；第二次上席则把片皮后余下的肉看切成片块，砌成猪形，供客赏食。整个吃烧猪的过程从皮到肉有序递进，给人已渐入佳境，滋味层出的感觉。

广东等地每年的清明扫墓，多以烧猪祭祖，拜祭之后常常有一个分烧肉的习惯，宗族中每个男丁都会分到一份拜太公的祭肉，这块烧肉是承荫先祖福分的象征。它是在一派祥和和崇敬的气氛中进行的，分肉者必推家族中德高望重的长者。一块烧肉寄托着祖宗保佑子孙后代的情愫，也起着敦和家族，团结相亲的作用。

在珠江三角洲地区的婚礼上，上烧猪是必不可少的礼俗。在婚后三天新娘回门时，新郎家必以烧猪作礼品奉上。于是烧猪头数的多少，制作是否上乘，成为新郎家地位身份的重要象征，即便是寻常百姓之家也必备一只烧猪，置放于礼桌之上，并随着其他嫁妆列队巡行，让路人观赏评说。

传统节日是中国传统文化的重要组成部分。为庆贺节日，东南地区产生了许多富有地方特色的佳节食品，极大丰富了东南地区的饮食文化；有的食品还赋予了一定的民俗含义，充分表达了东南人们对美好生活的向往。

第七节　东南地区的饮食诗词及文献著作

一、东南食苑诗词美

东南地区山清水秀，资源丰富，饮食讲究，富有特色，生活其中的东南文人对家乡的饮食风情有着极深的眷恋，写下了很多赞美的诗篇。他们吟咏家乡的荔枝、槟榔、海鲜、名茶，讴歌家乡淳朴的民风。独特的饮食风貌，又给入粤的名人以极其深刻的印象，这种新奇之感，幻化为文人笔下的绚丽诗篇。现撷取一些饮食诗文（节选），从中可窥见东南文人笔下色彩斑斓的饮食文化。

1. 咏海鲜

韩愈曾贬官至潮州，在潮州生活期间耳闻目睹岭南人奇特的饮食习俗，有感而发写下一些诗，流存甚远。下面的这首诗歌既记载了当时潮汕人民的日常菜肴主要以海鲜为主，如鲨鱼、生蚝、蒲鱼、蛤等，也记录了潮汕人的烹调口味，喜咸与酸，同时以椒和橙作香料，烹调风味独特。

《初南食·贻元十八协律》　　　韩愈

鲎实如惠文，骨眼相负行。蚝相粘为山，百十各自生。蒲鱼尾如蛇，口眼不相营。蛤即是虾蟆，同实浪异名。章举马甲柱，斗以怪自呈。其余数十种，莫不可叹惊。我来御魑魅，自宜味南烹。调以咸与酸，芼以椒与橙。腥臊始发越，嘴吞面汗骍。唯蛇旧所识，实惮口眼狞。开笼听其去，郁屈尚不平。卖尔非我罪，不屠岂非情？不祈灵珠报，幸无嫌怨并。聊歌以记之，又以告同行。

（乾隆《潮州府志》卷四二）

岭南饮食以海鲜河味为特色，宋代著名诗人杨万里到岭南后，见识到并品尝了众多海鲜，有感而发写下了这几首诗。

《食车螯》　　　杨万里

珠宫新沐净琼沙，石鼎初燃瀹井花。紫壳旋转开微滴，玉肤莫熟要鸣牙。

扰挹金线成双美，姜擘糟丘并一家。老子宿酲无解处，半杯羹后半瓯茶。

《食蛎房》　　　杨万里

蓬山侧畔屹蚝山，杯玉深藏万岳间。也被酒徒勾引着，荐他尊俎解他颜。

《食蛤蜊米脯羹》　　　杨万里

倾来百颗恰盈奁，剥作杯羹未属灰。莫遣下盐倭正味，不曾着蜜若为甜。

雪楷玉质全身莹，金缘冰钿半缕纤。更渐香秔轻糁却，发挥风韵十分添。

（《诚斋集》卷十八《南海集》）

2. 咏荔枝

宋代著名文豪苏东坡曾被贬惠州、海南等地，留下了不少有关岭南饮食的著名诗篇。荔枝是岭南的著名佳果，味美色丽，味道极佳。苏轼有一次在惠州太守家品尝了上等荔枝后，激起雅趣，随即赋诗，诗中"日啖荔枝三百颗，不辞长作岭南人"成为千古名句。正因为荔枝佳果的盛名，唐玄宗命人为心爱的杨贵妃不远千里急送南方荔枝至长安，从而带给后人太多的感叹。对此，苏轼感悟颇深。

《食荔枝》　　　苏轼

罗浮山下四时春，卢橘杨梅次第新。日啖荔枝三百颗，不辞长作岭南人。

（《苏东坡全集》卷二十）

《荔枝叹》　　　苏轼

十里一置飞尘灰，五里一堠兵火催。颠坑仆谷相枕藉，知是荔枝龙眼来。

飞车跨山鹘横海，风枝露叶如新采。宫中美人一破颜，惊尘溅血流千载。

永元荔枝朱交州，天宝岁贡取之涪。至今欲食林甫肉，无人举觞酹伯游。

我愿天公怜赤子，莫生尤物为疮痏。雨顺风调百谷登，民不饥寒为上瑞。

君不见武夷溪边粟粒芽，前丁后蔡相笼加。争新买宠各出意，今年斗品充官茶。

吾君所乏岂此物，致养口体何陋耶！洛阳相君忠孝家，可怜亦进姚黄花。

（《苏东坡全集》续集卷十二二）

增城荔枝向来出名，而沙贝荔枝尤为有名。每年端午是荔枝成熟的季节，沙贝市场上的荔枝堆得像山一般高。然而荔枝名品"挂绿"却少人知晓，贾人只知贩运"状元红""小华山"之类的品种，即所谓"尚书怀"也。其实"挂绿""玉栏""金井"乃荔枝中的珍品，"夜光无价"，并非用金钱可以买到。作为广东人，屈大均对此有很到位的记述。

《荔枝》二首　　　　屈大均

其一

端阳是处子离离，火齐如山入市时。一树增城名挂绿，冰融雪沃少人知。

其二

六月增城百品佳，居人只贩尚书怀。玉栏金井殊无价，换尽蛮娘翡翠钗。

（屈大均《广东新语·荔枝》）

"新蝉叫，荔枝熟。"荔枝和龙眼都是东南地区的特产。明清时期广东荔枝、龙眼种植更为普遍，文人骚客吟咏荔枝、龙眼的诗歌更是不胜枚举。下面这几首诗描摹了广东人种植、销售荔枝和龙眼的盛况及对荔枝、龙眼的喜爱。

《岭南荔枝词》　　　　谭莹

粟米香瓜并熟时，村南村北子离离。儿童共唱新蝉叫，四月街头卖荔枝。

广州东去是增城，土润沙高潮亦平。家种荔枝三百树，年年箫鼓庆丰年。

（《乐志堂诗集》卷十）

《食荔枝》　　　　陈王献

颗颗匀圆褪绛囊，银盘小浸玉肌香。偏怜一骑红尘梦，憔悴风前十八娘。

（《潮州诗萃》乙编卷八）

《咏龙眼》　　　李孔修

封皮酿蜜水晶寒，入口香生露未干。本与荔枝同一味，当时何不进长安。

（《粤东诗海》卷十六）

3. 咏槟榔

对槟榔，黎族人怀有深厚感情。屈大均是明末清初的著名诗人，岭南三大家之一，他写的竹枝词《槟榔》同样别开新意。

《槟榔》　　　屈大均

日食槟榔口不空，南人口让北人红，灰多叶少如相等，管取胭脂个个同。

（《广东新语》卷二十五《槟榔》）

中国明代著名戏剧家、文学家汤显祖被贬雷州时留下了这首诗，它印证了雷州在明代即盛产槟榔。

《槟榔诗》　　　汤显祖

荧荧烟海深，日照无枝林。含胎细花出，繁霜清夏沉。千林荫高暑，
忙扇秋萧森。上有垂房子，离离隐飞禽。露乳青圆滋，霜氲红熟禁。
堕地雨浆裂，登梯遥远阴。落爪莹肤理，着齿寒侵寻。风味自所了，
微醮何不任。徘徊赠珍惜，消此瘴乡心。

4. 特产与民俗

岭南多产芋，当地人多以此为食粮。苏轼贬至惠州期间过访好友吴复古。吴复古告诉他当地烧芋的方法，并亲自动手烧好给苏轼品尝，于是苏轼写下此诗，从中亦见烧芋头是岭南人民喜爱的食品。

《食烧芋戏作》　　　苏轼

松风溜溜作春寒，伴我饥肠响夜阑。牛粪火中烧芋子，山人更食懒残残。

（《苏轼诗集·补编》卷四十八）

宋代福建盛产美酒，福建人亦爱喝酒。诗人陈藻从建刚去福州，沿途看见许多酒店，店前酒旗高高飘扬。坐在那里既可饮酒，又可欣赏山光水色，令人暂时消除了奔波的疲劳。

《道中酒垆》　　　　陈藻

千林事榭牺旗扬，收尽山光与水光。风扬到来城郭闹，杖头随处去休忙。

（《全宋诗》卷2667）

李调元，四川人，清代戏曲理论家，诗人，这是作者在乾隆年间曾任广东学政时所见到的当地食俗。

《南海竹枝词》　　　　李调元

樱桃黄颊鲥尤美，刮镬鸣时雪片轻。每到九江潮落后，南人顿顿食鱼生。

陈坤，钱塘人，清末署广东海阳县令，著有《岭南杂事诗钞》等。

广东惠州等处喜欢把各种食物放在一起烹饪，称曰"骨董羹"，菜肴熟后香气四溢，风味独特；粤东近海，海鲜丰富，当地人嗜食鱼，而且烹制方式多样；佛山一盲人制作的盲公饼，由于口味好而受当地人喜食，相传至今。陈坤的《岭南杂事诗钞》三首，分别描述了"骨董羹"、肥鱼美馔和盲公饼。

《岭南杂事诗钞》三首　　　　陈坤

其一

食无下箸费千钱，骨董羹香胜绮筵。何事矫揉徒造作，别饶风味是天然。

其二

海国深秋水族增，盘飧风味话良朋。肥鱼斫脍多腴美，何必莼鲈感季鹰。

其三

适人口腹动人深，侥幸浮名盛至今。一饼精粗犹辨为，诚然盲目不盲心。

杏岑果尔敏，满族人，清同治年间任广州汉军副都统。这是作者在广州任职期间所见到的广州民间喜吃耗子肉、狗肉的饮食习俗；流露出作者的不忍与担忧。

《耗子肉》　　　　杏岑果尔敏

风干耗子肉通红，高挂檐边为过风。寄语家猫休窃取，野猫留着打馋虫。

《卖狗肉》

是谁遗蕈不堪论，狗肉蒸来任客吞。却似太平臻上治，月明无犬吠花村。

（《广州土俗竹枝词》）

广州竹枝词中写饮食的佳作不少，这里撷取的几首很有岭南的特色。后四首的作者都是清代人。

第一首，赞美广州西关"万栈腊味店"独制的挂炉烧鸭美食，言明北京米市"便宜坊"生产的挂炉鸭异常肥大，而万栈的烤鸭却以瘦见长；

第二首，介绍岭南四季的主要饮食品种；

第三首，描述了近代广州茶楼的豪华与兴盛；

第四首，记述陈塘和长堤是广州饮食业最兴旺之处；

第五首，叙述了"北园酒楼"的前身"宝汉茶寮"的历史，这里出土有南汉马氏廿四娘买地券的石刻。

《竹枝词》五首

其一　　　　胡子晋

挂炉烤鸭美而香，却胜烧鹅说古冈。燕瘦环肥各佳妙，君休偏重便宜坊。

其二　　　　莲舸

响螺脆不及蚝鲜，最好嘉鱼二月天，冬至鱼生夏至狗，一年佳期味几登。

其三　　　　铨伯

米珠薪桂了无惊，装饰奢华饮食精，绝似升平歌舞日，茶楼处处管弦声。

其四　　　　梁仲鲜

艳帜高张东复西，陈塘宴罢续长堤，花筵捐重曾无咎，知否人家啖粥虀。

其五　　　邓绚裳

宝汉名寮小北张，宾朋从此乐壶觞，肥鱼大酒朝朝醉，谁奠芳魂廿四娘。

胡子晋，民国时期南海人，1922年曾任新疆实业厅长，此诗是作者对家乡美食的赞叹。佛山三品楼乳鸽、猪头肉、蒸鸡等美食风味各异，又有柱侯手艺相传。

《广州竹枝词》　　　　胡子晋

佛山风趣即村乡，三品楼头鸽肉香。听说柱侯传秘诀，半缘豉味独甘芳。

潮州菜风味清淡鲜美，讲究汤水，普通人家日常饭食常为一菜一汤或两菜一汤，招待客人则是"四盘两碗"，即四菜两汤。为此，潮汕女性一般都善于作汤，也爱煲汤。诗中的"西施舌"是潮州海味名产，它说明了用海鲜作汤是潮州饮食的一大特色。

《潮州竹枝词》　　　　丘京

十八女儿唤妹娘，潮纱裁剪试衣裳。农心偏爱西施舌，洗手临厨自作汤。

下面的这首儿歌生动活泼，在珠江三角洲一带颇为流传。它以媳妇自叹的形式上道出了家庭艰难的饮食生活，是旧社会劳动人民生活的生动写照。家贫乏物难为炊，又加上众口难调，难为了主持家务的媳妇。

《东莞儿歌》

禾梿仔（指柚子），碌崩边（跌开两边），做人"新抱"（媳妇）每多言！
早早起身洗净面，每被家婆踏灶边，踏得灶边多打闹，眼汁流干谁可怜！
台头有个冬瓜仔，问娘先式（怎样）煮瓜汤，煮起瓜汤北北淡（淡然无味），
手甲挑盐又话咸，双手捧盐又话淡。咸鱼条条数过数，豆角条条过数双，
米塔面头打手印，油罂画出牡丹花。

（《东莞文史》第三十一期《东莞歌谣辑录》）

5. 咏茶

晚唐广州人郑愚所作的这首茶诗，是一首难得的品茗佳作。描绘了雪夜品茶的高雅意趣，从中我们看到时人饮茶要把茶叶在臼中捣烂，对着炉火烹茶。其茶道颇觉精细，绿花生一句点出了品尝的是绿茶。

《茶诗》　　郑愚

嫩芽香且灵，吾谓草中英。

夜臼利烟捣，寒炉对雪烹。

惟忧碧粉散，尝见绿花生。

（《全唐诗》卷597）

"斗茶"，亦称"茗战"，或称"比茶"，具体内容有点茶、试茶，以品评茶质高低而分输赢。范仲淹《和章岷从事斗茶歌》写出了宋代闽北斗茶的盛况。

《和章岷从事斗茶歌》（节选）　　范仲淹

斗茶味兮轻醍醐，斗茶香兮薄兰芷。

其间品第胡能欺，十目视而十手指。

胜若登仙不可攀，输同降将无穷耻。

"分茶"是一种技巧高超的茶游戏，玩者用沸水冲茶末，凭技巧使茶乳变幻成图形字迹或花鸟人兽等形象，又称"茶百戏"。杨万里的这首诗生动地描绘了宋代福建僧人分茶的情景。冲茶时，茶与水交融，汤纹水脉变换成各种图像，呈现出奇异变幻之状，飘飘絮絮，似仙女散花，似长空落日，似美丽银屏，似玄妙之字，无限精彩。

《澹庵座上观显上人分茶》（节选）　杨万里

分茶何似煎茶好，煎茶不似分茶巧。蒸水老禅弄泉手，隆兴元春新玉爪。

二者相遭兔瓯面，怪怪奇奇真善幻。纷如擘絮行太空，影落寒江能万变。

银瓶首下仍尻高，注汤作字势嫖姚。

宋代建安成为著名的茶叶生产地，贡茶多出自于此。对此，建安人熊蕃撰写的《宣和北苑贡茶录》详细地描述了建安人采茶的盛况及贡茶的盛名。

《宣和北苑贡茶录》诗四首　　　熊蕃

雪腴贡使手亲调，旋放春天采玉条。伐鼓危亭惊晓梦，啸呼齐上苑东桥。

采采东方尚未明，玉芽同获见心诚。诗歌一曲青山里，便是东风陌上声。

修贡年年采万株，只今胜雪与初殊。宣和殿里春风好，喜动天颜是玉腴。

外台庆历有仙官，龙凤绕间制小团。争得似今模寸璧，春风第一焉宸餐。

安溪茶以价廉质好而畅销海内外，当地诗人有歌称颂。阮旻锡的这首诗先叙述了安溪优越的种茶环境及安溪茶叶的外销情况。然后阐述由于武夷茶叶畅销海外，为此安溪人运用自己的智慧，按照武夷岩茶的制作方法，制作出具有自己特色的安溪茶。

《安溪茶歌》（节选）　　　阮旻锡

安溪之山郁嵯峨，其阴长湿生丛茶。居人清明采嫩叶，为价甚贱供万家。

迩来武夷漳人制，紫白二毫粟粒芽。西洋番舶岁来买，工钱不论凭官牙。

溪边遂仿岩茶样，先炒后焙不争差。

（陈啟仁、龚显增，《温陵诗纪》卷二，阮旻锡《安溪茶歌》，光绪元年刻本）

采茶歌是民间采茶时爱唱的歌曲，这首民歌反映了采茶与农耕的矛盾，词意清纯亲切，朗朗上口，是岭南民歌的代表之作。

《采茶歌》

二月采茶茶发芽，姊妹双双去采茶，大姊采多妹采少，不论多少早还家。

三月采茶是清明，娘在房中绣手巾，两头绣出茶花朵，中央绣出采茶人。

四月采茶茶叶黄，三角田里使牛忙，手挈花篮寻嫩采，采得茶来苗叶黄。

（吴震芳《岭南杂记》）

屈大均的《撏茶歌》生动描述了东莞"撏茶"的详细制作过程。

《擂茶歌》　　　屈大均

东官土风多擂茶，松萝茱萸兼胡麻。细成香末入铛煮，色如乳酪含井华。

女儿一一月中兔，日持玉杵同蛤蟆。又如罗浮捣药乌，玎珰声出三石窪。

拂曙东邻及西舍，纤手所作喧家家。以淘粳饭益膏滑，不用酒子羹鱼虾。

味辛似杂贵隔桂，浆清绝胜朱崖杅。多饮往往愈腹疾，不妨生冷长浮瓜。

我业莞中亦嗜此，岕松欲废春头芽。故人饷我日二至，丝绳玉壶提童娃。

为君屡饮当潼酪，方法归教双鬟丫。

（屈大均《翁山诗外》卷三）

二、茶楼酒家对联新

东南的茶楼酒家一向注重以风流儒雅和古色古香的风格装点门面，自清代已有传统，辛亥革命后广州茶楼酒家更重视门面的装饰、室内的布局以及文化氛围的烘托。各茶楼酒家以重金聘请文人撰联，让名书家挥写，把对联高挂酒楼正门，展示文采风流，以此招徕宾客，这已成为茶楼的一大特色。这些对联也确实耐人寻味，画龙点睛地道出了各自的特色。

1. 茶楼

"大同茶楼"联：此联于幽默中劝人从善，构思独特。

大包不容易卖，大钱不容易捞，针鼻铁生涯只望从微削；

同父饮茶者少，同子饮茶者多，檐前水点滴何曾见倒流。

"妙奇香茶楼"联：对联平淡之中见社会真情，写出了一种旷达之情。

为名忙，为利忙，忙里偷闲，饮杯茶去；

劳心苦，劳力苦，苦中作乐，拿壶酒来。

"宝汉茶寮"联：这是广西桂林名士倪鸿所撰，联句淡静自然，江畔杨柳，山闻鸟鸣，把客人引入到大自然的情怀中。

> 桥东桥西好杨柳；
>
> 山南山北闻鹧鸪。

"陆羽居"联：此联工对精绝，专在茶字上下工夫，让人体会到这是品茶的好去处。

> 人喜陆羽之风，常临此地；
>
> 客具卢仝之癖，独嗜乎茶。

"荣华茶楼"联：此联妙在暗示，诗意盎然，令人深思。

> 雀舌未经三月雨；
>
> 龙牙先占一枝春。

"三眼桥茶亭"联：清代广州三眼桥茶亭有一楹联：此联从一个路过茶亭的匆匆过客，联想到人世间的沧桑与冷暖，饮茶如品世间情，立意清新，弦外有音。

> 处处通途，何去何从？求两餐，分清邪正；
>
> 头头是道，谁宾谁主？吃一碗，各自东西。

"天然居"联：西关曾有一茶楼名"天然居"，有人撰回文联：对仗工巧，别有情趣。因为有了这副巧对，天然居茶楼路人皆知。

> 客上天然居，居然天上客；
>
> 人过大佛寺，寺佛大过人。

2. 酒家

"文园酒家"联：此联虽直白，但寓意不凡。

> 文风未必随流水；
>
> 园地如今年属家。

"东园酒家"名联：这是清末名士江孔殷题写的名对，豪气之中不减偶傥风流。

> 立残杨柳风前，十里鞭丝，流水是车龙是马；
>
> 望尽玻璃格里，三更灯影，美人如玉剑如虹。

"壶天酒家"联：此联店主曾是政界要人，一朝下野从事饮食业便是感慨万千，联中道出政客的复杂心情，气势并不张扬。

> 壶里满乾坤，须知游刃有余，漫笑解牛甘大隐；
>
> 世间无你我，但愿把杯同醉，休谈逐鹿属何人。

"陶陶居"联：广州第十甫的"陶陶居"饮食巨商谭焕章经营酒楼，很懂得以文词为酒楼增辉。以著名政治家兼书法家康有为亲题招牌，自然形成了名人效应，人人为之青睐。谭氏又公开征联，以白银二百两为润笔之资，出上联求对。这一举措，使陶陶居的广告在文人雅士中传遍。后来一外省文士应对了下联，被评为第一。这副对联顶嵌陶陶居之名，用典贴切，对仗工整，成为广州著名的饮食名联。

> 陶潜善饮，易牙善烹，饮烹有度
>
> 陶侃惜分，大禹惜寸，分寸无遗。

陶陶居还有一副写得十分典雅的对联，曾被评为二等，由老书法家秦萼生书写：

> 陶秀实茶烹雪液，爱今番茗惋心清，美酒消寒，不羡党家豪宴；
>
> 陶通明松听风声，到此地瓶笙耳熟，层楼招饮，何殊句曲仙居。

"襟江酒家"联：香港"襟江酒家"有一副长联，为老报人欧博明撰写，上联写酒楼欢腾喜庆的景象，下联写室外醉人的风光，又把酒楼名"襟江"二字三次嵌入，文词优雅，意阔情浓，实为岭南酒楼的长联佳作：

> 襟青袖翠，履舄交错一堂，看举座欢呼，弗羡的，濠镜风光。弗爱的，海珠花韵，钱沽无吝，只求襟影无惭，襟前有酒好谈天，与天同醉；
>
> 江碧云蓝，帆樯远来万里，试凭栏顾盼，这边是，鲤门双峙，那边是，龙岭九回，国运终兴，勿谓江流不返。江上尽人皆见月，得月谁先。

"韩江酒楼"联：潮州"韩江酒楼"有一副对联，以四位文豪典故把"韩江酒楼"拓出，既风流儒雅又出乎自然，堪称得意之作。

> 韩愈送客，刘伶醉酒；
>
> 江淹作赋，王粲登楼。

"菜根香"联：从饮食养生着笔，平凡之中见新意。

> 素食可养生，植物集成烹美味；
>
> 斋筵能益寿，菜根香聚宴嘉宾。

三、主要的饮食文化著作

历代反映东南地区社会生活和饮食文化的书籍较多，但大部分都是以文史笔记的方式兼述的。只要我们留心古代的文史笔记，都能发现有许多与饮食生活相关的内容。这些文史笔记大部分都是历史上比较有名的作者在东南生活的记录或回忆录，故比较真实和可信，他们以优美的文笔描绘了东南地区不同历史时期的食料生产、饮食市场、地方风情和食俗。还有些饮食文化方面的内容散见于游记、见闻录，或是融在百科类书及其他专业书内，这些都为我们研究东南饮食文化提供了重要资料。

1. 两汉魏晋时期

《异物志》，又称《南裔异物志》《交州异物志》或《交趾异物志》。作者杨孚，广东番禺人，东汉章帝时官议郎。此书乃岭南第一部物产专著，也是我国有关异物志的第一书，书中记载汉代岭南地区动物、植物、矿产等情况，是早期岭南的百科全书。该书在宋代已失传，清代广东南海人曾钊根据各类典籍、志书所引，重新辑录成册，分两卷。《异物志》中记述了许多古代岭南人的饮食习俗、作物的栽培，以及一些食物的制作方法，如对双季稻栽培的记述，是古代典籍中的最早记录，还有甘蔗品种和制糖工艺的史料，以及当时各种蔬菜和水果的栽种情况。该书是两汉社会经济生活的真实写照。对饮食文化研究有重要价值。

《临海水土异物志》，三国时期地理书，黄龙二年（公元230年）东吴孙权派卫温、诸葛直前往夷洲（今台湾），随军同行丹阳太守沈莹据所见所闻撰写的此书。本书在宋代以前就已失佚，现在有陶宗仪和杨晨的两种辑本，1981年又出版了张崇根的新辑本，新辑本的前半部分收录了有关台湾高山族的纪事，后半部分辑录了中国东南沿海的鱼介类、鸟类、竹木藤果等物产。

《南方草木状》，全三卷，是世界上最早的区系植物志，成书于晋代。相传是受命调任交州的西晋文学家及植物学家嵇含撰写的，他根据自南方归来的人所述当地情况而整理著述，但是有人认为该书在南北朝宋时期已成佚书，可能是后人辑录的本子，也有人认为是后人根据徐训衷的《南方草木状》以及同类书籍中的内容辑录成册的。此书文字简洁典雅，从草、木、果、竹四方面记述了岭南地区的植物，共八十种，涉及了很多岭南早期饮食资源。

《抱朴子》，全八卷，晋代道教经典，葛洪撰。该书的《内篇》论述了神仙、炼丹及一些克治之术，其中炼丹之术、丹药的配制与养生服药有关。葛洪在罗浮山炼丹，采药也在南方，所以该书集中地反映了岭南的道教徒养生服丹的情况。反映了饮食与养生的关系。

2. 唐宋时期

《岭表录异》，全三卷，分上、中、下三部分，亦称《岭表录》《岭表记》《岭表异录》《岭南异》。唐代刘恂撰。书中记述了岭南的气候、物产、风俗、地理等内容，是一部岭南风物志；同时全书大量记载了唐代岭南人的饮食生活和饮食食物，尤其是各种鱼虾、海蟹、蚌蛤的形状、滋味和烹制方法等，是研究唐代岭南地区饮食文化的重要的珍贵史料。此书内容广泛精确，向为学者推崇，《四库全书总目提要》称此书"汇博赡，而文章幼稚，于虫鱼草木，所录尤繁，训诂名物，率多精核"。原书已佚，清人纪昀等从《永乐大典》等书中辑出佚文重新集录而成，鲁迅校勘本是现存最完善的本子。

《北户录》，唐代段公路著，段为临淄（今山东淄博）人，唐穆宗时宰相段文昌之孙。懿宗年间（公元859—873年）段公路在广州生活，游历南海、高凉等地乃作此书。《北户录》是部风土记，三卷，详细记述了岭南草木果蔬、鱼虫鸟兽、越俗风情、饮食衣裳等内容，保存了土著食文化的珍贵史料。该书南宋时印行，其后有多种刊本，以清陆心源辑《十万卷楼丛书》所收校勘本为佳，书中引用了许多已散佚的书籍，故极有价值。《四库全书总书目提要》称："载岭南风土，颇为赅备，而于物产为详，其征求亦及博洽。"

《唐摭言》，唐代王定保撰，书中主要是写唐代贡举制度和应考者的故事，其中卷三详细记述了有关"曲江宴"的礼仪、名目、宴名、诗文、典故和逸闻，为了解和研究科举中的饮宴制度提供了珍贵的史料。

《桂海虞衡志》，宋代范成大著，本书是他在广西任官期间，对当地山林川泽，民情风俗的记录。全书分为十二篇，篇目为志岩洞、忠金石、志香、志酒、志器、志禽、志兽、志虫鱼、志花、志果、志草木、杂志、志蛮。岭南西部地区向来比较落后，关于古代饮食文化的材料难以收集，这书提供了比较系统的饮食文化史料，十分珍贵。

《岭外代答》十卷，宋代周去非著，周为温州永嘉人，南宋隆兴元年（公元1163年）进士，淳熙中任桂林通判，由于在广西多年，对岭南风土人情熟习，故撰是书。书分为二十门，内容广博。因有问于岭南外诸事者甚多，作者以书回答，故曰代答。本书久佚，后人从《永乐大典》中录出。《岭外代答》是一本内容丰富、具有多重史料价值的实录笔记。该书虽然有了部分抄袭了《桂海虞衡志》，但其增补的内容远要多于《桂志》。书中器用、食用、花木、禽兽、虫鱼、蛮俗等门对地区饮食文化有详尽的记录，是研究宋代岭南饮食文化的必读之书。

《茶录》，北宋蔡襄著，蔡为北宋兴化仙游（今福建莆田市仙游县）人，天圣八年（公元1030年）进士，官至端明殿学士。庆历年间，蔡襄任福建转运使，主管闽茶进贡，熟悉茶事，他认为陆羽的《茶经》是不朽的著作，但"烹试"的内容没有谈及，所以决心补《茶经》不足，遂撰写《茶录》。该书篇幅短小，语言精练，全文不足八百字，却对建安茶叶的烹试方法和所用器具作了全面高度概括。此书分上下两篇：上篇论茶，分色、香、味、藏茶、炙茶、碾茶、罗茶、候茶、爀（xié）盏、点茶十条，详细叙述了茶的品质、收藏、制作和烹饮方法，提出了独特的见解；下篇论茶器，从茶焙、茶笼、茶碾、茶罗、茶盏、茶匙、汤瓶九类来介绍烹茶时所需的器具，包括这些茶具的制作材料、式样、功能和各自特色，很值得后人借鉴，是一部分有关茶文化的珍贵著作。

《荔枝谱》，北宋蔡襄著。闽粤荔枝自古有名，生长于福建的蔡襄，自然对家乡荔枝有着深刻的了解。本书分七部分，前三部分记载了福建各地荔枝生产的盛况及出口状况，第四、五、六部分分别记叙了荔枝的作用、荔枝的种植及荔枝干的制作，第七部分则重点叙述各种荔枝品种的性状、产地等。全文言简意赅，叙事精细，是一部关于荔枝的重要著作。

《品茶要录》，北宋黄儒著。黄儒，北宋建安人，神宗熙宁年间进士，博学能文。作者生长于茶叶生产极其旺盛的建安，成年后，在收集查阅了众多有关茶叶书籍的资料后，针对采造不当而形成劣茶的十种弊病依次编为十说，即《品茶要录》。本书全文约1900字，前后各有总论一篇，中间分为采造过时、白合盗叶、入杂、蒸不熟、过熟、焦釜、压黄、渍膏、伤焙、辨壑源沙溪等十一个题目，分别指出劣质茶叶产生的原因和危害，也对茶叶的产地、采摘时节、采摘方法以及制茶技巧作了精辟论述，还指出要善于辨别真伪，谨仿掺杂作假。本书叙说详尽，角度新颖，是继唐代陆羽《茶经》和宋代蔡襄《茶录》之后的又一部重要茶叶专著。

《诸蕃志》二卷，宋代赵汝适撰，原本已佚，清乾隆时纂修《四库全书》，将该书从《永乐大典》辑出。赵汝适在南宋宝庆元年（公元1225年）任福建路市舶提举兼管泉州舶泊，对当时海外贸易情况熟知，并了解诸蕃风俗。由于诸蕃前来贸易多经广州港再达泉州，故从此书中亦可了解广州与诸蕃的交流。特别是外蕃入输的货物，对岭南地区的饮食文化产生了一定的影响，该书对此提供了重要的史料。另外，宋人祝穆编纂的《方舆胜览》也大量记载了宋代东南地区土产和贡物情况，反映了东南地区丰富的饮食资源。

《萍洲可谈》，北宋地理学家朱彧撰，这是讲述宋代对外贸易的书籍，由于该书对广州蕃坊商人的生活及饮食业饮食习惯多有记载，故成为宋代岭南地区中外饮食文化交流的稀见史料。例如，书中谈到"大率南食多盐，北食多酸，四夷及村落人食甘，中州及城市人食淡，五味唯基，苦不可食。"这是对区域味觉差异的一种概括。

3. 明清时期

《闽小纪》，明代周亮工著，全书分上、下两卷。上卷除零散记载了福建各地的奇鸟、奇古、桥梁、陇田、树木、人物外，还以较大篇幅叙述了福建的水果、土特产、海产等，尤其是闽茶、闽酒的详细叙述，而对明代福建各地酒的归纳，则为研究明代福建的酒文化提供了宝贵的史料，下卷虽对福建的饮食文化记载不多，但有关福建一些饮食资源的记载，如海错、海扇等也还是有所记述，为研究闽地饮食文化留下了珍贵的资料。

《泉南杂志》，成书于明代，作者陈懋功。此书除记载了泉州的名胜古迹、风土人情、名人名事外，还详细叙述了泉州燕窝的形成，荔枝、龙眼、红柑、红梅、茶叶、甘蔗等生产盛况，以及草鱼、龙虱、虾、牡蛎、龟、海错等形状及烹饪方法，是一部反映明代泉州饮食文化的重要著作。

《天工开物》是明代末期的一本科技百科全书，崇祯十年（公元1637年）宋应星撰。本书与饮食文化有关的内容很多，如谷类、粮食加工、制糖、制盐、陶瓷、铸造、油脂等。特别是粮食加工和食品加工等内容最为详尽。宋应星是江西省奉新县人，万历年间的举人。曾历任亳州知事等职。由于宋应星是南方人，他所记述的有关事项和岭南有密切关系，故从一个侧面反映了岭南食物加工制作方面的有关情况。

《闽部疏》是明人王世懋以督学身份宦游福建全境而写的游记。此书记载了福建各地的山川河流、风土人情，也大量记叙了福建各地的饮食资源，像福州、兴化等地区的荔枝、龙眼、佛手、橄榄、柚子、柑橘、蔗糖、美人蕉等，汀州的李子，以及泉州、漳州的海味等，同时亦阐述了一些海味的烹调方法。另外，王世懋的《学圃杂疏》、施鸿保的《闽杂记》、王应山的《闽大纪》等，也有不少关于福建饮食文化的记载。

《广东新语》，清代屈大均著，全书28卷。清初的广东笔记均以类事分卷，举凡广东有关的天文地理，经济物产，风俗民情，百工技艺，鸟兽鱼虫，草木花卉无所不载，同时考究其源流，不限于明清，内容丰富，可补史志之不足。清代因文字狱曾被禁，流存较少。1983年中华书局据木天阁原刻本和乾隆翻刻本出版了校点本，为后人留下宝贵资料。该书对岭南食物生产史记录尤长，对食品工艺记述尤多，其中介绍了各类动植物资源的产地、种、养、用途和性味等，这是其他书籍甚缺的内容。特别是该书专列出"食语"一门，是饮食文化的专篇。内容具体翔实，对岭南饮食文化作了精辟的论述。因此《广东新语》成为研究岭南饮食文化必不可少的典籍。

《南越笔记》，作者李调元，清乾隆年间进士，任官广东学政，对饮食之道颇有研究。一生写下许多有关饮食之作。该书为作者视察粤东时的所见所闻编撰而成，共16卷。内容包括粤东民族、山川地理、时令风俗、田制农耕、地方特产、鸟兽鱼虫、方言民谣等内容。由于李氏经过实地调查，许多见闻均为他书所未载，该书还记录了许多与岭南食物生产方面有关的资料。

《岭南荔枝谱》六卷，清人吴应逵撰，吴应逵号雁山，乾隆乙卯举人，著有《雁山文集》《谱荔轩笔记》。岭南荔枝甲天下，关于荔枝的书籍过去曾有顾氏的《僧江荔枝谱》和郑熊的《广中荔枝谱》，见于《文献通考》和《广东群芳谱》，后均散佚，故此书成为唯一的有关岭南荔枝的珍贵文献。作者收集了各种文集、方志等有关岭南荔枝的第一手资料，分为总论、种植、节候、品类、杂事等六卷，岭南文献中有关荔枝的内容大多涉及。

《粤中见闻》，清代范端昂纂，是其仿照屈大均《广东新语》的体例编写的文史笔记，书中记述有山川、物产、人物、文学、民俗等内容，作者除了从文献上采集资料，还有实地采访的内容，是一部重要的广东地方文献。书中《物部》较详尽地介绍广东动植物饮食资源及其产地、用途等，对粤地饮食文化的内容做了系统的整理。

《岭南丛述》，清代邓淳辑。嘉庆末年，阮元纂修《广东通志》，邓淳任分校，得以从各种史志中搜集材料，后将多年摘录的资料分类编写成书，共60卷，记述了广东天文、地理、物产、风俗、人物、古迹、艺术、科技等内容，该书内容繁博，征引的书目达544种，保留了岭南较多的历史资料，其中与饮食文化关系较大的是饮食生产史的资料。

《粤海关志》30卷，清代梁廷枏纂，这本书修于道光年间，记述清代广州粤海关的建置及其对外贸易的情况，是我国第一部地方海关志书，对研究口岸史是必不可少的典籍。由于该书对进出口的货物，包括与内地交往的货物有详尽的海关记录，因此对了解中外食品交流的情况有重要的参考价值。

自清政府统一台湾以来，很多地主阶级知识分子以幕僚身份来到台湾参与治理，回大陆后，一部分人纷纷把自己在台湾的所见所闻以笔记体的形式详细记录，这些著作中有很多内容是反映台湾饮食文化的，从而为我们留下了重要材料。例如，《台海见闻录》为乾隆年间董天工撰写，书中记载了台湾部分水果的特征、性质等。《海东札记》，乾隆年间朱景英编写，书中除翔实记载了台湾的土产作物外，还重点描述了台湾少数民族的风情和饮食习俗等，是反映台湾饮食文化的重要书籍。

四、地方志和其他文献

东南地方志大部分记有各地的物产，饮食物料，饮食业的加工和烹调，或辟有"风俗篇"，记载了大量的乡饮风俗、节日喜庆饮食习俗、地方风味饮食等方面的情况，是饮食文化研究的第一手材料，对区域饮食文化的研究尤其重要。

宋元时期反映东南地区的地方志非常少，现存的主要有陈大震的《南海志》、梁克家的《淳熙三山志》和《潮州三阳志辑稿》等。其中陈大震的《南海志》是现存最早的广州地方志，元代写就，但明代已残，今仅存6～10卷，通称《大德南海志残本》。此书记载了宋末元初广州的户口、赋税、物产、船货、城池、学校、兵防、驿站、河渡等内容，叙事翔实，时间也较明确，很好地反映了当时广州地区的政治、经济和风俗人情等状况。梁克家《淳熙三山志》和《潮州三阳志辑稿》则是分别反映了宋代福州和潮州状况的地方志，也较详细地描述了两地富饶的饮食资源。另外，《宋史》、《宋会要辑稿·食货》、《元史》等也记载了东南地区的部分物产和贡物情况。

明清时期，地方志编纂成为一种风气。明代广东省共修志162种，现保存下来的仍有30多种。单是省志就有3部：嘉靖《广东通志初稿》，嘉靖《广东通志》，万历《广东通志》。清代地方志的编修更盛，据朱士嘉《中国地方志综录》所收方志统计，清代广东修编的志书有省志3种，府志26种，州县及土志220种，著名的如康熙《广东通志》、雍正《广东通志》、道光《广东省通志》等。道光《广东省通志》是道光年间由广东总督阮元主持编纂的，内容详细，叙事严谨，其中在卷九十五《舆地略十三》中用很大篇幅详尽地叙述了岭南的粮食、蔬菜、果类、鱼类、禽类、酒等饮食文化资源。福建省修志也较多，单明代就有两部有名的省志——黄仲昭的《八闽通志》和何乔远的《闽书》，两书都比较详尽地记载了明代福建丰富的饮食资源，也涉及了不少饮食民俗。至于各府县地方志则更多，其中杨澜的《临汀汇考》对饮食资源的记载尤多，是研究福建饮食文化的重要资料。广西省修志也不少，著名的省志主要是嘉庆《广西省通志》。

作为中国第一大岛屿台湾，自1684年被清政府统一，到1895年被日本人侵占之前，历任的台湾知府和各县的知县都普遍重视修志，有关台湾的方志也很多，单府志就有康熙《台湾府志》、乾隆七年《重修福建台湾志》、乾隆十二年《重修台湾府志》、同治《福建通志台湾府》、光绪《台湾通志》等。这些方志中有关台湾物产、风俗、少数民族的记载，是了解台湾饮食文化的重要原始资料。

作为中国第二大岛屿和黎族主要的聚居地海南，自古以来一直隶属于广东，虽然面积不大，但有关记载它的地方志却不少，明代主要有正德年间编纂的《琼台志》，清代主要有嘉庆二十五年刻本《会同县志》和《澄迈县志》、道光八年刻本《万州志》、道光《琼州府志》、咸丰七年刻本《琼山县志》、咸丰八年刻本《文昌县志》、光绪四年刻本《定安县志》、光绪十八年刻本《临高县志》等，这些地方志记载了黎族的风土人情、饮食习俗等，对我们了解黎族的饮食文化及其经济发展有莫大的帮助。

进入民国时期，饮食业已成为整个国民经济的重要组成部分，饮食文化的地位突出了。在东南地区修编地方志中特别重视饮食文化的，要数民国时期邹鲁主编的《广东通志未完稿》；另外连横的《台湾通史》、民国《台湾省通志稿》、民国二十二年的《海南岛志》（上海神州国光社铅印本）、民国三十六年的《琼崖志略》（上海正中书局铅印本）等，都辟有专节阐述饮食文化。

五、孙中山与中国饮食文化

孙中山是我国伟大的思想家、革命家、政治家，他不但有着丰富的革命理论，而且对中国饮食文化也有精辟的见解。他曾在《建国方略》中高度评价中国饮食文化，他认为中国饮食之道是欧美各国所不及的，"我中国近代文明进化，事事皆落人之后，惟饮食之进步，至今为文明各国所不及。中国所发明之食物，固大盛于欧美，而中国烹调法之精良，又非欧美所可并驾。至于中国人饮食之习尚，则比之今日欧美最高明之医学卫生家所发明最新之学理，亦不过如是而已。"

孙中山作出上述结论是有充分理由的。中华饮食文化博大精深，很早以来，我们的古人就创造出许多精美可口的菜肴，孙中山由此举出了很多例子来证明。像中国古代的上等佳肴——"八珍"，世界唯中国有之，其美味奇佳，吃后令人津津乐道，说明当时中国食品的先进性。金针、木耳、豆腐、豆芽等食品，对当时的国人来说，不过是寻常的素食，可当时的欧美各国之人，却不知其可以作为食品享用。家养六畜的内脏，国人向来把它当作美味佳肴，但欧美各国过去却总认为是非常肮脏的东西，是不能吃的，近年也以之为美食。"粗糙鲜红"的猪血，外国人看之恶心，也鄙视中国人吃之，认为粗俗野蛮，可经医学卫生家研究得知，猪血富含铁元素，为滋补之佳品，病后、产后及贫血患者，多食有益，合乎科学。

中国饮食文化的博大精深，不仅表现在众多的美味大餐上，还表现在许多令人垂涎万分的美食小吃中。例如福州有道有名的小吃叫"阿焕鸭面"，林阿焕于清朝末年开设了一家庭小店，因味道与众不同，遂使生意兴隆，盛名远扬。到民国时期，连当时的国民政府主席林森都想前往品尝，然副官认为以主席之尊驾临小店实在有失身份，但又没法，最后只好派人买来给林森品赏，足见小吃之魅力。

不仅如此，孙中山还进一步指出，"**中国不独食品发明之多，烹调方法之美为各国所不及，而中国人之饮食尚暗合于科学卫生，尤为各国一般人所望尘不及也**"。中国食品种类众多，烹调方法精致细腻，饮食习俗合乎科学，这是欧美各国所不能比拟的。例如，中国人所饮的常为清茶，所吃的常为淡饭，拌以青菜豆腐，这是今日卫生营养学家非常提倡的，因为这种饮食结构非常有益于养生之道，"五谷为养"的饮食结构是老祖宗留下来的。所以中国穷乡僻壤之人，日常饮食虽然较少酒肉却多长寿。西方人所喝的多是度数较高的浊酒，所吃的多是高脂肪的荤菜，常食这些食物，容易使人患肝病、高血压、糖尿病之类的富贵病。虽然西方人亦提倡多吃素食，但由于饮食习惯所致，很难改变。中国人口之多，身体抗疾疫力之强，是得益于几千年来一脉相传的"医食同源"的养生思想，是饮食符合科学使然。如果人们能再从科学卫生上下些工夫，对厨房环境、烹调方法、食物搭配等作进一步改善，则"中国人种之强，必更驾乎今日也"。

孙中山早年毕业于香港西医书院，深谙医学卫生之道，对饮食与文化、卫生的关系亦作了精辟论述。他说："**西国烹调之术，莫善于法国，而西国文明亦莫高于法国。是烹调之术本于文明而生，非深孕乎文明之种族，则辨味不精；辨味不精，则烹调之术不妙。中国烹调之妙，亦足表明文明进化之深也。**"西方烹调之道以法国为最，而最发达的西方文明亦没有超越法国的，这是因为烹调之道源于文明。中国烹调方法之多样，烹调艺术之精妙，也足可以说明中华文明之进步。

正因为中国菜肴的丰富多样和烹调方法的精细，在世界各地华侨的推广下，中国美食扬名世界，中国餐馆遍布全球。美国旧金山、纽约，法国的巴黎，英国的伦敦等，华人餐馆林立。当初华人餐馆在纽约开设，立刻获得纽约美国人的偏爱，纷纷到华人餐馆就餐，引起当地其他餐馆老板的嫉妒，于是他们称华人餐馆的美食所放的酱油含有有害物质，想借机打击华人餐馆。后经卫生专家鉴定，酱油不但不含有毒物质，而且富含蛋白质，有益身体，一场"莫须有"的罪名不攻自破，中华美食更加扬名，华人餐馆也一度剧增。

作为革命领袖，孙中山首次把烹调方法纳入文化艺术范畴，认为烹调亦为艺术，以此来证明中华文明的进步性。他说："夫悦目之画，悦耳之音，皆为美术，而悦口之味，何独不然？是烹调者，亦美术之一道也。"其实一道好的佳肴是需要时间、精力去精心烹饪的，是非常重视刀工、火候、佐料等，是讲究色、香、味、形的，这在闽菜、粤菜、潮汕菜中有很好的体现。对此，我们不得不佩服孙中山先生看问题的独到之处。而这在将厨师视为贱业的民国时期，更是令人耳目一新。如今我们再来审视这一结论，发现它是多么具有前瞻性。

孙中山最后还强调，要保存和发展具有中国特色的饮食品种、烹调技术，使中国饮食文化始终处于世界饮食文化的先列，"吾人当守之而勿失，以为世界人类之师导也可"。

作为一位伟大的民族革命先行者，在国家常年遭受欺凌、民族饱经灾难、国人普遍感到自卑之际，孙中山先生对饮食与文化、饮食与文明的论述，令国人备感振奋，从而促使更多的热血青年为民族的振兴、为国家的富强而奋斗，即使在今天，其论述仍具有重要意义。

第七章

中华人民共和国时期
饮食文化的蓬勃发展

中国饮食文化史

东南地区卷

新中国的建立结束了中国人民受压迫受奴役受侵略的苦难历史，结束了中国数千年来封建专制的黑暗统治，劳动人民当家做主，中华民族从此开启了新的纪元，饮食文化也焕然一新。然而建国的道路并不平坦，由于社会主义道路是一项前无古人的崭新实践，如何开创适合中国国情的社会制度只能在探索中前进，加上当时严峻复杂的国际环境，东南地区饮食文化的发展经历了曲折而艰苦的历程。

　　1978年的改革开放给中国带来了巨大的变化，全国人民的工作重心转移到经济建设上来，结束了"以阶级斗争为纲"的岁月。作为最先享受政策之利的东南地区，其社会、经济、文化等方面发生了巨变，社会进步，经济发达，文化繁荣。正是在这样的情况下，东南地区的饮食文化出现了空前繁荣的局面：饮食文化思想空前解放，饮食资源极大丰富，市场食料供应充足；粤菜、闽菜争相斗艳，餐馆酒楼遍布城市；人民的生活水平从温饱走向了小康，多元、健康、绿色的饮食观念逐渐形成。

第一节　改革开放前的东南地区饮食生活

一、新中国初期温饱型的饮食生活

新中国成立后经历土地改革、合作化、人民公社等一系列的政治运动后，社会风气廉洁，人人勤劳工作，努力为建设社会主义祖国多作贡献。新中国初期建设成就斐然。

新中国的土地改革使广大贫下中农都分到土地，极大地提高了他们的劳动积极性。之后，党和政府制定了"农业八字宪法"和"以粮为纲，全面发展"的方针，加快了农业生产的步伐，特别在垦荒种植、大搞农田水利建设方面成果最为突出。粮食产量稳步增加，珠江三角洲数百万亩农田成为稳产高产田。

珠江三角洲的果木业也取得可喜的成绩。许多县公社和生产队都建立了水果场，以佛山地方为例，"解放以来种植、恢复和整顿的各种水果园地达二十万亩，其中荔枝、龙眼、柑橘、香蕉等水果面积达5万亩，年总产达到一百五十多万担"。此外，也涌现出许多著名的果园，如开平县的红卫果场，建成460多亩的柑橘场；新会天马农场亩产甜橙10250斤，大红柑800斤；新会良涌生产队柑橘亩产10000斤的高产纪录。[1] 这在当时的东南是奇迹，是"放卫星"了。

珠江三角洲的池塘养鱼业也走在东南地区的前列。1958年珠江水产研究所发明了"四大家鱼"（鳙、鲩、鲢、鲮）的人工孵化技术改革，这是水产养殖业的重大成果，此外，当时又引进了"非洲鲫鱼"，大大丰富了百姓的餐桌。

20世纪50年代初、中期的中国，是一个崇尚朴素生活的清平世界，那时没有太大的贫富差距，在饮食观念上以吃饱不浪费为原则，不追求豪华奢侈的饮食风尚，即使是结婚的大喜事也提倡节俭办理，不兴排扬摆酒请客。在这种社会风气下，人们以温饱为满足，没有过多的欲求。当时物价还特别便宜，以广州的饮食

---

① 佛山地区革命委员会编：《珠江三角洲农业志》第六册，佛山地区革命委员会，1976年。

生活为例，两分钱可以买一碗白粥，五分钱一个油香饼，一角钱可以吃到一顿早餐，而普通人家每月的伙食也仅七八元就吃得不错了。在广州最豪华的西餐厅太平馆吃一个全餐（可食各种菜式）也仅三元七角而已。小孩子有几分钱，便可以在街头的"咸酸档"或小店铺买到自己钟爱的零食。

随着人们饮食消费观念的变化和政府对饮食业的政策，20世纪50年代东南地区的城市饮食行业发生了重大变化。新中国成立初期，党和政府对城市的私营饮食业进行了整顿，取缔了在酒楼、宾馆等场所聚赌、容娼的社会陋习，东南地区的广州、福州、桂林等城市的一些大酒楼因失去了昔日富商高官大客而门庭冷落，部分商人转而携资去香港、澳门或者海外创办酒楼；同时，政府提倡节俭饮食，加上战后东南地区社会秩序还不够安稳，人们又普遍比较贫穷，这进一步加剧了城市饮食行业生意的萧条，饮食网点大为减少，这对东南饮食业的发展不能不说是遗憾。后来社会逐步稳定，东南城市饮食业才有所复苏。

二、"大跃进"时期的饮食生活

1. 公共食堂的历史教训

建国之路并不平坦，由于受到俄式共产主义思潮的影响，加上缺少经济建设的实践经验，中国推行"三面红旗"①的社会主义建设总路线，这使新中国经历了一段曲折坎坷的道路。

人民公社的公共食堂是这一时期饮食文化的缩影。公共食堂是我国20世纪50年代末期在探索社会主义建设道路时期，伴随着"大跃进"和农村人民公社化运动的发展而骤然兴起的"新生事物"，是一种曾一度轰轰烈烈地改变中国家庭传统生活方式的"新生事物"。它是由合作社时的"农忙食堂"发展而来，农忙时节

---

① "三面红旗"是指"总路线""大跃进""人民公社"。

办食堂本来是短暂的、临时性的行为。当时为尽快做好夏粮收割栽种，人们在农忙时互相帮助，集体劳动，集体吃饭，这样既节省了做饭的人工时间，又加快了收割栽种的速度。之后，由于政治需要，1958年全国提倡普遍"大办"公共食堂，然而好景不长，1961年即难以为继而告解散，历时四个年头，演绎了由盛到衰的短命历程。

东南地方的农村公共食堂大多数是设在农村的祠堂中，因为祠堂是同宗亲族的活动场所，而生产队又缺少资金去营建一个专用膳堂。一开初大家都有一股新鲜感，不用在家煮饭，人人分到一份饭菜。于是人们争着提前收工涌到饭堂等吃大锅饭。不久大家发现库存的粮食供不应求，加上众口难调，人们很快就厌倦了这种生活，觉察到一日三餐的家庭生活乐趣被公共食堂剥夺了。更可怕的是公社食堂助长了一种"坐食山空"的恶习，生产队积存的粮谷，经不起社员放开肚皮的吞食，而在依赖吃公家饭的风气中，个人的创造力和劳动积极性消退了。于是公社食堂难以维持，很快就解体了。

公共食堂的初衷是建立农村的公共饮食机构，让每一个劳动者都有饱饭吃，让人人平等，饮食不分高下。事实上这既脱离实际，又违背了广大农民的意愿。它是空想社会主义的产物，不符合社会发展的规律。

公共食堂的饮食模式留下了深刻的历史教训：解决民众的温饱，推进健康的饮食，并非是通过消灭"私有制"，推行"公有饮食制"即可获得的。以家庭为基础的组织形式，发挥着每个家庭成员的创造性和积极性，这才是百姓饮食生活健康发展的必由之路。

随着对农业、手工业和资本主义工商业的社会主义三大改造的开展，1954年东南地区的城市出现了社会主义合作经营性质的大众化食堂，当时广州有中区食堂、北区食堂、西区食堂、东区食堂、珠江食堂、五山食堂等。紧跟全国步伐，1955年东南地区的不少酒楼进行了公私合营试点，1956年东南地区的饮食行业全部实行了公私合营。此后，对中小型饮食网点进行了撤、并、迁，饮食网点随之大大减少。1958年"大跃进"期间，东南饮食行业基本转为国营企业，实行全民所有制，不少餐饮人员转行至工业及交通基建部门，致使整个餐饮业菜品质量下降，服务水平降低，饮食业零售额随之降低。

2. 三年经济困难时期的生存大挑战

公社化以后，东南地区和全国一样，遭遇了连续三年自然灾害的困扰，在物资短缺，供不应求的情况下，如何闯过难关，填饱肚子，化解饮食危机，这是中国人民面临的生存大挑战。

为了填饱肚子，一些权宜之计在民间推广，"双蒸饭"是单位食堂的一大法宝。先把米半煮，再用蒸法使米粒增大，达到"见饭省米"的效果。当时提倡少洗米，或加入细糠的方法，增大出饭量。

"瓜菜代""以素代肉"是当年的重要对策，以多吃瓜果去顶替主粮，当时番薯、芋、木薯都成了重要的救灾粮食，至于本地丰富的野生植物资源更是人们的重要副食。凡是能吃的野菜都推上了餐桌，诸如马齿苋、番薯藤、瓜子菜、"蹦大碗"、葛菜、野艾等都已成为常用之蔬，甚至连喂猪的鹅肠菜也成为人们的腹中之物。青橄榄、红缨帽、番石榴、山稔等野果则成为东南人们的又一辅食。在纯而又纯的单一公有制下，河里的鱼虾都不允许私人捕捉，因为规定是由队里抓了卖给政府的。在这种情况下，东南人们只能去挖蚬或者抓蜗牛等来充饥。当时东南一些地方还流行吃"东风螺"（蜗牛），去壳、除黏液后可煮成奶白色的汤，其味极佳，或红炆亦成美食，戏称为"法国名菜"。当然老百姓晚上偷抓鱼虾现象时有发生，毕竟生存是第一位的。

为了开发食品资源，许多新式代食品也被人们尝试着：培养小球藻制作藻类食物；从树叶中提取叶绿素，混合面粉来制作糕点；用当地产的麦秸、蔗叶、稻秆制成湿淀粉、蔗渣粉、稻秆粉，再掺进食物制作糕点、面包。《人民日报》1960年7月6日3版发表评论员文章《综合利用潜力无穷》报道：广西河池县利用麦秸试验成功，制成湿淀粉，再用这种淀粉掺和一些面粉和米粉，制成馒头、花卷、烙饼和面条，质量和面粉做的一样。经历过严重饥饿的人都知道，腹中无物空荡荡的感觉使人心慌神乱，可以为了任何一丁点能够入口的东西去拼命。新式代食品一定程度上缓解了人们的饥饿感，对人们从精神上战胜饥饿起到了不可忽视的作用。

在普通的百姓家庭里，由于粮食供应不足，家庭餐桌上也实行了定量"分饭吃"，即均匀分配饭量。经历过那个年代的人们都会有深刻的记忆：如果能有一顿饱饭吃，那是太幸福了！

1959—1961年的三年经济困难时期，由于食品奇缺，东南饮食业受到沉重的打击。饮食市场上买卖双方都没有挑选的余地，有什么买什么，有什么卖什么，很多城市只能提供一轮饭市，售完即止。不少国营饮食店采用"以素代肉""以咸代甜"等方法，尽量做好大众化菜市的供应。许多市镇的酒楼做起了无油的肠粉、无肉的包子和无糖的点心。食糖不足用葡萄糖、蜜饯乃至糖精等来代替，肉类不足则以咸猪肉、罐头肉来充数，一些著名酒楼也因鸡、鹅、鸭和鲜鱼的缺乏，经营难以为继。少数酒店凭借关系从农贸市场上高价购进副食品，烹制的菜肴虽然价格较高，但满足了部分收入较高的市民需要。酒楼食肆的残羹剩饮也被有效利用，公开出售是不允许的，但在内部自行处理却习以为常。有些下脚残羹，经过消毒烹制，美誉名为"杂锦煲""一品窝""百鸟归巢"，饥馑之年，能吃到也算非常幸运之事了。

那一时期，由于饮食的欠缺，致使不少人患上了水肿、肝炎、肺病、营养不良等疾病，但当时少有抱怨和不满情绪，因为整个社会彼此不分，领导干部吃苦在前，吃喝和普通民众没有区别，生活虽然贫困，但大家都一样，自然就习以为常了。

三、定量供应制度下的饮食生活

1. 粮油的限额定量供给

新中国成立初期为了稳定粮食和食油的市场价格，保障军民的粮油供给，国家于1953年11月实行了粮食和食油的统购统销，实行计划供应的政策。此后，东南各省市都制定了本地粮油计划定量的细则。以1955年8月广州市制定的《广州市粮食计划供应暂行办法》为例，其主要内容为：

市辖区内的居民及郊区非农业人口，一律实施居民以粮分等定量供应，并凭证购粮。居民的口粮根据工作差别、年龄大小来划分等级。按9等13级的定量标准，其中重体力劳动者一级27.5公斤，机关工作人员一级14.5公斤，大中学生一级16.5公斤。流动人口则凭粮票购粮。①

1954年1月广州市对居民实行食油计划供应，每人每月16市两（旧秤1市斤），以后供应量均有调低。1955年后市场管理更为严格，除了粮油计划供应以外，稻谷、大米、麦子、面粉、黄豆、青豆、绿豆、黑豆等食品，所有私营商贩一律不准经营。

粮油的定量供应在不同时期和不同地区有所区别，在当时确实起了防止粮油市场价格波动，确保社会稳定，保证民众有饭吃、有油吃的作用。但实际上单靠定量供给是不可能解决粮食短缺问题的，不少消耗量大的家庭，还要通过购买高价粮食或副食品来补充国家定量供应的不足。

2. 肉票、鱼票和侨汇票

为了保证肉类的均衡供给，防止商贩的"炒买炒卖"（当时的流行语，指转手买卖）扰乱市场，那一时期的肉食供应也全部由国家统管，实行了票证供给。在最艰难的三年自然灾害（1959—1961年）期间，广州市居民每人每月只有二两半的猪肉和一斤鲜鱼。那时即便领了肉票也要一早到市场排队才能买到肉食。票证供给的肉类以最优惠的价格出售，确保市民能吃到肉。除了肉票还有糖票、副食品票等，这些票证比钞票更值钱，因为它可以购得廉价食品。

---

① 广州市地方志编纂委员会：《广州市志·粮油商业志》，广州出版社，1996年。

在各种票证中，最受欢迎的是侨汇票证，这是指港澳侨胞或国外华侨寄钱给大陆亲人，国家根据汇款多少，配给粮油及各种食品的票证券。凭这种证券，人们可以买到市场上许多稀缺的食品。于是有港澳援助的人家称之为"南风窗"，让普通民众艳羡。

此外，对于高级干部、高级知识分子、少数民族也实行了特殊的票证补助，他们的饮食生活比起普通民众略高一些。

以后随着困难时期的过去，食品的不断增多，许多购物证券日渐消失。但粮油的统购统销，直到中共十一届三中全会以后才得以停止。随着改革开放，粮油的经营从实行"双轨制"逐步到全面开放，至此，城市居民的"粮油供应簿"终于退出了历史的舞台。

3. 定量供应制度下的饮食观念

长时间的定量供应，使得人民的饮食十分清苦，但大多数民众都习以为常，以为生活就应该是这样，这与整个时代的政治思想教育有重大关系。当时的口号是"大海航行靠舵手，干革命靠毛泽东思想"，而毛泽东同志倡导的饮食观念是以"艰苦朴素，勤俭持家"为准则的，故发扬延安时期的革命精神成为当时政府一贯的工作作风。在当时历史环境下，人们普遍存有这样的饮食观念：新中国的建立使每一个劳动者都有工作，都有饭吃，这是惊天动地的历史巨变。对比起旧社会劳动人民过着饥寒交迫的生活，已经是天壤之别，绝大多数的劳动者都有一种满足感，所以这种仅仅能维持温饱型的生活已使人民知足常乐。

毛泽东时代普遍流行的观点认为，"吃、喝、玩、乐是资产阶级的生活方式"，要防止"封、资、修（即封建主义、资本主义、修正主义）的侵蚀，才能保证红色政权永不变色"。而清贫的生活是防止腐败变质的保证。所以当时常吃"忆苦餐"，开展忆苦思甜的阶级教育，从思想上淡化人们对物欲的追求。如果有人讲吃谈喝、追求生活品位，必定被认为是腐朽的生活方式，甚至是一种罪过，更不用提什么饮食文化。

当时有一句响亮的口号，"胸怀祖国，放眼世界"，就是说全世界还有三分之二的人在帝国主义的压迫下未得到解放，看到世界上如此众多的受苦人过着悲惨痛苦的生活，我们怎能追求奢华饮食的享受？正是在这种思想影响下，中国民众度过了漫长的票证时代。

第二节　改革开放后的东南饮食盛潮

1978年，中国共产党十一届三中全会的胜利召开，标志着全党全民的工作重心转到经济建设上来，结束了以阶级斗争为纲的政治路线，中国从此进入了一个崭新的历史时代。作为改革开放的潮头兵，东南地区最先沐浴了改革开放的春风，经济发生了翻天覆地的变化。随着东南经济的快速发展和人民生活水平的提高，东南人民对饮食提出了更高的要求，对吃越来越讲究，对菜式的种类和质量要求更高，多元消费和绿色消费的观念逐渐形成。正是在这样的情况下，东南地区的饮食文化出现了空前繁荣的局面。

一、饮食资源得到极大丰富

1. 粮食果蔬饮食资源产量激增

为适应人们日益增长的物质生活需要，20世纪80年代以来，东南地区各地开始兴办各种类型的种养业基地，至20世纪90年代，东南地区已建立一大批商品粮生产基地、糖蔗生产基地、水果生产基地、蔬菜生产基地、畜禽养殖基地、花卉基地、优质水产品基地和茶叶生产基地，如珠江三角洲的水果生产基地和花卉基地，雷州半岛的糖蔗生产基地，广西钦州、防城、北海三角地带的优质水产品基地，而在福建则形成闽北茶叶和水产、闽南花卉和水果、闽东茶叶和优质米的农业基地格局。在经济发达的城市和沿海三角洲地区，大力发展为城市服务的经济作物和副业，例如在珠江三角洲发展经济效益好的优质水果、优质蔬菜。在不少山区县则大力种植反季节蔬菜，使东南老百姓在秋冬季节可以吃到春夏的蔬菜。如广东阳山县，至1989年，全县有11个乡（镇）两年共种植1.04万亩反季节蔬菜，品种有西洋菜、萝卜、青刀豆、毛豆、红尖椒、马铃薯、西六椒等，产品畅销珠江三角洲及港澳地区。

东南地区气候湿热，夏秋时节长，冬春时节短，这非常有利于蔬菜的生长，而众多的蔬菜基地各反季节蔬菜的栽培，又保障了东南地区常年新鲜蔬菜的供应，这为粤菜、闽菜的新鲜清淡风格创造了前提条件。

东南地区是我国有名的水果之乡，在全国占有极为重要的地位。广西沙田柚和罗汉果产量位居全国第一，香蕉、菠萝的产量居全国第二，荔枝、龙眼的产量居全国第三，柑橙产量居全国第四，八角远销30多个国家和地区，桂皮出口全国第一。广东是柑橘、荔枝、香蕉、龙眼的原产地之一，北部盛产温州蜜柑、沙田柚、李、梅、柿、桃、梨、板栗等，东、中、南部盛产柑橘、香蕉、荔枝、菠萝、龙眼、杨桃、梨、番石榴、梅、橄榄，西部盛产菠萝、香蕉、荔枝等，其中非常有名的水果有从化荔枝、新会甜橙、四会蜜柑、平远脐橙、梅县沙田柚、潮州椪柑。海南以盛产椰子、菠萝、芒果和其他热带水果而著称，福建的龙眼产量居全国第一，荔枝、柚子、枇杷、李、梨、菠萝等的产量也很多。不少特色水果制成了罐头，形成国内的知名品牌。

2. 禽畜海鲜产力旺盛

鸡肉、猪肉、鹅肉、狗肉等家禽家畜向为东南地区人民嗜好的荤食，鸡、猪、鹅等禽畜的蓄养规模在改革开放后极为扩大，并产生了不少地方名种，这对丰富东南人的饮食生活有着重要意义。

东南名鸡众多，有三黄鸡、文昌鸡、霞烟鸡、清远麻鸡、穗黄鸡、穗麻鸡、粤黄鸡、广黄鸡、杏花鸡、沙栏鸡、福建山鸡等良种。其中"三黄鸡"肉嫩骨细、皮脆味鲜、肉质特佳，广西的岑溪、容县、藤县和广东的博罗、惠阳、紫金、龙门、惠东等区县为主要生产区；"文昌鸡"以肥美、肉嫩，骨软、爽滑而驰名，宜清蒸白切，多食不腻，主要产于海南省文昌县；广西容县"霞烟鸡"以皮黄肉白、骨脆易嚼而闻名。为"无鸡不成宴"的粤菜提供了充分的货源。

东南生猪品种多，优质肉猪也多，如广西"陆川猪"以皮薄、肉质细嫩、长膘快、适应性强、遗传力稳定而著称。养鹅业亦是东南地区的强项，"狮头鹅"即是中国最大的肉用鹅，成年公鹅体重可达7～8公斤，广东的澄海、饶平等地区是其主要产地。清远"乌鬃鹅"原产清远，属小型鹅种，以其颈背鬃毛有一明显黑色羽毛带而得名，自今已有800多年的历史，改革开放后得到大力饲养。也为粤菜著名菜品"烧鹅"提供了足够的优质货源。

东南地区靠近东海、南海，雨水丰富，为水产养殖和海洋捕捞提供了先天的优势。到20世纪90年代，水产养殖业和海洋捕捞业已获得长足的发展，即便是水产业不很发达的广西省也获得了长足的发展。福建省的海洋捕捞和水产养殖更是在全国处于领先行列，根据资料显示，福建的水产品产量在1978年只有44.75万吨，其中海洋捕捞的水产品产量为34.33万吨，1990年，水产总量已达到118.6万吨。[1] 福建渔民全年捕捞的海产对象主要有带鱼、大黄鱼、海鳗、马鲛、鲳鱼、虾贝类等。海水养殖种类齐全，花色众多，贝类有牡蛎、缢蛏、花蛤、贻贝、文蛤、扇贝、西施舌等；藻类有海带、紫菜、江蓠、红毛菜、裙带菜、鹅掌菜、羊栖菜等；鱼类有大黄鱼、鲷鱼、鲻鱼、石斑鱼、河豚鱼等。

池塘养殖是东南地区最普遍的形式，养殖的鱼类有草鱼、青鱼、鲢鱼、鲤鱼、鲫鱼、鲂鱼、鳙鱼、鲴鱼、鳊鱼、罗非鱼、福寿鱼等。

随着人民生活水平的提高，一些营养价值高的海产需求增多。牙鲆，南方俗称左口鱼、皇帝鱼、比目鱼，其肉质鲜美，营养丰富，为大型名贵海产鱼类，经济价值很高，是我国主要养殖品种之一。20世纪90年代牙鲆养殖在福建方兴未

---

[1]　福建地方志编纂委员会编：《福建省志·水产志》，方志出版社，1995年。

艾。随后，东南地区又搞起了特种养殖，大力养殖鳗鱼、甲鱼、大闸蟹、三角蚌、牛蛙、河鳗、山瑞等名贵水产，以适应不断繁荣的市场需要。

3. 国内外优良动植物食品原料的引进

改革开放后，随国内外科技文化交流的不断发展，东南地区对优良动植物的食品引进的范围、品种和数量都有了大幅度的提升，对提高当地经济效益和改善东南人民的生活有着重要意义，同时也符合了粤菜用料广杂的特色和粤人吃精吃新的风格。

猪肉富含脂肪、热量和各种维生素，是我国人民普遍喜欢的一类肉食品。随东南地区人口的增多，猪肉的需求扩大，各种外国优质种猪先后被引进培育。杜洛克猪，生长快，肉质优，成年体重达280公斤，1978年从美国引进；汉普夏猪，膘薄，瘦肉多，同样于1978年从美国引进。国内外其他优良家畜也得以引进培育，如芙蓉兔、日本大耳兔、狼兔等大型皮肉兼用兔，瑞士奶山羊、印度羊，以及北京珍珠鸡等，均成功引进繁殖。

佛山顺德在20世纪70年代就开始引进丰鲤、金鲫鱼、东北鲫鱼、芙蓉尾江鲤鱼、荷包鲤等，20世纪80年代又先后引进国外优质的短盖巨脂鲤、加州鲈鱼、褐手鲶、叉尾鮰、泰国虾虎鱼、丝足鲈、银耙鱼、猪仔鱼、桂花鲈鱼、德国镜鲤等。[①]众多国外优质畜类和水产的引进并培育成功，大大丰富了东南地区的饮食资源，为粤菜、闽菜的创新提供了充分的原料来源。

随东南人民生活水平的提高，对牛奶的需求量增加，国内外产奶量大的奶牛相继被引进东南地区培育。如从巴基斯坦引进的摩拉水牛，是世界著名的奶牛品种之一，体形大，乳房发达，产奶量高，年产奶量可达2500～3000公斤；辛地红牛，体重大，耐高温，易饲养，抗病力强，产奶量较高。

作为我国的水果之乡，东南地区也注重引进培育国内外的优良果木。如广

---

① 顺德市地方志编纂委员会编：《顺德县志》，中华书局，1996年。

东，20世纪60年代从美国、日本引进脐橙，20世纪70年代从美国、意大利引进夏橙，20世纪80年代从浙江引进文旦柚，从北京、台湾等地引进巨型葡萄、草莓、新葫芦和新红宝等，而东南地区内部优良果木的交流种植则更加频繁。

二、多元、快捷、绿色的饮食消费

随着东南地区经济的快速发展和人民生活水平从温饱型向小康型的迈进，人民已不再满足于原来维持生存所需要的初级产品，而是对饮食提出了更高的要求，要求营养合理、品质优良、卫生安全、品种多样、风味讲究、方便实惠和能调节人体机能，多元消费和绿色消费的观念逐渐形成。党的"十三大"报告指出："在加快发展农业生产的同时，要对居民的消费结构特别是食物结构进行正确的引导和调节，使之同我国农业资源的特点和生产水平相适应"。

1. 优质食品需求稳中有升

粮食、肉类、鸡蛋、蔬菜、糖、淀粉等日常食品的充足，是小康社会人民生活水平的基本象征，人们希冀享受到更为精致的食品，东南人们的这种需求稳中有升。

其中，优质大米、可口的香米大受东南百姓欢迎。粉、面制品因其煮食快捷方便，而成为东南地区早餐的首选食品。如广东的河粉和肠粉、广西的桂林米粉、福建的兴化米粉等传统米粉供不应求，龙凤面、卫生面、精波纹面、一级蛋面、精致圆蛋面和金丝蛋面以及香菇面、冬菇面、鸡精快食面、牛肉快食面等面食大量供应市场。原来供应较少的包子、馒头、面包、糕点等重新摆上东南人的餐桌。猪肉等肉食已不再稀缺，并制成腊味产品，深受东南民众喜爱。如潮州腊味，色泽鲜明，味美甘香，薄而脆嫩，甜而不腻，向有"甜腊"之称，是潮汕人秋冬季节最喜爱的食品之一。

2. 喜好方便食品简单快捷

改革开放后的东南地区是全国经济发展最为迅速的地区之一，第三产业的迅速发展，流动人口的不断增加，城市生活节奏的加快，家务劳动的社会化发展等，使人们更加需要简单快捷的方便食品，以节约时间成本。因此，各类休闲食品、方便食品、方便半成品、罐头食品、冷冻、速冻食品和冷冻饮品等应运而生，成为东南地区人们日常生活不可缺少的食物。

肉脯肉干是以畜、禽肉为主要原料，经调味烧煮烘烤而制成的熟肉干食品，在我国有着悠久的历史。随着东南经济的快速发展，东南人们外出旅游度假、休闲娱乐活动日益增多，肉脯肉干等休闲食品由于其营养丰富、携带方便、口感好等特点，成为人们外出旅游的必备食品，像福建猪肉干、牛肉干，开封即可食用，且鲜香扑鼻。福建的肉松更是全国有名，营养丰富，耐贮藏，便携带，易消化，是闽粤地区老弱、儿童最常食用的休闲食品之一。

东南水果蔬菜丰富，各式水果罐头应有尽有。东南人还创制了适合现代人口味的各种休闲蜜饯食品，主要有草制品、蜜制品、酱制品和话化制品等。也有用水产、海味食品做成的鱼糜和干制品，方便又耐存。

速冻食品也首先在东南出现。大致可以分为四类：果蔬类：如冻果汁、速冻草莓、荷仁豆、蒜苗等；水产类：冻鱼、虾、蟹等；畜禽肉蛋类：冻鸡、肉、蛋等；调理食品类：冻饺子、包子、馄饨等。这些速冻食品为东南百姓带来了快捷、方便和美味。

3. 崇尚保健食品讲求营养

改革开放的东风使东南地区的经济发展领先于其他地区，所以消费水平也高于其他地区，加之东南人民素有讲究进补的传统习俗，因此一些保健食品势头渐旺，诸如孕妇食品、婴幼儿食品、儿童食品、中老年食品和功能性食品走进了东南人的家门。

东南人对保健食品的追求是从奶制品开始的，如速溶奶粉、母乳化奶粉、婴儿奶粉、多维奶粉、多维麦乳精、牛奶豆浆晶、酸奶制品等。东南人喜欢买以传统方式生产的食品，如强化食品、蜂王浆口服液、龟苓膏、菊花晶、当归晶、三蛇酒、龙虱酒等。此外，米面保健产品也深得东南百姓喜爱，如黑米年糕、黑米八宝粥、黑米粉、黑芝麻糊、花生芝麻糊、杏仁糖、多味营养面、多味营养米、高蛋白营养米粉、强化淮山米粉、母乳化奶粉等。

东南人注重营养保健食品，增强了民众的体质。

4. 返璞归真，追求绿色健康的食品

东南经济的快速发展给人们提供了丰富多彩的食品，随之也产生了环境污染和食物污染的负效应。面对本地食品受环境污染日益严重和新鲜果蔬喷洒农药过多的现实，使东南人们对食品质量的要求提高了，绿色食品受到青睐。主要表现在：一是要求食物的品种优良，营养丰富，口感要好；二是注重食品加工质量，拒绝接受滥用食品添加剂、防腐剂、抗氧化剂和人工合成色素的食品；三是要求食品卫生，关注食品是否有农药残留污染、重金属污染、细菌超标等；四是注重包装的新颖美感和包装的材质，以及是否会对食品产生污染等。

针对人们对绿色食品的巨大需求，东南地区大力发展优质绿色食品，如广西的沙田柚、罗汉果，福建的龙眼、茶叶，广东的荔枝、柑橘，海南的椰子等，并形成了相当多的绿色食品种养基地。

东南多山，山区最宝贵的资源是纯自然的绿色食物、含有丰富矿物质的水源、高负离子的清新空气等。东南人在休闲时节喜欢到山区农庄品尝天然野味和无污染食品，购买无污染农产品，呼吸清新空气，这成为了一种新的饮食时尚。在追求绿色食品的同时，玉米、白薯、小米、荞麦面等粗粮杂面重新走上了东南百姓的餐桌。

三、东南饮食业的空前繁荣

1. 以粤菜为中心的百花齐放局面

改革开放以来，中外文化交流的加深和外国饮食文化的传播，促使粤菜、闽

菜的烹饪技法有了进一步提高；香港的繁华兴旺及当地人民生活水平的提高，促进了新派粤菜的兴起；人民对美食质量口味的追求，呼唤着更多的美味佳肴出现。自此，"文革"时期压制美食的风气被彻底打破，东南饮食文化重新焕发了勃勃生机，饮食市场出现了百花齐放的局面。

粤菜是在长期的发展过程中博采中外饮食之长而形成的一大菜系，用料广博、选料精美是其一大特色，大胆吸纳他家烹饪精华加以创新是其不断发展的基础。美国的龙虾、澳洲的鲍鱼、日本的人造食品、东南亚的瓜果等原料，美国的地扪番茄酱、OK汁、沙律酱，英国的李派林喼汁、吉士粉，瑞士美极鲜酱油，日本京都骨汁和食用色素等调料，以及焗、煎、炸等西方的烹饪技术，都在粤菜中得到了运用。例如"果汁肉脯"类的粤菜菜式，即是借鉴西餐的"猪扒"烹饪方法创制出来的。

新派粤菜的出现进一步突破了旧式粤菜的传统框架。它运用先进炊具，糅合南北风格，混合中西口味，进行中菜西法、西菜中法的创新；相继采用黑椒汁、香橙汁、牛柳汁、海鲜酱油、煲仔酱、沙爹酱、川酱、XO酱、卡夫酱等各种中外味型的汁酱，遵循菜肴调味从单一到复合的规律，使粤菜得到进一步发展。新派粤菜兴起于20世纪50年代的香港，20世纪八九十年代传入广东并大行其道。粤菜以求新、求精、求广为特色，在广东经济的腾飞的背景下，20世纪80年代后，粤菜大规模东进、西闯、北上、南下，所到之处呈现无法抗拒的魅力。人们以品粤菜为时尚，以进粤菜馆为身份象征，粤菜在国菜中地位陡然提升。之后，粤菜进一步向东亚、东南亚、欧美等国家进军，有华人的地方就有了粤菜。

国内、国外饮食文化的大范围交流，是这一时期的重要特征。

在广州、深圳、福州、厦门、桂林、南宁等东南地区的大中城市，国内外各地酒家纷纷出现，如湘菜、川菜、重庆火锅、贵州火锅、东北菜、山东菜、江浙菜、淮扬菜及日本料理、韩国烧烤、东南亚风味、欧美西餐等中外风味菜，各自展示自己的风采。饮食新潮一波接一波，铁板烧系列、河海鲜系列、野味系列、火锅系列、煲仔系列等出现在各大饭店酒家的菜单上。餐饮食肆一家接一家，个体、私营的中小餐馆如雨后春笋般涌现，大街小巷出现了大小不一干净新鲜的饼屋、面包屋，麦当劳、肯德基等外国快餐连锁店在各大繁荣街道纷纷开业，又出现了粥城、茶餐厅、啤酒屋、咖啡厅、酒吧等新型食肆，而大排档的出现可谓是东南饮食文化的一道靓丽风景。

东南大排档兴起于20世纪70年代末80年代初，本为私人开设的条件简陋的街边饮食店档，开初多经营早餐和宵夜。早上主要供应肠粉、粥品、包点等早餐；晚上则多占道经营，在长街中摆开一排桌椅，为食客提供打边炉（火锅）、狗肉煲、炒田螺、牛肉丸以及各式小炒等，虽然环境较低档，但由于味道讲究，价格适宜，所以一出现即深受平民百姓的喜爱。随城市卫生的整顿和老百姓对饮食的讲究，80年代中期以来东南大排档发生了很大的变化：店内重新装修，讲究用餐卫生，露天餐位的设施如同室内，且普遍增设午、晚餐，营业时间从早晨到深夜，甚至通宵，供应品种从菜品点心到海鲜野味等。由此带来了菜式价格的提高。但由于大众化的经营，大排档仍受到工薪阶层的光顾，尤其是经营煲仔饭的大排档更受欢迎。同时，珠江三角洲的茶楼酒家早、中、晚茶市传统的恢复，在早茶、晚茶的气氛中民众谈天说地把话家常的热闹场面，更是平添了坊间风情。

各式餐馆的出现及饮食业的激烈竞争，给东南餐饮业带来了优胜劣汰的市场洗礼，不少传统老店和菜肴败走麦城，一批新的酒楼餐馆和新式菜肴纷纷登场，并迅速赢得了食客的青睐。例如，20世纪80年代，清平饭店的"清平鸡"、

图7-1 "泮溪画舫"酒家

广州酒家的"文昌鸡"、东江饭店的"东江盐焗鸡"、麓鸣酒家和东方宾馆的"市师鸡"、大同酒家的"脆皮鸡"、泮溪酒家的"桶子油鸡"、新陶芳酒家的"蚬蚧鸡"、九记的"路边鸡"、广大路的"百岁鸡"、周记的"太爷鸡"是食客公认的广州"十大名鸡",清平饭店曾在1996年中秋节创下了出售17200只清平鸡的历史纪录,"清平鸡"也赢得了"广州第一鸡"的美誉。时过境迁,进入21世纪,曾经风光的"清平鸡"随清平饭店的倒闭而消失,"百岁鸡"随店面迁移而日薄西山,周记的"太爷鸡"因缺乏创新而大不如前。在这些名鸡退出广州饮食历史舞台之际,伴随而来是新的饮食名鸡的出现,如大可以饭店的"真味鸡"、黄埔华苑的"风沙鸡"、惠爱酒家的"惠爱鲜味鸡"、水稻田美食酒家的"秘制湛江香草鸡"等,纷纷获得食客的好评,并入选了广州新"十大名鸡"行列。"无鸡不成宴",鸡肉在广州人心中占有重要的地位,这种优胜劣汰的市场竞争机制,打破了过去国营饮食店一统天下的局面,促进了东南饮食业的繁荣。

2. 外国饮食餐馆向东南地区进军

由于东南地区所处的特定地理环境和历史条件,外国饮食文化很早就得以传入,五四运动后的20世纪二三十年代,在广州、福州等东南地区大城市中曾掀起了开设西餐厅的高潮;至20世纪八九十年代,随改革开放的进一步深入,外国饮食业掀起了向中国进军的新一波高潮。

东南地区有着诸多的优势,足以吸引外国餐饮业的投资者,如中国政府优惠的对外政策,东南地区巨大的消费市场,内地涌入东南地区的大批廉价劳动力,靠近港澳台和东南亚的先天优势,东南地区有众多来此工作或旅游的外国人士等一系列因素,使得许多外国投资者肯于解囊,这其中以欧美西方发达国家的投资者为主。他们不仅给东南地区带来了巨额的资金和良好的饭店经营管理经验,也带来了西方饮食文化的精粹,外国餐馆直接进入东南餐饮市场以后,开始与粤菜、闽菜等国内传统菜式展开了激烈的竞争。纵观东南地区在华的西餐业,大致可分为如下几种:

（1）星级酒店的西餐厅　广州中外合资的几大五星级酒店，如白天鹅宾馆、花园酒店、中国大酒店等，都有按照现代西餐标准布置的高档西餐厅，价格比较昂贵，里面环境舒适幽雅，服务规范完美，还配备乐师演奏西方古典音乐，充满浓郁的西方浪漫而温馨的情调；菜式以英、法、意等国为主，经营的早、中、晚餐均按照各国的风俗习惯而来，令人犹如身临其境，非常适合来华的外国投资者和国内富裕阶层，真正是高档消费、一流享受。

（2）专门的西餐馆　西餐馆的消费水平不如星级酒店的西餐厅高，主要针对中收入阶层。其特点是就餐时间快，客流周转大，口味大众化。这类餐馆主要经营欧美套餐或东亚、东南亚菜式，如日本寿司、韩国料理、泰国菜馆、印度尼西亚菜馆等。东南地区很多经济发达、旅游业兴旺的中大城市，这样的西餐馆不在少数，广州的西餐馆尤其为多，例如位于沿江中路的东南亚风味餐厅、建设大马路的明旺庄韩国料理和天河城以经营日本菜式为主的餐厅等。

（3）西式快餐店　西式快餐店在内地的兴起是20世纪90年代，麦当劳、肯德基、必胜客等快餐店凭借干净的环境、良好的服务、优质的食品、实惠的消费、快捷的优势，一开始便受到消费者的喜爱，引领了一股中国饮食潮流。目前，麦当劳、肯德基等西式快餐店已遍及香港、澳门、广州、深圳、厦门、福州、南宁、桂林等东南地区大中城市，广州更是普及，几乎每条繁华的大街都有。这些西式快餐店实行连锁式经营，上设集团，下设各个分店，经营品种为炸鸡、汉堡包、炸薯条等。

（4）咖啡厅和酒吧　作为西方文化的一种，咖啡厅和酒吧总给人一种浪漫的感觉：干净而整洁的餐厅，昏暗而多彩的灯光，轻缓而柔和的音乐，两至三人相视而坐，面前一杯浓浓的咖啡或者西式饮料，令人心旷神怡。近年来，东南地区众多的高级宾馆、酒店均设有这类饮食场所，既方便客人会客与休息，也可招揽更多的旅客；甚至一些大型商业公司或文化娱乐场所也增辟此类食肆，以吸引更多的顾客。另外，一些很有眼光的个体户也投资创办专门的咖啡厅和酒吧。其营业时间长，一般是早晨八九点至深夜二三点；经营品种多，有冷热饮品、啤酒、红酒、鸡尾酒、西点等；服务设施好，一般都配有卡拉OK设备，在这里顾客得到与众不同的享受，也使店家收益不菲。

（5）面包饼屋店　一些著名的西方食品公司也纷纷在华设立面包饼屋店，如广州有名的圣安娜饼屋店等，由此带动了广州本地面包饼屋店的盛行。

3. 东南快餐业的崛起

快餐起源于西方，是随着生活水平提高、生活节奏加快和家务劳动社会化而产生和发展的。著名科学家钱学森曾经提出："快餐就是烹饪的工业化。"20世纪90年代，随着东南地区经济的高速发展，现代都市人生活节奏的不断加快，人们对饮食要求也趋向简洁化和随意化，快餐业由此应运而生并迅速崛起。

广州、深圳、厦门、福州等现代都市的很多年轻白领，平时的生活节奏非常快，工作压力大，谁也不愿为了填饱肚子而浪费更多的学习和工作时间。西式快餐的便捷性是它的一大优势，从点餐到拿到手上只要十几秒钟甚至更短，而其灵活的经营手段也顺应了这种消费需求，无论堂吃还是外卖，即买即吃的快餐非常符合他们的生活节奏。另一方面，西式快餐食品和中国传统食品有较大区别，"汉堡炸鸡"这种西式的独特风味吸引了越来越多的人，尤其是小孩。

西式快餐的餐饮科学化、服务人性化和顾客平等化，是获得消费者青睐的另一制胜之宝。现代快餐业具有严格的工艺标准与适用工业化生产的加工设备。所用原料和辅料的选配及加工都有严格的量化与营养配比。如肯德基家乡鸡制作时，要求鸡块在油锅中炸13分30秒。准确科学的选配与制作保证了产品品质的稳定及合理的营养比例，符合现代人重视质量与讲究营养的特点。西式快餐还有体贴入微的服务。麦当劳对其店堂设施的每个细节都要求尽善尽美，如在研究出最适合人们从口袋掏钱的高度是92厘米时，传统柜台就都被改为92厘米。面面俱到的服务为快餐业赢得了大量的顾客。另外，与中餐讲究雅座不同，西式快餐店没有单间，所有桌椅全部设置在大餐厅内，井然有序；同时，与中餐分低、中、高档不同，西餐没有档次之分，价格比较实惠，所有菜肴价格相差不大，这也非常适合了中国老百姓追求平等的消费心理。

经过十几年的高速发展，麦当劳、肯德基等西式快餐已经遍布东南各大中城市，融入了东南人的日常生活之中。在低龄群体中，肯德基、麦当劳的名词在他们叫来已经无比亲切了。这里辟有儿童娱乐的场地，不吃饭也可以进来玩、进来坐歇，因此一到节假日，西式快餐店里人头攒动。西式快餐成为了年轻人就餐的首选。

同时，东南中式快餐业也得到迅速发展。在每个城镇的街头巷尾，经营盒仔饭、煲仔饭、粉面、饺子等的中式快餐店比比皆是。中式快餐店有的较上档次，也有一些质量不稳定、卫生条件和服务态度欠佳的。西式快餐在东南内陆城市的流行，给中式快餐业带来巨大的冲击。可喜的是，在洋快餐的启发下，东南中式快餐店意识到自己的危机，借鉴洋快餐"优质快捷的食物、良好快捷的服务，清洁幽雅的环境"的经营之道，出现了一批可以和洋快餐相抗衡的中式快餐店。例如位于广州中山二路的"大家乐"中式快餐店，以其干净明亮的环境、自助餐式的经营和热情周到的服务赢得了很多白领阶层的青睐，而"大西豪"和"蓝与白"已经具有了一定的规模，成为广州地区很有名气的中式快餐连锁店。发源于东莞的"168"蒸品店，是以主打原盅蒸汤、蒸饭为主的中式快餐店，由于经营有方，并于2004年改名为"真功夫"后，业务得到巨大发展。2008年"真功夫"米饭销量突破5000万份，全国有360家直营店，成为直营店数最多、规模最大的中式快餐连锁企业，也是中国快餐五强企业中唯一的中国本土快餐品牌。

西式快餐和中式快餐互相促进、互相竞争的局面，推动了中式快餐的改良和进步，加快了东南快餐业的发展，为东南饮食文化增添了靓丽的色彩。

4. 新时期饮料的创新

东南炎热，冬短夏长，对水的需求强烈。饮料产品日益受到东南民众的重视，不仅出现在各种社交场合，而且开始进入家庭，摆上餐桌，逐渐成为老百姓日常生活的必需品。到20世纪80年代末期，东南地区除碳酸饮料外，各种新型的饮料产品相继上市，如矿泉水天然型、中国式可乐型、天然果蔬汁型、豆奶营养型、乳酸发酵型等。

果汁作为一种新型饮料，为身体提供了不可缺少的天然化合物，包括果糖、酶、矿物质、有机酶、胡萝卜素、蛋白质和维生素，因此有着非常大的市场需求。主要品种有：芒果汁、橙汁、芦柑果汁、鲜橘汁、荔枝果汁、鲜马蹄汁、椰子汁、芒果汁、水蜜桃汁、菠萝汁等。

豆奶是含有人体所必需的八种必需氨基酸和维生素E，还含有大量不饱和脂肪酸，容易被人体消化吸收，可以降低对胆固醇的吸收，深受消费者青睐。

饮料的包装形式也发生了巨大变化，东南的饮料生产开始进入了新的发展时代。其中，汽水是东南地区的传统饮料，以碳酸饮料为主，口味有橙汁、柠檬和荔枝等，深受东南人民的喜爱。

茶饮料是当今世界三大无酒精饮料之一，是以茶叶的水提取液或浓缩液、速溶茶粉为原料，经加工、调配等工序制成的茶汤饮料和调味茶饮料，被誉为"21世纪的健康饮料"。东南地区早期的茶饮料主要是各类茶汤饮料，像菊花茶、冬瓜茶、柠檬茶等。时下风行的茶饮料有冰绿茶、冰红茶以及冰乌龙茶系列，以天然、时尚、健康、方便为主题，口味各异，具有消暑解渴提神之功效。

广东的凉茶饮料也备受欢迎。它不但能祛毒降火，而且与其他食品一起搭配更显风味，如甘蔗汁清甜爽口，酸梅汤酸甜消滞，菊花雪梨茶润喉化痰，火麻仁茶清肠通气等。

四、饮食文化研究方兴未艾

经济的繁荣带动了文化的发展。这一时期东南地区一大批学者开始涉足饮食文化的研究，取得了不菲的成绩，并出现闻名全国的饮食文化研究者。

作为我国较早涉足中国饮食文化研究的学者，暨南大学林乃燊教授于1957年即在《北京大学学报》（第2期）发表了《中国古代的烹调和饮食——从烹调和饮食看中国古代的生产、文化水平和阶级生活》，该文从烹调和饮食的角度，透视了中国古代的食料、食器生产、文化风尚和社会生活，引起了国内外文化学者的关注。1989年，他出版了《中国饮食文化》专著，在学术界引起了强烈的反响，此后台湾再版了他的著作。1997年，他接着又出版了《中国古代饮食文化》简本（商务印书馆出版），台湾又出版了该简本的繁体字版，日本也即将印行日文版。1999年，他撰写了构思新颖、别具创意的新作《中华文化通志——饮食志》。这些著作奠定了林老在中国饮食文化研究中的学术地位。

出生于福建省安县的陈椽教授（1908—1999年）是我国著名的茶学家、茶业教育家和制茶专家，他不仅在开发我国名茶生产方面获得了显著成就，而且著述颇丰，如《制茶全书》《茶业通史》等。《茶业通史》可算是一部开先河之作，也是国内第一部全面研究古今中外茶事茶史的大著，为茶界人士案头必读之书。

东南地区有关中国饮食文化研究的书籍还有很多，如钟征祥著的《食在广州》（广东人民出版社1980年），广州市服务局教研组编的烹调技术教材《广东菜》（广东科技出版社1981年），胡海天、梁剑辉主编的食疗菜谱《饮食疗法》（广东科技出版社1981年），周光武主编的《中国烹饪史简编》（广东科普出版社1985年），暨南大学陈伟明教授的《唐宋饮食文化初探》（中国商业出版社1993年），广东韩山师范学院陈香白教授的专著《中国茶文化》，（山西人民出版社2002年）广东省社科院院长张磊《广东饮食文化汇览》（暨南大学出版社1993年），高旭正、龚伯洪合著的《广州美食》（广东省地图出版社2000年），刘满球《广州第一家》（广东高等教育出版社1999年）等。研究东南饮食文化的学术论文更是繁多，如陈伟明《唐宋华南少数民族饮食文化初探》（《东南文化》1992年第2期）、方素梅《壮族饮食文化的历史探析》（《广西民族研究》1998年12期）等。随着东南地区饮食文化研究的深入，"食文化研究会"在各地纷纷成立，最知名的是成立于2004年的广东省食文化研究会，对推动广东饮食文化的发展起了重要作用。

第三节　东南饮食文化的反思与借鉴

一、关于吃的反思

东南人民创造了辉煌的饮食文化，在历史的长河中留下了浓量重彩的一笔，然而在科学技术迅猛发展的今天，我们有必要回首审视一下，我们的行为中有无违背科学需要反思之处，以此进行一次传统行为的扬弃。

嚼食槟榔是东南地区人从古至今的嗜好，现代医学研究表明，吃槟榔对人体健康危害较大，不少口腔癌患者都是由于常年吃槟榔所致，而台湾男性口腔癌发病率在世界华人地区排名第一，嚼食槟榔还会造成口腔硬化等病变，因此台北管理部门已立法限制贩卖和嚼食槟榔。

东南地区依山傍海，动物资源丰富而奇异，饮食原料广、博、奇、杂，由此造就了东南人敢吃、会吃的饮食风格。在这种风气下，一部分人日益追求野味的奇特、海鲜的奇异，各种濒危动物更是他们的梦寐之求，于是滥捕、滥杀、滥吃珍稀动物，造成了东南很多珍稀动物的绝种，以及引发了一些疾病的流行。这不能不令人深思。如今东南人民已经意识到这种滥杀、滥吃珍稀动物带来的危害，保护珍稀动物，转换食物口味，不求一时的口福之欲已成为东南人民的共识。

东南人喜食精白米，这一传统应作改变，因为精米的营养价值比不上粗米，只是口感上富于弹性，外表洁白美观而已。商家迎合人们的爱好，把稻米再次精加工，把最有营养价值的表层都加工掉了，十分可惜。

东南人缺钙和患有糖尿病、冠心病的情况比较严重。资料显示，广东人糖尿病发病率高达3.96%，其中广州人达6.48%，大大高于全国水平的3.65%，这与他们的饮食习惯大有关系。东南是产糖区，爱吃甜食是糖尿病的重大隐患。高血脂、冠心病与高脂肪的摄入成正比，这和他们多食肉类、油炸食品不无关系，更与粤菜、闽菜重鲜活，加工过于精细有关。粤菜、闽菜重鲜嫩，小炒八九成熟即起锅，有害的病菌虫害未及杀死，容易造成安全隐患。粤菜重老火靓汤，过度的熬煮导致叶绿素和维生素A的丧失，减少了营养。广东人爱煲骨头汤，熬汤时间都很长，这固然有利于钙质的充分溶解，但也使汤含有大量油脂，不利对钙的吸收利用。东南人嗜好生猛海鲜，自然造成蛋白质的过量吸收，引起钙排出量的增加，再加上人们习惯于饮早茶，吃白粥，很少吃豆浆和牛奶，所以补钙不科学造成了骨质疏松、骨质增生以及严重缺钙等病症。

东南地区的民众多有喜食消夜的习惯，现代科学表明消夜对胃的健康不利，特别是消夜中的鱼、虾、蟹等，会导致钙在肾脏沉积而产生结石。东南人有吃鱼生的习惯，它很容易引发肝吸虫病和多种寄生虫病。此外，两广和海南是我国鼻咽癌和大肠癌的高发病区，据研究，这与食用过多的腌菜和发酵食品有一定关系。

对于东南饮食出现的这些问题，首先要更新饮食观念，建立科学的饮食观；继而要深入开展食疗研究，从科技和医学中获取结论，使东南饮食朝着科学、绿色、健康的方向发展。

二、学习与借鉴

在美食的天地中，一些地方一直得风气之先，它们以独特的优势和超人的智慧打造出了美食的天堂。香港、澳门、台湾即是大获成功者，值得学习与借鉴。

被誉为"美食天堂"的香港是一座充满魅力的国际大都市。世界各国的名菜大部分都可以在香港找到它的足迹，晚上漫步在香港街头，色彩缤纷的饮食霓虹灯广告令人叹为观止，真正感受到香港世界美食的风采。为何香港能吸引世界各地美食？为何林林总总的饮食店家能得以生存？为何众多的餐饮店没有把港岛污染？这正是香港饮食文化的优长所在。首先是一丝不苟、精益求精的制作工艺，即使是一碗粥也要做到极致。坐落在香港上环毕街的生记粥店，被美食家蔡澜称之为"全香港最好吃的粥"。其粥品用猪骨瘦肉、瑶柱熬足四小时作汤底，再加上泰国香米和腐竹煲上三小时，煮就绵滑甘香的粥底，然后选配各种新鲜食料滚熟，其功夫之深令人钦佩。位于九龙尖沙咀的刘森记面家创建于1956年，多年来坚持使用自家制作的竹升面，每天打面长达四小时，其面条根根分明，粗细适中，充满弹性，如此精心巧制，常使食客如云。有着60多年历史的镛记酒家，是香港最具代表性的食府，其名牌美食"飞天烧鹅"列为香港十大手信（纪念品）之一，其制作精细入微，皮薄而脆，色香味美，肥而不腻。其品位与工艺超过了烧鹅发源地的珠江三角洲。其次是善于借鉴他人之长补己之短，无论是中餐、西餐；茶餐、正餐都可以信手拈来幻化得天衣无缝，如香港盛行的"茶餐厅"就是中西结合和快餐经营的优秀典范，它规模虽小，但菜式多样，深受各阶层人士的青睐。兰桂芳的酒吧一条街是西式风格，它吸纳了诸多的现代时尚元素，使得客源如流，长盛不衰，为东南大城市的酒吧经营提供了可资借鉴的经验。

澳门开埠已有数百年的历史，作为一个旅游城市，澳门一直努力地擦亮自身的饮食文化招牌，以高文化含量著称的各种博物馆里，都有异常丰富的饮食文化内容。在这个不大的城市里，餐饮业搞得风生水起。如近年兴起的妈阁庙前的葡餐一条街生意兴旺，关闸一带的食肆如雨后春笋般涌现，大三巴牌坊一带手信食品的街区越来越繁荣，在各条街道几乎都可以找到颇具情趣的酒吧。最为气派的当数与博彩联成一体的各大酒店，如威尼斯、葡京、金沙、星际等。各大娱乐场所和饮食服务密切配套。有些娱乐场所甚至推出免费饮食的奇招，更是诱人心动。另外澳门酒店的劳动人手不多，但管理工作井然有序，这些都是大陆应该借鉴的。

台湾是典型的移民社会，台湾饮食的主流是粤菜大系，闽潮菜和客家菜最为突出。但西菜、日本菜、韩国菜也大有市场，今天的台湾饮食业与广州和香港已是并驾齐驱了。台湾的发展最值得借鉴的经验是广纳百川，兼收并蓄。以台北市华阴街著名的广东客家菜馆——天桥饭店的营业菜式为例，该店除了经营传统的客家名牌以外，还有川菜风格的诸多菜品，以及东南亚风味、海滨风味多种菜式。相比之下大陆客家菜馆就显得过于守旧和传统了。

他山之石，可以攻玉。借鉴他人之长完善自己是东南饮食文化发展的必循之路。

结束语

东南饮食文化是一幅壮丽多彩的历史画卷，反映了不同历史时期社会经济、科学技术、文化艺术、生态环境的发展进程。它从古代蛮夷之饮演进为中国主流菜系，散发出迷人的光彩和非凡的魅力，这是东南人辛勤劳动和聪明才智的结晶。东南饮食文化之所以能后来居上，是经济发展、政治地位腾升以及中外文化交流的优势成就的。它体现了海洋文化的特征和多元文化融合的特色，而中西文化的合璧正是其超长之处。粤菜大系荟萃了东南饮食文化的精华，悠久的民族传统赋予了它丰富多彩的内涵和独特的神韵，精美和高雅是这一菜系的精髓所在，从而使它以强大的辐射力向五洲四海传播。同时，东南饮食文化演绎了中华饮食的哲学思想：五谷为养，以和为贵，天人合一，医食同源，尊老敬老的理念贯通着东南饮食文化的历史轨迹。在改革开放的今天，东南饮食文化将跨越历史的时空，成为中国饮食文化的一枝奇葩。

参考文献[※]

一、古籍文献

[1] 佚名. 逸周书汇校集注：卷七. 上海：上海古籍出版社，2007.

[2] 戴圣. 礼记. 郑州：中州古籍出版社，2010.

[3] 佚名. 诗经. 北京：中华书局，2006.

[4] 子贡. 越绝书. 北京：人民出版社，2009.

[5] 屈原，等. 楚辞. 北京：中华书局，2010.

[6] 吕不韦. 吕氏春秋. 郑州：中州古籍出版社，2010.

[7] 司马迁. 史记. 北京：中华书局，1982.

[8] 班固. 汉书. 北京：中华书局，1962.

[9] 范晔. 后汉书. 北京：中华书局，2007.

[10] 刘安. 淮南子. 桂林：广西师范大学出版社，2010.

[11] 许慎. 说文解字. 北京：中华书局，1963.

[12] 陈寿. 三国志. 北京：中华书局，1959.

[13] 葛洪. 肘后救卒方. 北京：人民卫生出版社，1956.

[14] 贾思勰. 齐民要术校释. 缪启愉，校释. 北京：农业出版社，1982.

[15] 萧统. 文选. 北京：中华书局，1997.

[16] 郦道元. 合校水经注. 王先谦，校. 北京：中华书局，2009.

[17] 姚思廉. 梁书. 北京：中华书局，1973.

[18] 刘恂. 岭表录异. 北京：中华书局，1985.

[19] 陆羽. 茶经. 杭州：浙江教育出版社，2012.

[20] 韩愈. 韩昌黎全集. 北京：燕山出版社，1996.

[21] 段公路. 北户录. 北京：中华书局，1985.

[22] 义净. 大唐西域求法高僧传. 北京：中华书局，1988.

※ 编者注：本书"参考文献"，主要参照中华人民共和国国家标准GB/T 7714-2005《文后参考文献著录规则》著录。

［23］孙思邈. 千金方. 北京：人民卫生出版社，1982.

［24］沈括. 梦溪笔谈. 上海：上海出版公司，1956.

［25］李昉. 太平御览. 北京：中华书局，1960.

［26］李昉. 太平广记. 北京：中华书局，1961.

［27］欧阳修，宋祁. 新唐书. 北京：中华书局，1975.

［28］欧阳修. 新五代史. 北京：中华书局，1974.

［29］唐慎微. 重修政和经史证类备用本草. 北京：中医古籍出版社，2012.

［30］蔡襄. 荔枝谱. 北京：中华书局，1985.

［31］蔡襄. 茶录. 北京：中华书局，1985.

［32］庄绰. 鸡肋篇. 北京：中华书局，1983.

［33］郭祥正. 青山集. 刻本，1924（民国十三年）.

［34］宋子安. 东溪试茶录. 中华书局，1985.

［35］丁谓. 北苑茶录. 北京：中华书局，1985.

［36］赵汝砺. 北苑别录. 北京：中华书局，1985.

［37］赵佶. 大观茶论. 北京：中华书局，1985.

［38］杨时. 杨时集. 福州：福建人民出版社，1993.

［39］朱彧. 萍州可谈. 丛书集成初编本.

［40］苏轼. 东坡奏议. 全国图书馆文献缩微复制中心，1988.

［41］范成大. 桂海虞衡志. 北京：中华书局，1985.

［42］吴自牧. 梦粱录. 北京：文化艺术出版社，1998.

［43］王应麟. 通鉴地理通释校注：卷五. 成都：四川大学出版社，2010.

［44］林洪. 山家清供. 北京：中国商业出版社，1985.

［45］梁克家. 淳熙三山志. 文渊阁四库全书本.

［46］李俊甫. 莆阳比事. 上海：上海商务印书馆，1935.

［47］阳枋. 字溪集. 文渊阁四库全书本.

［48］赵汝适. 诸蕃志. 北京：中华书局，1985.

［49］黄裳. 演山集. 台北：台湾商务印书馆，1986.

［50］程大昌. 演繁露续集. 北京：中华书局，1991.

［51］叶适. 水心先生文集. 刻本，1448（明正统十三年）.

［52］周去非. 岭外代答. 北京：中华书局，1985.

[53] 祝穆. 方舆胜览. 北京：中华书局，2003.

[54] 脱脱，等. 宋史. 北京：中华书局，1985.

[55] 洪希文. 续轩渠集. 台北：台湾商务印书馆，1986.

[56] 周达观. 真腊风土记. 北京：中华书局，1985.

[57] 完颜纳丹，等. 通制条格. 杭州：浙江古籍出版社，1986.

[58] 释继洪. 岭南卫生方. 北京：中医古籍出版社，1983.

[59] 宋濂，王祎. 元史. 北京：中华书局，1976.

[60] 谢缙. 永乐大典. 北京：中华书局，2012.

[61] 何乔远. 闽书. 福州：福建人民出版社，1994.

[62] 李时珍. 本草纲目. 北京：人民卫生出版社，2004.

[63] 黄仲昭. 八闽通志. 福州：福建人民出版社，2006.

[64] 周瑛，黄仲昭. 兴化府志. 福州：福建人民出版社，2007.

[65] 陆容. 菽园杂记. 北京：中华书局，2007.

[66] 万历邵武府志. 刻本，1619（明万历四十七年）.

[67] 王士性. 广志绎. 上海：上海古籍出版社，1993.

[68] 王世懋. 闽部疏. 北京：商务印书馆，1936.

[69] 唐顺之. 唐荆川先生纂辑武编. 刻本. 徐象枟曼山馆，1573—1620.

[70]《德化县志》编纂委员会. 嘉靖德化县志. 明刊本胶卷. 北京：新华出版社，1992.

[71]《宁化县志》编纂委员会. 嘉靖宁化县志. 福州：福建人民出版社，1990.

[72] 嘉靖广东通志. 广州：广东省地方志办公室誊印本，1997.

[73] 陈懋仁. 泉南杂志. 北京：中华书局，1985.

[74] 叶向高. 苍霞草全集. 扬州：江苏广陵古籍刻印社，1994.

[75] 柴镳. 永春县志. 刻本，1526（明嘉靖五年）.

[76] 叶权. 贤博编. 北京：中华书局，1987.

[77] 林重元. 嘉靖钦州志. 上海：古籍书店，1961.

[78] 王世懋. 闽部疏. 北京：中华书局，1985.

[79] 王世懋. 学圃杂疏. 济南：齐鲁书社，1997.

[80] 胡居安. 仁化县志. 广州：中山图书馆，1958.

[81] 彭辂. 英德竹枝词//钟山，潘超等. 广东竹枝词. 广州：广东高等教育出版社，2010.

[82] 陆以载，等. 万历福安县志. 北京：中央文献出版社，2003.

［83］黄佐，等. 广西通志. 南宁：广西人民出版社，1992.

［84］福建省文史研究馆. 万历福州府属县志. 北京：方志出版社，2007.

［85］古田县地方志编纂委员会. 万历古田县志. 北京：方志出版社，2007.

［86］陈让. 万历邵武府志. 刊本，1619（明万历四十七年）.

［87］计六齐. 明季北略. 北京：中华书局，1984.

［88］王士性. 广志绎. 上海：上海古籍出版社，1993.

［89］谢肇淛. 五杂俎. 上海：上海书店出版社，2009.

［90］费尔南·门德斯·平托，等. 葡萄牙人在华见闻录. 王琐英，译. 海口：三环出版
社，1998.

［91］宋应星. 天工开物. 扬州：江苏广陵古籍刻印社，1997.

［92］胡宗宪. 筹海图编. 台北：台湾商务印书馆，1986.

［93］吴思立. 大埔县志. 广州：中山图书馆，1963.

［94］周亮工. 闽小记. 北京：中华书局，1985.

［95］谈迁. 枣林杂俎. 北京：中华书局，2006.

［96］杜臻. 粤闽巡视记略. 文渊阁四库全书本.

［97］刘献庭. 广阳杂记. 北京：中华书局，1957.

［98］杨英. 从征实录. 台湾文献业刊第32种.

［99］陈梦林. 诸罗县志. 台湾经世新报社，1909.

［100］顾祖禹. 读史方舆纪要. 上海：上海书店，1998.

［101］曹寅，彭定求，等. 全唐诗. 北京：中华书局，2011.

［102］高拱乾. 台湾府志. 台湾文献丛刊第065种.

［103］胡公着. 海丰县志. 刻本，1671（清康熙十年）.

［104］蒋毓英. 台湾府志. 刻本，1685（清康熙二十四年）.

［105］高拱乾. 台湾府志. 刻本，1695（清康熙三十四年）.

［106］黄叔敬. 台海使槎录. 北京：中华书局，1985.

［107］吴震方. 岭南杂记. 北京：中华书局，1985.

［108］包桂. 雍正海阳县志. 刻本，1734（清雍正十二年）.

［109］鄂尔泰，等. 雍正朱批谕旨. 北京：北京图书馆出版社，2008.

［110］范端昂. 粤中见闻. 广州：广东高等教育出版社，1988.

［111］董天工. 台海见闻录. 台北：台湾文献委员会，1981.

［112］释如一. 福清县志续略. 影印本. 北京：书目文献出版社，1990.

［113］范咸. 重修台湾府志. 北京：高等教育出版社，2005.

［114］台湾故宫博物院. 宫中档乾隆奏折：第一辑. 台北："故宫博物院"，1983.

［115］曾日瑛，等. 乾隆汀州府志. 北京：方志出版社，2004.

［116］陈志仪. 顺德县志. 刻本，1750（清乾隆十五年）.

［117］王之正. 嘉应州志. 刻本，1750（清乾隆十五年）.

［118］伍炜，王见川. 乾隆永定县志. 刻本，1757（乾隆二十二年）.

［119］陈瑛. 海澄县志. 刻本，1762（清乾隆二十七年）.

［120］李拔. 乾隆福宁府志. 上海：上海书店，2000.

［121］李拔. 乾隆福州府志. 福州：海风出版社，2007.

［122］觉罗四明，余文仪. 乾隆续修台湾府志. 台湾文献丛刊第121种.

［123］张庆长. 黎岐纪闻. 吴宜燮，修. 上海：上海书店，1994.

［124］黄惠，李畴. 乾隆龙溪县志. 吴宜燮，修. 上海：上海书店等，2000.

［125］李调元. 粤东笔记. 上海：上海广益书局，1917.

［126］李调元. 南越笔记. 北京：中华书局，1985.

［127］陆廷灿. 读茶经. 文渊阁四库全书本.

［128］冯栻宗. 九江儒林乡志. 南京：江苏古籍出版社. 上海：上海书店. 成都：巴蜀书社，1990.

［129］印光任，张汝霖. 澳门纪略. 广州：广东高等教育出版社，1988.

［130］袁枚. 随园食单. 扬州：广陵书社，1998.

［131］温汝能. 龙山乡志. 南京：江苏古籍出版社. 上海：上海书店. 成都：巴蜀书社，1990.

［132］杨桂森. 南平县志. 刻本，1810（清嘉庆十五年）.

［133］孟超然. 瓶庵居士诗抄：卷四. 刊本，1815（清嘉庆二十年）.

［134］亨特. 旧中国杂记. 广州：广东人民出版社，1992.

［135］曹履泰. 靖海纪略. 台北："国史馆台湾文献馆"，1995.

［136］方履篯，巫宜福. 道光永定县志. 刊印本，1823（清道光三年）.

［137］徐香祖. 鹤山县志. 刻本，1826（清道光六年）.

［138］祝淮. 香山县志. 刻本，1827（清道光七年）.

［139］周凯. 厦门志. 玉屏书院刊本，1839（清道光十九年）.

[140] 林星章. 新会县志. 刻本, 1841 (清道光二十一年).

[141] 明谊. 琼州府志. 刻本, 1841 (清道光二十一年).

[142] 吴荣光. 佛山忠义乡志. 南京: 江苏古籍出版社. 上海: 上海书店. 成都: 巴蜀书社, 1990.

[143] 阮元. 道光广东通志. 上海: 上海古籍出版社, 1995.

[144] 王凯泰. 台湾杂咏合刻. 台湾文献丛刊第28种.

[145] 余促纯, 等. 道光直隶南雄州志. 北京: 石油工业出版社, 1967.

[146] 林焜熿. 道光金门志. 刻本. 金门: 浯江书院, 1882.

[147] 吴颖. 潮州府志. 广州: 中山图书馆, 1957.

[148] 佚名. 安海志. 南京: 江苏古籍出版社. 上海: 上海书店. 成都: 巴蜀书社, 1990.

[149] 陈寿祺. 重纂福建通志. 福州: 福建教育出版社, 1995.

[150] 薛绍元. 台湾通志. 台湾文献丛刊第130种.

[151] 屈大均. 广东新语. 北京: 中华书局, 1985.

[152] 陈梦雷. 古今图书集成. 北京: 中华书局. 成都: 巴蜀书店, 1985.

[153] 黄逢昶. 台湾生熟番纪事. 台北: 台湾省文献委员会, 1997.

[154] 朱士嘉. 中国地方志综录. 北京: 商务印书馆, 1958.

[155] 徐松, 等. 宋会要辑稿. 影印本. 北京: 中华书局, 1957.

[156] 番禺市地方志编纂委员会. 番禺县志. 广州: 广东人民出版社, 1998.

[157] 彭君谷. 河源县志. 刻本, 1874 (清同治十三年).

[158] 林豪. 彭湖厅志. 台湾文献丛刊本.

[159] 郑鹏云. 同治新竹县志. 台湾文献丛刊第61种.

[160] 蒋叙伦. 兴国县志. 南昌: 江西人民出版社, 1988.

[161] 王锡祺. 小方壶斋舆地丛钞第九帙. 杭州: 西泠印社, 2004.

[162] 李维钰. 漳州府志. 刻本, 1878 (清光绪三年).

[163] 杨澜. 临汀汇考: 卷四. 刻本, 1878 (清光绪四年).

[164] 施鸿保. 闽杂记. 铅印本, 1878 (清光绪四年).

[165] 戴焕雨. 光绪新宁州志. 刻本, 1878 (清光绪四年).

[166] 戴肇辰. 广州府志. 刻本, 1879 (清光绪五年).

[167] 黄香铁. 石窟一征. 刻本, 1882 (清光绪八年).

[168] 王永名. 花县志. 刻本, 1890 (清光绪十六年).

［169］王崧，李星辉. 揭阳县续志. 刻本，1890（清光绪十六年）.

［170］佚名. 光绪新会乡土志. 刻本，1908（清光绪三十四年）.

［171］丁绍仪. 东瀛识略. 台北：大通书局，1987.

［172］黄典权，游醒民. 台南市志. 台南：台南市政府，1978.

［173］德福，等. 闽政领要. 刻本，清光绪年间.

［174］陈伯陶，等. 东莞县志. 东莞：养和书局铅印本，1927.

［175］张之洞. 张文襄公全集. 北京：中国书店，1990.

［176］朱士玠. 小琉球漫志. 北京：中华书局，1985.

［177］徐珂. 清稗类钞. 北京：中华书局，1984.

［178］卢子梭. 卢氏族谱. 刻本，1910（清宣统二年）.

［179］冼宝干. 鹤园冼氏家谱. 刻本，1910（清宣统二年）.

［180］张嶲，等. 崖州志. 广州：广东人民出版社，1983.

［181］寂圆叟. 陶雅. 济南：山东画报出版社，2010.

［182］张渠. 粤东见闻录. 广州：广东高等教育出版社，1990.

［183］梁明伦. 雷平县志. 台北：成文出版社，1946.

［184］刘芳. 清代澳门中文档案汇编. 章文钦，校. 澳门基金会，1999.

二、现当代著作

［1］刘子芬. 竹林陶说. 石印本，1915（民国十四年）.

［2］黄占梅. 桂平县志. 铅印本，1920（民国九年）.

［3］王思章. 增城县志. 刻本，1921（民国十年）.

［4］王大鲁. 赤溪县志. 刻本，1926（民国十五年）.

［5］威尔斯. 世界史纲. 上海：商务印书馆，1927（民国十六年）.

［6］万文衡. 建阳县志. 铅印本，1929（民国十八年）.

［7］刘以臧. 霞浦县志. 铅印本，1929（民国十八年）.

［8］李繁滋. 灵川县志. 石印本，1929（民国十八年）.

［9］陈铭枢. 海南岛志. 上海：上海神州国光社，1933（民国二十二年）.

［10］刘锡蕃. 岭表纪蛮. 北京：商务印书馆，1934（民国二十三年）.

［11］魏任重，姜玉笙. 三江县志. 铅印本，1946（民国三十五年）.

［12］傅衣凌. 明清时代商人及商业资本. 北京：人民出版社，1956.

［13］高雄市志//中国方志丛书. 台北：成文出版社，1967.

［14］台湾省通志稿. 台北：台湾省文献委员会，1969.

［15］恩格斯. 家庭、私有制和国家的起源. 北京：人民出版社，1972.

［16］佛山地区革命委员会. 珠江三角洲农业志. 佛山：佛山地区革命委员会，1976.

［17］张星烺. 中外交通史料汇编. 北京：中华书局，1977.

［18］谢国桢. 明代社会经济史料选编. 福州：福建人民出版社，1980.

［19］广州市文物管理委员会. 广州汉墓. 北京：文物出版社，1981.

［20］杨式挺，等. 谈谈佛山河宕遗址的重要发现//文物集刊：第3辑. 北京：文物出版社，1981.

［21］甘肃省民族研究所. 伊斯兰教在中国. 银川：宁夏人民出版社，1982.

［22］关履权. 宋代广州香药贸易史论// 宋史研究论文集. 上海：上海古籍出版社，1982.

［23］中国印度见闻录. 穆根来，汶江，黄倬汉，译. 北京：中华书局，1983.

［24］连横. 台湾通史. 北京：商务印书馆，1983.

［25］中国社会科学院考古研究所. 新中国的考古发现和研究. 北京：文物出版社，1984.

［26］梁方仲. 梁方仲经济史论文集补编. 郑州：中州古籍出版社，1984.

［27］朱维干. 福建史稿：下. 福州：福建人民出版社，1986.

［28］R．D．Creme. City of Commerce and Culture. Wing King Tong In Hong Kong1987.

［29］陈基，等. 食在广州史话. 广州：广东人民出版社，1990.

［30］广州市文物管理委员会. 西汉南越王墓. 北京：文物出版社，1991.

［31］马士. 东印度公司对华贸易编年史. 广州：中山大学出版社，1991.

［32］詹体仁. 游南台民闽粤王庙//全宋诗. 北京：北京大学出版社，1992.

［33］陈国强. 福建侨乡民俗. 厦门：厦门大学出版社，1994.

［34］陈历明. 从考古的发现看潮汕文化的演进//潮州学国际研讨会论文集：上册. 广州：暨南大学出版社，1994.

［35］曾祺. 潮汕史前文化的新研究//潮州学国际研讨会论文集：上册. 广州：暨南大学出版社，1994.

［36］广东省历史地图集. 广州：广东省地图出版社，1995.

［37］民国滕山志//中国地方志民俗资料汇编·华东卷. 北京：书目文献出版社，1995.

［38］张蓉芳，黄淼章. 南越国史. 广州：广东人民出版社，1995.

［39］广州市地方志编纂委员会. 广州市志. 广州：广州出版社，1996.

［40］方志钦，蒋祖缘. 广东通史：古代上册. 广州：广东高等教育出版社，1996.

［41］林国平. 福建省志·民俗志. 北京：方志出版社，1997.

［42］黄挺. 潮汕文化源流. 广州：广东高等教育出版社，1997.

［43］福建省地方志编委会. 福建省志·民俗志. 北京：方志出版社，1997.

［44］中国第一历史档案馆，等. 明清时期澳门档案文献汇编·文献卷. 北京：人民出版社，1999.

［45］广东省地方史志编纂委员会. 广东省志. 广州：广东人民出版社，2000.

［46］东莞文史编辑部. 东莞文史——风俗专辑. 东莞：东莞文史资料委员会，2001.

［47］曾昭旋，黄伟峰. 广东自然地理. 广州：广东人民出版社，2001.

［48］覃彩銮. 壮族史. 广州：广东人民出版社，2002.

［49］广州市文化局. 考古南越玺印与陶文. 广州：广州博物馆，2005.

［50］徐晓望. 福建通史：第1卷. 福州：福建人民出版社，2006.

［51］民国重修崇安县志. 北京：北京图书馆出版社，2008.

［52］中华人民共和国民政部. 中华人民共和国行政区划手册. 北京：中国地图出版社，2009.

［53］广州市政协学习和文史资料委员会. 广州老字号. 广州：广东人民出版社，2010.

三、期刊

［1］许清泉，王洪涛. 福建丰州狮仔山新石器时代遗址. 考古，1961（4）.

［2］广西壮族自治区文物工作队. 平乐银山岭战国墓. 考古学报，1978（9）.

［3］广西壮族自治文物工作队. 广西茶城新街长茶地南朝墓. 考古，1979（2）.

［4］韩起. 台湾省原始社会考述. 考古，1979（3）.

［5］吴玉贤. 河姆渡的原始艺术. 文物，1982（7）.

［6］徐檀. 明清时期的临清商业. 中国经济史研究，1986（2）.

［7］桂林市文物工作队. 桂林市东郊南朝墓清理简报. 考古，1988（5）.

［8］刘希为，刘磐修. 六朝时期岭南地区的开发. 中国史研究，1991（1）.

［9］徐晓望. 福建古代的制糖术和制糖业. 海交史研究，1992（1）.

［10］戴一峰. 闽南华侨与近代厦门城市经济的发展. 华侨华人历史研究，1994（2）.

［11］谢重光. 福佬人论略下. 广西民族学院学报，2001（5）.

［12］曾昭旋，曾新，曾宪珊. 论中国古代以广州为起点的"海上丝绸之路"的发展. 中国历史地理论丛，2003，18（2）.

索　引[※]

※　编者注：本书"索引"，主要参照中华人民共和国国家标准GB/T 22466-2008《索引编制规则（总则）》编制。

后记

  听到出版社说《中国饮食文化史·东南地区卷》即将出版之时，心中之石方有落地之感，然喜悦之情全无，反而有着太多太多的沉重和酸楚，因为我最尊敬的老师，亦即此书的主要作者冼剑民教授永远看不到了。

  冼老师是土生土长的广州人，家乡的一草一木带给老师太深太深的感情。大学读史开始，老师即立志于岭南经济文化史的研究。在多年的学术生涯中，冼老师以严谨认真的治史精神、执着细腻的治史风格先后发表了几十篇有学术分量的岭南文史论文，是《广东通史》《广州通史》的主要执笔人。当别人忙于钻营拿课题时，老师却开始了学者们不屑一顾但对学术有着重要意义的碑刻搜集整理工作，用十多年的心血搜集编撰了上百万字的《广东碑刻集》和《广州碑刻集》。正由于此项工作的庞大繁琐，老师忽视了自己的身体，当病痛求医时，却被告知为绝症。上天是如此的不公，可老师却一直隐瞒着我们，直到再次住院。

  冼老师淡泊名利，更重情重义。当初赵荣光教授登门邀请加盟《中国饮食文化史》（十卷本）撰写小组，老师虽身体欠佳却仍慨然应允。数年的艰辛，《中国饮食文化史·东南地区卷》初稿终完成，却好事多磨而搁置。如此，老师坦然处之。2010年夏天老师刚做完第八次化疗在家休养，然面对出版社领导和编辑亲临羊城的诚意，老师又开始了文章的全面修改，并对我所写的后几章提出了相当多的宝贵意见，直到生命的最后一刻。在送走老师后，按照编辑的要求我对全书进行了认真的校对，并做了一些修改和补充，最终在2011年年底得以全部完成，藉此以慰老师的在天之灵。

  《中国饮食文化史·东南地区卷》是师生合作的结果，冼老师负责全书的提纲和前三章，我负责后四章的撰写。本书写作思路主要以东南边疆开发史、民族文化交流史和经济发展史为主线，主要阐述粤闽饮食文化的发生、发展、成熟和传播的过程，并希望通过异彩纷呈的饮食事象，揭示东南地区饮食文化中的学术思想和文化内涵。

在写作过程中我们首先要感谢暨南大学的林乃燊教授，他自始至终关注本研究项目的进展，并亲临督导本书的撰写工作，没有他的帮助就没有今天的成果。也十分感谢我的师弟林庆，他为本书的校对做了许多工作。可以说本书是老中青三代人的心血结晶。在出版过程中，中国轻工业出版社的马静副总编辑、方程编辑精心审稿，提出许多宝贵意见，使本书不断完善，对他们为本书付出的辛勤劳动，在此深表谢忱！

东南地区饮食文化内容丰富，在仅限二十几万字的书稿中难以尽述，为突出主体内容，在很多地方只能提要钩玄，故未免会有挂一漏万之嫌。再有就是在踩点调查中，我们虽走遍东南地区，但尚未能在东南亚及欧美等国实地调查粤菜在世界各地的影响，这实在是一个遗憾。同时，由于我们的研究水平和工作条件所限，书中必有许多不足之处，不少地方自己仍觉未尽如人意，在此恳请专家和读者多多批评指正。

作者写于癸巳年春

为了心中的文化坚守

——记《中国饮食文化史》（十卷本）的出版

　　《中国饮食文化史》（十卷本）终于出版了。我们迎来了迟到的喜悦，为了这一天，我们整整守候了二十年！因此，这一份喜悦来得深沉，来得艰辛！

（一）

　　谈到这套丛书的缘起，应该说是缘于一次重大的历史机遇。

　　1991年，"首届中国饮食文化国际学术研讨会"在北京召开。挂帅的是北京市副市长张建民先生，大会的总组织者是北京市人民政府食品办公室主任李士靖先生。来自世界各地及国内的学者济济一堂，共叙"食"事。中国轻工业出版社的编辑马静有幸被大会组委会聘请为论文组的成员，负责审读、编辑来自世界各地的大会论文，也有机缘与来自国内外的专家学者见了面。

　　这是一次高规格、高水准的大型国际学术研讨会，自此拉开了中国食文化研究的热幕，成为一个具有里程碑意义的会议。这次盛大的学术会议激活了中国久已蕴藏的学术活力，点燃了中国饮食文化建立学科继而成为显学的希望。

　　在这次大会上，与会专家议论到了一个严肃的学术话题——泱泱中国，有着五千年灿烂的食文化，其丰厚与绚丽令世界瞩目——早在170万年前元谋（云南）人即已发现并利用了火，自此开始了具有划时代意义的熟食生活；古代先民早已普遍知晓三点决定一个平面的几何原理，制造出了鼎、鬲等饮食容器；先民发明了二十四节气的农历，在夏代就已初具雏形，由此创造了中华民族最早的农耕文明；中国是世界上最早栽培水稻的国家，也是世界上最早使用蒸汽烹饪的国家；中国有着令世界倾倒的美食；有着制作精美的最早的青铜器酒具，有着世界最早的茶学著作《茶经》……为世界饮食文化建起了一座又一座的丰碑。然而，不容回避的现实是，至今没有人来系统地彰显中华民族这些了不起的人类文明，因为我们至今都没有一部自己的饮食文化史，饮食文化研究的学术制高点始终掌握在国外学者的手里，这已成为中国学者心中的一个痛，一个郁郁待解的沉重心结。

这次盛大的学术集会激发了国内专家奋起直追的勇气，大家发出了共同的心声：全方位地占领该领域学术研究的制高点时不我待！作为共同参加这次大会的出版工作者，马静和与会专家有着共同的强烈心愿，立志要出版一部由国内专家学者撰写的中华民族饮食文化史。赵荣光先生是中国饮食文化研究领域建树颇丰的学者，此后由他担任主编，开始了作者队伍的组建，东西南北中，八方求贤，最终形成了一支覆盖全国各个地区的饮食文化专家队伍，可谓学界最强阵容。并商定由中国轻工业出版社承接这套学术著作的出版，由马静担任责任编辑。

此为这部书稿的发端，自此也踏上了二十年漫长的坎坷之路。

（二）

撰稿是极为艰辛的。这是一部填补学术空白与出版空白的大型学术著作，因此没有太多的资料可资借鉴，多年来，专家们像在沙里淘金，爬梳探微于浩瀚古籍间，又像春蚕吐丝，丝丝缕缕倾吐出历史长河的乾坤经纬。冬来暑往，饱尝运笔滞涩时之苦闷，也饱享柳暗花明时的愉悦。杀青之后，大家一心期待着本书的出版。

然而，现实是严酷的，这部严肃的学术著作面临着商品市场大潮的冲击，面临着生与死的博弈，一个绕不开的话题就是经费问题，没有经费将寸步难行！我们深感，在没有经济支撑的情况下，文化将没有任何尊严可言！这是苦苦困扰了我们多年的一个苦涩的原因。

一部学术著作如果不能靠市场赚得效益，那么，出还是不出？这是每个出版社都必须要权衡的问题，不是一个责任编辑想做就能做决定的事情。1999年本书责任编辑马静生病住院期间，有关领导出于多方面的考虑，探病期间明确表示，该工程必须下马。作为编辑部的一件未尽事宜，我们一方面八方求助资金以期救活这套书，另一方面也在以万分不舍的心情为其寻找一个"好人家""过继"出去。由于没有出版补贴，遂被多家出版社婉拒。在走投无路之时，马静求助于出版同仁、老朋友——上海人民出版社的李伟国总编辑。李总编学历史出身，深谙我们的窘境，慷慨出手相助，他希望能削减一些字数，并答应补贴10万元出版这套书，令我们万分感动！

但自"孩子过继"之后，我们心中出现的竟然是在感动之后的难过，是"过继"后的难以割舍，是"一步三回头"的牵挂！"我的孩子安在？"时时袭上心头，遂"长使英雄泪满襟"——它毕竟是我们已经看护了十来年的孩子。此时心中涌起的是对自己无钱而又无能的自责，是时时想"赎回"的强烈愿望！至今写到这里仍是眼睛湿润唏嘘不已……

经由责任编辑提议，由主编撰写了一封情辞恳切的"请愿信"，说明该套丛书出版的重大意义，以及出版经费无着的困窘，希冀得到饮食文化学界的一位重量级前辈——李士靖先生的帮助。这封信由马静自北京发出，一站一站地飞向了全国，意欲传到十卷丛书的每一位专家作者手中签名。于是这封信从东北飞至西北，从东南飞至西南，从黄河飞至长江……历时一个月，这封满载着全国专家学者殷切希望的滚烫的联名信件，最终传到了"北京中国饮食文化研究会"会长、北京市人民政府食品办公室主任李士靖先生手中。李士靖先生接此信后，如双肩荷石，沉吟许久，遂发出军令一般的誓言：我一定想办法帮助解决经费，否则，我就对不起全国的专家学者！在此之后，便有了知名企业家——北京稻香村食品有限责任公司董事长、总经理毕国才先生慷慨解囊、义举资助本套丛书经费的感人故事。毕老总出身书香门第，大学读的是医学专业，对中国饮食文化有着天然的情愫，他深知这套学术著作出版的重大价值。这笔资助，使得这套丛书得以复苏——此时，我们的深切体会是，只有饿了许久的人，才知道粮食的可贵！……

在我们获得了活命的口粮之后，就又从上海接回了自己的"孩子"。在这里我们要由衷感谢李伟国总编辑的大度，他心无半点芥蒂，无条件奉还书稿，至今令我们心存歉意！

有如感动了上苍，在我们一路跌跌撞撞泣血奔走之时，国赐良机从天而降——国家出版基金出台了！它旨在扶助具有重要出版价值的原创学术精品力作。经严格筛选审批，本书获得了国家出版基金的资助。此时就像大旱中之云霓，又像病困之人输进了新鲜血液，由此全面盘活了这套丛书。这笔资金使我们得以全面铺开精品图书制作的质量保障系统工程。后续四十多道工序的工艺流程有了可靠的资金保证，从此结束了我们捉襟见肘、寅吃卯粮的日子，从而使我们恢复了文化的自信，感受到了文化的尊严！

（三）

我们之所以做苦行僧般的坚守，二十年来不离不弃，是因为这套丛书所具有的出版价值——中国饮食文化是中华文明的核心元素之一，是中国五千年灿烂的农耕文化和畜牧渔猎文化的思想结晶，是世界先进文化和人类文明的重要组成部分，它反映了中国传统文化中的优秀思想精髓。作为出版人，弘扬民族优秀文化，使其走出国门走向世界，是我们义不容辞的责任，尽管文化坚守如此之艰难。

季羡林先生说，世界文化由四大文化体系组成，中国文化是其中的重要组成部分（其他三个文化体系是古印度文化、阿拉伯-波斯文化和欧洲古希腊-古罗马文化）。中国是世界上唯一没有中断文明史的国家。中国自古是农业大国，有着古老而璀璨的农业文明，它是中国饮食文化的根基所在，就连代表国家名字的专用词"社稷"，都是由"土神"和"谷神"组成。中国饮食文化反映了中华民族这不朽的农业文明。

中华民族自古以来就有着"五谷为养，五果为助，五畜为益，五菜为充"的优良饮食结构。这个观点自两千多年前的《黄帝内经》时就已提出，在两千多年后的今天来看，这种饮食结构仍是全世界推崇的科学饮食结构，也是当代中国大力倡导的健康饮食结构。这是来自中华民族先民的智慧和骄傲。

中华民族信守"天人合一"的理念，在年复一年的劳作中，先民们敬畏自然，尊重生命，守天时，重时令，拜天祭地，守护山河大海，守护森林草原。先民发明的农历二十四个节气，开启了四季的农时轮回，他们既重"春日"的生发，又重"秋日"的收获，他们颂春，爱春，喜秋，敬秋，创造出无数的民俗、农谚。"吃春饼""打春牛""庆丰登"……然而，他们节俭、自律，没有掠夺式的索取，他们深深懂得人和自然是休戚与共的一体，爱护自然就是爱护自己的生命，从不竭泽而渔。早在周代，君王就已经认识到生态环境安全与否关乎社稷的安危。在生态环境严重恶化的今天，在掠夺式开采资源的当代，对照先民们信守千年的优秀品质，不值得当代人反思吗?

中华民族笃信"医食同源"的功用,在现代西方医学传入中国以前,几千年来"医食同源"的思想护佑着中华民族的繁衍生息。中国的历史并非长久的风调雨顺、丰衣足食,而是灾荒不断,迫使人们不断寻找、扩大食物的来源。先民们既有"神农尝百草,日遇七十二毒"的艰险,又有"得茶而解"的收获,一代又一代先民,用生命的代价换来了既可果腹又可疗疾的食物。所以,在中华大地上,可用来作食物的资源特别多,它是中华先民数千年戮力开拓的丰硕成果,是先民们留下的宝贵财富;"医食同源"也是中国饮食文化最杰出的思想,至今食疗食养长盛不衰。

中华民族有着"尊老"的优良传统,在食俗中体现尤著。居家吃饭时第一碗饭要先奉给老人,最好吃的也要留给老人,这也是农耕文化使然。在古老的农耕时代,老人是农耕技术的传承者,是新一代劳动力的培养者,因此使老者具有了权威的地位。尊老,是农耕生产发展的需要,祖祖辈辈代代相传,形成了中华民族尊老的风习,至今视为美德。

中国饮食文化的一个核心思想是"尚和",主张五味调和,而不是各味单一,强调"鼎中之变"而形成了各种复合口味,从而构成了中国烹饪丰富多彩的味型,构建了中国烹饪独立的文化体系,久而升华为一种哲学思想——尚和。《中庸》载"和也者,天下之达道",这种"尚和"的思想体现到人文层面的各个角落。中华民族自古崇尚和谐、和睦、和平、和顺,世界上没有哪一个国家能把"饮食"的社会功能发挥到如此极致,人们以食求和体现在方方面面:以食尊师敬老,以食馈友待客,以宴贺婚、生子以及升迁高就,以食致歉求和,以食表达谢意致敬……"尚和"是中华民族一以贯之的饮食文化思想。

"一方水土养一方人"。这十卷本以地域为序,记述了在中国这片广袤的土地上有如万花筒一般绚丽多彩的饮食文化大千世界,记录着中华民族的伟大创造,也记述了各地专家学者的最新科研成果——旧石器时代的中晚期,长江下游地区的原始人类已经学会捕鱼,使人类的食源出现了革命性的扩大,从而完成了从蒙昧到文明的转折;早在商周之际,长江下游地区就已出现了原始瓷;春秋时期筷子已经出现;长江中游是世界上最早栽培稻类作物的地区。《吕氏春秋·本味》述于2300年前,是中国历史上最早的烹饪"理论"著作;中国最早的古代农业科技著作是北魏高阳(今山东寿光)太守贾思勰的《齐民要术》;明代科学家宋应星早在几百年前,就已经精辟论述了盐与人体生命的关系,可谓学界的最先声;新疆人民开凿修筑了坎儿井用于农业灌溉，是农业文化的一大创举；孔雀河出土的小麦标本，把小麦在新疆地区的栽培历史提早到了近四千年前；青海喇家面条的发现把我国食用面条最早记录的东汉时期前提了两千多年；豆腐的发明是中国人民对世界的重大贡献；有的卷本述及古代先民的"食育"理念；有的卷本还以大开大阖的笔力，勾勒了中国几万年不同时期的气候与人类生活兴衰的关系等等，真是处处珠玑，美不胜收！

这些宝贵的文化财富，有如一颗颗散落的珍珠，在没有串成美丽的项链之前，便彰显不出它的耀眼之处。如今我们完成了这一项工作，雕琢出了一串光彩夺目的珍珠，即将放射出耀眼的光芒！

（四）

编辑部全体工作人员视稿件质量为生命，不敢有些许懈怠，我们深知这是全国专家学者20年的心血，是一项极具开创性而又十分艰辛的工作。我们肩负着填补国家学术空白、出版空白的重托。这个大型文化工程，并非三朝两夕即可一蹴而就，必须长年倾心投入。因此多年来我们一直保持着饱满的工作激情与高度的工作张力。为了保证图书的精品质量并尽早付梓，我们无年无节、终年加班而无怨无悔，个人得失早已置之度外。

全体编辑从大处着眼，力求全稿观点精辟，原创鲜明。各位编辑极尽自身多年的专业积累，倾情奉献：修正书稿的框架结构，爬梳提炼学术观点，补充遗漏的一些重要史实，匡正学术观点的一些讹误之处，并诚恳与各卷专家作者切磋沟通，务求各卷写出学术亮点，其拳拳之心殷殷之情青天可鉴。编稿之时，为求证一个字、一句话，广查典籍，数度披阅增删。青黄灯下，蹙眉凝思，不觉经年久月，眉间"川"字如刻。我们常为书稿中的精辟之处而喜不自胜，更为瑕疵之笔而扼腕叹息！于是孜孜矻矻、秉笔躬耕，一句句、一字字吟安铺稳，力求语言圆通，精炼可读。尤其进入后期阶段，每天下班时，长安街上已是灯火阑珊，我们却刚刚送走一个紧张工作的夜晚，又在迎接着一个奋力拼搏的黎明。

为了不懈地追求精品书的品质，本套丛书每卷本要经过40多道工序。我们延请了国内顶级专家为本书的质量把脉，中华书局的古籍专家刘尚慈编审已是七旬高龄，她以古籍善本为据，为我们的每卷书稿逐字逐句地核对了古籍原文，帮我们纠正了数以千计的舛误，从她那里我们学到了非常多的古籍专业知识。有时已是晚九时，老人家还没吃饭在为我们核查书稿。看到原稿不尽如人意时，老人家会动情地对我们喊起来，此时，我们感动！我们折服！这是一位学者一种全身心地忘我投入！为了这套书，她甚至放下了自己的个人著述及其他重要邀请。

中国社会科学院历史研究所李世愉研究员，为我们审查了全部书稿的史学内容，匡正和完善了书稿中的许多漏误之处，使我们受益匪浅。在我们图片组稿遇到困难之时，李老师凭借深广的人脉，给了我们以莫大的帮助。他是我们的好师长。

本书中涉及各地区少数民族及宗教问题较多，是我们最担心出错的地方。为此我们把书稿报送了国家宗教局、国家民委、中国藏学研究中心等权威机构精心审查了书稿，并得到了他们的充分肯定，使我们大受鼓舞！

我们还要感谢北京观复博物馆、大连理工大学出版社帮我们提供了许多有价值的历史图片。

为了严把书稿质量，我们把做辞书时使用的有效方法用于这部学术精品专著，即对本书稿进行了二十项"专项检查"以及后期的五十三项专项检查，诸如，各卷中的人名、地名、国名、版图、疆域、公元纪年、谥号、庙号、少数民族名称、现当代港澳台地名的表述等，由专人做了逐项审核。为使高端学术著作科普化，我们对书稿中的生僻字加了注音或简释。

其间，国家新闻出版总署贯彻执行"学术著作规范化"，我们闻风而动，请各卷作者添加或补充了书后的参考文献、索引，并逐一完善了书稿中的注释，严格执行了总署的文件规定不走样。

我们还要感谢各卷的专家作者对编辑部非常"给力"的支持与配合，为了提高书稿质量，我们请作者做了多次修改及图片补充，不时地去"电话轰炸"各位专家，一头卡定时间，一头卡定质量，真是难为了他们！然而，无论是时处酷暑还是严冬，都基本得到了作者们的高度配合，特别是和我们一起"摽"了二十年的那些老作者，真是同呼吸共命运，他们对此书稿的感情溢于言表。这是一种无言的默契，是一种心灵的感应，这是一支二十年也打不散的队伍！凭着中国学者对传承优秀传统文化的责任感，靠着一份不懈的信念和期待，苦苦支撑了二十年。在此，我们向此书的全体作者深深地鞠上一躬！致以二十年来的由衷谢意与敬意！

由于本书命运多舛迁延多年，作者中不可避免地发生了一些变化，主要是由于身体原因不能再把书稿撰写或修改工作坚持下去，由此形成了一些卷本的作者缺位。正是我们作者团队中的集体意识及合作精神此时彰显了威力——当一些卷本的作者缺位之时，便有其他卷本的专家伸出援助之手，像接力棒一样传下去，使全套丛书得以正常运行。华中师范大学的博士生导师姚伟钧教授便是其中最出力的一位。今天全书得以付梓而没有出现缺位现象，姚老师功不可没！

"西藏""新疆"原本是两个独立的部分，组稿之初，赵荣光先生殚精竭虑多方奔走物色作者，由于难度很大，终而未果，这已成为全书一个未了的心结。后期我们倾力进行了接续性的推动，在相关专家的不懈努力下，终至弥补了地区缺位的重大遗憾，并获得了有关审稿权威机构的好评。

最令我们难过的是本书"东南卷"作者、暨南大学硕士生导师、冼剑民教授没能见到本书的出版。当我们得知先生患重病时即赶赴探望，那时先生已骨瘦如柴，在酷热的广州夏季，却还身着毛衣及马甲，接受着第八次化疗。此情此景令人动容！后得知冼先生化疗期间还在坚持修改书稿，使我们感动不已。在得知冼先生病故时，我们数度哽咽！由此催发我们更加发愤加快工作的步伐。在本书出版之际，我们向冼剑民先生致以深深的哀悼！

在我们申报国家项目和有关基金之时，中国农大著名学者李里特教授为我们多次撰写审读推荐意见，如今他竟然英年早逝离我们而去，令我们万分悲痛！

在此期间，李汉昌先生也不幸遭遇重大车祸，严重影响了身心健康，在此我们致以由衷的慰问！

（五）

中国饮食文化学是一门新兴的综合学科，涉及历史学、民族学、民俗学、人类学、文化学、烹饪学、考古学、文献学、地理经济学、食品科技史、中国农业史、中国文化交流史、边疆史地、经济与商业史等诸多学科，现正处在学科建设的爬升期，目前已得到越来越多领域的关注，也有越来越多的有志学者投身到这个领域里来，应该说，现在已经进入了最好的时期，从发展趋势看，最终会成为显学。

早在1998年于大连召开的"世界华人饮食科技与文化国际学术研讨会"，即是以"建立中国饮食文化学"为中心议题的。这是继1991年之后又一次重大的国际学术会议，是1991年国际学术会议成果的继承与接续。建立"中国饮食文化学"这个新的学科，已是国内诸多专家学者的共识。在本丛书中，就有专家明确提出，中国饮食文化应该纳入"文化人类学"的学科，在其之下建立"饮食人类学"的分支学科。

为学科理论建设搭建了开创性的构架。

　　这套丛书的出版，是学科建设的重要组成部分，它完成了一个带有统领性的课题，它将成为中国饮食文化理论研究的扛鼎之作。本书的内容覆盖了全国的广大地区及广阔的历史空间，本书从史前开始，一直叙述到当代的21世纪，贯通时间百万年，从此结束了中国饮食文化无史和由外国人写中国饮食文化史的局面。这是一项具有里程碑意义的历史文化工程，是中国对世界文明的一种国际担当。

　　二十年的风风雨雨、坎坎坷坷我们终于走过来了。在拜金至上的浮躁喧嚣中，我们为心中的那份文化坚守经过了炼狱般的洗礼，我们坐了二十年的冷板凳但无怨无悔！因为由此换来的是一项重大学术空白、出版空白的填补，是中国五千年厚重文化积淀的梳理与总结，是中国优秀传统文化的彰显。我们完成了一项重大的历史使命，我们完成了老一辈学人对我们的重托和当代学人的夙愿。这二十年的泣血之作，字里行间流淌着中华文明的血脉，呈献给世人的是祖先留给我们的那份精神财富。

　　我们笃信，中国饮食文化学的崛起是历史的必然，它就像那冉冉升起的朝阳，将无比灿烂辉煌！

《中国饮食文化史》编辑部

二〇一三年九月